터널역학
Tunnel Mechanics

터널역학
Tunnel Mechanics

신 종 호

지금과 같이 함께 모여 강의를 듣는 교육방식은 언제까지 지속될 것인가? 제일 좋은 강의를 다 함께 공유할 인터넷, AI 환경의 플랫폼만 있다면, 전국 아니, 전 세계 대학들이 같은 과목을 제각각 강의를 하여야 할 필요가 있는 것인가? 그러한 교육환경에서도 책이 의미 있는 역할을 계속할 것인가? 이 책을 쓰기에 앞서 답을 내야 할 질문들이었다. 알고 보니 이러한 의문에 대한 해답은 이미 나와 있었다. 건물 없는 대학인 Minerva School이 바로 그 예이다. 위기의식을 가질 만큼의 변화의 수위가 이미 허리춤을 지났고, 그 격랑이 턱밑을 위협하고 있다. 이 추세라면, 앞으로 터널 강의와 학습은 이론과 현장을 결합한 AI가 주도하는 체험적 영상교과로 진화할 것이며, 교실에 모여 강의하는 현재의 산업시대적 교육방식은 궁극적으로 사라질 것으로 전망된다.

문제는 터널지식 전달환경을 논하기에 앞서, '터널'의 지식체계가 유비쿼터스 환경의 비대면 강의로 진행될 만큼 '체계적으로 정리되어 있는가?'이다. 터널기술에 대한 정보와 조각지식은 넘쳐나지만 지금의 교육환경에서조차 터널을 어떻게 체계적으로 가르쳐야 할 것인지 난망하다고들 한다. 나 자신도 지난 15년간 터널 강의를 하면서, 나름의 강의노트를 만들어 사용하며, 매년 바꾸고 고쳐 쓰기를 거듭해왔지만 항상 만족스럽지 못했다. 지식은 형식지(explicit knowledge)와 암묵지(tacit knowledge)의 상호작용으로 축적되고 전달된다고 한다. 책은 대표적 형식지이며, 미래교육환경에서 '책'은 단순 교과서가 아닌, AI 기반의 유비쿼터스 교육환경의 틀을 제시하고, 개인의 학습을 돕는 지식 Framing 기능을 계속할 것이다.

전 세계적으로는 해마다 수백 킬로미터의 터널이 건설되고 있고, 우리나라도 해마다 수십 킬로미터의 터널이 더해지고 있다. 터널은 단일 토목구조물로서 해마다 건설연장이 획기적으로 늘어나, 대표적 토목구조물로서의 기록을 매년 갱신하고 있다. 공간 부족문제에 대한 대응 및 갈등의 해소책으로서 터널과 지하공간의 확대는 앞으로 더욱 가속화할 것으로 예상된다. 이런 상황이 시사하는 바는 대부분의 건설 분야 전공자들이 향후 직간접으로 터널과 지하공간의 계획, 설계, 시공 및 유지관리 업무를 접할 수밖에 없으며, 터널지식을 기초소양으로서 예비할 것을 사회와 산업이 요구하고 있다는 것이다.

터널이 대표적인 토목구조물 중의 하나로 대두되었음에도 터널교육은 답답한 수준이다. 터널 강의가 쉽지 않은 것은 두 번째 문제이고, 터널의 교육적 자원은 매우 빈약하다. 심지어 '터널'이라는 용어가 주는 이미지마저도 이 시대의 젊은이들에게 매력적인 터널 학습에 대한 관심을 떨어뜨리는 요인임을 인정하지 않을 수 없다. 여러 터널 책이 있음에도 '가르치기가 쉽지 않다'는 불평의 근원이 어디에서 오는지 알게 되었다.

터널지식은 응용지질학, 고체역학, 토질 및 암반역학, 지하수 수리학 및 구조역학 등의 역학적 요소와 시공학, 기계 및 설비 관련 공학적 요소를 포함한다. 기하학적 경계의 불명확, 비선형 탄소성거동의 대변형문제, 구조-수리 상호거동, 지반-라이닝 구조상호작용, 굴착(건설) 중 안전율 최소 등이 터널역학과 공학의 대표적 특징이다. 이에 따라 터널의 형성 원리, 소성론, 비선형 수치해석 등 요구되는 선행학습의 양이 방대하고, 상당 부분이 학부 학습범위를 넘는다. 연약지반과 암반에 따른 터널의 거동양상이 다르고 터널공법에 따라서도 굴착과 지보 메커니즘이 다르다. 또한 터널 프로젝트의 계획, 설계, 시공, 유지관리별 요구되는 지식의 내용도 상이하므로 이를 일관된 지식체계로 풀어내는 것이 쉽지 않다.

지식의 관점에서 터널의 형성 원리 및 터널거동이론인 '터널역학(mechanics)', 그리고 터널의 계획, 조사, 굴착 및 지보공법 선정 그리고 경험을 포함하는 실무적 지식체인 '터널공학(engineering)'으로 구분할 수 있다. 터널지식을 역학과 공학으로 구분하면, 학습의 대상과 선후가 비교적 명확하게 정리된다. 이로부터 터널의 형성 원리와 거동의 직관을 제공하는 터널역학, 그리고 현장의 설계 및 시공 실무에 대한 전문가적 기초소양을 담는 터널공학의 학습체계를 제안하게 되었다. 이 책의 가제본을 제작하여 지난 1년간 수업을 통해 강의의 범위와 내용을 검증하였고, 이를 토대로 이 책을 이용한 학습프로그램(teaching instruction)을 제안하였다.

터널지식이 방대하여, 터널을 공부한다는 것은 어떤 다른 지반 구조물이나 지반공학적 문제도 비교적 쉽게, 그리고 종합적으로 접근할 수 있는 기회를 갖게 되는 것 같다. 이 책의 준비과정에서, 기존의 연구활동과 저술, 그리고 터널지하공간학회를 중심으로 이루어진 정리된 정보들이 많은 도움이 되었다. 터널 연구 그리고 현장에서 많은 정보를 생산하여 터널지식의 축적에 기여해오신 많은 분들께 깊은 감사를 드린다. 이 책의 구성을 평가하고, 검증에 참여해준 Geo-system 실험실 후학들, 그리고 현업의 귀한 정보를 제공해주신 터널 전문가 분들께도 깊이 감사드린다.

앞으로 이 책이 터널지하공간 교육과 건설산업 발전에 도움이 되고, 통일 후 보다 확대될 한반도의 터널 및 지하공간 인프라 확충에도 작은 기여가 되기를 희망하며, 부족한 부분이 지속 보완될 수 있도록 독자제현의 많은 지도와 편달을 부탁드립니다.

著者 신 종 호

터널역학 및 터널공학의
체계와 구성

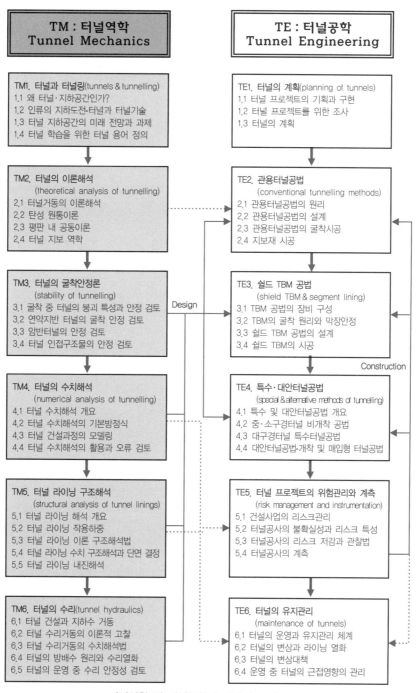

TM : 터널역학
Tunnel Mechanics

TE : 터널공학
Tunnel Engineering

TM1. 터널과 터널링(tunnels & tunnelling)
1.1 왜 터널·지하공간인가?
1.2 인류의 지하도전-터널과 터널기술
1.3 터널 지하공간의 미래 전망과 과제
1.4 터널 학습을 위한 터널 용어 정의

TE1. 터널의 계획(planning of tunnels)
1.1 터널 프로젝트의 기획과 구현
1.2 터널 프로젝트를 위한 조사
1.3 터널의 계획

TM2. 터널의 이론해석
   (theoretical analysis of tunnelling)
2.1 터널거동의 이론해석
2.2 탄성 원통이론
2.3 평판 내 공동이론
2.4 터널 지보 역학

TE2. 관용터널공법
   (conventional tunnelling methods)
2.1 관용터널공법의 원리
2.2 관용터널공법의 설계
2.3 관용터널공법의 굴착시공
2.4 지보재 시공

TM3. 터널의 굴착안정론
   (stability of tunnelling)
3.1 굴착 중 터널의 붕괴 특성과 안정 검토
3.2 연약지반 터널의 굴착 안정 검토
3.3 암반터널의 안정 검토
3.4 터널 인접구조물의 안정 검토

Design

TE3. 쉴드 TBM 공법
   (shield TBM & segment lining)
3.1 TBM 공법의 장비 구성
3.2 TBM의 굴착 원리와 막장안정
3.3 쉴드 TBM 공법의 설계
3.4 쉴드 TBM의 시공

Construction

TM4. 터널의 수치해석
   (numerical analysis of tunnelling)
4.1 터널 수치해석 개요
4.2 터널 수치해석의 기본방정식
4.3 터널 건설과정의 모델링
4.4 터널 수치해석의 활용과 오류 검토

TE4. 특수·대안터널공법
   (special & alternative methods of tunnelling)
4.1 특수 및 대안터널공법 개요
4.2 중·소구경터널 비개착 공법
4.3 대구경터널 특수터널공법
4.4 대안터널공법-개착 및 매입형 터널공법

TM5. 터널 라이닝 구조해석
   (structural analysis of tunnel linings)
5.1 터널 라이닝 해석 개요
5.2 터널 라이닝 작용하중
5.3 터널 라이닝 이론 구조해석법
5.4 터널 라이닝 수치 구조해석과 단면 결정
5.5 터널 라이닝 내진해석

TE5. 터널 프로젝트의 위험관리와 계측
   (risk management and instrumentation)
5.1 건설사업의 리스크관리
5.2 터널공사의 불확실성과 리스크 특성
5.3 터널공사의 리스크 저감과 관찰법
5.4 터널공사의 계측

TM6. 터널의 수리(tunnel hydraulics)
6.1 터널 건설과 지하수 거동
6.2 터널 수리거동의 이론적 고찰
6.3 터널 수리거동의 수치해석법
6.4 터널의 방배수 원리와 수리열화
6.5 터널의 운영 중 수리 안정성 검토

TE6. 터널의 유지관리
   (maintenance of tunnels)
6.1 터널의 운영과 유지관리 체계
6.2 터널의 변상과 라이닝 열화
6.3 터널의 변상대책
6.4 운영 중 터널의 근접영향의 관리

터널역학 및 터널공학의 체계와 구성

터널지하공간을 포함하지 않는 인프라가 없을 정도로 터널지하공간은 이제 대표적인 토목구조물 중의 하나가 되었습니다. 이제 토목전공자라면, 어느 정도 터널에 대한 기초소양을 갖추어 현업에 진출하는 것이 바람직할 것입니다. 이 책은 학부의 기본학습은 물론, 대학원의 전문가적 기초소양까지 포함하고자 하였습니다. 따라서 이 책을 이용한 강의는 순차적이 아닌, 각 장의 기초 개념은 학부에서 다루고, 각 장의 후반부인 터널 소성론, 암반터널 안정론, 그리고 수치해석 및 위험도 관리는 대학원에서 다루면 좋을 것입니다.

학부(undergraduate course)

학부강의는 터널의 역학적·공학적 매력을 확산시키는 데 중점을 두면 좋을 것입니다. 이 책을 활용한 강의 경험을 토대로 한 학부 강의프로그램을 소개합니다.

주차	주제	Key Teaching Points	관련 장/절	활동제안
1	터널지하공간이란?	① 강의소개 ② 터널이론해석, 얇은 원통이론	TM1장 : 1.1~1.4	토론
2	터널의 이론해석(1)	① 두꺼운 원통이론(탄성) ② 평판이론(탄성)	TM2장 : 2.1~2.2	예제 연습
3	터널의 이론해석(2)	① 터널 지보이론-CCM 원리 ② 터널 지보이론-CCM 활용	TM2장 : 2.3	예제 연습
4	터널 굴착안정해석	① 붕괴특성과 안정 검토법 ② 전반붕괴 연습	TM3장 : 3.1~3.2	예제 연습
5	터널라이닝 구조해석	① 라이닝 해석체계 ② 원형보이론	TM5장 : 5.1~5.3	예제 실습
6	터널 수리해석	① 터널수리의 특성 ② 터널유입량과 라이닝 수압	TM6장 : 6.1~6.2, 6.4~6.5	실습
7	전반기 정리	종합질문 및 정리	(TM4장 터널 수치해석)	(or 실습 Demo)
8	Mid-term Examination			시험
9	터널의 계획	① 계획요소 이론강의 ② 토론 : 지하소유한계	TE1장 : 1.1~1.3	토론
10	관용터널공법(1)	① 공법원리 ② NATM공법 설계	TE2장 : 2.1~2.2	시청각(영상)
11	관용터널공법(2)	① 발파굴착과 보조공법 ② NATM 지보시공과 계측	TE2장 : 2.3~2.4 TE6장-계측 : 5.4	
12	쉴드 TBM Tunnelling	① 장비구성 ② 굴착 및 안정원리	TE3장 : 3.1~3.2	시청각(영상)
13	특수터널공법	① 비개착공법 ② 특수 및 대안터널 공법	TE4장 : 4.1~4.4	(창의경진대회)
14	터널의 유지관리	① 터널유지관리 개념과 체계 ② 운영 중 터널의 안전성 검토	TE6장 : 6.1, 6.4	Case Study
15	후반기 정리	종합질문 및 정리		(or 현장견학)
16	Final Examination			시험

학부에서는 매주 2회 강의(회당 80분)로 터널역학 및 공학에 대한 전반적인 이해를 목표로 활용할 수 있습니다. 학부학습은 향후 실무에서 창의력을 가지고 업무를 수행하기 위한 잠재력 함양 과정이므로 강의범위를 적게 잡고, 예제를 통해 학습성과를 체화할 것을 권장합니다. 시청각교육, 현장견학, (수치해석)실습을 병행하면 학습효과를 크게 높일 것입니다. '터널'을 설계과목으로 개설하는 경우, 터널 단면작도와 수치해석을 대상으로 다룰 수 있을 것입니다(실습안은 부록에 수록).

① **시청각교육.** 터널공학(engineering) 부문은 영상 및 사진자료가 풍부하므로 시청각 자료를 적극 활용할 것을 권장합니다.

② **현장견학.** 학부과정에서 현장견학은 매우 유용합니다. 후반기의 종합정리 주차를 활용하여 NATM과 TBM 현장을 둘러볼 수 있다면 최고의 교육효과를 기대할 수 있을 것입니다.

③ **실습(또는 데모).** 실습은 CAD를 이용한 '터널의 작도'와 상업용 S/W를 이용한 '수치해석'을 대상으로 할 수 있을 것입니다. 저자의 경우 학부과정에서 수치해석 실습을 운영하고 있으나, 강의 진도상 시간이 충분히 확보하기 어려운 애로가 있었습니다. 따라서 본격적인 실습은 대학원 과정이 바람직하고, 학부에서는, 수치해석이론에 대한 선수과정을 이수한 경우가 아니면, 수치해석에 대한 간단한 데모와 단순활용 연습을 해보는 것이 바람직해 보입니다(학부에서 수치해석 데모는 따라하기 수준 정도가 바람직함).

④ **토론.** 책의 BOX에 정리한 사안들 중 주제를 선정하여 토론 주제로 활용할 수 있습니다(예, 지하소유권과 민원·터널 관련 갈등의 이해와 전공자로서 스탠스를 가능해보는 기회로 활용). 토론이 어려운 경우, 특정 BOX 내용을 주제로, Short Technical Essay를 다루어봄으로써 Technical Report 작성능력을 평가해볼 기회를 갖는 것도 좋을 것입니다.

대학원(graduate course)

대학원과정은 설계 및 시공실무의 초보적인 업무능력 함양에 초점을 맞추어 학부학습의 잔여 부분인 터널 소성거동, 암반터널 안정성 평가, CCM 연습, 터널수치해석, 라이닝 수치구조해석, 터널공사 위험도 관리를 주요 학습대상으로 할 수 있습니다. 터널 소성거동은 소성론의 선행학습이 필요합니다(TE부록 A3 참조). 특히, 수치해석과 리스크관리는 대학원과정에서 집중적으로 다루는 것이 바람직합니다. 수치해석의 경우, 실습 전 충분한 이론학습을 선행하여야 하며, 특히 해석의 오류와 책임문제를 깊이 있게 논의할 필요가 있습니다.

ix

• 길이(length) : m (SI unit)

  1 m = 1.0936 yd = 3.281 ft = 39.7 in

  1 yd = 0.9144 m ; 1 ft = 0.3048 m ; 1 in = 0.0254 m

• 힘(force) : N

  1 N = 0.2248 lb = 0.00011 ton = 100 dyne = 0.102 kgf = 0.00022 kip

  1 kgf = 2.205 lb = 9.807 N

  1 tonne (metric) = 1,000 kgf = 2205 lb = 1.102 tons = 9.807 kN

  1 lbf = 0.4536 kgf

• 응력(stress) : $1 Pa = 1 N/m^2$

  $1 Pa = 1 N/m^2 = 0.001 kPa = 0.000001 MPa$

  $1 kPa = 0.01 bar = 0.0102 kgf/cm^2 = 20.89 lb/ft^2 = 0.145 lb/in^2$

  $1 lb/ft^2 = 0.04787 kPa$

  $1 kg/m^2 = 0.2048 lb/ft^2$

  $1 psi(lb/in^2) = 6.895 kPa = 0.07038 kgf/cm^2$

• 단위중량(unit weight)

  $1 kN/m^3 = 6.366 lb/ft^3$

  $1 lb/ft^3 = 0.1571 kN/m^3$

• 대기압(p_a) : $1 atm = 101.3 kPa = 1 kg/cm^2$, 1 bar =100 kPa

• 물의 단위중량 : $1 g/cm^3 = 1 Mg/m^3 = 62.4 lb/ft^3 = 9.807 kN/m^3$

• 심볼과 명칭

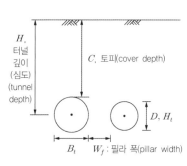
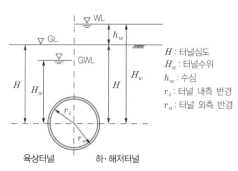

H : 터널심도
H_w : 터널수위
h_w : 수심
r_i : 터널 내측 반경
r_o : 터널 외측 반경

육상터널   하·해저터널

Chapter 01 터널과 터널링 Tunnels and Tunnelling

Chapter 02 터널의 이론해석 Theoretical Analysis of Tunnelling

Chapter 03 터널의 굴착 안정론 Stability of Tunnelling

Chapter 06 터널의 수리 Tunnel Hydraulics

부 록

Tunnels and Tunnelling
터널과 터널링

Tunnels and Tunnelling
터널과 터널링

지구의 생명체가 수차례의 멸종사건에도 불구하고 살아남을 수 있었던 의문에 대한 답이 '지하(underground)' 일 수 있다는 과학적 근거가 제시되고 있다. 지구와 거대운석(asteroids)의 충돌과 이로 인한 멸종적 환경에 서도 지하 2~5km 이상의 깊이에서는 생명체가 살아남을 수 있다는 과학적 사실이, 남아프리카공화국 금광 (gold mine)의 지하 3.5km에서 서식하는 미생물의 생체기능을 통해 밝혀졌다. 지하로 스며든 용감한 미생 물이 멸종사건(extinction event) 때마다 지상으로 나와, 지구의 생명을 이어왔을 가능성을 확인한 것이다 (경이로운 지구, NHK, 2007).

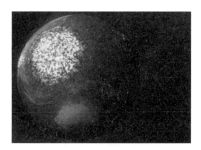

운석 충돌 직후 불덩이가 된 지구

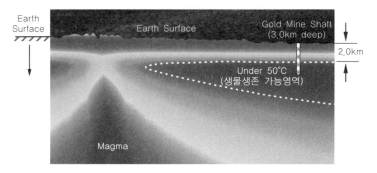

충돌 1만 년 후 지구 온도

1.1 왜 터널·지하공간인가?

터널의 생태적 기원

두더지나 진흙새우(mud shrimp)는 자신의 입이나 발로 땅을 파고, 파낸 흙을 다져 지지부재로 활용하는 공학적 기술을 발휘한다(그림 M1.1 a, b). 곤충이 나무 그루터기에 굴을 파는 기술은 오늘날의 TBM(Tunnel Boring Machine)으로 터널을 굴착하고 세그먼트(segment) 부재로 터널벽면을 조성하는 인간의 건설행위와 매우 흡사하다. 많은 종의 곤충과 동물이 지하생활의 문제들을 성공적으로 해결하며 지하에 적응해왔다.

하지만 지하라고 해서 모든 위험과 문제가 제거되는 것은 아니다. 배설물로 인한 악취, 공기순환 제약에 따른 오염과 온도 상승은 지하생활의 난제이다. 땅속 터널의 공기 질(air quality)을 관리하는 일은 그중 큰 문제이다. 흰개미는 이에 대응하는 발전된 지하공간이용 기술을 보여준다. 흰개미의 지반 둔덕 주거지(그림 M1.1 c)의 상부 공기는 하부보다 빠르게 이동하는데, 흰개미는 이 압력 차이를 이용하여 아래쪽에서 흡입된 공기가 위로 빨려 나오도록 함으로써 공기를 순환시키고, 산소를 공급하는 자연환기시스템을 갖추었다. 이 시스템으로 환기뿐 아니라 습도도 조절할 수 있다. 흰개미의 이러한 환기방식은 현대기계공학의 환기 원리를 집약해놓은 것과 같다.

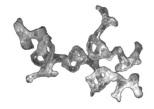
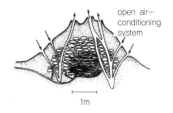

open air-conditioning system

1m

(a) 두더지 굴착 손   (b) 진흙새우 지하주거시스템   (c) 흰개미 자연환기시스템

그림 M1.1 터널의 생태적 기원(after M Hansell et al., 1999)

인류의 최초 거주지도 동굴이었음이 북경원인, 크로마뇽인의 동굴생활과 네안델탈인의 혈거(穴居) 흔적으로부터 확인된다. 호모 데우스(Homo Deus, 도구를 사용하는 인간)의 역사도 자연 동굴에서 시작되었다. 문명화가 진전되면서 인류는 자연 동굴을 떠나 보다 적극적으로 터널을 건설하기 시작하였다. 생태계의 구성인자로서 서로 배우고 가르친 경험 없이 곤충이나 인간의 생태계는 아주 많이 닮아 있다. 지하공간을 이용하여 멸종환경에서도 생존을 계속해온 **자연계의 곤충과 동물의 지하 생존기술로부터, 인류가 지속적 생존을 위한 대안공간기술을 습득할 수 있을지** 기대해볼 일이다.

터널의 사회적 진화

인류가 정착생활을 시작하고, 도시화가 진행되면서 **지하사용 영역은 생태적 주거에서 공공 인프라(infrastructure) 공간으로 확장**되었다. 도시 내 지가 상승으로 지상 토지 구득에 따른 비용의 한계와 지형이

라는 물리적 제약, 그리고 지상에 두면 누구나 반대하는 비선호시설의 입지 등 수많은 지상의 문제를 지하공간을 이용해 풀어나가고 있다. 지하공간은 지상공간과 상호보완적이지만, 때론 충돌하기도 한다. 그럼에도 지하공간이 제공하는 **외부 보호, 정온성, 소음 차단, 주변 환경 영향 저감(친환경성)** 등도 지상시설을 지하로 유인하는 새로운 매력이 되고 있다.

그림 M1.2 인류의 지하 생태공간

터널은 인프라를 구성하는 대표적 구조물의 하나로서 견고한 입지를 다져왔다. 최근 방수로, 대피시설 등을 주로 지하에 건설하고 있어, 이제 재난과 방재 계획에도 지하공간의 활용이 크게 확대되고 있다. 과거의 지하공간 이용이 **빠른 이동을 위한 교통로**였다면, 이제는 **비선호시설의 대안 공간**, 그리고 **재난 대응을 위한 대안시설 입지**로서의 지위를 더하게 되었다. 지하공간에 대한 사회적 요구의 증가와 함께 지하건설수요도 빠르게 성장해왔다.

터널과 지하공간은 이제 생활편의 제공은 물론, 지상의 삶을 보다 쾌적하게 이끌어줄 대안으로서의 사회적 역할을 부여받고 있다. 터널 분야의 공학적 과제는 지하공간을 지속가능하고 친환경적인 삶의 공간이 되도록 물리적으로 최적 구현해내는 것이다. 지하개발의 걸림돌이 되었던 비용문제도 기술안전, 다기능(multi-purpose) 터널 계획 등을 통해 완화되고 있다.

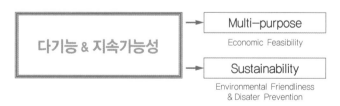

그림 M1.3 터널과 지하공간의 미래 코드 : 기능시설 + 대피시설

지하벙커, 쉘터… '생존 위한 투자'인가, '공포 이용 돈벌이'인가

캘리포니아 바스토우에 거주하는 제이슨 핫지는 "난 과대망상은 아니지만 걱정은 된다"라고 말한다. 네 자녀의 아버지인 그는 그래서 '지구 최후의 날'을 위한 피난처(dooms-day shelter)를 마련했다. 핫지는 얼마 전 '비보스 쉘터 네트워크'에 가입했다. 비보스(Vivos)는 지상의 대재앙을 피할 수 있는 지하 피난처를 만들어 파는 회사 중 하나로 미 전국에 20개의 지하 쉘터 네트워크를 구축해 휴가철의 타임셰어 형식으로 지하 쉘터 커뮤니티의 부분 소유권을 팔고 있다. 가격은 성인 5만 달러, 어린이 2만 5,000달러다. 지하 쉘터는 핵공격이나 소행성 충돌, 쓰나미 같은 대재앙 때 대피해 살 수 있는 피난처로 비보스 쉘터의 경우 1년 정도 살 수 있도록 준비될 것이다. "이건 생존을 위한 투자"라고 핫지는 말한다.

한동안 잊혔던 냉전시대의 잔재인 지하 피난처에 다시 관심이 쏠리고 있다. 텍사스의 레이디어스 엔지니어링사는 30년 넘게 지하 쉘터를 지어왔는데 요즘처럼 경기가 좋은 적이 없다고 월튼 매카시 사장은 말한다. 매카시에 따르면 그의 회사가 팔고 있는 파이버글래스 쉘터는 10명에서 2,000명의 성인이 전기와 식품, 물과 정제된 공기를 공급받으며 1~5년까지 살 수 있도록 설비되어 있다. 매카시 사장은 "지난 5년 동안 매년 판매가 두 배로 늘었다"라고 말한다.

하지만 이런 추세에 대한 비판적 시각도 있다. Cal. State Univ. 치노의 역사학 교수인 켄 로즈는 지하대피소는 반세기 전이나 지금이나 쓸데없는 생각이라고 지적한다. 1950년과 60년 당시 냉전으로 인해 인류가 멸망할 것이라던 것이 지금은 핵버튼이 든 가방을 가진 테러리스트로 바뀌었을 뿐이라는 것이다. 메릴랜드 소재 올핸즈 글로벌 비상관리 컨설팅의 스티브 데이비스 회장도 대피소에 대해 회의적이다. 100개 이상의 공공 및 민간업체 고객들에게 비상관리와 국토안보 자문 서비스를 하고 있는 데이비스 회장은 쉘터 건설업자들이 상상하는 종류의 재앙은 "우리가 일어날 것으로 알고 있는 재난에 비해 발생 확률이 너무 낮다"라고 말한다. 그는 "우린 합리적인 대비를 하도록 지원한다. 사막에 굴을 파고 숨는 게 필요하다고는 생각지 않는다"라며 머리를 흔든다.

클로버필드10번지(10 Clover Field Lane)　　　　　　개인 벙커(170만 달러)

비보스 프로젝트는 캘리포니아주 바스토우 인근에 위치한 연방정부의 지하시설을 사들여 개조하는 사업이다. 약 4,000평 크기로 134명을 수용할 수 있는 이 쉘터의 가격은 1,000만 달러. 비보스는 전국 곳곳에 약 20개의 쉘터를 지을 예정인데 그중 큰 것은 약 3만 평 규모로 계획 중이다. 비보스의 웹사이트에는 핵전쟁에서 태양표면의 대폭발 등 11개의 지구 대재난 예상 리스트까지 올라 있어 다른 사람들의 공포를 조장해 이익을 챙기려 한다는 비난도 있다. 그러나 비보스의 대표 로버트 비시노는 무슨 소리냐고 반문한다. "소화기를 파는 사람에게 공포를 조장한다고 할 수 없지 않습니까? 소화기를 한번도 사용하지 않는다고 해서 낭비나 사기라고도 안 하지요. 우린 공포를 꾸며내는 게 아닙니다. 공포는 이미 만연되어 있지요. 우린 그 해소책을 제공하는 겁니다"

1.2 인류의 지하도전-터널과 터널기술 Tunnelling Technologies

터널기술의 역사

일반적으로 건설이라 함은 건축 재료를 이용하여 필요한 시설을 축조함을 의미한다. 그러나 터널은 흙이나 암석을 파내어 형성하는 구조이므로 통상적인 건설 개념과 정반대이다. 또한 구조재료를 사용하여 기하학적·공간적 범위를 결정하는 지상구조물과 달리, 터널은 주변 지반과 연속된 구조로 형성되므로 구조물의 경계도 명확하게 정해지지 않는다.

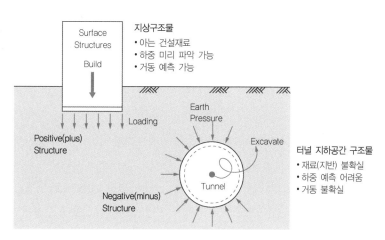

그림 M1.4 지상구조물과 터널의 건설 개념 비교

터널은 지상건물과 완전히 다른 개념으로 건설되며, 그 역학적·공학적 특징은 다음과 같다.

- 지중에 건설되는 구조물로서 지반 및 지하수와 접촉되어 경계조건을 명확히 정의하기 어렵다(목적물의 범위와 한계가 불명확하다).
- 지상구조물과 달리 재료(흙이나 암반)를 굴착 제거하여 형성하는 구조물로서 굴착 중에 안전율이 최소가 되는 특성을 갖는다.
- 지반-구조물-지하수 상호작용 영향이 굴착은 물론, 설계수명기간 동안 지속된다.

터널공학은 위의 조건들을 역학과 공학의 원리에 따라 체계적으로 다루는 학문이라 할 수 있다.

터널링(tunneling)이란 지중의 원 지반에서 필요한 공간만큼 길게 굴착해내는 작업을 말한다. 이렇게 형성된 지하공간을 터널(bored tunnel)이라 한다.

19세기와 20세기 초까지 터널은 목재지보로 임시지지(timbering)하며 굴착하고, 벽돌(brick) 또는 석재(masonry)로 라이닝을 설치하는 방식으로 건설되었다(그림 M1.5). 각 국가의 단면분할과 목재 팀버링 방식을 English, Belgian, French, German, Austrian 및 Italian 공법이라 명명하기도 하였다. 제1차 세계대전 이후 **강재**가 산업현장에 널리 활용되기 시작하면서 더 넓은 지간(span)의 광폭터널 굴착이 가능해졌다.

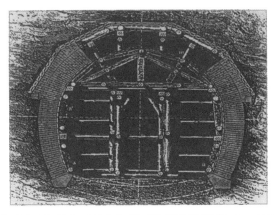

그림 M1.5 초기 터널공사 : 목재 가설지지＋두꺼운 벽돌 라이닝(before NATM in Austria)

1867년 다이너마이트가 개발되고, 발파기술이 정교화되면서 암반터널의 굴착능력이 획기적으로 발전하였다.

초기의 터널공법은 굴착으로 이완된 지반하중을 지보재가 지지하는 '**수동지지**(passive support)' 개념으로 접근하였다(American Steel Support Method, ASSM). Terzaghi(1949)는 지반에 따라 지보로 지지하여야 할 이완하중을 제시하였고, 이러한 수동지지 터널 설계 개념은 'ASSM'로 명명되었다. 하지만 수동지지 개념의 공법은 터널굴착이 점진적으로 이루어지며, 지반과 지보의 상대적 강성에 따른 상호작용을 고려하지 않아 대체로 과다하고 보수적인 설계법으로 평가되었다.

한편, 연약 암반(weak rock, or soft rock)에서는 터널의 잦은 붕괴가 심각한 기술적 문제였는데, 그림 M1.6과 같이 굴착 직후 지반이완을 제어할 수 있는 **록볼트**, 그리고 **숏크리트**가 도입되면서 터널 설계 개념의 체계화가 시작되었다.

(a) 숏크리팅(Ulmberg Tunnel, 1927)

(b) 록볼팅(East Delaware, 1952)

그림 M1.6 록볼트와 숏크리트를 터널에 접목하다

1044	화약제조기술 | Ching Tsung Yao, China	1818	쉴드기 특허 | M | Brunel
1855	증기기관 착암기 | T Barlett	1825	쉴드기 최초 적용 | 템즈강 횡단터널(Brunel)
1867	다이너마이트 | Alfred Nobel	1865	원통형 쉴드 특허 • P.W.Barlow : 주철 세그먼트
1870	다이나마이트+공기압축 굴착기 도입		
1872	수압식 착암기 | St. Gotthard 터널	1890	Mechanized TBM 여명기 • 1892 : 콘크리트 세그먼트 • 1896 : 강재 세그먼트
1891	전기 착암기(독일 지멘스)	1897	Blackwell Tunnel | • 주철+콘크리트 세그먼트
1912	Rock bolt | Frieden 광산		
1914	Gunite | 피츠버그 광산		
1931	점보드릴 | Hoover 댐	1962	압기(compressed air) 쉴드 개발
1945	숏크리트 개발(스위스)	1967	이수식(slurry) 쉴드 개발
		1974	토압식(EPB) 쉴드 개발
	Conventional Tunnelling	1985	세그먼트 이렉터 개발
			TBM & Shield TBM

그림 M1.7 터널기술의 발전사

관용터널공법 conventional tunnelling

수동지지 개념은 1900년대 Simplon 터널과 같은 대심도(약 2km) 파쇄 암반터널에서 지지토압이 지나치게 과다하게 발생되는 현상을 경험한 이후 회의적 상황을 맞는다. 한편, 스위스 기술자들은 암반의 자립능력과 숏크리트를 이용한 신속한 지보의 중요성을 인지하기 시작하였고, 1960년대 오스트리아 엔지니어인 Rabcewicz가 이를 기술적으로 정리하여, 록볼트와 숏크리트를 이용, 신속한 밀착지보를 통해 '**암반이 스스로 지지하도록 돕는**' 터널공법으로서 NATM(New Austrian Tunnelling Method) 공법을 제안하였다. 지지링 개념의 도입은 **터널의 설계가 기존(ASSM)의 붕괴 방지(수동지지) 개념에서 변형제어 개념으로의 전환**되는 기술적 의미를 갖는다.

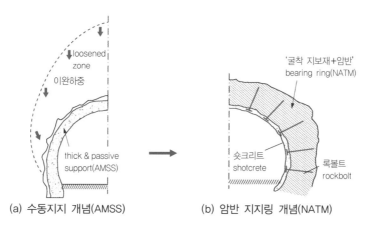

(a) 수동지지 개념(AMSS)   (b) 암반 지지링 개념(NATM)

그림 M1.8 터널 형성 개념의 진화 : '수동지지' 개념에서 '암반지지 링'으로(after Louis, 1972)

NATM은 20세기 후반, 지반공학을 지배했던 '큰 비용을 들여 인공구조물로 불량지반을 지지하기보다는 원 지반의 지지능력을 향상시켜 스스로 지지하게 하는 원리'를 터널에 도입한 것이라 할 수 있다. NATM은 인공적으로 암반을 지지하려는 노력이 아닌, 암반 자체의 지지능력을 활용하는 것이므로, 터널 설계 개념이 지지능력(support)의 부여가 아닌, 지지능력의 보존(retain or maintain) 개념이라 할 수 있다.

NATM은 변형을 허용하며, 최적의 역학적 평형조건을 경제적으로 달성한다는 개념으로, 1990년대에 들어 프랑스 기술자들(Panet, 1962)에 의해 제안된, 지반과 지보재의 상호작용을 고려하는 내공변위-제어이론(Convergence-Confinement Method, CCM)을 통해 더 잘 이해될 수 있었다. NATM의 암반 지지링(bearing ring) 개념은 1960년대 이래 대표적 관용터널공법(conventional tunnelling method)의 설계 개념으로 자리잡았으며, 1970~1980년대에 독일, 스위스, 이탈리아, 일본, 중국, 프랑스 그리고 우리나라로 확산되어 성공적으로 적용되었다. 하지만 1994년 9월 독일 뮌헨, 서울 2기 지하철 사업 그리고 같은 해 10월 영국 런던 히드로 공항의 터널 붕괴사고는 NATM의 대표적 실패 사례로 기록되었으며, NATM의 연약지반 적용의 한계를 드러냄과 동시에, 이의 적정성에 대한 많은 기술적 논쟁을 촉발하였다.

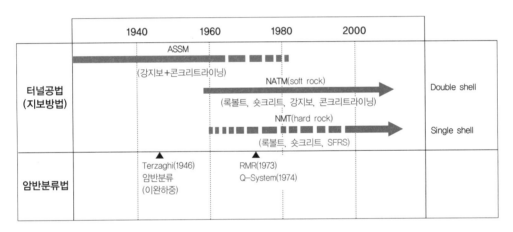

그림 M1.9 관용터널공법의 발전

일부 터널 기술자들은 터널 변형이 막장면에서부터 시작되므로 터널주면뿐 아니라 막장면에도 지보를 설치하는 것이 유용함을 경험하게 되었다. Lombardi(1973)는 막장면 굴착코어(core) 특성곡선 개념을 도입한 바 있으며, 이탈리아의 Lunardi는 종래의 내공변ㅎ위제어 개념에 굴착면의 터널 굴착코어의 압출(extrusion) 변형거동을 포함하는 선(先) 내공변위제어(pre-convergence-confinement) 개념의 ADECO-RS 공법을 제안하였다. NATM이 터널횡단면의 내공변형을 제어하는 것이라면, ADECO-RS(Analysis of Controlled Deformation in Rock and Soils)는 터널 주면 내공변위와 굴착면의 압출변형을 동시에 고려하는 3차원적인 변위제어 개념이다. ADECO-RS는 NATM의 단면분할 방식 대신 코어보호(선행 라이닝)와 굴착면 보강 후 전단면을 굴착하는 방식을 채택한다.

TBM 및 쉴드 TBM mechanized tunnelling

프랑스혁명의 난민이자 기술모험가인 I.M. Brunel이 1818년 영국에서 쉴드(Shield TBM)의 개념적 원형이라 할 수 있는 굴착기 특허를 제출하였고, 이 장치를 이용하여 난관 끝에 런던 템즈강 횡단터널을 건설하였다. 이후 증기기관의 발명, 그리고 **전단면 기계 굴착기인 TBM**(Tunnel Boring Machin)이 개발됨으로써 터널공법의 새로운 한 축인 기계굴착공법 발전의 전기가 마련되었다. 1990년대에 들어 기계화 터널공법이 본격적 여명기를 맞게 되며, 막장압으로 안정을 유지하고, **프리캐스트 세그먼트 라이닝**으로 굴착면을 지지하는 쉴드 TBM 공법이 개발되었다. 쉴드 TBM 공법은 환경문제 및 지하수 대응에 유리하고, 투입 인력 감소에 따른 경제성 개선으로 도시지역을 중심으로 기존의 관용터널공법을 빠른 속도로 대체해나가고 있다.

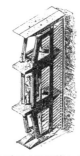 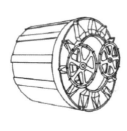 

(a) 1825 마크 브루넬(M. I. Brunel)　　(b) 1931 모스크바　　(c) 현대식 쉴드 TBM
　　(11.3m×6.7m)의 3조 중 1조　　　　　지하철

그림 M1.10 쉴드 TBM 장비의 개발 역사

HERA	Sydney	Hamburg	Groene Hart	Madrid	Shanghai	Sparvo	Chunfeng	Santa Lucia	Seattle	Hongkong	St. Petersgurg
5.95m	10.70m	14.20m	14.87m	15.20m	15.43m	15.62m	15.8m	15.87m	17.5m	17.6m	19.25m
1985	1996	1997	2001	2006	2006	2010	2019	2016	2013	2013	Concept

그림 M1.11 쉴드 TBM의 발달 : 터널 직경 확대 과정(Herrenknecht, 2019 Naple ITA)

1.3 터널 지하공간의 미래 전망과 과제

지하공간은 지상의 많은 문제를 해결해줄 우리에게 남아 있는 거의 유일한 대안공간으로서, 우리에게 남겨진 마지막 **공간자원**이라고들 한다. 지하공간이 인간 활동의 미래공간으로서 친환경성, 안전성, 지속가능성 측면에서 지상공간에 대해 비교우위에 있고, 비용과 기술 측면에서도 지상건설과의 격차를 **빠른 속도로** 줄여가고 있다.

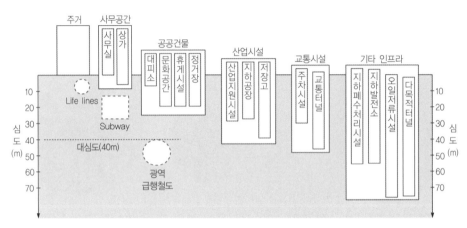

그림 M1.12 지하심도에 따른 지하공간의 활용

터널 지하공간의 미래 전망

터널 지하공간은 친환경성, 편의성, 안정성이 탁월하며, 무장애 연결, 갈등관리의 해소책 등으로서 유용한 역할을 담당해왔다. 터널 지하공간의 기능적 장점과 우리 사회의 입지와 관련한 공간갈등 사례를 고찰함으로써 터널 지하공간의 미래를 전망해볼 수 있다.

터널 지하공간의 친환경성. 예를 들어, 반경이 R인 반구형 산지를 넘어가는 도로를 계획한다고 할 때, 터널 직선 통과길이는 $2R$이지만, 이를 우회하는 반구(半球)의 지표 도로는 πR로서 터널보다 1.57배 더 길다. 오염 배출이 도로연장에 비례한다고 단순 가정하면, 지표 우회도로가 오염물질을 1.57배 더 배출한다. 더구나 지상 우회도로에서 배출된 오염은 관리가 불가하나 터널 내에서 발생된 오염물질은 환기시스템을 이용하여 포집·처리가 가능하다.

터널 건설로 야기되는 지하수 유출문제, 그리고 지하시설물로부터 초래될 수 있는 지하수의 오염문제는 비배수 구조를 채택함으로써 해결 가능하다. 경부고속도로 천성산 원효터널 건설에서 문제가 되었던 터널의 지하수 환경영향에 대한 우려가, 다만 기우였다는 사실이 사후 환경조사로 밝혀졌음을 주지할 필요가 있다.

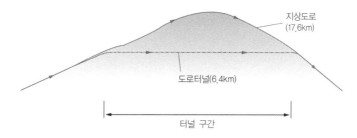

지상도로
(17.6km)

도로터널(6.4km)

터널 구간

그림 M1.13 터널의 환경편익(가지산 터널. 연장 17.6km의 기존 지상도로를 6.4km의 터널로 단축)

지하공간의 편의성과 경제성. 지하공간은 온도의 급격한 변화가 거의 없는 정온성을 확보할 수 있으며, 소음과 진동을 차단할 수 있어 환경적으로도 매우 우호적이다. 그 외에도 위해한 환경으로부터 보호, 온도·습도 조절 용이, 청정상태 유지, 폭발과 같은 위험 대응에도 유리하다.

한편 지하의 토지가격은 지상에 비해 상대적으로 매우 저렴하며, 심도가 깊어질수록 토지 비용은 감소한다. 건설비용과 생애주기 비용의 저감은 산업시설과 교통인프라를 지하로 유인하는 주요 요인이다.

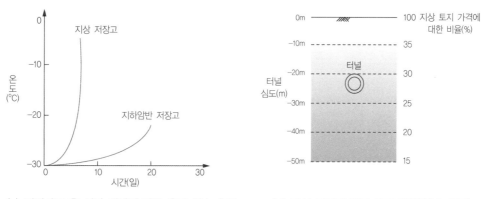

(a) 정전사고 후 시간 경과에 따른 온도 상승 추이   (b) 건설 깊이에 따른 토지 비용(일본, 동경)

그림 M1.14 지하공간의 개발 용이성과 편의성

지하공간의 안전성. 지하핵실험이 방사능 영향을 차단하기 위한 것이라면, 지상 방사능에 대하여 안전을 확보할 수 있는 공간도 지하일 것이다. 지하공간은 이제 안전이 문제가 아니라, 안전을 보장하는 공간으로 기능하게 되었다. 우리 주변의 모든 터널과 지하공간은 지진 등의 재해 시 대피시설로 지정되어 있다. 재난과 위기 대응을 위한 지하공간 활용은 앞으로 더욱 활성화될 전망이다.

도시의 입체적 이용 -지상을 보다 쾌적하게. 도시에서 비선호 시설의 지하화 요구는 점점 더 거세지고 있다. 쓰레기 적환장, 하수처리시설 등 시민이 기피하는 시설을 지하에 둠으로써 부족한 토지부족문제를 해결하며 동시에 지상공간을 보다 쾌적하게 유지할 수 있다. 기피시설 지하화는 결국 지상공간의 삶의 질 개선을 위한 것으로 시민의 요구에 따라 점차 확대되어갈 수밖에 없을 것이다.

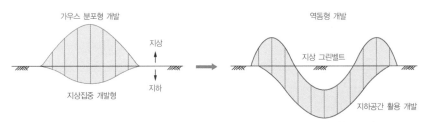

(a) 도시의 토지 이용 Paradigm Shift(가우스 분포형 개발 → 역돔형 개발)

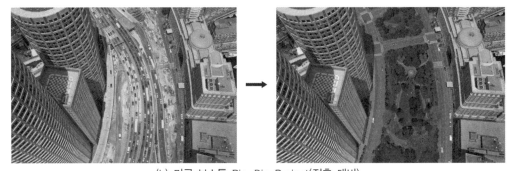

(b) 미국 보스톤 Big-Dig Project(전후 대비)

그림 M1.15 도시개발 패러다임의 전환(지상개발을 지하로, 지상은 녹지로)

무제약 인적·물적 소통을 위한 연결공간: 지형의 고저는 인적·물적 소통을 어렵게 하며, 풍랑은 육지와 섬 간 교통을 폐쇄시키고, 눈·비는 산악 교통로의 출입을 통제한다. 한편 수도권을 비롯한 대도시 권역에서는 도시의 확대와 자동차수 증가에 따라 지상교통의 정체가 날로 심해지고 있다. 이러한 인적, 물적 소통의 제약을 극복하는 무장애 연결로가 터널과 지하공간건설을 통해 현실로 구현되고 있다. 무장애 교통로의 시간단축 이득은 우리 사회의 삶의 질 향상에 기여하며, 국가의 글로벌 경쟁력을 획기적으로 강화해준다.

그림 M1.16 도시 교통체증, 지하철 건설을 견인하다!

갈등의 해소처인 지하공간. 지상의 많은 국토개발 사업 및 인프라 계획이 주민민원, 재산권 침해 등의 반대로 좌절되는 상황이 증가하고 있다. 일례로 최근 소요를 겪은 밀양 송전탑과 같은 지상 부담시설과 관련한 갈등은 앞으로 더욱 더 늘어나, 지하화에 대한 요구도 끊임없이 제기될 것으로 예상된다. 지하화에는 천문학적 비용이 소요되므로 막무가내의 지화화의 주장도 문제가 있지만, 지하화를 수용할 만한 기술적 능력의 한계를 극복할 노력의 부족도 고민해봐야 할 부분이다. 신속하고 경제적인 터널 건설기술의 개발로 사회적 갈등을 극복할 수 있다면, 터널 지하공간 공학에 대한 사회적 인식은 물론, 위상 제고에도 큰 기여가 될 것이다.

그림 M1.17 터널공학의 과제-송전선로 지하화 요구 민원

터널 지하공간 분야의 과제

지하공간이 미래 공간자원이라는 데 많은 이들이 동의함에도 불구하고, 이의 개발에는 많은 제약과 거부감이 따르고 있다. 그 주된 이유는 고가의 건설비, 안전성 우려 그리고 지하에 대한 정서적 거부감에 기인한다.

그림 M1.18 지하 암반 콘서트 홀(Rock Concert?)

정서적 거부감의 극복. 지하공간의 생활이 지상의 생활과 아무런 생리학적 차이를 야기하지 않는다는 연구 결과가 있었지만, 지하공간의 폐쇄성, 단조롭고 지루한 환경, 사회적 접촉 제약 등 좁고 답답함에 따른 심리적, 정서적 문제는 지하공간에 대한 간과할 수 없는 취약점이다. 이러한 문제들은 태양광의 유입, ITC 기술의 적용, 창의적 설계를 통한 폐쇄성의 완화 등 다양한 노력으로 완화 또는 해소되어야 한다.

안전에 대한 신뢰 확보. 지하공간 이용에 대한 가장 큰 우려는 안전문제에서 나온다. 터널건설 중 붕괴사고가 간혹 보도되지만, 이는 대부분 건설 중의 문제로서 기술로 극복해야 할 부분이다. 안전에 대한 보다 근본적인 문제는 운영 중 폐쇄된 공간으로서 진출입 동선이 제약되므로 사고나 화재 발생 시 큰 재난으로 이어질 가능성을 완전히 배제할 수 없다는 사실일 것이다. 지하 안전문제는 적어도 고층건물에 적용하는 기준 이상으로 엄격히 다루어 지하안전을 신뢰할 수 있도록 개선할 필요가 있다.

비용 저감과 기술개발. 지하공간의 에너지, 상하수, 통신 등의 공급, 그리고 하수, 폐기물 등의 처리는 지상에 비해 요구되는 기술 수준이 높고, 비용 소요도 크다. 따라서 지하공간의 공급처리 비용의 상승문제를 경제적으로, 그리고 효율적으로 처리할 아이디어와 기술 개발이 요구된다. 더 넓게는 터널사업의 경제적 타당성을 획기적으로 향상시키는 그림 M1.19의 SMART 프로젝트와 같은 창의적 시도가 필요하다.

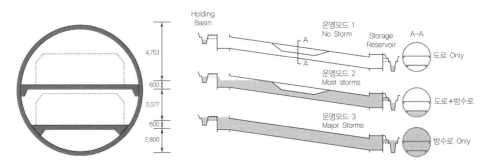

그림 M1.19 An innovative idea : SMART 프로젝트(Stormwater Management And Road Tunnel)
(다목적 터널 : 직경 13.26m, Slurry TBM 굴착, 복층터널, Kuala Lumpur, Malaysia)

나아갈 길

지상의 삶의 질 개선을 위한 시민의 시설 지하화 요구에 따른 터널 지하공간의 수요는 앞으로 더욱 늘어날 전망이며, 이에 따라 지하공간의 안전 수준 향상, 경제성 제고에 대한 기대 또한 더욱 높아질 것으로 예상된다. 이에 따라 안전하고, 개선된 환경을 조성할 수 있도록 체계적이고 지속적인 터널 기술개발 노력이 지속되어야 할 것이다.

한편, 지하시설물은 한번 건설되면 수정이나 변경이 용이하지 않다. 따라서 국토 및 도시 계획을 통한 지하공간의 통합적 관리에 대한 이성적 논의를 통해 지하공간 이용에 대한 국토 및 도시 계획적 마스터플랜(master plan)을 수립하여 지하공간의 난개발을 제어할 필요가 있다.

Paul Cooper Plan과 Hyper Loop

교통체증이 심하여 자기 집에서 공항까지 터널을 뚫는 사람이 있다는 사실을 믿겠는가? 전기차 테슬라(Tesla), 우주왕복선의 재사용 기술(Space-X)에서 혁신의 아이콘으로 알려진 알란 머스크가 그 주인공이다. 그는 젊었을 때 가졌던 꿈 세 가지 중 두 가지를 이미 실현하였고, 마지막 남은 하나인 마찰을 배제한 자기부상 교통시스템인 Hyper Loop를 이제 구현단계에 올려놓고 있다. 시속 1,200km의 Hyper Loop Pilot Project가 세계 여러 곳에서 시도되고 있고, 이미 일부 지역에서는 시험주행을 마치고 상업운전을 위한 준비가 진행되고 있다.

이러한 미래를 예견한 사람이 있었다. 미국의 물리학자 Paul Cooper. 그는 마찰저항이 없는 무중력상태에서(in airless & frictionless system), 지구의 두 점 간 직선 이동시간은 길이에 관계없이 무조건 42분이 소요됨을 물리학적으로 입증하였다.

폴 쿠퍼(Paul Cooper)의 이론에 따르면 지구상의 어떤 두 점을 연결하는 터널을 건설하여 마찰이 없는 진공상태를 유지할 수 있다면 북경이든, 런던이든, 뉴욕이든 서울에서 42분 후면 도착할 수 있다. 점보제트기로 서울에서 11시간 이상을 날아야 런던에 도착한다는 사실을 생각하면, 지하공간을 이용한 고속 이동은 전혀 새로운 도전이다.

현재까지 맨틀 층을 확인하려고 지각을 뚫는 실험이 계속되고 있지만, 공개된 기록은 20km를 상회하는 정도에 불과하고 아직 아무도 그 이하를 들여다보지 못했다. 지각두께가 100km에 달하고, 지하 12km까지 지층을 뚫은 기술로 볼 때 지구의 원주를 몇 구간으로 나눈다면 폴 쿠퍼의 수학적 가설에 따라 수 시간에 세계일주가 가능해질지도 모를 일이다. 문제는 터널 건설 기술이다. TBM을 이용한 세계 최고 굴진속도 기록은 70m/day 수준에 불과하다. New York과 London 간 직선거리가 약 2,600Km임을 감안하면, 쉬지 않고 굴착해도 지금 기술로는 120여년이 소요된다.

※ Tunnel : 언어별 표기-Tunnelling(영) / Tunneling(미)

(독일) : Tunnel   (터키) : Tunel / Podzenmni
(프랑스) : Tunnel / souterrainn   (이탈리아) : Tunnel / galleria
(일본) : トンネル(돈네루)   (러시아) : тоннель(톤넬)
(이탈리아) : traforo
(중국) : 坑道[kēng do]

1.4 터널 학습을 위한 터널 용어 정의 Tunnel Terminologies

터널의 기하구조

터널의 배치와 위치. 터널 프로젝트는 규모와 용도, 기하학적 특성이 다른 여러 기능을 가진 터널이 조합되는 일종의 터널시스템으로 건설된다. 이 중 본래 목적, 즉 주 기능을 담당하는 터널을 '본선터널(main line tunnel)'이라 하며, 본선을 건설하거나, 기능 유지 등을 위하여 수직갱, 사갱, 횡갱 등이 함께 건설된다.

그림 M1.20 터널의 명칭

터널의 지중 위치와 크기를 나타내는 심도(depth), 토피, 폭, 높이는 그림 M1.21과 같이 정의한다.

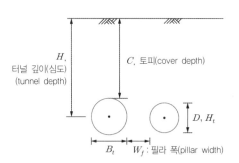

그림 M1.21 터널 위치와 크기의 기하학적 정의

- 토피(cover depth, C) : 터널의 껍데기 두께로서 터널천장에서 지표까지의 최단거리
- 터널 심도(깊이)(tunnel depth, H) : 터널 중심에서 지표까지의 최단거리
- 터널 폭(width of tunnel, B_t) : 터널 단면을 수직 투영했을 때 수평 최대폭
- 터널 높이(height of tunnel, H_t) : 터널 바닥에서 천장까지의 수직 거리
- 터널 중심 : 원형 터널의 경우 원의 중심, 비원형은 주 원호곡선의 중심
- 갱구(portal) : '갱문'이라고도 하며, 터널 입구(경사지형의 표토 층에 위치하여 안정유의 대상)
- 필라(piller width, W_f) : 두 개 이상의 터널이 위치할 때 터널 굴착면 간 최소거리

터널 단면. 터널에 대한 기술적 소통을 위해 단면의 특정 위치를 그림 M1.22와 같이 구분하여 칭한다.

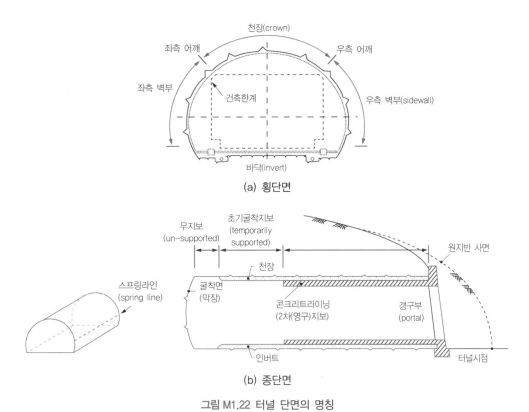

그림 M1.22 터널 단면의 명칭

- 천장(또는 천단, crown) : 터널의 최상부 정점. 천장부는 터널의 천장의 좌우 어깨 사이의 구간
- 스프링라인(spring line) : 터널 단면 중 최대 폭을 형성하는 점을 종방향으로 연결하는 선
- 터널 어깨(tunnel shoulder) : 터널의 천장(단)과 스프링라인의 사이 또는 중앙점
- 측벽(side wall) : 터널어깨 하부로부터 바닥부에 이르는 구간
- 인버트(invert) : 터널 단면 하반의 바닥 부분. 원형 터널은 바닥부 90도 구간의 원호

터널 건설공법 tunnelling methods

터널 건설공법은 크게 발파 위주의 굴착과 숏크리트 등 전통적 지보방식을 채택하는 **관용터널공법 (conventional tunnelling)**과 전단면 기계굴착법인 **쉴드 TBM 공법**으로 대별할 수 있다.

관용터널공법(conventional tunnelling method). 대표적 관용터널공법은 NATM(New Austrian Tunnelling Method) 공법이다. 이 공법은 SEM(Sequential Excavation Method, 미국), SCL(Sprayed Concrete Lining, 영국) 등으로도 일컫는다. 주로 발파(Drill & Blast) 방식으로 굴착하며, 숏크리트, 록볼트, 강지보를 지보재로 사용한다.

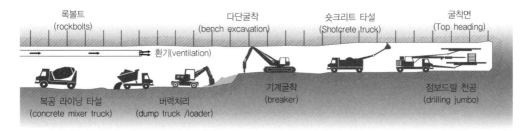

(a) 공법 전개도

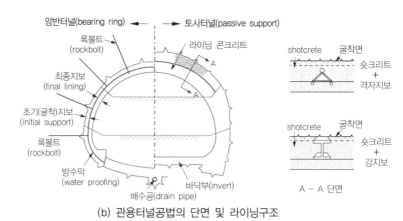

(b) 관용터널공법의 단면 및 라이닝구조

그림 M1.23 관용터널공법(NATM)

- 굴착면(막장, face) : 터널 내에서 굴착작업이 진행되는 최전방 영역(tunnel heading)
- 버력(muck) : 터널 굴착과정에서 발생하는 발파 암, 암석조각, 토사 등의 총칭
- 벤치(bench) : 터널 단면을 수평으로 분할하여 굴착하는 경우, 분할 수직단차
- 숏크리트(shotcrete) : 노즐로 가압시켜 분사 타설하는 콘크리트(뿜어붙이기 콘크리트)
- 록볼트(Rock Bolt) : 절리암반의 보강 또는 지보를 목적으로 천공하여 삽입 정착하는 강봉형 지보재
- 강지보(steel support) : 터널지보재로 설치하는 H-형강, I-형강 또는 격자지보재(lattice girder)의 총칭
- 라이닝(lining) : 터널의 굴착벽면에 연하여 얇게 시공되는 터널의 지지 부재(숏크리트라이닝, 콘크리트 라이닝)

쉴드 TBM + 세그먼트 라이닝 공법. 쉴드 TBM(Tunnel Boring Machine) 공법은 원통형 전단면 굴착기로 굴착하고, 지상에서 제작한 프리캐스트 라이닝 조각 부재인 세그먼트를 굴착부에 원형 링(ring)으로 조립하여 터널을 형성하는 공법이다. 쉴드 없이 굴착하는 TBM은 주로 경암반에 사용되며(hard rock TBM), 쉴드 TBM은 연약지반에 주로 적용하는 공법으로 막장압 구현방식에 따라 토압식(Earth Pressure Balance, EPB)과 슬러리(slurry) 방식이 있다.

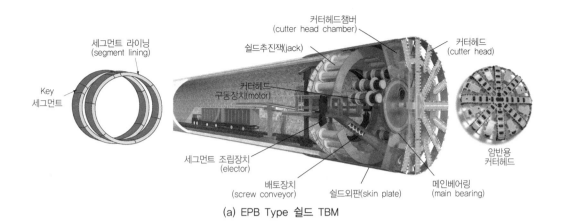

(a) EPB Type 쉴드 TBM

(b) Slurry Type 쉴드 TBM

그림 M1.24 쉴드 TBM과 세그먼트 라이닝

- 쉴드 TBM(shielded tunnel boring machine) : 커터가 부착된 회전형 커터헤드를 장착한 원통형 철제구조의 전단면 굴착기를 쉴드 TBM이라 한다.
- EPB 쉴드 : 유동성 토사의 토압으로 막장면의 토압을 지지하며 굴착하는 TMB 장비
- Slurry 쉴드 : Surry 용액(이수, 벤토나이트 용액)의 압력으로 막장면의 토압과 수압을 지지하는 TBM 장비
- 세그먼트(segment) : 공장 제작한 라이닝 조각부재. 이를 원형으로 연결한 것을 세그먼트 링(ring) 또는 세그먼트 라이닝(segment lining)이라 한다.

분류 기준	구분	개념도
터널 용도 (usage)	• 철도(도시철도)터널 • 도로터널(road tunnel) • 수로터널(상하수, 도수) • 산업용(통신, 전력)	 철도터널　　도로터널　　전력구터널
시공 방법 (construction method)	• 개착식 터널(cut & cover) • 굴착식 터널(bored tunnel) • 침매터널(immersed tunnel) • 추진관 터널(pipe jacking)	 개착　　굴착식 터널　　침매터널　　추진관
건설 위치 (tunnel location)	• 도심지터널(urban tunnel) • 산악터널(mountain tunnel) • 해(하)저터널(subsea tunnel)	 도심터널　하저터널　　산악터널
터널 깊이 (tunnel depth)	• 대심도(토피>40m) 　(deep tunnel) • 천층(얕은)터널(토피<40m) 　(shallow tunnel)	 천층터널　　대심도터널 40m 이상
길이(연장) (tunnel length)	• 짧은 터널(1km 이하) • 보통 터널(1~3km) • 장대 터널(3~10km) • 초장대 터널(10km 이상)	 <1km <(1~3)km <(3~10)km >10km
단면 크기 (sectional area)	• 초대단면 터널(100m² 이상) • 대단면 터널(50~100m²) • 중단면 터널(10~50m²) • 소단면 터널(<10m²)	 도로 터널 A=77m²　철도 터널 A=87m²　지하철 터널 A=89m²　고속도로 터널 A=94m²　고속철도 터널 A=141m²
단면 형상 (tunnel shape)	• 원형 터널(circular tunnel) • 마제형(horseshoe-shaped) 터널 • 란(계란)형(egg-shaped) 터널	 원형(circular)　마제형 비원형(non-circular)　란형(egg-shaped)
지질(반) 조건 (ground conditions)	• 연약지반터널 　(soft ground tunnel) • 암반터널(rock tunnel)	 Soft ground tunnel　　Rock tunnel
기울기 (tunnel alignment)	• 수평터널(horizontal tunnel) • 경사터널(사갱)(inclined tunnel) • 수직터널(수직갱, shaft)	 수직갱(shaft)　사갱　수평터널
차로(車路) 의 배치 (철도)	• 복선터널(double track tunnel) • 단선터널(single track tunnel) • 단선병렬터널(twin tunnel)	 복선터널　　단선터널　　단선병렬터널

CHAPTER 02
Theoretical Analysis of Tunnelling
터널의 이론해석

Theoretical Analysis of Tunnelling
터널의 이론해석

터널 건설은 지반, 지하수, 구조물 등 여러 매질이 관련되고, 다양한 경계조건, 흐름과 변위의 결합거동 등의 복잡성으로 인해 이론적으로 다루기가 용이하지 않다. 하지만 터널을 단순화 및 이상화한 이론 모델로부터 터널거동의 연속해(closed-form solution)를 얻을 수 있으며, 이론해는 터널거동에 대한 공학적 직관을 체득하는 데 유용하다. 터널에 대한 유추 이론인 탄성원통이론(elastic cylinder theory)과 평판 내 공동이론(theory of circular hole in plate)으로부터 터널 라이닝과 주변지반거동을 고찰할 수 있으며, 내공변위-구속이론(CCM)으로부터 지반과 터널지보재 간 상호작용에 의한 터널 형성의 원리를 이해할 수 있다.

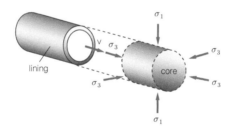

터널 굴착면 코어의 응력상태

터널 이론해의 학습을 통해 터널의 거동을 직관적으로 이해하거나 터널거동의 예비검토를 위한 역학적 펀더멘탈을 갖출 수 있다. 이 장에서 다룰 주요 내용은 다음과 같다.

- 터널거동의 이론해석법
- 원통이론 : thin cylinder theory & thick cylinder theory
- 평판 내 공동이론 : theory of circular hole in plate
- 내공변위 − 구속 이론 : convergence−confinement theory

2.1 터널거동의 이론해석

실제 터널은 공간적으로 변화하는 지층 내에 비원형으로 건설되는 경우가 많다. 따라서 터널문제는 경계조건이 불명확하고 지층별 물성의 변화가 상당하여, 이를 이론적으로 다루기 위해서는 **많은 가정과 상당한 단순화**가 필요하다. 그림 M2.1에 터널을 이론적으로 다루기 위한 기본 가정들을 예시하였다.

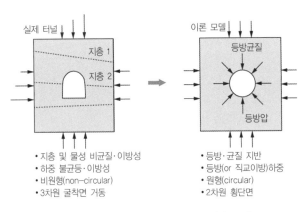

그림 M2.1 실제터널조건과 터널이론해석 모델

터널 이론해석은 거의 대부분 기하학적으로 **원형 단면의 축대칭조건을 가정**한다. 터널 라이닝은 탄성거동을 전제로 하며, 하중조건은 축대칭 등방압 또는 정지지중응력(geostatic stress)의 직교이방성 응력 조건을 가정한다.

터널거동의 이론해석법

터널공학에서 주로 다루는 터널 해석이론을 그림 M2.2에 정리하였다. 이론해법을 이용하여 축대칭 원형 터널의 라이닝 및 지반의 응력과 변형거동에 대한 **직관(intuition)**을 체득할 수 있다.

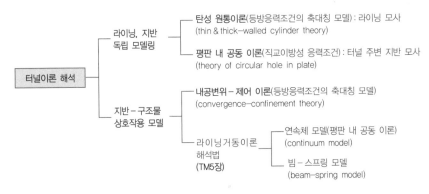

그림 M2.2 터널의 이론 해석법

터널이론 해석의 가장 단순한 접근은 고체역학(solid mechanics)의 **탄성 원통이론**(elastic cylinder theory)을 이용하는 것이다. 탄성 원통이론은 원래, 압력상태의 파이프 또는 관로(pipe, conduit) 거동을 2차원으로 다룰 때 사용하는데, 이 이론으로 터널의 거동을 유추할 수 있다. 원통이론에는 얇은 원통이론(thin-walled cylinder theory)과 **두꺼운 원통이론**(thick-walled cylinder theory)이 있다. 얇은 원통이론은 터널 라이닝의 거동 유추에, 두꺼운 원통이론은 터널 주변의 지반거동 유추에 유용하다.

평판 내 공동이론(theory of circular hole(cavity) in plate)은 이방성 정지지중응력 조건(geostatic stress condition)에 대한 터널 주변 지반의 탄소성거동 조사에 유용하다. 그림 M2.3에 터널의 이론 모델링 기법을 비교하였다.

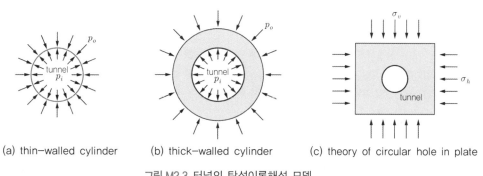

(a) thin-walled cylinder   (b) thick-walled cylinder   (c) theory of circular hole in plate

그림 M2.3 터널의 탄성이론해석 모델

탄성원통이론과 평판 내 공동이론은 **지보재 거동을 단지 내압으로만 고려**하므로 지반과 라이닝의 상호작용을 고려하기 어렵다. 또한 터널굴착은 굴착면(막장)에서 3차원 거동을 하므로 굴착의 영향을 2차원 횡단면으로 고려하는 데 한계가 있다. 1960년대 Panet 등에 의해 제안된 **내공변위-제어이론**(Convergence-Confinement Method, CCM)은 3차원적 터널 굴착거동을 2차원적으로 모사하여 라이닝-지반 상호작용을 고려하는 순수터널공학 이론이다. CCM을 통해 대표적 관용터널공법인 NATM의 원리를 이해할 수 있으며, 지반의 지지능력을 고려하는 '**지지링**(bearing ring)' 개념의 설명이 가능하다.

굴착영향이 배제된 완공 후 터널은 지층, 단면형상, 하중조건이 급격히 변화하지 않는 한 대부분 2차원 조건으로 모델링하는 데 문제가 없을 것이다. 터널굴착에 대한 이론해석의 가정과 단순화의 의미와 모델링의 한계를 BOX-TM2-1에 설명하였다.

NB : 실제 터널의 복잡한 경계조건, 기하학적 부정형성, 공간적으로 변화하는 물성 그리고 이방성 응력조건을 고려하기 위하여, 실무에서는 주로 수치해석법을 이용하여 굴착 중 터널의 거동을 해석한다(TM4장 터널 수치해석 참조). 평판 내 공동이론도 모델링의 단순성에도 불구하고, 지반–라이닝 상호작용을 포함한 상대강성 문제를 다룰 수 있어, 연속체 모델 또는 빔–스프링 모델의 형태로 라이닝 이론해석법(TM5장 라이닝 구조해석 참조)으로 발전하였으며, 실무의 원형 터널의 라이닝(예비)설계에 현재에도 사용되고 있다.

터널 이론해는 등방균질의 지반에 건설되는 축대칭 원형 터널을 가정한다. 축대칭 조건은 3D 문제를 2D로 단순화 해준다. 이 경우 물성과 하중도 축대칭이어야 하나, 터널 문제는 지층변화, 경계조건, 하중상태가 축대칭조건이 되는 상황이 흔하지 않다. 일반적으로 터널 심도가 터널 직경에 비해 현저히 크고(5배 이상), 측압계수(K_o)가 1.0에 가까운 조건에서만 축대칭 가정이 타당하다.

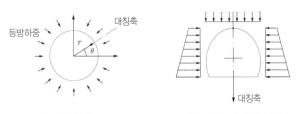

축대칭 원형 터널　　　　　좌우대칭 마제형 터널

굴착 중 터널은 굴착면에서 3차원(3D) 응력상태에 있지만 터널을 완성하고 나면 어느 위치의 단면에서도 응력상태가 동일하다고 가정할 수 있으므로 2차원(2D) 평면변형문제로 다루는 경우가 많다. 3차원 응력조건의 터널 굴착을 2차원 평면변형 문제로 모사하는 것은, 점진 굴착이 아닌 터널의 전체 구간을 동시에 들어낸다는 함의가 있음을 유념하여야 한다.

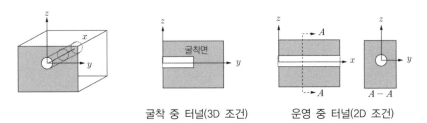

굴착 중 터널(3D 조건)　　　　　운영 중 터널(2D 조건)

굴착 중인 터널은 원칙적으로 3D로 고려하는 것이 타당할 것이나, 3D 모델은 기하학적 형상, 응력장과 경계조건의 복잡성 등으로 인해 이론해를 얻기 어렵다. 따라서 터널굴착을 2차원 횡단면으로 모델링하는 경우, 해당 단면에서 일어나는 '굴착접근→굴착→라이닝 설치→막장 진행' 과정을 고려할 수 있어야 한다. 통상 지반하중을 라이닝 설치 전후로 구분하여 단계별로 재하하는 하중 분담 재하법을 사용하며, 이 경우 분담을 정의하는 경험파라미터가 필요하다(이는 주로 수치해석법에서 사용하는 굴착 모델링 방법으로서 TM4장에서 상세히 다룬다).

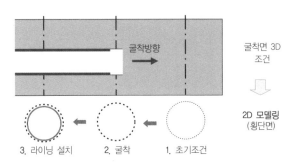

터널 굴착면 3차원 조건의 2차원 모델링

2.2 탄성 원통이론 Elastic Cylinder Theory

2.2.1 얇은 원통이론 Thin-walled Cylinder Theory

터널을 축대칭 등방압을 받는 원형 탄성체로 가정할 수 있고, 라이닝 두께가 터널의 크기에 비해 무시할 정도로 얇은 경우, 반경응력은 무시($\sigma_r \approx 0$)하고 접선(축)응력(σ_θ)만 고려할 수 있다. 일반적으로 **원통 두께가 내측 반경의 10%**($t < 0.1 r_o$, r_o : 터널반경, t : 원통 두께) 이내일 때, 이런 가정이 성립한다. 이러한 조건의 원통거동 이론을 고체역학(solid mechanics)에서 얇은 원통이론(thin-walled cylinder theory)이라 한다. 얇은 원통은 방사형 등방응력을 가정할 수 있는 깊은 원형 터널($H \gg D$)의 '**라이닝**'으로 유추할 수 있다. 얇은 원통이론은 방사형 등방응력조건을 전제로 하므로, 토피(H)가 직경(D)의 5배($H > 5D$) 이상이며, 측압계수가 $K_o \approx 1.0$인 조건일 때, 원형 터널의 라이닝 거동 유추에 부합하다.

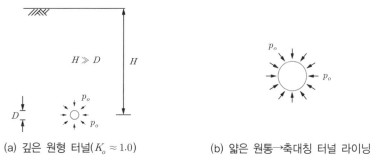

(a) 깊은 원형 터널($K_o \approx 1.0$)   (b) 얇은 원통→축대칭 터널 라이닝

그림 M2.4 얇은 원통이론과 터널 라이닝 유추

응력해 stress solutions

그림 M2.4(b)와 같이 얇은 무한길이의 원통이 축대칭응력상태에 있다고 가정하면, 두께가 얇은 원통의 경우 반경방향 응력과 전단응력은 무시할 만하여, $\sigma_r \approx 0$, $\tau_{r\theta} \approx 0$로 가정할 수 있다. 따라서 접선방향 응력 σ_θ만 고려하면 된다. 그림 M2.5의 원통에 작용하는 내압과 외압이 각각 p_i와 p_o라 하자.

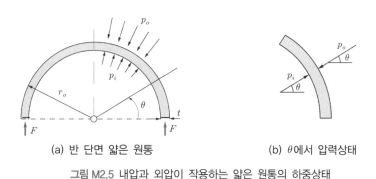

(a) 반 단면 얇은 원통   (b) θ에서 압력상태

그림 M2.5 내압과 외압이 작용하는 얇은 원통의 하중상태

반단면 자유물체도의 수직방향 평형을 고려하면, 압력차는 다음과 같다.

$$\sum p = 2\left(\int_0^{r_o}\int_0^{\pi/2} p_o\sin\theta\, d\theta\, dr - \int_0^{r_o}\int_0^{\pi/2} p_i\sin\theta\, d\theta\, dr\right) = 2r_o(p_o - p_i) \tag{2.1}$$

식(2.1)은 원통의 단면력과 평형조건을 이루므로, $\sum F = 2\sigma_\theta t$ 이고, $\sum F = \sum p$ 에서 $2\sigma_\theta t = (p_o - p_i)2r_o$ 이므로, 접선(축)응력은

$$\sigma_\theta = (p_o - p_i)\frac{r_o}{t} \tag{2.2}$$

단위길이당 축력, $F = \sigma_\theta \cdot t = (p_o - p_i)r_o$

변형해 displacement solutions

얇은 원통문제는 축대칭조건이며, 원통이 충분히 길다고 가정하면 극좌표계 평면 변형률 조건을 이용하여(BOX-TM2-2 참조), $r = r_o$ 에서

$$\epsilon_\theta = \frac{u_r}{r_o}$$

원통의 탄성파라미터를 E, ν 라 하고, Hooke 법칙을 이용하면(BOX-TM2-2), $r = r_o$ 에서 변형률 ϵ_θ 는

$$\epsilon_\theta = \frac{1+\nu}{E}[(1-\nu)\sigma_\theta - \nu\sigma_r] \approx \frac{1}{E}(1-\nu^2)\sigma_\theta = \frac{1}{E}(1-\nu^2)(p_o - p_i)\frac{r_o}{t} \tag{2.3}$$

반경방향 변위 $u_r (= u_{ro})$ 은 접선변형률 정의, $\epsilon_\theta = u_r/r_o$ 로부터

$$u_r = u_{ro} = \epsilon_\theta r_o = \frac{(1-\nu^2)}{E}(p_o - p_i)\frac{r_o^2}{t} \tag{2.4}$$

터널거동 유추

얇은 원통이론은 터널 라이닝을 극히 단순화한 이론이지만 원형 터널의 반경방향 강성과 변형특성을 고찰하는 데 매우 유용하다. 얇은 원통이 라이닝을 모사한다고 할 때, 라이닝은 외압 p_o 와 내압 p_i 의 차를 지지하여야 하므로 라이닝의 순지지압(p_s)은 $p_s = (p_o - p_i)$ 이 된다. 따라서 라이닝지지압과 내공변형의 관계는 다음과 같다. 터널 중심방향의 변형을 (+)로 한다.

$$p_s = \frac{E}{(1-\nu^2)}\frac{t}{r_o^2}u_r \tag{2.5}$$

식(2.5) 관계를 $p_s = K_r u_r$로 정의하면, K_r은 원형 터널 라이닝의 등방응력에 대한 반경방향 강성(혹은 링강성, radial stiffness, ring stiffness)이라 할 수 있다. 반경방향 강성 K_r은 식(2.4)로부터

$$K_r = \frac{E}{(1-\nu^2)}\frac{t}{r_o^2} \tag{2.6}$$

$p_s - u_r$ 관계는 그림 M2.6과 같이 나타낼 수 있다. 여기서 E, ν는 라이닝 물성 E_l, ν_l이다.

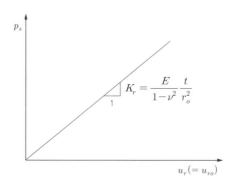

그림 M2.6 $u_r - (p_o - p_i)$ 관계

NB : 평면변형조건을 가정하는 경우, 원통의 축방향(즉, 터널 길이방향) 변형은 $u_l = 0(\epsilon_l = 0)$이며 다음의 축방향 응력이 발생한다($\sigma_l \neq 0$). 원통면에서 $\sigma_r \approx 0$으로 가정하면

$$\epsilon_l = -\frac{1}{E}(\sigma_l - \nu\sigma_\theta - \nu\sigma_r) = 0\text{이므로, } \sigma_l = \nu\sigma_\theta \tag{2.7}$$

예제 충분히 깊은 심도(직경의 5배 이상)에 위치하는 터널의 반경을 r_o에서 $2r_o$로 키웠을 때, 라이닝 응력과 내공변위의 변화율을 알아보고, 변형을 같은 크기로 제어하고자 할 때 라이닝 두께 또는 재료물성을 얼마로 해야 할지 알아보자.

풀이
① 라이닝 접선응력(축응력), $\sigma_\theta = (p_o - p_i)(r_o/t)$이므로, $r_o \rightarrow 2r_o$이면 축응력은 2배로 증가

② 라이닝 내공변위, $u_r = \frac{(1-\nu^2)}{E}(p_o - p_i)\frac{r_o^2}{t}$이고, $r_o \rightarrow 2r_o$이므로 내공변위는 4배로 증가

③ 변형을 같은 크기로 제어하려면 라이닝 두께는 r_o^2/t 값이 일정하여야 하므로, 반경이 2배 증가하면, 두께는 4배 증가시켜야 한다.

④ 단면제약상 두께를 증가시키기 어렵다면, 탄성계수 E를 $4E$로 증가시켜야 한다.

BOX-TM2-2 Fundamental Equations in Polar Coordinate(부록 A1, A2 참조)

원형 터널은 축대칭이므로 극좌표계(polar coordinate system)를 사용하는 것이 편리하다(직교좌표계의 기본 방정식은 지반역공학 Vol.1 제6장 참조).

A. 평형방정식

직교좌표계와 극좌표계의 변수 관계 : $r^2 = x^2 + y^2$; $\theta = \tan^{-1}\dfrac{y}{x}$

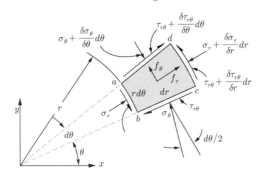

위의 축대칭 요소에서 체적력(body force, f_r, f_θ)을 무시하면

$r-$방향 평형조건, $\qquad \dfrac{\partial \sigma_r}{\partial r} + \dfrac{1}{r}\dfrac{\partial \tau_{r\theta}}{\partial \theta} + \dfrac{\sigma_r - \sigma_\theta}{r} = 0$ $\hfill$ (2.8)

$\theta-$방향 평형조건, $\qquad \dfrac{1}{r}\dfrac{\partial \sigma_\theta}{\partial \theta} + \dfrac{\partial \tau_{r\theta}}{\partial r} + \dfrac{2\tau_{r\theta}}{r} = 0$ $\hfill$ (2.9)

B. 적합방정식

r, θ 방향의 변형을 각각 u_r, u_θ라 하면, 반경방향 변형률(단위반경길이당 반경 변형),

$\epsilon_r = \dfrac{\partial u_r}{\partial r}$ $\hfill$ (2.10)

접선변형률은 u_r로 인한 변형률과 u_θ로 인한 변형률이 기여하므로

$\epsilon_\theta = (\epsilon_\theta)_{u_r} + (\epsilon_\theta)_{u_\theta} = \dfrac{(r+u_r)d\theta - rd\theta}{rd\theta} + \dfrac{(\partial u_\theta/\partial \theta)d\theta}{rd\theta} = \dfrac{u_r}{r} + \dfrac{1}{r}\dfrac{\partial u_\theta}{\partial \theta}$ $\hfill$ (2.11)

전단변형률(반경길이의 회전각)은 u로 인한 변형률과 v로 인한 변형률이 기여하므로

$\gamma_\theta = (\gamma_\theta)_{u_r} + (\gamma_\theta)_{u_\theta} = \dfrac{(\partial u_r/\partial \theta)d\theta}{rd\theta} + \left(\dfrac{\partial u_\theta}{\partial r} - \dfrac{u_\theta}{r}\right) = \dfrac{\partial u_\theta}{\partial r} + \dfrac{1}{r}\dfrac{\partial u_r}{\partial \theta} - \dfrac{u_\theta}{r}$ $\hfill$ (2.12)

C. 평면변형조건(plane strain condition)의 응력-변형률 관계 : Hooke's Law와 $\sigma_l = \nu(\sigma_r + \sigma_\theta)$를 고려

$\sigma_r = \dfrac{E}{1-\nu^2}\left(\epsilon_r + \nu\epsilon_\theta\right), \quad \epsilon_r = \dfrac{1}{E}\{\sigma_r - \nu(\sigma_\theta + \sigma_l)\} = \dfrac{1+\nu}{E}\{(1-\nu)\sigma_r - \nu\sigma_\theta\}$

$\sigma_\theta = \dfrac{E}{1-\nu^2}\left(\nu\epsilon_r + \epsilon_\theta\right), \quad \epsilon_\theta = \dfrac{1+\nu}{E}\left[(1-\nu)\sigma_\theta - \nu\sigma_r\right]$ $\hfill$ (2.13)

$\tau_{r\theta} = G\,\gamma_{r\theta}\ , \qquad\qquad \gamma_{r\theta} = \dfrac{1}{G}\sigma_{r\theta}$

2.2.2 두꺼운 원통이론 Thick-walled Cylinder Theory

두께(t)가 **내측 반경의 10% 이상**인 원통의 경우, 두께에 따른 응력의 변화를 무시할 수 없다. 이러한 원통의 거동이론을 두꺼운 원통이론이라 하며, 심도가 원통의 직경보다 충분히 큰($H \gg D$) **터널의 주변지반거동 유추**에 유용하다. 등방응력상태의 평면변형률 조건으로 가정하며, G. Lame가 최초로 이론해를 유도하였다.

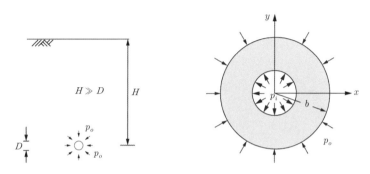

(a) 깊은 원형 터널($K_o \approx 1.0$) (b) 두꺼운 원통 → 축대칭 터널 주변 지반

그림 M2.7 두꺼운 원통이론과 터널 주변 지반 유추(지반유추이론이므로 E, ν는 지반물성)

응력해 stress solutions

내, 외경이 각각 r_o, b인 두꺼운 원통이 등방의 내, 외압 p_i 및 p_o를 받는 경우, 변형은 축대칭으로 일어날 것이다. **축대칭 평면변형조건**을 가정($\epsilon_l = 0$)하면, $r_o \le r \le b$ 구간에서

반경 및 접선방향 변형률, $\epsilon_r = \dfrac{1+\nu}{E}\left[(1-\nu)\sigma_r - \nu\sigma_\theta\right]$ 및 $\epsilon_\theta = \dfrac{1+\nu}{E}\left[(1-\nu)\sigma_\theta - \nu\sigma_r\right]$ (2.14)

r-방향 평형방정식, $\dfrac{d\sigma_r}{dr} + \dfrac{\sigma_r - \sigma_\theta}{r} = 0$ (2.15)

식(2.14)와 (2.15)를 이용하여 응력식을 소거하고 변형의 식으로 나타내면,

$$\frac{d^2 u_r}{dr^2} + \frac{1}{r}\frac{du_r}{dr} - \frac{u_r}{r^2} = 0 \tag{2.16}$$

위 미분방정식의 해는 다음의 형태로 가정할 수 있다.

$$u_r = c_1 r + \frac{c_2}{r} \tag{2.17}$$

식(2.17)을 다시 변형률 식(2.14) 및 (2.15)에 대입하여 응력식으로 다시 전개하면

$$\sigma_r = \frac{1}{1-\nu^2}(\epsilon_r + \nu\epsilon_\theta) = \frac{E}{1-\nu^2}\left[c_1(1+\nu) - c_2\left(\frac{1-\nu}{r^2}\right)\right] \tag{2.18}$$

$$\sigma_\theta = \frac{1}{1-\nu^2}(\epsilon_\theta + \nu\epsilon_r) = \frac{E}{1-\nu^2}\left[c_1(1+\nu) + c_2\left(\frac{1-\nu}{r^2}\right)\right] \tag{2.19}$$

$r=r_o$에서 $\sigma_r = p_i$, 그리고 $r=b$에서 $\sigma_r = p_o$인 경계조건을 이용하면, 상수 c_1, c_2는

$$c_1 = \frac{1-\nu}{E}\frac{(r_o^2 p_i - b^2 p_o)}{(b^2 - r_o^2)}, \quad c_2 = \frac{1+\nu}{E}\frac{r_o^2 b^2 (p_i - p_o)}{(b^2 - r_o^2)}$$

따라서 두꺼운 원통의 단면 응력은 다음과 같이 정리할 수 있다.

$$\sigma_r = -\frac{p_i r_o^2 - p_o b^2}{b^2 - r_o^2} + \left(\frac{p_i - p_o}{b^2 - r_o^2}\right)\frac{r_o^2 b^2}{r^2} \tag{2.20}$$

$$\sigma_\theta = -\frac{p_i r_o^2 - p_o b^2}{b^2 - r_o^2} - \left(\frac{p_i - p_o}{b^2 - r_o^2}\right)\frac{r_o^2 b^2}{r^2} \tag{2.21}$$

σ_θ, σ_r는 각각 최대($\sigma_\theta = \sigma_1$), 최소($\sigma_r = \sigma_3$) 주응력이므로, 최대 전단응력은

$$\tau_{\max} = \frac{1}{2}(\sigma_1 - \sigma_3) = \frac{1}{2}(\sigma_\theta - \sigma_r) = \frac{(p_o - p_i)r_o^2 b^2}{(b^2 - r_o^2)r^2} \tag{2.22}$$

$\tau_{\max}$의 최대치는 $r=r_o$, $p_o = 0$ 조건에서 발생한다.

$$|\tau_{\max}|_{\max} = \frac{p_i b^2}{b^2 - r_o^2} \tag{2.23}$$

무한두께의 원통인 경우($b\to\infty$), 원통 내면에서 응력은 다음과 같다.

$$\sigma_r = p_o + (p_i - p_o)\left(\frac{r_o^2}{r^2}\right) \tag{2.24}$$

$$\sigma_\theta = p_o - (p_i - p_o)\left(\frac{r_o^2}{r^2}\right) \tag{2.25}$$

$b\to\infty$ 및 $r=r_o$인 경우, 즉 원통 내면의 응력은 다음과 같다.

$$\sigma_{ro} = p_i, \quad \sigma_{\theta o} = 2p_o - p_i, \quad \tau_{r\theta o} = 0 \tag{2.26}$$

$$r \to \infty \text{이면}, \; \sigma_r = \sigma_\theta = p_o \tag{2.27}$$

원통의 축방향 응력 σ_l은 평면변형률 조건($\epsilon_l = 0$)으로부터 다음과 같이 계산된다.

$$\sigma_l = \nu(\sigma_r + \sigma_\theta) = 2\nu p_o \tag{2.28}$$

변형률 및 변형해 displacement solutions

반경 및 접선변형률 ϵ_r 및 ϵ_θ는 Hooke의 법칙과 식(2.20) 및 (2.21)을 이용하면

$$\epsilon_r = \frac{1+\nu}{E}\left\{(1-\nu)\sigma_r - \nu\sigma_\theta\right\} = \frac{1+\nu}{E}\left\{-\frac{p_i r_o^2 - p_o b^2}{b^2 - r_o^2}(1-2\nu) + \frac{p_i - p_o}{b^2 - r_o^2}\frac{r_o^2 b^2}{r^2}\right\} \tag{2.29}$$

$$\epsilon_\theta = \frac{1+\nu}{E}\left\{(1-\nu)\sigma_\theta - \nu\sigma_r\right\} = \frac{1+\nu}{E}\left\{-\frac{p_i r_o^2 - p_o b^2}{b^2 - r_o^2}(1-2\nu) - \frac{p_i - p_o}{b^2 - r_o^2}\frac{r_o^2 b^2}{r^2}\right\} \tag{2.30}$$

변형률의 정의로부터 무한두께 원통의 경우($b \to \infty$), 변형률은 다음과 같이 표현할 수 있다.

$$\epsilon_r = \frac{1+\nu}{E}\left\{p_o(1-2\nu) + (p_i - p_o)\left(\frac{r_o}{r}\right)^2\right\} \tag{2.31}$$

$$\epsilon_\theta = \frac{1+\nu}{E}\left\{p_o(1-2\nu) - (p_i - p_o)\left(\frac{r_o}{r}\right)^2\right\} \tag{2.32}$$

반경방향 변형은 변형률을 $u_r = \epsilon_\theta r$로 구하거나, 식(2.17)을 이용하여 구할 수 있다. 식(2.17)을 이용하면

$$u_r = c_1 r + \frac{c_2}{r} = -\frac{1-\nu}{E}\frac{(r_o^2 p_i - b^2 p_o)}{(b^2 - r_o^2)}r - \frac{1+\nu}{E}\frac{r_o^2 b^2 (p_i - p_o)}{(b^2 - r_o^2)}\frac{1}{r} \tag{2.33}$$

무한두께 원통($b \to \infty$)의 경우,

$$u_r = -\frac{1+\nu}{E}(p_o - p_i)\frac{r_o^2}{r} - \frac{(1+\nu)(1-2\nu)}{E}p_o r \tag{2.34}$$

원통 내공면($r = r_o$)에서의 변위 u_{r_o}는

$$u_{ro} = -\frac{1+\nu}{E}r_o(p_o - p_i) - \frac{(1+\nu)(1-2\nu)}{E}r_o p_o = -\frac{1}{2G}r_o(p_o - p_i) - \frac{(1-\nu)}{2G}r_o p_o \tag{2.35}$$

특수조건의 해

① **외압만 있는 경우.** 이 경우는 터널 외부지반의 하중이 터널에 영향을 미치는 상황으로 유추할 수 있다. 식 (2.20), (2.21) 및 (2.33)에 $p_o \neq 0$, $p_i = 0$ 조건을 대입하면, 응력과 변위는 다음과 같다($r_o \leq r \leq b$).

$$\sigma_r = -\frac{b^2 p_o}{b^2 - r_o^2}\left(1 - \frac{r_o^2}{r^2}\right) \tag{2.36}$$

$$\sigma_\theta = -\frac{b^2 p_o}{b^2 - r_o^2}\left(1 + \frac{r_o^2}{r^2}\right) \tag{2.37}$$

$$u_r = -\frac{b^2 p_o r}{E(b^2 - r_o^2)}\left[(1-\nu) + (1+\nu)\left(\frac{r_o^2}{r^2}\right)\right] = -\frac{b^2 p_o r}{b^2 - r_o^2}\left[\frac{(1-\nu)}{E} + \frac{1}{2G}\left(\frac{r_o^2}{r^2}\right)\right] \tag{2.38}$$

여기서, $E = 2(1+\nu)G$이다. 부(−)의 부호는 변위가 원통의 중심을 향해 일어남을 의미한다. 그림 M2.8(a)에 굴착면에서 거리에 따른 응력과 변형률을 각각 p_o와 u_{max}로 정규화하여 나타내었다. 외압의 영향이 터널에 미치는 유의미한 범위는 응력기준으로 굴착경계면으로부터 반경의 약4배 수준으로 나타났다.

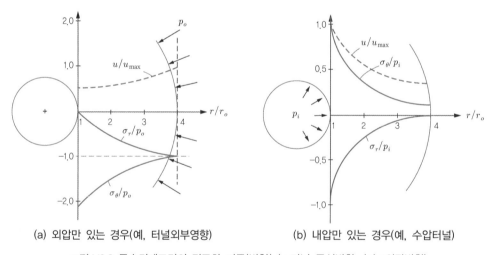

| (a) 외압만 있는 경우(예, 터널외부영향) | (b) 내압만 있는 경우(예, 수압터널) |

그림 M2.8 특수경계조건의 정규화 거동(변형(−) : 터널 중심방향, (+) : 외곽방향)

② **내압만 있는 경우.** $p_i \neq 0$, $p_o = 0$인 경우로 터널내압(수로터널 등)이 탄성지반에 미치는 상황으로 유추할 수 있다. 식(2.20), (2.21) 및 (2.33)에 $p_o \neq 0$, $p_i = 0$ 조건을 대입하면, 응력과 내공변위는 다음과 같다.

$$\sigma_r = \frac{r_o^2 p_i}{b^2 - r_o^2}\left(1 - \frac{b^2}{r^2}\right) \tag{2.39}$$

$$\sigma_\theta = \frac{r_o^2 p_i}{b^2 - r_o^2}\left(1 + \frac{b^2}{r^2}\right) \tag{2.40}$$

$$u_r = \frac{r_o^2 p_i r}{E(b^2 - r_o^2)}\left[(1-\nu) + (1+\nu)\frac{b^2}{r^2}\right] \tag{2.41}$$

그림 2.8(b)에 응력과 변형을 각각 p_i 및 u_{max} 로 정규화하여 나타내었다. 이 경우에도 내압 p_i 로 인한 σ_r 의 유의미한 영향범위는 터널 경계로부터 반경의 약 4배 정도로 나타난다.

NB : 복합실린더 이론(compound cylinders)

얇은 원통이론과 두꺼운 원통이론을 조합한 이론을 복합실린더 이론이라 한다. 이 이론은 금속관(steel pipe)을 몇 겹으로 만드는 다중강관 설계 시 유용하다. 외관의 내경을 내관의 외경보다 약간 작게 만든 후, 외관을 가열하여 팽창시킨 다음 내관을 삽입하는 방식으로 다중관을 제작하면, 두 단면 두께를 합한 단일 관보다 훨씬 더 압력저항에 효과적이다. 하지만 중첩이론은 터널의 경우 라이닝과 지반의 변형 제어가 용이하지 않으므로 터널거동 고찰에 많이 사용하지 않는다.

터널거동 유추

두꺼운 원통이론의 변형 식(2.35)의 첫째 항은 내압이 굴착 전의 p_o 에서 p_i 로 감소된 영향에 의해 발생된 내공변위이고, 둘째 항은 등방압 p_o 에 의해 발생된 내공변형이다.

터널은 굴착 전 p_o 상태에서 평형을 이루고 있으므로, 실제 터널변형은 $\Delta p = p_o - p_i$ 에 의해서만 발생하므로 두꺼운 원통이론을 터널로 유추할 경우 식(2.35)의 첫째 항만이 굴착으로 인한 변형이다. 따라서 터널 굴착에 따른 내압(지보압) p_i 와 터널의 굴착면 변위 관계는 다음과 같이 쓸 수 있다.

$$u_{ro} = \frac{1+\nu}{E}r_o(p_o - p_i) = \frac{1}{2G}r_o(p_o - p_i) \tag{2.42}$$

그림 M2.9는 식(2.36)을 그래프로 보인 것이다. 여기서 E, ν 는 지반물성 E_g, ν_g 와 같다.

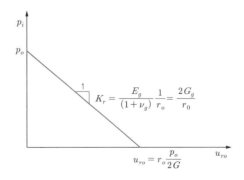

그림 M2.9 $u_{ro} - p_i$ 관계(2.2절의 탄성지반의 지반반응곡선)

2.3 평판 내 공동이론 Theory of Circular Hole in Plate

평판 내 공동이론은 이방성 지중응력이 2차원 평면변형조건의 평판경계에 작용하는 경우, 공동(cavity, hole, tunnel) 주변 지반의 탄소성거동 이론으로, 터널 주변 지반의 응력-변형거동 고찰에 유용하다. Kirsh(1898)가 처음으로 탄성해를 유도하였고, Bray 등 여러 연구자가 탄소성해를 제시하였다.

2.3.1 탄성 지반 내 원형 터널

2.3.1.1 판의 공동 주변 응력해

실험에 따르면, 수직응력만 작용하는 공동이 없는 평판 내 응력함수(Airy stress function), Φ는 극좌표계에서, $\Phi = \sigma_o r^2 (1 - \cos 2\theta)/4$로 나타낼 수 있다.

Kirsh(1898)는 Airy의 응력함수가 $\cos 2\theta$ 항으로 표현되는 사실에 착안하여, 반경 r_o의 원형 공동이 있는 평판의 응력장을 만족하는 Airy Stress Function을 다음과 같이 가정하였다.

$$\Phi' = (c_1 r^2 \ln r + c_2 r^2 + c_3 \ln r + c_4) + \left(c_5 r^2 + c_6 r^4 + \frac{c_7}{r^2} + c_8\right)\cos 2\theta \tag{2.43}$$

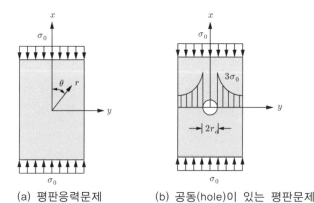

(a) 평판응력문제   (b) 공동(hole)이 있는 평판문제

그림 M2.10 일축 응력조건의 평판 내 공동 주변 응력

식(2.43)을 극좌표계 평형방정식, 식(2.8) 및 (2.9)를 이용하여 다시 쓰면

$$\sigma_r = c_1(1 + 2\ln r) + 2c_2 + \frac{c_3}{r^2} - \left(2c_5 + \frac{6c_7}{r^4} + \frac{4c_8}{r^2}\right)\cos 2\theta \tag{2.44}$$

$$\sigma_\theta = c_1(3 + 2\ln r) + 2c_2 - \frac{c_3}{r^2} + \left(2c_5 + 12c_6 r^2 + \frac{6c_7}{r^4} + \frac{4c_8}{r^2}\right)\cos 2\theta \tag{2.45}$$

$$\tau_{r\theta} = \left(2c_5 + 6c_6 r^2 - \frac{6c_7}{r^4} - \frac{2c_8}{r^2}\right)\sin 2\theta \tag{2.46}$$

여기서 c_4는 미분과정에서 소거되었다. 따라서 경계조건으로 구할 미지수는 7개이다. 각 경계조건($r \to \infty$, $r = r_o$)에 대한 σ_r, σ_θ, $\tau_{r\theta}$와 Airy의 Stress Function으로 구한 σ_r, σ_θ, $\tau_{r\theta}$를 비교하면, 상수 $c_1 \sim c_8$을 결정할 수 있다.

BOX-TM2-3   **Airy의 Stress Function에 의한 응력해석법**

어떤 응력함수 Φ가 매질에서 연속체의 평형 및 적합조건을 만족한다면 그 응력함수는 그 응력장을 지배하는 지배방정식의 응력해 중의 하나라 할 수 있다. 이때 이 응력함수, Φ를 Airy's Stress Function이라 한다. 임의의 응력함수를 시행착오적으로 가정하여 평형 및 적합조건을 만족하는 응력해를 구할 수 있다.

직교좌표계에서 Airy's Stress Function을 이용한 응력표현은 다음과 같다.

$$\sigma_x = \frac{\partial^2 \Phi}{\partial z^2}, \ \sigma_z = \frac{\partial^2 \Phi}{\partial x^2}, \ \tau_{xz} = -\frac{\partial^2 \Phi}{\partial x \partial z} \tag{2.47}$$

극좌표계에서 Airy's Stress Function을 이용한 응력표현은

$$\sigma_r = \frac{1}{r}\frac{\partial \Phi}{\partial r} + \frac{1}{r^2}\frac{\partial^2 \Phi}{\partial \theta^2}, \ \sigma_\theta = \frac{\partial^2 \Phi}{\partial r^2}, \ \tau_{r\theta} = \frac{1}{r^2}\frac{\partial \Phi}{\partial \theta} - \frac{1}{r}\frac{\partial^2 \Phi}{\partial r \partial \theta} = -\frac{\partial}{\partial r}\left(\frac{1}{r}\frac{\partial \Phi}{\partial \theta}\right) \tag{2.48}$$

극좌표계에서 Airy's Stress Function $\Phi(r, \theta)$이 만족하여야 할 조건은 다음과 같다.

평형조건은(축대칭 요소에서 체적력(body force, f_r, f_θ)을 무시하면(Navier equations라고도 함),

r-방향 평형조건,
$$\frac{\partial \sigma_r}{\partial r} + \frac{1}{r}\frac{\partial \tau_{r\theta}}{\partial \theta} + \frac{\sigma_r - \sigma_\theta}{r} = 0 \tag{2.49}$$

θ-방향 평형조건,
$$\frac{1}{r}\frac{\partial \sigma_\theta}{\partial \theta} + \frac{\partial \tau_{r\theta}}{\partial r} + \frac{2\tau_{r\theta}}{r} = 0$$

적합조건(equations of compatibility)은

$$\nabla^4 \Phi = \left(\frac{\partial^2}{\partial r^2} + \frac{1}{r}\frac{\partial}{\partial x} + \frac{1}{r^2}\frac{\partial^2}{\partial \theta^2}\right)(\nabla^2 \Phi) = 0 \tag{2.50}$$

위 조건을 만족하는 Φ는 응력해이며, 이를 만족하는 여러 개의 Airy Functions가 있을 수 있어, 다수의 해가 얻어질 수 있다. 응력해가 구해지면 Hook's Law를 이용하여 변형률을 구할 수 있다.

---

① $r \to \infty$ 인 경우. 굴착면에서 충분히 먼 거리($r \to \infty$)에서 각 응력들이 유한값을 가지기 위해서는 $\ln r$항과 $r^n(n>0)$ 항은 '0'이 되어야 하므로, $c_1 = c_6 = 0$. 또한 $\sigma_r = 2c_2 - 2c_5 \cos 2\theta = \frac{1}{2}\sigma_o(1 + \cos 2\theta)$ 이다. 따라서 $\sigma_o = 4c_2$ 및 $\sigma_o = -4c_5$.

② $r = a$ 인 경우. $\sigma_r = \tau_{r\theta} = 0$ 이므로, $\sigma_r = 2c_2 + \frac{c_3}{r_o^2} - \left(2c_5 + \frac{6c_7}{r_o^4} + \frac{4c_8}{r_o^2}\right)\cos 2\theta = 0$ 이다.

따라서 $2c_2 + \dfrac{c_3}{r_o^2} = 0$ 및 $2c_5 + \dfrac{6c_7}{r_o^4} + \dfrac{4c_8}{r_o^2} = 0$이 성립하여야 한다. 또한 전단응력, $\tau_{r\theta} = \left(2c_5 - \dfrac{6c_7}{r_o^4} - \right.$

$\left. \dfrac{2c_8}{r_o^2} \right) \sin2\theta = 0$이므로 $2c_5 - \dfrac{6c_7}{r_o^4} - \dfrac{2c_8}{r_o^2} = 0$이 성립한다. 이 조건들을 연립하여 풀면, 상수 $c_1 \sim c_8$은 각각,

$c_1 = c_6 = 0$, $c_2 = \dfrac{\sigma_o}{4}$, $c_3 = -\dfrac{r_o^2 \sigma_o}{2}$, $c_5 = -\dfrac{\sigma_o}{4}$, $c_7 = -\dfrac{r_o^2 \sigma_o}{4}$, $c_8 = \dfrac{a^2 \sigma_o}{2}$ 로 구해진다. 따라서 공동(hole)의 주

변응력은

$$\sigma_r = \frac{1}{2}\sigma_o \left\{ \left(1 - \frac{r_o^2}{r^2} \right) + \left(1 + \frac{3r_o^4}{r^4} - \frac{4r_o^2}{r^2} \right) \cos2\theta \right\} \tag{2.51}$$

$$\sigma_\theta = \frac{1}{2}\sigma_o \left\{ \left(1 + \frac{r_o^2}{r^2} \right) - \left(1 + \frac{3r_o^4}{r^4} \right) \cos2\theta \right\} \tag{2.52}$$

$$\tau_{r\theta} = -\frac{1}{2}\sigma_o \left(1 - \frac{3r_o^4}{r^4} + \frac{2r_o^2}{r^2} \right) \sin2\theta \tag{2.53}$$

2.3.1.2 탄성지반 내 무지보 터널 Unsupported Tunnels

수평지반 내 터널에 작용하는 지반응력은 그림 M2.11과 같이 직교 이방성으로 가정할 수 있다.

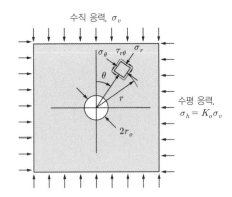

그림 M2.11 터널의 직교이방성 지중응력조건

응력해 stress solutions

2축 응력상태의 해는 각각 수직응력(σ_v)과 수평응력(σ_h)이 작용하는 2개의 평판문제의 해를 탄성 중첩
(elastic superposition)함으로써 얻을 수 있다. 즉, 수직 및 수평응력에 대하여 식(2.36)으로 주어지는 두 응력
해를 그림 M2.12와 같이 중첩하면, 직교 이방응력조건 터널의 응력해가 된다(이를 **Kirsh의 해**라 한다).

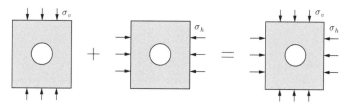

그림 M2.12 응력의 중첩원리

$$\sigma_r = \frac{1}{2}\left[(\sigma_h + \sigma_v)\left(1 - \frac{r_o^2}{r^2}\right) + (\sigma_h - \sigma_v)\left\{\left(1 + \frac{3r_o^4}{r^4} - \frac{4r_o^2}{r^2}\right)\cos2\theta\right\}\right] \tag{2.54}$$

$$\sigma_\theta = \frac{1}{2}\left[(\sigma_h + \sigma_v)\left(1 + \frac{r_o^2}{r^2}\right) - (\sigma_h - \sigma_v)\left(1 + \frac{3r_o^4}{r^4}\right)\cos2\theta\right] \tag{2.55}$$

$$\tau_{r\theta} = -\frac{1}{2}(\sigma_h - \sigma_v)\left(1 - \frac{3r_o^4}{r^4} + \frac{2r_o^2}{r^2}\right)\sin2\theta \tag{2.56}$$

정지 지중응력은 $\sigma_h = K_o\sigma_v$로 나타낼 수 있으므로, 위 식을 다시 정리하면,

$$\sigma_r = \frac{1}{2}\sigma_v\left\{(1 + K_o)\left(1 - \frac{r_o^2}{r^2}\right) + (1 - K_o)\left(1 - \frac{4r_o^2}{r^2} + \frac{3r_o^4}{r^4}\right)\cos2\theta\right\} \tag{2.57}$$

$$\sigma_\theta = \frac{1}{2}\sigma_v\left\{(1 + K_o)\left(1 + \frac{r_o^2}{r^2}\right) - (1 - K_o)\left(1 + \frac{3r_o^4}{r^4}\right)\cos2\theta\right\} \tag{2.58}$$

$$\tau_{r\theta} = \frac{1}{2}\sigma_v\left\{-(1 - K_o)\left(1 + \frac{2r_o^2}{r^2} - \frac{3r_o^4}{r^4}\right)\sin2\theta\right\} \tag{2.59}$$

$$\tan2\theta = \frac{2\tau_{r\theta}}{\sigma_\theta - \sigma_r}$$

주응력은 다음과 같다.

$$\sigma_{1,3} = \frac{1}{2}(\sigma_r + \sigma_\theta) \pm \sqrt{\frac{1}{4}(\sigma_r - \sigma_\theta)^2 + \tau_{r\theta}^2} \tag{2.60}$$

NB : 등방조건(hydro-static, $K_o = 1.0$, $\sigma_v = \sigma_h = \sigma_o$)인 경우, 축대칭 등방응력조건의 해와 동일해진다.

$$\sigma_r = \sigma_o\left(1 - \frac{r_o^2}{r^2}\right)$$

$$\sigma_\theta = \sigma_o\left(1 + \frac{r_o^2}{r^2}\right)$$

축대칭 등방응력조건   직교 등방응력조건

굴착경계면($r=r_o$)에서 $\sigma_\theta=\sigma_1$ 및 $\sigma_r=\sigma_3$이며, 응력은 다음과 같이 표시된다.

$$\sigma_{ro}=0$$
$$\sigma_{\theta o}=\{\sigma_v+\sigma_h-(2\sigma_v-2\sigma_h)\cos2\theta\}=(1-2\cos2\theta)\sigma_v+(1+2\cos2\theta)\sigma_h \tag{2.61}$$
$$\tau_{r\theta}=0$$

터널 천장 및 바닥에서 각각 $\theta=0°$, $180°$이므로, $\sigma_r=0$

$$\sigma_\theta=3\sigma_h-\sigma_v \tag{2.62}$$

터널 측벽은 $\theta=90°$ 및 $270°$이므로, $\sigma_r=0$

$$\sigma_\theta=3\sigma_v-\sigma_h \tag{2.63}$$

NB : 식(2.62)와 (2.83)은 암반 초기응력 측정법인 Flat Jack Test 및 Hydraulic Fracturing Test의 원리를 제공한다. 터널굴착면 2점 이상의 위치에서 접선응력 σ_θ을 측정하면, 초기응력 σ_v, σ_h를 파악할 수 있다.

굴착면 인장응력조건

식(2.62) 및 (2.63)과 $\sigma_h=K_o\sigma_v$를 이용하여 굴착면의 응력비(σ_θ/σ_v)-K_o 관계를 유도하면, 각각 천장과 측벽에서 아래와 같고, 그림 M2.13(a)와 같이 나타난다.

$$\text{터널 천장에서, } \frac{\sigma_\theta}{\sigma_v}=3K_o-1 \tag{2.64}$$

$$\text{터널 측벽에서, } \frac{\sigma_\theta}{\sigma_v}=3-K_o \tag{2.65}$$

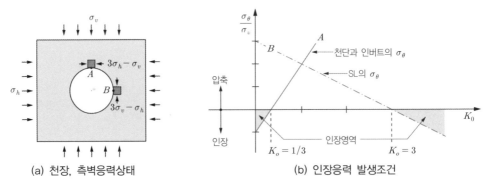

(a) 천장, 측벽응력상태   (b) 인장응력 발생조건

그림 M2.13 원형 터널의 굴착면에서 (접선응력/초기연직응력)-K_o 관계

$\sigma_\theta/\sigma_v-K_o$ 관계에서 $-\sigma_\theta/\sigma_v$는 **인장상태**를 의미한다. 그림 M2.13(b)에서 $K_o<1/3$이면 터널 천장 및 바닥에서, $K_o>3$이면 측벽에서 인장($\sigma_\theta/\sigma_v<0$) 응력이 발생할 수 있다.

예제 탄성 암반터널의 천단 및 인버트에서 인장응력이 발생하는 포아슨비 조건을 알아보자.

풀이 지반이 인장을 받을 수 있다는 전제하에, 접선방향의 응력 σ_θ를 계산하면

$$\sigma_\theta = -\frac{\sigma_v}{2}\{2(1+K_o)-4(1-K_o)\} = -\sigma_v(3K_o-1)$$

여기에서 접선응력이 인장상태가 되기 위해서는 $(3K_o-1)<0$이어야 하므로 $K_o<1/3$이면 터널 천장과 바닥에서 인장응력이 발생한다. 탄성조건에서 $K_o=(1-\nu)/\nu$이므로 $\nu\le0.25$이면 인장응력이 발생한다(eg : 화강암의 경우, $\nu=0.15\sim0.34$).

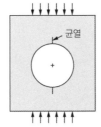
(a) 암석 내 공동 수직재하시험

(b) 실제 터널 인장균열 발생 범위

그림 M2.14 인장영역 발생 예

NB : 발생한 인장응력이 인장강도(σ_t)를 초과하면($\sigma_\theta>\sigma_t$), **인장파괴**가 일어날 수 있다. 연속체로 가정한 인장 균열은 전단파괴면과 연관되지 않는 경우 안정에 영향을 미치지 않는다(BOX-TM2-4 참조). 하지만 인장 균열은 터널 내공 확대효과 및 암반불연속면과 조합되어 낙반 등의 붕괴에 영향을 미칠 수 있다. 인장파괴가 터널 천장부에서 예상되는 경우, 그림 M2.14(b)와 같이 인장균열부를 확대하여 대응할 수 있다. 한편, 인장부와 수직한 위치에서는 압축의 σ_θ값이 최대가 될 수 있는데, 이 압축응력이 암반의 일축압축강도 σ_c를 초과하면($\sigma_\theta>\sigma_c$) **압축파괴**(압착거동)가 일어날 수 있다.

변형해 displacement solutions

변형은 변형률을 적분하여 구할 수 있다. Hooke의 법칙으로부터

$\sigma_l=\nu(\sigma_r+\sigma_\theta)$이므로

$$\epsilon_r = \frac{1}{E}\{\sigma_r-\nu(\sigma_\theta+\sigma_l)\} = \frac{1}{E}(\sigma_r-\nu\sigma_\theta-\nu^2\sigma_r-\nu^2\sigma_\theta) = \frac{1+\nu}{E}\{(1-\nu)\sigma_r-\nu\sigma_\theta\}$$

$$\epsilon_\theta = \frac{1+\nu}{E}\{(1-\nu)\sigma_\theta-\nu\sigma_r\}$$

(2.66)

강성이 큰 경암반 터널(hard rock tunnel)의 파괴거동은 Hoek(1965)의 암반파괴 모형실험을 통해 살펴볼 수 있다. Hoek은 암석시료에 공동(터널)을 형성하고 광탄성 박막을 부착하여, 재하강도에 따른 암반터널의 균열메커니즘을 조사하였다. 아래 그림은 하중재하에 따른 경암석 내 공동파괴 거동을 하중 단계별로 정리한 것이다.

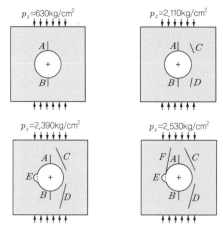

(암석조건 : σ_c =5,883kg/cm^2, m =20.3 ; 시험조건 : K_o =0.0)

① **초기 인장균열(tensile crack)** : 수직하중으로 인하여 천단과 인버트에서 접선응력(최대주응력, $\sigma_{\theta c}$)이 인장강도(σ_t)를 초과하면서($\sigma_t < \sigma_{\theta c}$) 인장균열이 발생하였다. 균열은 A, B에서 연직방향으로 발생하였으며, 터널 직경의 1/3까지 순식간에 전파하였다. 이론적으로 인장균열은 $K_o < 0.33$인 조건에서 발생한다. 초기 인장균열은 발생 후 안정상태가 유지되며, 이후의 전단파괴와 연관되지 않았다. 즉, 인장균열은 터널 불안정에 거의 영향을 미치지 않았다.

인장균열(천장부)   전단균열(측벽부)

② **인장파괴(tensile failure)** : 천단과 인버트의 인장균열은 주변응력의 재분배를 야기한다. 하중을 계속 증가시켰더니 어깨부 안쪽인 C, D에서 균열이 발생하였는데, 이때의 균열은 σ_1 방향이므로 이는 인장균열에 해당한다.

③ **측벽 전단균열의 시작(initiation of shear cracks)** : 하중을 계속 증가시켰더니, 측벽부인 E점에서 전단균열이 발생하였고 전단 압출파괴가 일어났다.

④ **전단파괴(shear failure)** : 하중의 계속 증가와 함께 전단균열이 E에서 F로 확장되며, 터널이 순간적으로 붕괴되었다. 터널의 붕괴는 천단과 인버트의 인장균열이 아니라 측벽의 전단파괴에 의해 진행되었다.

위 실험은 수직재하시험으로서 터널 굴착에 따른 초기응력의 해제를 모사한 것은 아니다. 따라서 실제 굴착거동과 다소 차이가 있지만 암반터널의 파괴거동에 중요한 시사점을 준다.

반경방향(radial direction) 변형은

$$u_r = \int_{r_o}^{\infty} \epsilon_r dr = -\frac{1}{E}\int_{r_o}^{\infty}\{\sigma_r - \nu(\sigma_\theta + \sigma_l)\}dr = \frac{1+\nu}{E}\int_{r_o}^{\infty}\{(1-\nu)\sigma_r - \nu\sigma_\theta\}dr$$

$$= \frac{(1+\nu)}{E}\frac{(\sigma_v + \sigma_h)}{2}\frac{r_o^2}{r} + \frac{\sigma_v - \sigma_h}{2}\frac{r_o^2}{r}\frac{(1+\nu)}{E}\left\{4(1-\nu) - \frac{r_o^2}{r^2}\right\}\cos2\theta \tag{2.67}$$

식(2.54) 및 (2.55)의 σ_r, σ_θ을 대입하여, 위 식을 적분하고, $r = r_o$에서의 반경방향 변형 u_{ro}을 구하면,

$$u_{ro} = \frac{r_o}{2}\left\{(\sigma_v + \sigma_h)\frac{(1+\nu)}{E} + (\sigma_v - \sigma_h)\frac{(1+\nu)(3+4\nu)}{E}\cos2\theta\right\} \tag{2.68}$$

2.3.1.3 탄성지반 내 지보 터널 Supported Tunnels

지보(라이닝) 설치효과는 그림 M2.15와 같이 등방내압 p_i로 고려할 수 있다(평판 내 공동이론에서는 보통 지보재가 터널굴착 전부터 존재하는 것으로 가정한다).

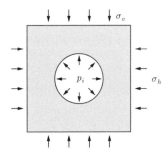

그림 M2.15 터널의 직교 이방성 지중응력조건

응력해

터널 굴착면에 라이닝이 설치되어 내압(p_i)으로 저항하는 경우 응력의 경계조건은 $r = r_o$에서, $\sigma_{ro} = p_i$이다. 이를 식(2.44) 및 (2.45)에 적용하면, 식(2.54) 및 (2.55)는 다음과 같이 표현된다.

$$\sigma_r = \frac{1}{2}\left[(\sigma_h + \sigma_v)\left(1 - \frac{r_o^2}{r^2}\right) + (\sigma_h - \sigma_v)\left(1 + \frac{3r_o^4}{r^4} - \frac{4r_o^2}{r^2}\right)\cos2\theta + p_i\left(\frac{r_o^2}{r^2}\right)\right] \tag{2.69}$$

$$\sigma_\theta = \frac{1}{2}\left[(\sigma_h + \sigma_v)\left(1 + \frac{r_o^2}{r^2}\right) - (\sigma_h - \sigma_v)\left(1 + \frac{3r_o^4}{r^4}\right)\cos2\theta - p_i\left(\frac{r_o^2}{r^2}\right)\right] \tag{2.70}$$

등방응력조건이면, $\sigma_v = \sigma_h = \sigma_o$이므로

$$\sigma_r = \sigma_o\left(1 - \frac{r_o^2}{r^2}\right) + p_i\left(\frac{r_o^2}{r^2}\right) \tag{2.71}$$

$$\sigma_\theta = \sigma_o\left(1 + \frac{r_o^2}{r^2}\right) - p_i\left(\frac{r_o^2}{r^2}\right) \tag{2.72}$$

예제 $\sigma_h = \sigma_v = 27.6$MPa의 탄성지반에서 $p_i = 0.276$MPa일 때, 반경 r_o인 터널의 주변응력을 구해보자.

풀이 식(2.17) 및 (2.72)를 이용한 응력 산정 결과는 아래와 같다.

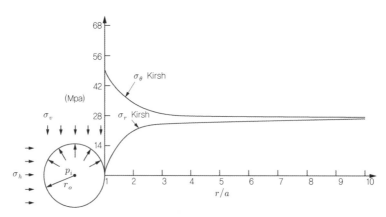

그림 M2.16 Kirsh의 탄성해 연습

변형해 displacement solutions

식(2.66)의 변형률 식에 식(2.69)의 지보압 p_i를 고려한 응력을 대입하여, $r \to \infty$ 까지 적분함으로써 터널 반경방향 변형 u_r을 구할 수 있다.

$$u_r = \frac{1+\nu}{E}\left\{\frac{(\sigma_v + \sigma_h)}{2} - p_i\right\}\frac{r_o^2}{r} + \frac{1+\nu}{E}\frac{(\sigma_v - \sigma_h)}{2}\left\{-\frac{r_o^4}{r^3} + (1-\nu)\frac{4r_o^2}{r}\right\}\cos2\theta \tag{2.73}$$

굴착경계($r = r_o$)에서 내공 변형 u_{ro}는

$$u_{ro} = \frac{r_o}{2}\left\{(\sigma_v + \sigma_h - p_i)\frac{(1+\nu)}{E} + (\sigma_v - \sigma_h)\frac{(1+\nu)(3+4\nu)}{E}\cos2\theta\right\} \tag{2.74}$$

내공변위는 위치에 따라 다르다. 천단($\theta = 0°$), 바닥($\theta = 180°$) 그리고 측벽($\theta = 90°, 270°$)의 평균 내공변위 $u_{ro,m}$는 $\sigma_v = \sigma_o$, $\sigma_h = K_o\sigma_o$ 조건에 대하여 다음과 같이 나타낼 수 있다.

$$u_{ro,m} = \frac{1+\nu}{2E}\left\{(1+K_o)\sigma_o - 2p_i\right\}r_o \tag{2.75}$$

$$p_i = 0 \text{인 경우, } u_{ro,m} = \frac{1+\nu}{2E}(1+K_o)r_o\sigma_o \qquad\qquad (2.76)$$

임의형상의 터널 주변 지반의 응력

임의형상 터널의 단면 내 최대응력은 곡률반경이 같은 타원형으로 단순화하여 근사적으로 산정할 수 있다. 타원형 터널 주변 지반의 응력과 변형의 이론해는 Airy 응력함수를 이용하여 구할 수 있다. 천장($\theta = 90$) 및 측벽 ($\theta = 0$)에서 각각

$$\sigma_{\theta,c} = \left\{K_o\left[1+2\left(\frac{a}{b}\right)\right]-1\right\}\sigma_v, \qquad \sigma_{\theta,s} = \left\{1+2\left(\frac{a}{b}\right)-K_o\right\}\sigma_v \qquad\qquad (2.77)$$

만일, $K_o = a/b$라면, 천단과 스프링에서 접선응력이 $(1+K_o)\sigma_v$로 같아진다. 즉, 터널의 가로/세로비가 연직/수평 응력비와 일치할 때 응력 집중이 최소가 된다. $K_o = 1$인 경우 응력에 대응하는 최적 공동형상은 원형이다.

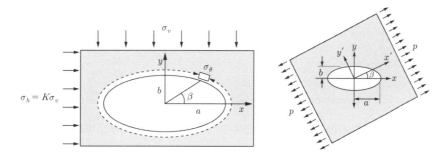

지반압력 p가 타원 장축에 대해 연직압과 수평압이 각도 β만큼 경사져서 작용하는 타원형 터널의 경우, 각각 압에 대한 해를 중첩하여 구할 수 있다. 일례로 연직압 σ_v와 수평압 $\sigma_h = K_o\sigma_v$가 동시에 작용하는 타원형 터널 주변 임의 위치의 접선응력은 다음과 같다(Matsumoto & Nishioka, 1991).

$$\sigma_\theta = \frac{\sigma_v(K_o-1)\left\{\left(\frac{a}{b}+1\right)^2\sin^2\beta-1\right\}+2\left(\frac{a}{b}\right)\sigma_v}{\left\{\left(\frac{a}{b}\right)^2-1\right\}\sin^2\beta+1} \qquad\qquad (2.78)$$

Hoek & Brown(1980)은 터널형상에 따른 터널 천정부와 측벽부에서의 접선응력을 아래와 같이 유도하였다.

단면형상		천장부(crown) 접선응력	측벽부(side wall) 접선응력
원형	◯	$\sigma_{\theta,c} = (3K_o-1)\sigma_v$	$\sigma_{\theta,s} = (3K_o-1)\sigma_v$
타원형	⬭	$\sigma_{\theta,c} = (2K_o-1)\sigma_v$	$\sigma_{\theta,s} = (5K_o-1)\sigma_v$
마제형	⌓	$\sigma_{\theta,c} = (3.2K_o-1)\sigma_v$	$\sigma_{\theta,s} = (2.3K_o-1)\sigma_v$
사각형	▢	$\sigma_{\theta,c} = (1.9K_o-1)\sigma_v$	$\sigma_{\theta,s} = (1.9K_o-1)\sigma_v$

2.3.2 탄소성 지반 내 원형 터널

터널을 굴착하면 굴착면에서 터널반경방향의 지중응력이 소멸하며 굴착 내측으로 터널 중심을 향해 변형이 발생한다. 이때 굴착으로 인해 증가된 **접선응력이 지반의 항복응력을 초과하면 소성변형이 야기**된다.

터널굴착으로 인해 소성변형이 $r = r_e$까지 진전되었다면, 소성영역($r_o \leq r \leq r_e$)에서는 더 이상 탄성조건의 Kirsh의 해가 성립하지 않는다. 소성영역은 굴착영향(발파 등)에 의해 교란이 진행된 영역(예, 점착력 손실)으로서 강도파라미터의 변화가 초래된다. 그림 M2.17은 등방응력조건에서 터널 주변에 발생한 소성영역의 형상을 예시한 것이다(축대칭 등방응력조건은 p_o를 사용하였으나, 여기서 $\sigma_o = p_o = (\sigma_v + \sigma_h)/2$).

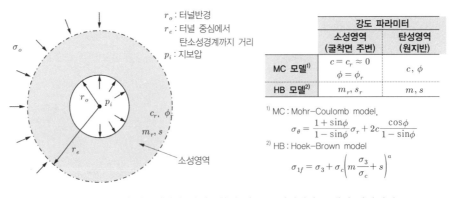

	강도 파라미터	
	소성영역 (굴착면 주변)	탄성영역 (원지반)
MC 모델[1]	$c = c_r \approx 0$ $\phi = \phi_r$	c, ϕ
HB 모델[2]	m_r, s_r	m, s

[1] MC : Mohr-Coulomb model,
$$\sigma_\theta = \frac{1 + \sin\phi}{1 - \sin\phi}\sigma_r + 2c\frac{\cos\phi}{1 - \sin\phi}$$
[2] HB : Hoek-Brown model
$$\sigma_{1f} = \sigma_3 + \sigma_c \left(m\frac{\sigma_3}{\sigma_c} + s \right)^a$$

그림 M2.17 등방응력조건에서 터널굴착에 따른 소성영역과 모델링 파라미터

2.3.2.1 응력해 Stress Solutions

소성영역의 응력상태는 소성론을 이용하여 구할 수 있으며(부록 A3 참조), 항복조건(파괴규준)으로 Mohr-Coulomb 모델, 또는 Hoek-Brown 모델을 이용할 수 있다. $\sigma_v = \sigma_h = \sigma_o$의 등방응력조건을 가정하며, 굴착경계에서 반경방향응력은 최소주응력($\sigma_3 = \sigma_r$)이며, 접선방향응력은 최대주응력($\sigma_1 = \sigma_\theta$)이다.

A. Mohr-Coulomb 모델을 이용한 소성영역 내 응력

터널 굴착경계면에서 $\sigma_1 = \sigma_\theta$, $\sigma_3 = \sigma_r$이 성립하므로, 소성영역 내 물성이 ϕ_r, c_r, σ_{cr}일 때, 소성응력상태를 Mohr-Coulomb(이하 MC) 식을 이용하여 표기하면 다음과 같다.

$$\sigma_\theta = \frac{1 + \sin\phi_r}{1 - \sin\phi_r}\sigma_r + 2c_r\frac{\cos\phi_r}{1 - \sin\phi_r} = k_{\phi r}\sigma_r + \sigma_{cr} \tag{2.79}$$

여기서, σ_{cr}는 소성영역 내 암석의 일축압축 강도이다($\sigma_r = 0$일 때, $\sigma_\theta = \sigma_{cr}$). $k_{\phi r}$는 토압론의 수동토압계수와 같으며, $k_{\phi r} = (1 + \sin\phi_r)/(1 - \sin\phi_r) = \tan^2(\pi/4 + \phi_r/2)$이다(그림 M2.18).

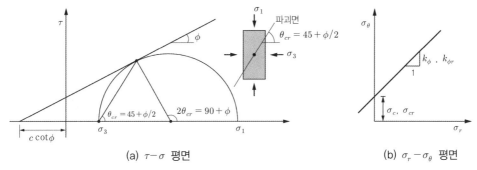

(a) $\tau - \sigma$ 평면   (b) $\sigma_r - \sigma_\theta$ 평면

그림 M2.18 Mohr-Coulomb 모델의 주응력 표현($\theta_{cr} = 45 + \phi/2$)

극좌표계에서 축대칭조건의 반경방향(r) 평형방정식(BOX-TM2-2, 식(2.8))은 다음과 같다.

$$\frac{d\sigma_r}{dr} + \frac{\sigma_r - \sigma_\theta}{r} = \frac{d\sigma_r}{dr} + \frac{\sigma_r(1 - k_{\phi r}) - \sigma_{cr}}{r} = 0 \tag{2.80}$$

식(2.80)을 적분하고, 경계조건 $r = r_o$에서 $\sigma_r = p_i$인 조건을 적용하고, 소성영역에서의 응력은 다음과 같이 유도된다($\sigma_{cr} = 2c_r \cos\phi_r / (1 - \sin\phi_r)$을 이용).

$$\sigma_r = (p_i + c_r \cot\phi_r)\left(\frac{r}{r_o}\right)^{k_\phi - 1} - c_r \cot\phi_r \tag{2.81}$$

$$\sigma_\theta = k_{\phi r}(p_i + c_r \cot\phi_r)\left(\frac{r}{r_o}\right)^{k_{\phi r} - 1} - c_r \cot\phi_r \tag{2.82}$$

발파 굴착을 한 후 터널 주변의 소성영역은 파쇄대로서 $c_r \approx 0$으로 가정할 수 있으며, 따라서 소성영역 내 응력은 다음과 같이 단순하게 표현된다. 이 식으로부터 소성영역 내 응력은 초기응력(σ_o)과 무관함을 알 수 있다.

$$\sigma_r = p_i\left(\frac{r}{r_o}\right)^{k_{\phi r} - 1} \tag{2.83}$$

$$\sigma_\theta = k_{\phi r} p_i\left(\frac{r}{r_o}\right)^{k_{\phi r} - 1} \tag{2.84}$$

① **탄소성경계.** 탄소성경계($r = r_e$)에서 $\sigma_r = \sigma_{re}$이라 하자. 소성영역의 반경방향 응력은 탄소성경계에서 위 식(2.81)과 같다.

$$\sigma_{re} = (p_i + c_r \cot\phi_r)\left(\frac{r_e}{r_o}\right)^{k_{\phi r} - 1} - c_r \cot\phi_r \tag{2.85}$$

탄성영역의 반경방향 응력은, 두꺼운 원통이론 해인 식(2.24) 및 (2.25)로 나타낼 수 있다. 즉,

$\sigma_r = \sigma_o + (p_i - \sigma_o)\left(\dfrac{r_o^2}{r^2}\right)$ 및 $\sigma_\theta = \sigma_o - (p_i - \sigma_o)\left(\dfrac{r_o^2}{r^2}\right)$. 이 두 식을 더하면 $\sigma_r + \sigma_\theta = 2\sigma_o$ 조건이 성립한다. 이에 탄소성경계에서는 다음이 성립할 것이다.

$$\sigma_{re} + \sigma_\theta = 2\sigma_o \tag{2.86}$$

응력의 연속성 조건에 따라, 탄소성경계에서 탄성영역의 응력상태도 MC항복조건을 만족하여야 한다. $r = r_e$ 에서

$$\sigma_\theta = k_\phi \sigma_{re} + \sigma_c \tag{2.87}$$

여기서, 탄성영역의 강도파라미터는 각각 ϕ, c 이며, $k_\phi = (1 + \sin\phi)/(1 - \sin\phi)$, $\sigma_c = 2c\cos\phi/(1 - \sin\phi)$ 이다. 식(2.86) 및 (2.87)에서 σ_θ 를 소거하여 정리하면

$$\sigma_{re} = \sigma_o(1 - \sin\phi) - c\cos\phi \tag{2.88}$$

탄소성경계, $r = r_e$ 에서 식(2.85) 및 (2.88)은 응력의 연속성을 만족하므로, r_e 는 다음과 같이 구해진다.

$$(p_i + c_r \cot\phi)\left(\frac{r_e}{r_o}\right)^{k_{\phi r} - 1} - c_r \cot\phi_r = \sigma_o(1 - \sin\phi) - c\cos\phi \tag{2.89}$$

$$r_e = r_o\left\{\frac{\sigma_o(1 - \sin\phi) - (c\cos\phi - c_r\cot\phi_r)}{p_i + c_r\cot\phi_r}\right\}^{\frac{1}{k_{\phi r} - 1}} \tag{2.90}$$

$c_r \approx 0$ 이면, $\quad r_e = r_o\left\{\dfrac{2\sigma_o - \sigma_c}{(1 + k_\phi)p_i}\right\}^{\frac{1}{k_\phi - 1}}$ \hfill (2.91)

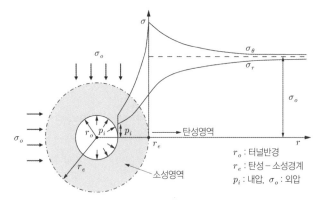

그림 M2.19 탄소성지반에서 터널 주변의 지반응력분포

②**한계내압(지지압).** 내압 p_i가 변형을 억제할 정도로 충분히 크다면 소성영역은 발생하지 않을 것이다. 즉, 소성영역은 $p_i < p_{cr}$인 경우에만 발생하며, 이때 p_{cr}을 한계지지압이라 한다. 한계지지압상태란 $r = r_o$에서 $p_{cr} = p_i$이며, 이때 p_{cr}은 굴착 주변 지반의 탄성한도와 같다. 지보가 한계지지압상태에 있다면 굴착경계면에서 $\sigma_1 = \sigma_\theta$, $\sigma_3 = \sigma_r = p_i = p_{cr}$이며, Mohr-Coulomb 파괴조건, $\sigma_{\theta o} = k_\phi \sigma_{ro} + \sigma_c = k_\phi p_{cr} + \sigma_c$을 만족한다. 두꺼운 원통이론의 $b \to \infty$ 조건에서 $r = r_o$인 경우, $\sigma_{\theta o} = 2\sigma_o - p_i$이므로

$$2\sigma_o - p_{cr} = k_\phi \sigma_o + \sigma_c$$

따라서 한계지지압은 다음과 같다.

$$p_{cr} = \frac{2\sigma_o - \sigma_c}{1 + k_\phi} \tag{2.92}$$

③**탄성구간 내 응력.** 식(2.71) 및 (2.86)에서 $r > r_e$에 대하여 탄소성경계에서 내압은 한계지지압과 같으므로 $p_i = p_{cr}$임을 고려하면 다음과 같이 탄성구간 내 응력을 얻을 수 있다.

$$\sigma_r = \sigma_o\left(1 - \frac{r_e^2}{r^2}\right) + p_{cr}\left(\frac{r_e}{r}\right)^2 \tag{2.93}$$

$$\sigma_\theta = \sigma_o\left(1 - \frac{r_e^2}{r^2}\right) - p_{cr}\left(\frac{r_e}{r}\right)^2 \tag{2.94}$$

그림 M2.20에 MC조건($c = c_r \approx 0$)을 이용한 탄소성영역의 응력상태를 정리하였다.

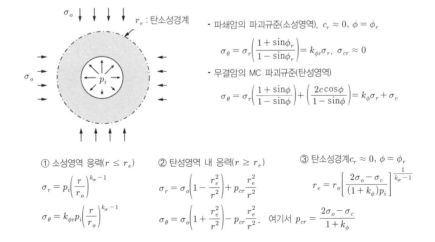

그림 M2.20 탄소성 지반 내 터널굴착에 따른 응력해 종합(MC 모델 이용)

예제 $\sigma_o = 27.6$MPa, $p_i = 276$kPa, $\phi = 40°$인 경우, 터널 주변 응력분포를 구해보자.

풀이 식(2.91)을 이용하면 $r_e \approx 3.5r_o$이며,

탄성영역의 응력분포(MPa)는 $\sigma_r = 27.6 - 232.8(r_o/r)^2$, $\sigma_\theta = 27.6 + 232.8(r_o/r)^2$

소성영역의 응력분포는(MPa) $\sigma_r = 0.276(r/r_o)^{2.73}$, $\sigma_\theta = 1.028(r/r_o)^{2.73}$

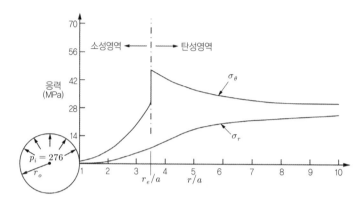

그림 M2.21 터널 주변 지반의 탄소성거동과 응력분포(stress jumping이 나타남)

B. Hoek-Brown Model을 이용한 소성영역 내 응력

Hoek-Brown 파괴 모델의 수학적 표현으로 다음과 같다.

$$\sigma_{1f} = \sigma_3 + \sigma_c \left(m \frac{\sigma_3}{\sigma_c} + s \right)^a \tag{2.95}$$

여기서 m, s, a는 계수로서 암반의 종류와 불연속면의 발달 정도에 따라 달라지며, 터널 굴착 시 탄소성 경계에 따라서도 달라진다. σ_c는 암석(반)의 일축압축강도이다.

터널 굴착 시 굴착경계인접부는 파쇄암으로, 원지반의 무결암과 구분된다. 각각의 물성을 고려한 Hoek-Brown 파괴 모델을 그림 M2.22에 나타내었다.

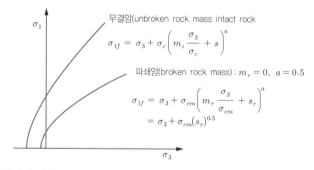

그림 M2.22 지반상태에 따른 Hoek-Brown Model 파라미터(unbroken rock vs broken rock)

①소성응력 및 탄소성경계. 발파굴착에 의해 터널 주변에 소성거동이 일어나면, 소성영역과 탄성영역의 물성이 달라진다. 그림 M2.23과 같이 파쇄되지 않은 원지반의 파괴 포락선이 파쇄암의 파괴 포락선보다 위에 위치한다. 발파로 파쇄된 암반의 소성영역의 경우에는 $a = 0.5$, $m = m_r \approx 0$, $s = s_r$로 가정할 수 있다. 터널 굴착 경계에서 $\sigma_{1f} = \sigma_\theta$, $\sigma_3 = \sigma_r$이므로, 터널 인접 소성영역 내 파쇄암의 파괴기준은 다음과 같이 나타낼 수 있다.

$$\sigma_\theta = \sigma_r + (m_r \sigma_c \sigma_r + s_r \sigma_c^2)^{0.5} \tag{2.96}$$

식(2.96)을 식(2.97)의 극 좌표계 반경방향 평형방정식에 대입하면,

$$\frac{d\sigma_r}{dr} + \frac{(\sigma_r - \sigma_\theta)}{r} = 0 \tag{2.97}$$

위 식을 σ_r에 대하여 정리하여 적분하고, $r = r_o$에서 $\sigma_r = p_i$인 경계조건을 대입하면, 소성영역 내 반경방향 응력은

$$\sigma_r = \frac{m_r \sigma_c}{4} \left\{ \ln\left(\frac{r}{r_o}\right) \right\}^2 + \ln\left(\frac{r}{r_o}\right)(m_r \sigma_c p_i + s\sigma_c^2)^{0.5} + p_i \tag{2.98}$$

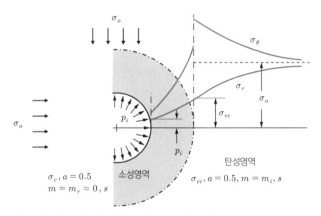

그림 M2.23 터널 주변 지반의 탄소성거동(탄소성경계에서 σ_θ의 stress jumping이 일어날 수 있다)

탄소성경계가 $r = r_e$이면, 경계의 소성영역 측 반경응력 σ_{re}는 다음과 같다.

$$\sigma_{re} = \frac{m_r \sigma_c}{4} \left\{ \ln\left(\frac{r_e}{r_o}\right) \right\}^2 + \ln\left(\frac{r_e}{r_o}\right)(m_r \sigma_c p_i + s_r \sigma_c^2)^{0.5} + p_i \tag{2.99}$$

$r = r_e$의 탄성영역 측에서 $\sigma_r = \sigma_{re}$, 그리고 $r = \infty$ 에서 $\sigma_r = \sigma_o$ 인 경계조건을 이용하면,

$$\sigma_r = \sigma_o - (\sigma_o - \sigma_{re})\left(\frac{r_o}{r_e}\right)^2 \tag{2.100}$$

$$\sigma_\theta = \sigma_o + (\sigma_o - \sigma_{\theta e})\left(\frac{r_o}{r_e}\right)^2 \tag{2.101}$$

식(2.100)과 (2.101)을 조합하면

$$2\sigma_{re} + \sigma_{\theta e} = 2\sigma_o \tag{2.102}$$

탄성영역의 $r = r_e$ 에서 항복조건도 만족하여야 하므로, 원지반 강도 파라미터 m_i, s를 이용하여

$$\sigma_{\theta e} = \sigma_{re} + (m_i \sigma_c \sigma_r + s\sigma_c^2)^{0.5} \tag{2.103}$$

식(2.102) 및 (2.103)으로부터 $\sigma_{\theta e}$ 를 소거하면

$$\sigma_{re} = \sigma_o - M\sigma_c \tag{2.104}$$

여기서, $M = \dfrac{1}{2}\left\{\left(\dfrac{m_i}{4}\right)^2 + \dfrac{m_i \sigma_o}{\sigma_c} + s\right\}^{0.5} - \dfrac{m_i}{8}$ \tag{2.105}

식(2.99)와 (2.104)는 같아야 하므로, 두 식을 등치시키면 r_e 는 다음과 같다.

$$r_e = r_o e^{\left(N - \frac{2}{m_r \sigma_c}(m_r \sigma_c p_i + s_r \sigma_c^2)^{0.5}\right)} \tag{2.106}$$

여기서, $N = \dfrac{2}{m_r \sigma_c}(m_r \sigma_c \sigma_o + s_r \sigma_c^2 - m_r \sigma_c^2 M)^{0.5}$

② **한계내압(지지압).** σ_{re} 와 r_e 는 모두 p_i 의 함수이므로, $\sigma_{re} = f(p_i)$, $r_e = f(p_i)$ 로 표시할 수 있다.

내압 p_i 가 탄소성경계 응력 σ_{re} 보다 크다면 소성영역은 발생하지 않을 것이다. 즉, 소성영역은 $p_i < p_{cr}$ 인 경우에만 발생하므로, 소성거동 발생조건은 $r = r_o$ 에서 $p_{cr} = \sigma_{re}$ 이다. p_{cr} 은 굴착지반의 탄성한도를 의미한다.

$$p_{cr} = \sigma_o - M\sigma_c \tag{2.107}$$

2.3.2.2 변형해 Displacement Solutions

소성영역에서의 변형은 소성론을 이용하여 산정할 수 있다. 소성론은 탄소성경계를 정하는 항복함수(F), 소성거동의 크기와 방향을 정하는 소성포텐셜(Q), 그리고 경화거동(hardening)을 정의하는 경화법칙 (hardening law) 등으로 구성된다. 소성영역에서의 소성변형률은 소성포텐셜을 이용한 소성유동법칙(flow rule)에 따라 다음과 같이 정의된다(부록 A3 참조).

$$\epsilon^p = \lambda \frac{\partial Q}{\partial \sigma} \tag{2.108}$$

여기서 λ는 비례상수, Q는 소성포텐셜(plastic potential function)로서 응력의 함수이다. Q를 항복함수 F 와 같게 취하는 경우($Q = F$)를 연계 소성유동법칙(associated flow rule), 다른 경우($Q \neq F$)를 비연계 소성 유동법칙(non-associated flow rule)이라 한다. 여기서는 연계 소성유동법칙을 가정한 Mohr-Coulomb (MC) 모델과 Hoek-Brown(HB) 모델을 고려하여 살펴본다.

A. Mohr-Coulomb Model을 이용한 변형해

등방응력 σ_o 조건에 대하여 응력해로부터 얻은 탄소성경계(r_e)와 반경방향경계 응력(σ_{re})을 다시 쓰면,

$$r_e = r_o \left\{ \frac{\sigma_o(1-\sin\phi) - (c\cos\phi' - c_r\cot\phi_r)}{p_i + c_r\cot\phi_r} \right\}^{\frac{1}{k_{\phi r}-1}} \tag{2.109}$$

$$\sigma_{re} = (p_i + c_r\cot\phi_r)\left(\frac{r_e}{r_o}\right)^{k_{\phi r}-1} - c_r\cot\phi_r \ \ \text{또는} \ \ \sigma_{re} = \sigma_o(1-\sin\phi) - c\cos\phi \tag{2.110}$$

탄소성경계에서의 변형은 반경 r_e 인 터널에 대하여 압력 σ_o에 의한 탄성변형 u_r^e와 탄소성경계응력 σ_{re}으로 인한 소성변형 u_r^p의 합으로 나타낼 수 있다.

$$u_{re} = u_r^e + u_r^p = \frac{(1+\nu)(1-2\nu)}{E}\sigma_o r_e + \frac{(1+\nu)}{E}r_e\frac{k_p-1}{k_p+1}\left(\sigma_o - \frac{\sigma_c}{k_p-1}\right)r_e \tag{2.111}$$

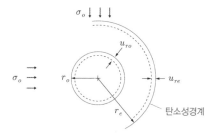

그림 M2.24 탄소성경계 파라미터(등방응력조건)

연계 소성유동법칙(associated flow rule)을 가정하므로, $F = Q$이며, 소성포텐셜함수는 다음과 같다.

$$Q = F = \sigma_\theta - k_\phi \sigma_r - \sigma_c = 0 \tag{2.112}$$

식(2.112)의 소성포텐셜을 식(2.108)의 소성유동법칙에 적용하면 변형률은 각각 다음과 같다.

$$\epsilon_r^p = \lambda \frac{\partial(\sigma_\theta - k_\phi \sigma_r - \sigma_c)}{\partial \sigma_r} = -k_\phi \lambda \tag{2.113}$$

$$\epsilon_\theta^p = \lambda \frac{\partial(\sigma_\theta - k_\phi \sigma_r - \sigma_c)}{\partial \sigma_\theta} = \lambda \tag{2.114}$$

위 식에서 λ를 소거하면 소성상태의 반경변형률과 접선변형률에 대한 다음의 관계를 얻을 수 있다.

$$\epsilon_r^p = -k_\phi \epsilon_\theta^p \tag{2.115}$$

소성영역의 변형률은 탄성변형률과 소성변형률의 합으로 표현되며, 축대칭 조건에서 다음의 관계가 성립한다.

$$\epsilon_r = \frac{du_r}{dr} = \epsilon_r^e + \epsilon_r^p = \epsilon_r^e - k_\phi \epsilon_\theta^p \tag{2.116}$$

$$\epsilon_\theta = \frac{u_r}{r} = \epsilon_\theta^e + \epsilon_\theta^p \tag{2.117}$$

여기서 ϵ_r은 반경변형률, ϵ_θ는 접선변형률, u_r은 반경방향 변형, 위 첨자 e, p는 각각 탄성과 소성을 의미한다. 위 두 식을 이용하여 ϵ_θ^p를 소거하면,

$$\frac{du_r}{dr} + k_\phi \frac{u_r}{r} = \epsilon_r^e + k_\phi \epsilon_\theta^e = \Phi(r) \tag{2.118}$$

식(2.118)의 우항, $\epsilon_r^e + k_\phi \epsilon_\theta^e$는 반경의 함수이다. 따라서 반경이 $r = r_e$이라면, 우항은 상수가 되어 1차 미분방정식이 된다. 한편, 탄소성경계조건 $r = r_e$에서 $\sigma_r = \sigma_{r_e}$을 이용하면, 탄소성경계에서 등방응력 σ_o에 대한 반경방향 변형은 다음과 같이 얻어진다.

$$u_{re} = r_e \frac{\sigma_o}{2G}\left(1 - \frac{\sigma_{re}}{\sigma_o}\right) \tag{2.119}$$

여기서, G는 전단탄성계수이다($G = E/\{2(1+\nu)\}$). 식(2.118)과 (2.119)를 종합하면 $r \rightarrow r_e$에서 $u_r = u_{re}$

이므로 반경방향 변형해는 다음과 같이 쓸 수 있다.

$$u_r = u_{re}\left(\frac{r_e}{r}\right)^{k_\phi} + r^{-k_\phi}\int_{r_e}^r r^{k_\phi}\Phi(r)dr \tag{2.120}$$

극좌표 탄성론을 이용하여 식(2.120)을 적분하면, 반경방향 변형은

$$u_r = \frac{-1}{2G}r_o^{-k_\phi}\left\{\frac{(\sigma_o-\sigma_{re})r_e^2-(p_i-\sigma_o)r_o^2}{r_e^2-r_o^2}(1-2\nu)(r_e^{k_\phi+1}-r_o^{k_\phi+1})-\frac{r_o^2r_e^2(\sigma_{re}-p_i)}{r_e^2-r_o^2}(r_e^{k_\phi-1}-r^{k_\phi-1})\right\}+u_{re}\left(\frac{r_e}{r}\right)^{k_\phi} \tag{2.121}$$

터널 굴착경계면, 즉 $r = r_o$ 에서 반경방향 변형 u_{ro} 는

$$u_{ro} = \frac{(1+\nu)}{E}r_o(\sigma_o\sin\phi+c\cos\phi)\left\{\frac{\sigma_o(1-\sin\phi)-c(\cos\phi-\cot\phi)}{p_i+c\cot\phi}\right\}^{\frac{2-r_o}{(k_\phi-1)(1-r_o)}} \tag{2.122}$$

탄소성경계, 즉 $r = r_e$ 에서 반경방향 변형 u_{re} 는

$$u_{re} = \frac{(1+\nu)}{E}r_e(\sigma_o-\sigma_{re}) \tag{2.123}$$

여기서 $k_\phi = (1+\sin\phi)/(1-\sin\phi)$, $\sigma_{re} = \sigma_o(1-\sin\phi)-c\cos\phi$.

$$r_e = r_o\left\{\frac{\sigma_o(1-\sin\phi)-c(\cos\phi-\cot\phi)}{p_i+c\cot\phi}\right\}^{\frac{1}{k_\phi-1}} \tag{2.124}$$

NB : 소성팽창 개념을 이용한 변형해

변형해는 굴착 전후의 체적 변화를 이용하여 구할 수도 있다.

굴착 전 내공 체적, $V_1 = [(r+dr)^2-r^2]\pi = (2r\,dr+dr^2)\pi$

굴착 후 내공 체적, $V_2 = [(r+dr+u_r+du_r)^2-(r+u_r)^2]\pi$

미소항($u_r^2 \approx 0$ 및 $dr \cdot du_r \approx 0$)을 무시하면, 체적변화는 다음과 같이 나타낼 수 있다.

$$dV = V_2 - V_1 \approx 2\pi(r\,du_r+u_r\,dr+u_r\,du_r)$$

위 식을 적분하고, $u_r = u_{re}$ 인 경계조건을 대입하여 적분상수를 구하면

$$\Delta V = \left\{u_r r+\frac{1}{2}u_r^2+C\right\} = \frac{2(1+\nu)(1-2\nu)}{E}\left(\sigma_o-\frac{\sigma_c}{k_\phi-1}\right)\left[\frac{(r/r_e)^{k_\phi+1}}{k_\phi+1}r_e^2-\frac{r^2}{2}\right]2\pi \tag{2.125}$$

체적변화는 체적변형률 ϵ_v 를 알면, $\Delta V = \epsilon_v \times V$

평균응력(mean stress), $p^* = (\sigma_r + \sigma_\theta + \sigma_l)/3$, $\sigma_l = \nu(\sigma_r + \sigma_\theta)$, $\epsilon_v = \Delta p^*/K$

굴착 전, $p_1^* = (\sigma_r + \sigma_\theta + \sigma_l)/3 = (2/3)\sigma_o(1+\nu)$

굴착 후, $p_2^* = (1+\nu)(\sigma_r + \sigma_\theta)/3 = \dfrac{2(1+\nu)}{3}\left\{\dfrac{\sigma_c}{k_\phi - 1} + \left(\sigma_o - \dfrac{\sigma_c}{k_\phi - 1}\right)\right\}\left(\dfrac{r}{r_e}\right)^{k_\phi - 1}$

$$\Delta V = \epsilon_v V = \frac{p_2^* - p_1^*}{K} = \frac{3(1-2\nu)(p_1^* - p_2^*)}{E} = \frac{2(1+\nu)(1-2\nu)}{E}\left(\sigma_o - \frac{\sigma_c}{k_\phi - 1}\right)\left[\left(\frac{r}{r_e}\right)^{k_\phi - 1} - 1\right](2\pi r dr) \quad (2.126)$$

식(2.125) 및 (2.126)을 등치하고, 미소량 u_r^2을 무시하면

$$u_r = u_{re}\frac{r_e}{r} + \frac{(1+\nu)(1-2\nu)}{E}\left(\sigma_o - \frac{\sigma_c}{k_\phi - 1}\right)\left\{\frac{2}{k_\phi + 1}\left(\frac{r}{r_e}\right)^{k_\phi - 1} - 1 + \frac{k_\phi - 1}{k_\phi + 1}\left(\frac{r_e}{r}\right)^2\right\}r \quad (2.127)$$

$r = r_o$에서

$$u_{ro} = \frac{(1+\nu)(1-2\nu)}{E}\left\{\sigma_o\left(\frac{r_e}{r_o}\right)^2 + \left(\sigma_o - \frac{\sigma_c}{k_\phi - 1}\right)\left[\left(\frac{k_\phi - 1}{k_\phi + 1}\right)\frac{2(1-\nu)}{1-2\nu}\left(\frac{r_e}{r_o}\right)^2 + \frac{2}{k_\phi + 1}\left(\frac{r_o}{r_e}\right)^{k_\phi - 1}\right]\right\}r_o \quad (2.128)$$

B. Hoek-Brown Model을 이용한 변형해

소성영역이 발생하지 않는 경우, 터널경계의 변형은 두꺼운 원통이론으로부터 다음과 같이 표현된다.

$$\frac{u_r}{r_o} = \frac{(1+\nu)}{E}(\sigma_o - p_i) \quad (2.129)$$

탄소성경계에서의 탄성조건을 만족하여야 하므로, 변형, u_{re}는 다음과 같이 쓸 수 있다.

$$u_{re} = \frac{(1+\nu)}{E}(\sigma_o - \sigma_{re})r_e = \frac{(1+\nu)M}{E}\sigma_c r_e = \frac{M}{2G}\sigma_c r_e \quad (2.130)$$

여기서, $r_e = r_o e^{\left(N - \frac{2}{m_r \sigma_c}(m_r \sigma_c p_i + s_r \sigma_c^2)^{0.5}\right)}$

탄소성경계에서 경계탄성변형률($G = E/\{2(1+\nu)\}$을 이용하여)은

$$\epsilon_{re}^e = \epsilon_{\theta e}^e = -\frac{1+\nu}{E}(\sigma_o - \sigma_{re}) = -\frac{M\sigma_c}{2G} \quad (2.131)$$

연계 소성유동법칙을 가정하면, $Q = F$이므로 파쇄암에 대하여

$$Q = \sigma_\theta - \sigma_r - (m_r \sigma_c \sigma_r + s_r \sigma_c^2)^{0.5} = 0 \quad (2.132)$$

하지만 이 경우 Mohr-Coulomb 모델과 같이 $\epsilon_r^p = -k_\phi \epsilon_\theta^p$ 관계가 바로 유도되지 않는다. k를 실험 등으로 구할

수 있으므로, $\epsilon_r^p = -k\epsilon_\theta^p$라 가정하자. 이 식과 변형률식을 조합하면

$$\epsilon_r = \frac{du}{dr} = \epsilon_r^e + \epsilon_r^p = \epsilon_r^e - k\left(\frac{u}{r} - \epsilon_{\theta p}^e\right) \tag{2.133}$$

위 미분방정식을 풀고, $r = r_e$에서 각 변형률을 대입하면

$$u_r = c\, r^{-k} - \frac{M\sigma_c}{2G}\frac{1-k}{1+k}r \tag{2.134}$$

경계조건 $r = r_e$에서 접선변형률(ϵ_θ^p)이 $-M\sigma_c/2G$임을 이용하여 적분상수 c를 구하여 정리하면

$$u_r = -\frac{M\sigma_c}{G(k+1)}\left\{\frac{1-k}{2} - \left(\frac{r_e}{r}\right)^{1+k}\right\}r \tag{2.135}$$

$r = r_o$에서 내공변형 u_{ro}는

$$u_{ro} = -\frac{M\sigma_c}{G(k+1)}\left\{\frac{1-k}{2} - \left(\frac{r_e}{r_o}\right)^{1+k}\right\}r_o \tag{2.136}$$

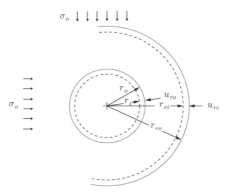

그림 M2.25 터널의 변형 경계조건을 고려한 거동파라미터의 정의

NB : 소성팽창 개념을 이용한 변형해

H-B 모델을 이용한 변형해도 MC 모델과 마찬가지로 소성팽창 개념을 이용하여 구할 수 있다. 소성영역에서 평균 소성체적변형률, e_{av}라 하고, 소성영역에 대하여 소성 전과 후의 체적을 비교하면

$$\pi(r_e^2 - r_o^2) = \pi\left\{(r_e + u_{re})^2 - (r_o + u_r)^2\right\}(1 - e_{av})$$

이를 u_r에 대하여 정리하면,

$$u_r = r_o\left(1 - \left[\frac{1 - e_{av}}{1 + V}\right]^{0.5}\right)$$

(2.137)

여기서, $V = \left\{2\dfrac{u_{re}}{r_e} - e_{av}\right\}\left(\dfrac{r_e}{r_o}\right)^2$, V를 r_e와 N을 이용하여 다시 쓰면,

$$V = \left\{\frac{2(1+\nu)}{E}M\sigma_c - e_{ev}\right\}e^{\left\{N - \frac{2}{m_r\sigma_c}(m_r\sigma_c p_i + s_r\sigma_c^2)^{0.5}\right\}}, \quad e_{av} = \frac{2(u_{re}/r_e)(r_e/r_o)^2}{\{(r_e/r_i)^2 - 1\}(1 + 1/R)} \quad \text{(Ladanyi)}$$

$r_e/r_o < \sqrt{3}$ 이면, $R = 2D\ln(r_e/r_o)$ 이고, $r_e/r_o < \sqrt{3}$ 이면, $R = 1.1D$

$$D = \frac{-m}{m + 4(m\sigma_{re}/\sigma_c + s)^{0.5}}$$

2.3.3 터널 주변 지반의 소성거동과 활동

터널을 굴착하면 굴착 경계면의 응력해제에 따라 주변 지반에 응력 재배치가 일어난다. **굴착면 접선방향 응력이 최대주응력**이 되고 **반경방향 응력은 최소주응력**으로서 무지보 시 '0'이 된다. 이들 응력이 지반(암반)강도(굴착면이므로 일축압축강도)를 초과하면 지반이 항복하여 터널 주변 지반에 소성영역이 발생한다. 소성영역은 터널의 파괴형상 추정, 터널의 보강영역 결정 등에 유용한 정보이다.

2.3.3.1 등방응력조건의 이론 소성영역

평판 내 공동이론의 경우, 등방응력조건의 원형 터널을 가정하므로, 소성영역은 터널경계에서 r_e 까지 일정 두께의 동심원형태로 나타난다. 앞 절의 평판 내 공동이론으로 산정한 등방하중 조건의 소성영역 범위를 그림 M2.26에 나타내었다.

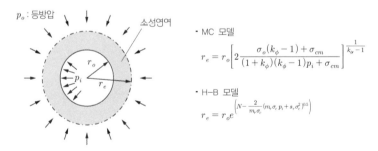

그림 M2.26 등방응력조건의 이론 소성영역

등방응력조건의 소성영역 발생 특성을 일반화하기 위해 Hoek 등은 이론해에 대한 Monte Carlo Simulation 을 통해 그림 M2.27의 결과를 제시하였다.

평판 내 공동 이론해를 이용, r_e에 대한
수치 시뮬레이션(H-B 모델 이용)

다음 범위에 대한 Monte Carlo Simulation
- 대상 터널 반경 $2.0 < r_o < 8.0$m
- 물성파라미터 :
  $1.0 < \sigma_{ci} < 30$MPa; $5 < m_i < 12$;
  $10 < GSI < 35$; $1.0 < \sigma_{cm} < 30$MPa
  $\sigma_{cm} = (0.0034 m_i^{0.8}) \sigma_{ci} \{1.029 + 0.025 e^{(-0.1 m_i)}\}^{GSI}$

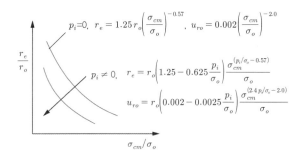

$$p_i = 0, \quad r_e = 1.25 r_o \left(\frac{\sigma_{cm}}{\sigma_o}\right)^{-0.57}, \quad u_{ro} = 0.002 \left(\frac{\sigma_{cm}}{\sigma_o}\right)^{-2.0}$$

$$p_i \neq 0, \quad r_e = r_o \left(1.25 - 0.625 \frac{p_i}{\sigma_o}\right) \frac{\sigma_{cm}^{(p_i/\sigma_o - 0.57)}}{\sigma_o}$$

$$u_{ro} = r_o \left(0.002 - 0.0025 \frac{p_i}{\sigma_o}\right) \frac{\sigma_{cm}^{(2.4 p_i/\sigma_o - 2.0)}}{\sigma_o}$$

그림 M2.27 등방응력조건의 소성영역 발생 특성(after Hoek and Marinos)(r_e : 소성반경, u_{ro} : 내공변위, p_i : 내압)

2.3.3.2 이방응력조건의 이론 소성영역

Kastner(1962), Detournay and Fairthrust(1987), Matsumoto and Nishioka(1991) 등은 탄성해석을 수행하고 강도를 초과하는 영역을 소성상태로 고려하는 **탄성과응력해석(elastic overstress analysis)**을 통해 터널 주변 지반의 소성영역 발생 특성을 조사하였다.

Kastner(1962)

Kastner는 항복(파괴)조건을 $\xi = \sigma_\theta / \sigma_c$로 설정하고, $\xi > 1.0$인 경우(즉, 접선응력이 일축압축강도를 초과할 때)를 소성상태로 정의하여 측압계수에 따른 소성영역 발생 특성을 조사하였다. 그림 M2.28은 측압계수의 영향에 따른 소성영역 발생 특성을 보인 것이다.

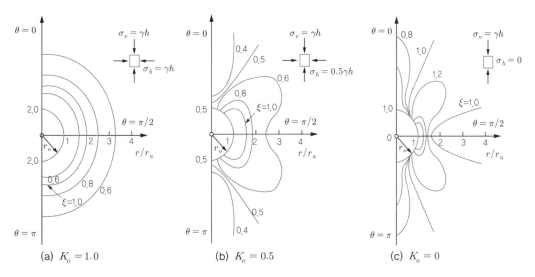

그림 M2.28 초기응력(측압계수) 조건에 따른 이론 소성영역의 형상(after Kastner, 1962)

그림 M2.28을 살펴보면, 등방응력조건($K_o = 1.0$)에서 소성영역은 터널주면을 따라 일정폭으로 형성되나 측압계수가 1.0보다 작아지면, 소성영역이 측벽에서 터널 어깨쪽을 확대되며, 연직으로 길쭉한 모양(나비 형상)으로 확장된다. 반면에, 측압계수가 1.0보다 훨씬 커지면 천단부 소성영역이 확대됨을 알 수 있다.

Detournay and Fairthrust(1987)

탄성과응력해석(elastic overstress analysis)을 수행하고, Mohr-Coulomb 강도 모델로 터널 주변 소성영역의 형상을 조사하였다. 소성영역은 $\sigma_1 \geq k_\phi \sigma_3 + \sigma_{ci}$로 정의된다. 소성영역은 측압계수($K_o$)에 따라 변화하는데, 측압(즉, 이방응력조건)이 어떤 한계($K_{lim} = \sigma_h/\sigma_v$) 이하까지는 그림 M2.29(a)와 같이 터널 주변에 등방에 가까운 소성영역이 형성되나, 그 한계(K_{lim})를 넘으면 그림 M2.29(b)와 같이 나비모양으로 소성영역(butterfly shaped-plastic zone)이 형성된다. K_{lim}은 평균응력 및 강도/응력조건(σ_o/σ_{ci}), 그리고 전단저항각(ϕ)의 함수로서 그림 M2.30으로 판단할 수 있다.

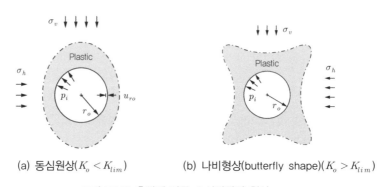

(a) 동심원상($K_o < K_{lim}$)   (b) 나비형상(butterfly shape)($K_o > K_{lim}$)

그림 M2.29 측압에 따른 소성영역의 형상

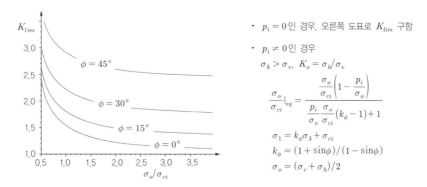

- $p_i = 0$인 경우, 오른쪽 도표로 K_{lim} 구함
- $p_i \neq 0$인 경우
  $\sigma_h > \sigma_v$, $K_o = \sigma_h/\sigma_v$

$$\frac{\sigma_o}{\sigma_{ci}}\Big|_{eq} = \frac{\dfrac{\sigma_o}{\sigma_{ci}}\left(1 - \dfrac{p_i}{\sigma_o}\right)}{\dfrac{p_i}{\sigma_o}\dfrac{\sigma_o}{\sigma_{ci}}(k_\phi - 1) + 1}$$

$\sigma_1 = k_\phi \sigma_3 + \sigma_{ci}$
$k_\phi = (1 + \sin\phi)/(1 - \sin\phi)$
$\sigma_o = (\sigma_v + \sigma_h)/2$

그림 M2.30 소성영역의 형상을 구분하는 한계측압계수(K_{lim})의 산정(MC 모델 이용)

Matsumoto and Nishioka(1991)

Matsumoto and Nishioka는 터널형상과 측압을 달리하는 '**탄성과응력해석(elastic overstress analysis)**'을

수행하고, von Mises 항복조건($\sigma_y = 2s_u$, σ_y : 항복응력, s_u : 비배수 전단강도)을 이용하여, 점성토 지반 내 타원터널 주변의 소성영역 발달특성을 조사하였다. 그림 M2.31과 같이 터널 주변 지반의 소성영역은 측압계수 K_o가 클수록, 편평률 m이 클수록 상부로 확대는 것으로 나타났다. 측압계수가 $K_o \gg 1$일 경우, 천단과 바닥에서 먼저 소성영역이 형성되고, 측압계수가 $K_o < 1$인 경우, 측벽에서 먼저 소성거동이 일어난다.

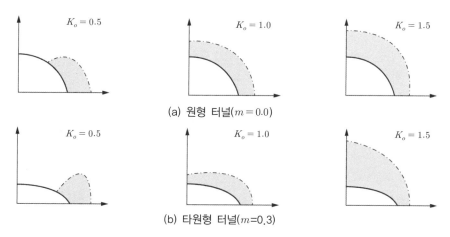

그림 2.31 타원형 터널 주변 지반 소성영역(편평률 : $m = (b-a)/b$; b : 장축(수평)반경 a : 단축(수직)반경)

Carranza-Torres and Fairthrust(2000)

탄성과응력해석을 수행하고, Hoek-Brown 파괴조건을 이용하여 소성영역을 평가하였다. 소성영역의 형상을 일반화하기 위하여 측압계수 K_o에 대하여 강도를 초과하는 영역을 $\rho(K_o) = r/r_o$로 산정하고, $\rho(1)$로 정규화하여 그림 M2.32와 같이 나타내었다(등고선의 안쪽이 소성영역이다). $0.6 < K_o < 1.6$인 경우 등방소성영역을 가정할 수 있으며, $K_o < 0.6$이거나 $K_o > 1.6$인 경우 위로 길쭉한 나비형상의 소성영역이 발생한다.

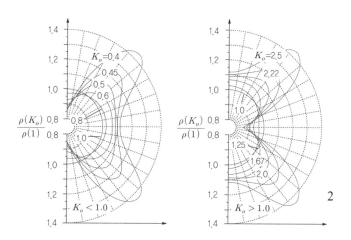

그림 M2.32 측압에 따른 소성영역의 형상(σ_o =7.5MPa, σ_{ci} =20MPa, m_b =1.8, s =1.3×10^{-3}, HB 모델 이용)

2.3.3.3 터널 주변의 실제 소성영역 형상

이론해석에 따르면 소성영역의 크기와 형상은 측압계수, 토피 상재압, 터널형상, 암반강도(일축강도) 등에 따라 달라진다. 일반적으로 측압계수 $K = 0.6 \sim 1.6$ 범위에서 소성영역을 등방형(동심원상)으로 가정할 수 있으나, 응력의 이방성 정도가 증가할수록 나비모양의 소성영역이 확인된다(소성영역의 형상은 2.4절에서 다루는 CCM의 적용조건과 관련하여 중요하다. CCM은 등방 소성영역을 가정하므로 나비형상의 소성영역이 발생하는 조건에 부합하지 않는다).

이론해법은 지반을 등방 균질로 가정한 원형 터널을 대상으로 하므로 실제 터널에서 발생하는 소성영역은 이와 상당한 편차를 나타낼 수 있다. 특히 탄성과응력해석은 실제 소성영역의 대강만을 파악하므로, 소성영역 크기에 영향을 미치는 인자, 그리고 이들의 영향특성에 대한 정성적 고찰에 유용하지만, 대체로 소성영역을 과소평가하는 것으로 알려져 있다.

실제 터널은 원형이 아닌 경우가 많고, 주변 지반응력은 이방성이다. 이런 경우 수치해석을 이용하여 소성영역을 조사할 수 있다. 그림 M2.33(a)는 천층 화강풍화토(상반) 지반의 마제형 터널 단면에 대한 수치해석으로 얻은 소성영역을 보인 것이다. 그림 M2.33(b)는 터널하부 취약지반 압착거동으로 인해 융기가 일어나는 터널의 소성영역 재현 결과를 예시한 것이다. 모두 이론해석의 어느 범주에도 들지 않는 형상을 나타내고 있음을 유의할 필요가 있다.

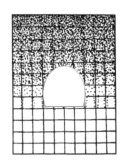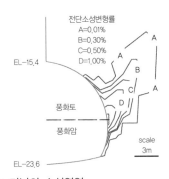

(a) 풍화토/풍화암 경계에 위치하는 터널의 소성영역

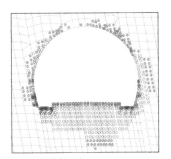

(b) 터널저면 압착융기에 따른 소성영역 재현 예

그림 M2.33 실제 터널의 소성영역 발생 특성(수치해석 예)

2.3.4 터널 소성영역의 활동과 파괴

지반거동을 탄성-완전소성(perfectly plastic)으로 가정하는 경우, 소성영역의 응력은 항복상태이자 파괴 상태에 있다고 할 수 있다. 소성영역 내 파괴 활동면은 그림 M2.34(a)와 같이 최소주응력(σ_3) 축과 $(45+\phi/2)$ 각도를 이룬다.

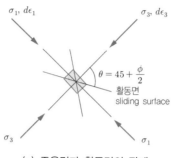

(a) 주응력과 활동면의 관계

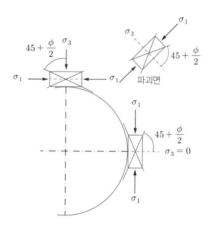

(b) 터널 천장부 및 측벽부 요소의 파괴면

그림 M2.34 굴착경계면 요소의 파괴메커니즘

굴착면에서 천장과 측벽 요소에 대한 최대 주응력은 그림 M2.34(b)와 같으며, 따라서 파괴면은 측벽에서 수평면과 $45+\phi/2$ 각도를 이루고, 천장에서는 수평면과 '45-$\phi/2$' 각도를 이룬다. 천장에서 어깨부까지 내 측으로 최소 주응력이 연속적으로 시계방향으로 회전함을 알 수 있다. **주응력회전에 따라 파괴면도 곡선형상으로 형성**될 것이다.

등방응력조건($K_o = 1.0$)의 활동 파괴면

굴착경계면에서 최소 주응력방향에 대해 $\theta_{cr} = 45 + \phi/2$으로 형성되는 전단 파괴면은 굴착면에서는 반경방향과 각도 θ_{cr}를 이루는 (대수나선)곡선으로 형성되며, 굴착면 외곽지반으로 연속하여 형성될 것이다. 터널 중심에서 위치 r인 **대수나선 활동 파괴면**의 기울기 θ_{cr}은 다음 식으로 나타낼 수 있다(θ는 천단을 기준으로 시계방향각).

$$r\frac{d\theta}{dr} = \tan\theta_{cr} \tag{2.138}$$

천장부에서 활동 파괴면의 각도 θ_{cr}는 Mohr 응력원 및 $\theta_{cr} = 45 + \phi/2$로부터 다음과 같이 구해진다.

$$\tan\theta_{cr} = \frac{\frac{1}{2}(\sigma_\theta - \sigma_r)\cos\phi}{\frac{1}{2}(\sigma_\theta - \sigma_r) - \frac{1}{2}(\sigma_\theta - \sigma_r)\cos(90° - \phi)} = \frac{\cos\phi}{1 + \sin\phi} \tag{2.139}$$

식(2.138) 및 (2.139)를 연립해서 풀고 $r = r_o$에서 $\theta = 0$인 조건을 이용하면 파괴면인 대수나선의 식은

$$r = r_o \cdot e^{\theta\tan\phi} \tag{2.140}$$

r의 궤적을 터널 중심을 기준으로 하여, 활동면의 궤적을 그리면 그림 M2.35와 같다. 소성상태의 어느 위치도 활동면에 속하므로 무수히 많은 활동면의 궤적을 그릴 수 있다.

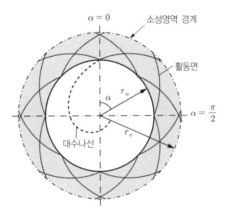

그림 M2.35 등방압 조건의 터널 주변 소성영역과 소성영역 내 활동면(터널 중심=대수나선 중심)

식(2.140)에 따르면 활동면은 터널 굴착면 위치와 단지 전단저항각에만 의존함을 알 수 있다. 등방응력조건에서 굴착면 주변 소성영역 내, 활동면은 대수나선이며, 수렴점은 터널의 중심이다. 실제 지반응력상태는

등방응력조건이 아니므로 소성영역이 등방의 링(ring) 형태로 나타나지 않으며, 활동면도 주면에 연해 연속적으로 이어지지 않을 것이다. 또한 실제 터널 굴착부의 소성영역은 굴착면 주변으로 3차원적으로 발생할 것이며, 이를 그림 M2.36에 예시하였다.

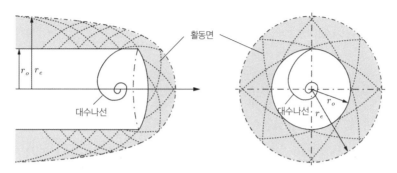

그림 M2.36 굴착면(막장) 주변의 소성영역과 활동면

이방응력조건의 활동 파괴면

앞에서 살펴본 이방응력조건($K_o = 0.2$)의 소성영역과 활동면을 그림 M2.37에 확대하여 보았다. 활동면은 소성영역 내에서만 나타나므로 외곽으로의 연속성은 제약된다. 활동면으로 둘러싸인 조각을 활동파괴단위로 가정하면, 그림 M2.37(b)와 같이 측벽부 굴착면에 접한 요소가 가장 쉽게 활동을 일으킨다. 하지만 활동면이 형성된 경우라도 그 연장선이 탄성영역에 의해 구속되면 활동은 일어나기 어렵다.

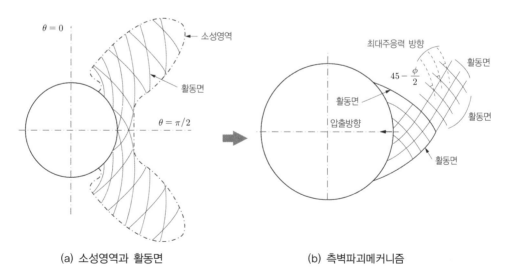

(a) 소성영역과 활동면   (b) 측벽파괴메커니즘

그림 M2.37 이방성 응력조건의 활동면과 전단압출거동(after Seeber, 1999), $K_o = 0.2$

2.4 터널 지보 역학 Tunnel Support Mechanics

앞에서 살펴본 **탄성원통이론**이나 **평면공동이론**은 **등방조건의 원형 터널**을 가정한다. 이들 이론은 지보재의 지보효과를 단지 등방내압(p_o)으로 가정하므로, 지반-지보재의 상호작용을 고려할 수 없으며, 따라서 지보재의 실질적인 단면력 정보를 얻기 어렵다. 터널 지지이론은 지반과 지보재가 상대강성에 따라 평형상태에 이른다는 원리에 기초한다.

2.4.1 터널 지보−지반 상호작용 Tunnel Liner-Ground Interaction

터널을 무너뜨리지 않고 굴착할 수 있는 이유는 굴착부 중력하중의 대부분이 굴착되지 않은 주변 지반 및 기 설치된 지보로 전이되어 지지되기 때문이다. 연속체에서 어느 특정부분에 변형이 일어나면 변형이 덜 일어난 인접부로 응력이 증가되면서 새로운 평형상태에 도달하려고 하는데, 이와 같이 변형이 일어난 부분의 응력이 변형이 덜 일어나거나 일어나지 않는 부분으로 전달되는 현상을 **하중전이**(load transfer) 또는 **아칭효과**(arching effect)라 한다.

굴착면의 3차원 아칭효과

터널 굴착으로 그림 M2.38과 같이 굴착부에서 3차원적 기하학적 조건이 형성되고, 굴착된 부분에서 굴착되지 않은 터널 축방향 및 횡단방향으로 3차원적 하중전이가 일어난다. 굴착으로 원지반 응력이 해방(release)되면서, 굴착되지 않은 부분과 이미 지보가 설치된 부분이 하중을 분담하게 된다(굴착으로 지지되지 않는 부분을 이미 타설된 지보(라이닝)와 미굴착부가 받쳐 들고 있는 형태). 이 상태에서 굴착부에 지보를 설치하고, 이후 다음 단계(round)를 굴착하면 굴착부로부터 새로운 하중전이가 일어나, 이제 막 설치한 지보재가 이를 지지하게 된다. 이러한 하중전이(load transfer)가 지반의 수용 가능한 응력상태에서 이루어지면 터널의 안정이 유지되나, 하중전이로 인한 응력이 지보재의 강도를 초과하면 터널은 붕괴된다.

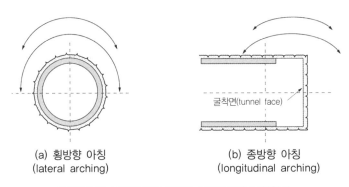

(a) 횡방향 아칭
(lateral arching)

(b) 종방향 아칭
(longitudinal arching)

그림 M2.38 굴착면에서 3차원 하중전이와 아칭현상

터널 라이닝-지반 상대강성의 영향

터널-지보재 상호작용의 정도에 영향을 미치는 요인은 **상대강성**이다. 강성(rigid) 라이닝과 휨성(flexible) 라이닝 각각에 대하여 지반과 라이닝 간 상대강성(relative stiffness)에 따른 라이닝 거동(라이닝의 변형, 작용토압)을 그림 M2.39에 비교하였다(Ranken, Ghaboussi and Hendron, 1978). 강성 라이닝의 경우 변형은 억제되나 지반이완하중에 저항하려하므로 토압이 증가한다. 반면, 휨성 라이닝은 상당한 내공변형이 일어나면서, 토압분포는 거의 균등해진다.

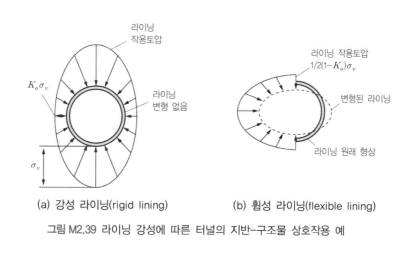

(a) 강성 라이닝(rigid lining)   (b) 휨성 라이닝(flexible lining)

그림 M2.39 라이닝 강성에 따른 터널의 지반-구조물 상호작용 예

실제 터널의 거동은 상대강성 외에도 굴착면에서의 3차원 아칭효과, 그리고 지보재 설치 시기 등에 따라서도 달라진다. 내공변위-제어법(convergence-confinement method, CCM)을 통해 지반-지보재의 상호작용과 터널굴착면의 3차원적 거동을 고찰할 수 있다.

2.4.2 내공변위-제어 이론 Convergence-Confinement Theory

2.4.2.1 내공변위 특성

터널은 이완된 지반과 지보재의 상호작용을 통해 평형에 도달한다. **내공변위-제어법(Convergence-Confinement Method, CCM)'**은 **지보재와 지반의 상호작용을 설명할 수 있는** 터널굴착 거동이론이라 할 수 있다(Panet and Guènot, 1962). 이 이론은 **등방응력조건의 원형 터널을 가정**한다(따라서 등방하중이므로 σ_o 대신 p_o를 사용한다. $0.6 < k_o < 1.6$ 조건에 타당하다). 터널굴착에 따라 지반응력이 해제되어 발생하는 '굴착면의 내공변형(u_{ro})-지보압력(p_i) 관계'를 '**지반반응곡선(Ground Reaction Curve, GRC)**', 지보가 지반하중을 부담하는 과정인 '굴착면 내공변위(u_{ro})-지보분담하중(p_s) 관계'를 '**지보반응곡선(Support Response Curve, SRC)**'이라 한다. 두 특성곡선이 만나는 평형 거동으로 터널 형성 원리를 설명할 수 있다.

2.4.2.2 지반반응곡선 Ground Reaction Curve

A. 탄성상태의 지반반응곡선(GRC)

그림 M2.40에 보인 바와 같이 터널굴착에 따른 지반거동을 '굴착면의 지압 감소($p_o \rightarrow p_i$)와 내공변위(u_{ro}) 발생'으로 모사할 수 있으며, 이때 $p_i - u_{ro}$ 관계를 지반반응곡선이라 한다.

(a) 굴착 전 : p_o 내외압 평형상태   (b) 굴착 후 지보 설치 : 지압 감소, 변형 발생

그림 M2.40 터널굴착에 따른 굴착경계의 지압 변화

두꺼운 원통이론을 이용(등방응력조건). 터널 주변 지반이 탄성상태일 때에 굴착(터널 내공면 응력이 p_o에서 p_i로 감소)으로 인한 반경(내공)변형 u_{ro}는 두꺼운 원통이론의 식(2.36)으로 나타난다.

$$u_{ro} = \frac{(1+\nu)}{E} r_o (p_o - p_i)$$

위 식에서 p_i는 터널굴착 진행에 따라 감소된 압력으로서 p_i는 굴착 진행에 따라 $p_o \rightarrow 0$로 변화한다. 이에 상응하는 내공변위는 $0 \rightarrow u_{ro}$로 변화한다. p_i를 내공변위 u_{ro}의 관계로 다시 정리하면,

$$p_i = \frac{E}{(1+\nu)r_o} u_{ro} + p_o \tag{2.141}$$

탄성지반의 경우 지반반응곡선은 그림 M2.41과 같이 내압 p_i와 u_{ro}가 선형 비례관계로 나타난다. $p_i = p_o$일 때, 반경변형은 u_{ro}이며, $p_i = 0$일 때, $u_{ro} = (1+\nu)p_o r_o / E$이다.

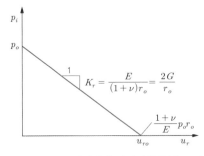

그림 M2.41 탄성상태의 지반반응곡선(GRC)

평판 내 공동이론 이용(이방성응력 조건). 평판 내 공동이론의 변형해로부터 이방성 응력조건의 지반반응 곡선을 근사적으로 유도할 수 있다. 연직외압 σ_v, σ_h 상태에서 지보압이 p_i일 때 반경방향 변형은

$$u_r = \frac{1+\nu}{E}\left\{\frac{(\sigma_v + \sigma_h)}{2} - p_i\right\}\frac{r_o^2}{r} + \frac{1+\nu}{E}\frac{(\sigma_v - \sigma_h)}{2}\left\{-\frac{r_o^4}{r^3} + (1-\nu)\frac{4r_o^2}{r}\right\}\cos 2\theta \tag{2.142}$$

내공변위는 굴착면 위치에 따라 달라지며, 천단($\theta = 0°$)과 바닥($\theta = 180°$) 및 측벽($\theta = 90°, 270°$)의 평균 내공변위 u_{rm}은 다음과 같이 산정된다.

$$u_{rm} = \frac{1+\nu}{E}\left\{(\sigma_v + \sigma_h) - 2p_i\right\}\frac{r_o}{2} \tag{2.143}$$

$p_i = 0$일 때, $u_{rm} = \frac{1+\nu}{E}(\sigma_v + \sigma_h)\frac{r_o}{2}$ 이 되며, 평균응력 $p_o = (\sigma_v + \sigma_h)/2$로 두면, 식(2.143)은 (2.36)과 같아진다. $\sigma_v = \sigma_h = p_o$이면 등방하중하의 응력식과 동일해진다.

B. 탄소성경계(탄성한도)

굴착으로 인한 응력해방 과정에서 지반응력이 탄성한도를 초과하면 소성상태가 된다. 터널 주변 지반에 **소성거동을 야기하는 최소 내압인 한계 지지압**(critical support pressure) p_{cr}은 탄소성경계상태이므로 탄성 응력조건과 소성응력조건을 모두 만족하여야 한다.

한계 지지압은 굴착경계에서 $p_i = p_{cr}$인 조건에 해당하므로, 두꺼운 원통이론($b \to \infty$, $r = r_o$)을 이용하면

$$\sigma_{ro} = p_i = p_{cr} \tag{2.144}$$
$$\sigma_{\theta o} = 2p_o - p_i = 2p_o - p_{cr} \tag{2.145}$$

소성영역은 지반의 강도 모델에 따라 달리 산정되며, 따라서 p_{cr}도 모델에 따라 다른 형태로 산정된다.

Mohr-Coulomb(MC) 모델 이용. 터널 내공면에서 $\sigma_1 = \sigma_\theta$, $\sigma_3 = \sigma_r$이며, 소성상태라면 MC 파괴조건, $\sigma_{\theta o} = k_\phi \sigma_{ro} + \sigma_c$이 성립한다. 파괴조건에 식(2.144) 및 (2.145)를 대입하면

$$2p_o - p_{cr} = k_\phi p_{cr} + \sigma_c$$

따라서 소성영역이 발생하는 한계 지지압은 다음과 같다.

$$p_{cr} = \frac{2p_o - \sigma_c}{1 + k_\phi} \tag{2.146}$$

Hoek-Brown 모델 이용. $p_i = p_{cr}$ 이므로 식(2.107)로부터 한계 지지압은 다음과 같다.

$$p_{cr} = p_o - M\sigma_c \tag{2.147}$$

그림 M2.42와 같이 내압(p_i)이 한계지지압, p_{cr} 보다 크면, 터널 주변 지반은 탄성상태에 있지만, 이보다 작으면 소성영역이 발생한다.

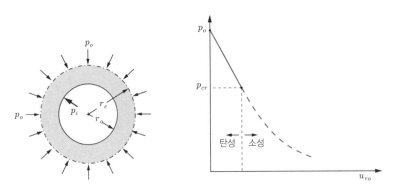

그림 M2.42 탄성영역의 지반반응곡선과 탄성한도

C. 탄소성상태의 지반반응곡선

소성영역의 지반거동은 Mohr-Coulomb 모델 및 Hoek-Brown 모델을 이용한 변형해로부터 고찰할 수 있다.

Mohr-Coulomb 모델 이용. 평판 내 공동이론에 의해 $p_i < p_{cr}$ 인 경우 소성영역은 r_e 까지 동심원상으로 균등하게 발생한다(CCM은 축대칭 등방압을 가정하므로 $\sigma_o \rightarrow p_o$).

$$r_e = r_o \left\{ \frac{2\left[p_o(k_\phi - 1) + \sigma_c\right]}{(1 + k_\phi)\left[(k_\phi - 1)p_i + \sigma_c\right]} \right\}^{\frac{1}{k_\phi - 1}} \tag{2.148}$$

굴착경계면에서 반경방향 변위는 식(2.35)로부터 내경이 r_e 이고, 내압이 σ_{re}, 외압이 p_o 인 두꺼운 원통이론 식과 같으므로, 식(2.35)를 이용하여 이방성응력조건에서는 근사적으로 $p_o = (\sigma_v + \sigma_h)/2$ 를 사용할 수 있다.

$$u_{re} = \frac{(1 + \nu)}{E} r_o \left\{ 2(1 - \nu)(p_o - p_{cr})\left(\frac{r_e}{r_o}\right)^2 - (1 - 2\nu)(p_o - p_i) \right\} \tag{2.149}$$

MC 모델을 이용한 소성구간의 지반반응곡선은 식(2.127)에 $r = r_o$ 조건을 대입하여

$$u_{ro} = \frac{(1+\nu)(1-2\nu)}{E}\left[p_o\left(\frac{r_e}{r_o}\right)^2 + \left(p_o - \frac{\sigma_c}{k_\phi - 1}\right)\left\{\left(\frac{k_\phi - 1}{k_\phi + 1}\right)\frac{2(1-\nu)}{1-2\nu}\left(\frac{r_e}{r_o}\right)^2 + \frac{2}{k_\phi + 1}\left(\frac{r_o}{r_e}\right)^{k_\phi - 1}\right\}\right]r_o$$

$$(2.150)$$

$p_i < p_{cr}$ 인 경우에 대하여, p_i를 가정하면, 식(2.148)을 이용하여 r_e를 계산할 수 있다. r_e를 알면 식(2.150)을 이용하여 u_{ro}를 구할 수 있다. p_i를 줄여가며 위 계산을 반복하면, $u_{ro} - p_i$ 관계를 얻을 수 있는데, 이 관계가 소성상태의 지반반응곡선이다.

Hoek-Brown 모델 이용. Hoek-Brown 모델을 이용한 평판이론에서, 변형해는 식(2.135)이므로

$$u_r = -\frac{M\sigma_c}{G(k+1)}\left\{\frac{1-k}{2} - \left(\frac{r_e}{r_o}\right)^{1+k}\right\}r_o$$

여기서, $r_e = r_o e^{\left\{N - \frac{2}{m_r \sigma_c}(m_r \sigma_c p_i + s_r \sigma_c^2)^{0.5}\right\}}$ 이고, k는 상수로서 $\epsilon_r^p = -k\epsilon_\theta^p$이다.

$r = r_o$ 에서 내공변위 u_{ro}는

$$u_{ro} = -\frac{M\sigma_c}{G(k+1)}\left\{\frac{1-k}{2} - \left(\frac{r_e}{r_o}\right)^{1+k}\right\}r_o \qquad (2.151)$$

$p_i < p_{cr}$ 인 p_i를 가정하면, 식(2.106)을 이용하여 r_e를 구한다. 다음, r_e와 식(2.151)을 이용하여 u_{ro}를 구할 수 있다. $p_i = p_{cr}$에서 $p_i = 0$까지 단계별로 가정하여 반복계산하면 $u_{ro} - p_i$ 관계를 얻을 수 있다.

D. 전체 지반반응곡선

굴착에 따른 전 하중영역에 대한 전체 지반반응곡선은 그림 M2.43과 같이 구간 중첩을 통해 완성할 수 있다. 지반반응곡선의 형상은 **초기 탄성거동 구간에서 선형 감소**하나, 탄성한도를 넘어 **소성영역에 접어들면 비선형적으로 완만해진다.**

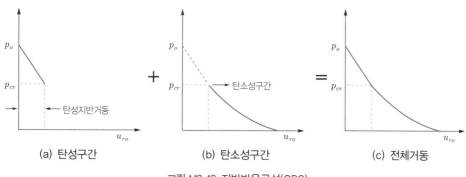

(a) 탄성구간   (b) 탄소성구간   (c) 전체거동

그림 M2.43 지반반응곡선(GRC)

지반 유형에 따른 지반반응곡선

지반 유형에 따른 지반반응곡선의 형상을 고찰해보자. 탄성구간은 식(2.141)과 같이 탄성계수에 비례한다. 그림 M2.44와 같이 점성토는 강성이 작으므로 완만하며, 사질토는 점성토보다 급한 기울기로 나타난다.

$$u_{re} = \frac{(1+\nu)}{E} r_e (p_o - \sigma_{re})$$

소성구간은 강도파라미터에 지배되는데, Mohr-Coulomb 모델로 유도하였던 아래의 내공 변형 식(2.122)를 통해 고찰할 수 있다.

$$u_{ro} = \frac{(1+\nu)}{E} r_o (p_o \sin\phi + c\cos\phi) \left\{ \frac{p_o(1-\sin\phi) - c(\cos\phi - \cot\phi)}{p_i + c\cot\phi} \right\}^{\frac{2-r_o}{(k_\phi - 1)(1-r_o)}}$$

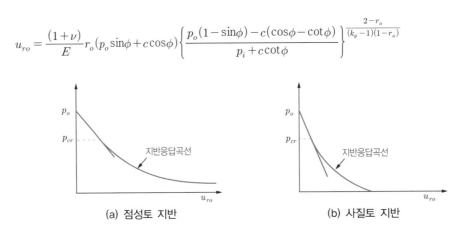

(a) 점성토 지반   (b) 사질토 지반

그림 M2.44 지반에 따른 응답곡선

점성토 지반($\phi = 0, c \neq 0$)의 경우. $\phi = 0$인 지반으로 가정하면, $k_\phi = 1.0$이다. $(k_\phi - 1) \rightarrow 0$이므로 $u_{ro} \rightarrow \infty$. 응력관계로부터 $(k_\phi - 1)$를 소거하면, 반경변위는 다음과 같이 표현된다.

$$u_{ro} = \frac{1+\nu}{E} r_o c \left(\frac{p_o - c}{p_i} \right)^{\frac{2-r_o}{1-r_o}} \tag{2.152}$$

$c \neq 0, \phi = 0$이므로, 그림 M2.44(a)와 같이 $p_i \rightarrow 0$이면, $u_{ro} \rightarrow \infty$ 가 되는 연성거동으로 인해(지보가 없는 경우) 변위가 수렴되지 않고 파괴에 이를 수 있다.

비점착성 지반($c = 0, \phi \neq 0$)의 경우. $c = 0$이므로, 반경변위 u_{ro}는 다음과 같이 표현된다.

$$u_{ro} = \frac{1+\nu}{E} r_o \sin\phi\, p_o \left(\frac{2}{k_\phi + 1} \frac{p_o}{p_i} \right)^{\frac{2-r_o}{(k_\phi - 1)(1-r_o)}} \tag{2.153}$$

비점착성 지반(사질토)은 그림 M2.44(b)와 같이 강성이 커서 변위가 쉽게 수렴한다.

2.4.2.3 지보특성곡선 Support Reaction Curve(SRC)

어떤 기준단면에 터널 굴착면이 접근해오면, 굴착 이완하중으로 인해 선행 변형이 일어나기 시작한다. 지보재가 설치되면 굴착진행에 따른 추가 이완하중의 일부를 지보가 분담하므로 변형은 구속되기 시작한다. 그림 M2.45는 터널굴착에 따른 지보의 하중분담 개념을 예시한 것이다.

이론적으로 총 이완하중 p_o에서, 지보 설치 전 $p_D = \alpha p_o$만큼 응력해방이 일어나고($\alpha < 1.0$), 잔여응력 $p = (1-\alpha)p_o$이 해제되며, 이를 지보가 분담하는 것으로 가정할 수 있다. 여기서 α는 지보 설치 시기와 관련되는 경험 파라미터이다($eg.\ \alpha = 0.4$).

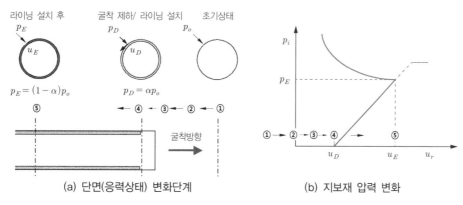

(a) 단면(응력상태) 변화단계   (b) 지보재 압력 변화

그림 M2.45 굴착 진행에 따른 지보재 거동

터널 굴착 후 지보를 설치한 후 지보에 작용하는 압력을 p_s라 하자. 지보압 분포특성과 굴착 진행에 따른 지보압 변화를 그림 M2.46에 나타내었다. 굴착 경계면에서 초기변형 u_{ri}가 일어난 후 지보가 설치되며, 이후 내공변위가 약간 증가하나, 굴착의 진행과 함께 곧 평형상태에 도달한다. 이때 '내공변위(u_{ro})-지보압 (p_s)의 관계'를 **지보반응곡선**(Support Response Curve, SRC)이라 한다.

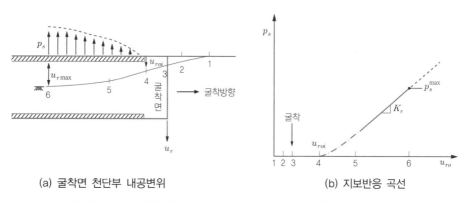

(a) 굴착면 천단부 내공변위   (b) 지보반응 곡선

그림 M2.46 지보반응곡선(support response(or reaction) curve, SRC)

지보재의 거동은 보통 탄성으로 가정한다. 따라서 반경방향 지보압(p_s)과 반경방향 터널 내공변위(u_r)의 관계는 **링 강성**(ring stiffness)식을 이용하여 $p_s = k_s u_r$로 표현할 수 있다. 초기변위가 u_i 발생한 후에 지보를 설치하였다면, 지보반응곡선식은

$$p_s = K_s(u_{ro} - u_i) = K_s \Delta u_r \tag{2.154}$$

여기서 p_s : 지보압, K_s : 지보재 링 강성, u_{ro} : 터널굴착면의 내공변위, u_i : 터널굴착면에서 지보재 설치 전까지 발생한 내공변위이다.

지보재 항복 시 최대지보압 $p_s^{\max}$ 는 다음 조건을 만족하여야 한다.

$$p_s \leq p_s^{\max} \tag{2.155}$$

일반적으로 터널 라이닝 두께(t)는 터널반경(r_o)에 비해 충분히 얇으므로 지보특성곡선은 얇은 원통이론의 식(2.1) 및 (2.3)으로 유추할 수 있다. 지보 저항력 p_s 에 의해 발생되는 지보재 압축응력 $\sigma_s (= \sigma_\theta)$은

$$\sigma_s = p_s \frac{r_o}{t} \tag{2.156}$$

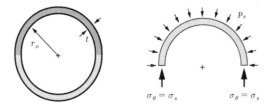

그림 M2.47 지보라이닝에 작용하는 힘

식(2.3)에서 $\epsilon_\theta = \sigma_s(1 - \nu_l^2)/E_l$ 이고 ($\sigma_r \approx 0$, ν_l, E_l은 각각 지보재 포아슨비와 탄성계수), $\epsilon_\theta = \Delta u_r / r_o$ 이므로, 지보재의 지지력과 최대 지보저항력은 다음과 같이 나타낼 수 있다.

$$p_s = \sigma_s \frac{t}{r_o} = \frac{E_l}{1 - \nu_{l_l}^2} \epsilon_\theta \frac{t}{r_o} = \frac{E_l}{1 - \nu_{l_l}^2} \frac{\Delta u_r}{r_o} \frac{t}{r_o} = \frac{E_l}{1 - \nu_{l_l}^2} \frac{t}{r_o^2} \Delta u_r \tag{2.157}$$

$$p_s^{\max} = \sigma_y \cdot t \cdot l_s \tag{2.158}$$

여기서 $E_l t / \{(1 - \nu_l^2) r_o^2\}$ 는 휨강성 계수에 해당하며, l_s 은 지보재 간격, $\Delta u_{ro} = u_{ro} - u_{ri}$ 이다.

초기변형(u_{ri})의 크기는 지보의 설치 시기와 관련된다. 실제 터널굴착에서는 굴착 전 선행 변형이 일어나므로 초기변형을 완전히 제어하기는 어렵다. 하지만 **지보를 빠르게 설치할수록 지반변형을 줄일 수 있으나 지보재 하중분담은 증가**한다.

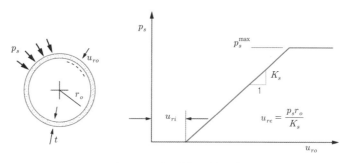

그림 M2.48 지보반응곡선(SRC)

2.4.2.4 내공변위-구속 메커니즘 Convergence-Confinement Mechanism

탄소성 이론해를 이용하면, 터널굴착에 따른 p_i-u_{ro} 관계인 지반반응곡선을 얻을 수 있고, 원형지보재의 지보재의 반경방향 강성과 최대 지보압을 구하면 지보특성곡선인 p_s-u_s 관계를 얻을 수 있다. 내공변형 u_{ro} 와 지보변형 u_s 의 관계는 지보재 설치 직전까지의 지반의 반경방향 내공변형이 u_{ro}, 초기내공변형(지보재 설치 전 발생한 변형)이 u_{ri} 라면

$$u_s = u_{ro} - u_{ri} \qquad (2.159)$$

지보와 지반이 적절히 밀착 시공되었다면, 지보재 설치 이후 변형은 지반과 지보가 동일할 것이며, GRC와 SRC가 만나는 점에서 평형을 이루고 거동을 멈출 것이다. 이 거동은 그림 2.49(a) 의 지반 반응곡선과 그림 2.49(b)의 지보반응곡선을 조합하여 그림 2.49(c)와 같이 나타낼 수 있다(이의 적용 예제는 TE2장 참조).

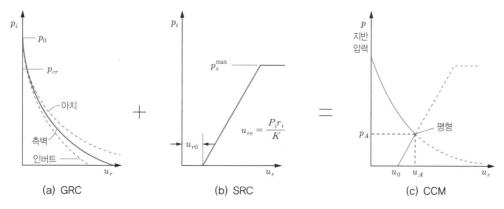

그림 M2.49 내공변위 제어원리

지반반응곡선과 지보특성곡선의 특성을 고찰하면, 지반과 지보재의 **상대강성**, 그리고 지보재의 **도입 시기**가 평형상태를 지배한다는 사실을 알 수 있다. 이를 이용하면, 지보의 강성 크기와 지보 설치 시기를 적절히 제어함으로써 터널이 안정하게 평형상태에 도달하는 경제적 조건을 모색할 수 있다. 그림 M2.50은 여러 지보재의 강성 그리고 설치 시기에 따른 CCM 곡선의 특성을 예시한 것이다. 지보 설치 시기가 빠르면 지보의 하중부담이 커지고, 너무 늦으면 변위억제에 기여하지 못한다. 강성이 너무 크면 지보재 하중부담이 증가하며, 너무 작으면 지반 변위가 구속되지 않는다. 이 원리를 이용하여 경제적인 최적의 지보재 선정 및 설치 시기를 결정하는 방법을 내공변위 제어법이라 한다. 지반강도를 최대한 활용하는 가장 경제적인 CCM의 평형조건은 지반반응곡선의 최저점에서 평형을 이루는 것이다. 하지만 실제 문제에서 최저점은 예측하기도, 확인하기도 어렵다.

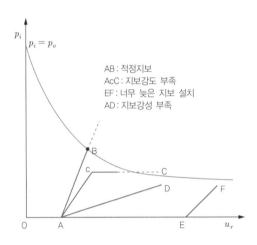

그림 M2.50 CCM을 이용한 터널 안정성 분석 예

연화지반 softening ground

만일, 지반이 최대응력상태를 지나 강도를 잃으면, 지반연화가 일어나 지반에 대변형이 일어나고, 이완영역이 증가하며 지보재 하중이 증가한다고 가정할 수 있다. 이 현상은 그림 M2.51과 같이 지반반응곡선이 최저점 도달 이후 변형이 증가하면서 이완영역의 확대로 지보압이 증가하는 형태로 그려진다. 이러한 현상이 가능한가에 대해서는 논란이 있어왔다.

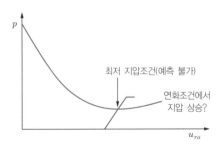

그림 M2.51 최적 평형조건 및 지압상승 조건의 문제점

GRC의 상승거동은 지반연화(softening)를 가정한 것인데, 지반연화 조건에서는 그림 M2.52(a)와 같이 $\sigma_\theta - \sigma_r = 0$, 즉 $\sigma_\theta = \sigma_r$이다. 당초 $\sigma_\theta - \sigma_r = 2c$ 조건에서 $c \to 0$ 상태가 된 것으로, 점착력이 상실되었음을 의미한다. 지지압이 p_i인 경우 탄소성경계면에서 응력은 다음과 같다.

$$\sigma_{re} = p_i = \sigma_o - c \tag{2.160}$$

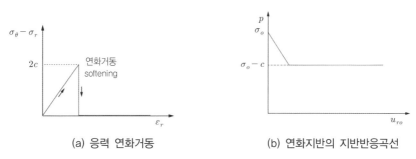

(a) 응력 연화거동　　　　　　　(b) 연화지반의 지반반응곡선

그림 M2.52 연화지반(softening ground)의 지반반응곡선(after Kolymbas, 2005)

식(2.160)은 지보압이 내공변위와 무관해짐을 의미하며, 이때의 응력상태를 그림 M2.52(a)에 예시하였다. 내공변형이 증가하면 탄소성경계도 증가하나 지보압은 일정하게 유지된다. 따라서 연화지반의 지반반응곡선은 그림 M2.52(b)와 같이 $p_s = p_o - c$로 일정해지므로 실제 지보압이 증가하는 현상은 나타나지 않는다.

압착성 지반 squeezing ground

압착은 시간의존성(time-dependent) 탄소성거동이다. 압착성 지반에서는 시간경과와 함께 내공변위와 지보압이 함께 증가한다. 만일, 변형을 구속하게 되면 지보압이 크게 증가하여 라이닝 변상이 일어날 수 있다. 쉴드의 경우, 추진이 어려워지거나 내공 축소로 안정을 확보하기 어려운 상황이 발생할 수 있다.

암반의 압착거동은 지반재료의 점착력 감소 문제로 이해할 수 있다. 최대 점착력은 $c = \Delta\sigma_p / 2$(여기서, $\Delta\sigma_p = \sigma_1 - \sigma_3$)이므로, 압착거동은 역학적으로 편차응력의 감소로 고려할 수 있다. 점착력의 시간적 감소는 일반적으로 다음과 같이 시간에 따라 지수적으로 감소한다고 가정할 수 있다.

$$\dot{c} = \alpha c \quad \text{또는} \quad c = c_o e^{-\alpha t} \tag{2.161}$$

여기서 α는 물성이며 시험으로 구할 수 있다.

점착력이 시간의존성이므로, 내공변위 또한 시간의존성으로, $u_{ro} = u_{ro}(t)$ 나타날 것이다. 따라서 압착성 지반의 반응곡선은 그림 M2.53과 같이 점착성이 감소함에 따라 변형과 지보압이 증가하는 거동을 하게 된다. 만일 증가된 지압이 최대 지보강도를 초과하면 지보재 파괴가 일어날 수 있다.

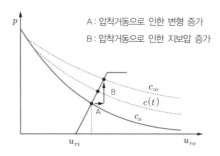

A : 압착거동으로 인한 변형 증가
B : 압착거동으로 인한 지보압 증가

그림 M2.53 압착성 지반의 반응곡선

2.4.2.5 터널공법에 따른 내공변위-제어 개념

관용터널

관용터널공법의 지보재로 보통 숏크리트, 강지보 및 록볼트가 조합 사용된다. 지보가 조합 설치되는 경우, 강성의 **조합효과**를 고려하여야 한다. 조합지보는 그림 M2.54와 같이 관용터널의 1차 지보재인 숏크리트, 록볼트 및 강지보재의 조합을 고려할 수 있다.

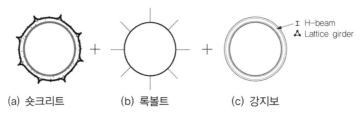

(a) 숏크리트 (b) 록볼트 (c) 강지보

그림 M2.54 관용터널공법의 지보요소와 조합 설치

관용터널 지보재인 숏크리트, 록볼트 및 강지보에 대한 링(ring) 강성과 최대 지보압은 원통이론을 이용하여 유도할 수 있다.

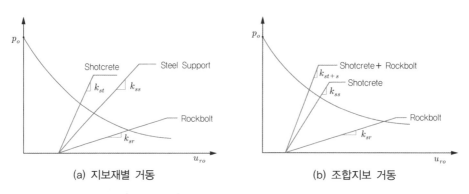

(a) 지보재별 거동 (b) 조합지보 거동

그림 M2.55 관용터널 지보재별 거동과 조합지보 거동

일반적으로 **숏크리트의 강성이 가장 크고, 록볼트는 지보 분담효과는 상대적으로 크지 않다.** 여러 지보재가 동시 설치되는 경우는 함께 지반하중에 저항하므로 지보재의 강성이 병렬연결 형태로 조합되는 것으로 볼 수 있다. 즉, 지보의 조합은 지지강성을 증진시킨다.

$$K_s = K_{s,shot} + K_{s,steel} + K_{s,bolt} \tag{2.162}$$

예제 일축압축강도 50MPa, GSI=30, m_i=10, D=0.8 지반에 숏크리트 두께 150mm, 록볼트 길이 4m의 각각 그리고 조합 설치하였을 때의 안전율을 비교해보자.

풀이 지보반응곡선

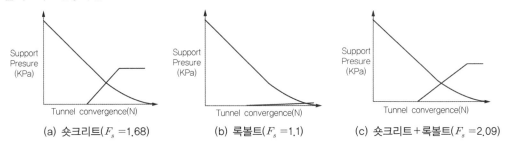

(a) 숏크리트(F_s=1.68)   (b) 록볼트(F_s=1.1)   (c) 숏크리트+록볼트(F_s=2.09)

그림 M2.56 지보재에 따른 안전율 평가 예

쉴드 TBM+세그먼트 라이닝

쉴드의 강체원통은 지반에 비해 큰 강성을 가진다. 세그먼트 라이닝 또한 철근콘크리트 부재의 원통형 구조로서 상당히 큰 강성을 나타낸다. 그림 M2.57(a)의 쉴드 굴착작업 진전에 따라 쉴드 굴착 시 막장에서 쉴드길이에 이르는 구간은 강체원통이 지반을 지지하나, 세그먼트 조립 이후 세그먼트 라이닝에 의해 지지되는 구조로 전환된다. 강체원통과 라이닝 구조체 모두 지반에 비해 현저히 큰 강성을 가지므로 각 SRC는 그림 M2.57(b)와 같이 거의 수직에 가깝게 그려질 것이다.

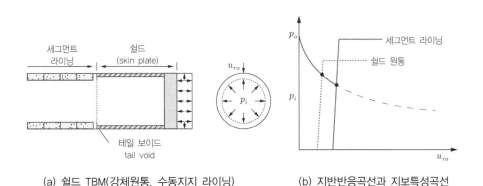

(a) 쉴드 TBM(강체원통, 수동지지 라이닝)   (b) 지반반응곡선과 지보특성곡선

그림 M2.57 쉴드 TBM 공법의 내공변위 제어 특성

CHAPTER 03

Stability of Tunnelling
터널의 굴착 안정론

Stability of Tunnelling
터널의 굴착 안정론

터널은 굴착 중 안전율이 최소가 되는 지반구조물로서 대부분의 터널붕괴는 굴착면(막장)에서 지보가 미처 설치되기 전 발생한다. 굴착 중 터널의 붕괴는 인명의 손상을 수반하기도 하는 매우 심각한 사고이나, 지층구조의 변동성, 지하수의 영향 등 지반의 불확실성을 설계단계에서 완전하게 파악하기 어렵기 때문에 이의 사전대응이 용이하지 않다.

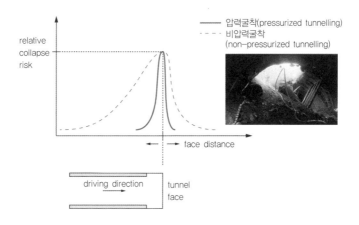

이 장에서는 굴착 중 터널의 지반조건에 따른 붕괴 유형을 살펴보고, 연약지반 터널과 암반터널에 대한 안정 검토 방법을 고찰한다. 이 장에서 다룰 주요 내용은 다음과 같다.

- 터널의 붕괴 유형과 안정 검토 방법
- 연약지반 터널의 붕괴특성과 안정 검토
- 암반터널의 붕괴특성과 안정 검토
- 터널 인접건물의 안정 검토

3.1 굴착 중 터널의 붕괴 특성과 안정 검토

3.1.1 굴착 중 터널 붕괴의 유형

대부분의 **터널 붕괴는** 굴착 중 발생한다. 터널의 붕괴모드는 크게 지표까지 함몰되는 **전반붕괴**(total collapse, daylight collapse)와 터널 굴착면 주변에서 진행되는 깊은 터널 또는 **국부파괴**(local failure)로 구분할 수 있다. 전반붕괴는 주로 얕은(淺層, shallow) 연약지반 터널에서 일어나며, 국부파괴는 암반터널에서 흔히 발생한다. 터널 붕괴사례 분석에 따르면 터널의 붕괴모드는 토피, 지반조건(지질 및 지하수), 굴착공법(압력, 비압력) 등에 따라 매우 다양한 형태로 나타난다.

굴착경계면에서 토사터널의 경우 점성토의 소성압착(squeezing), 사질토의 입자 탈락 및 활동(raveling, running) 거동이 전반붕괴로 진전될 수 있고, 암반터널의 경우 연암반(soft rock)의 전단 및 압착, 낙반, 경암반(hard rock)의 암파열(spalling) 파괴거동이 일어날 수 있다. 그림 M3.1에 터널의 붕괴 유형을 예시하였다.

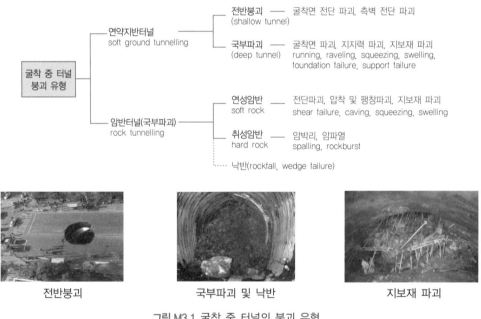

전반붕괴   국부파괴 및 낙반   지보재 파괴

그림 M3.1 굴착 중 터널의 붕괴 유형

터널 굴착부 전반 함몰붕괴 daylight collapse

얕은 연약지반 터널에서는 굴착면 붕괴가 지표까지 확장되는 **함몰붕괴**가 일어나기 쉽다. 이를 전반 함몰붕괴라 하며, 지반이 매우 연약하거나, 암반두께가 얇은 경우 또는 취약한 지질구조 등에 의해 주로 발생한다.

전반붕괴는 주로 연약지반 터널에서 굴착 후 지보재를 신속히 설치하지 않은 경우 굴착에 따른 이완토의 중량이 전단저항을 초과할 때 발생한다(그림 M3.2 a). 연약지반터널에서 지하수 유출은 토사유출을 야기하여 쉽게 함몰사고로 진전된다. 터널 규모에 비하여 암반 토피(rock cover)가 얇고, 발파진동으로 터널 상부 지반이 교란이 되는 경우에도 터널천단부의 암 피복(rock cover) 층이 파괴되고 지표까지 함몰이 일어날 수 있다(그림 M3.2 b).

얕은 연약지반 터널에서 전반파괴가 일어난 사례를 분석해보면 불리한(unfavorable) 지질구조가 그 원인인 경우가 많다. 단층대 또는 파쇄대와 같은 연약대가 터널 굴착부를 향해 발달한 경우에는 그림 M3.2(c)와 같이 연약대를 따른 **활동(sliding)** 파괴가 발생할 수 있다. 연약대에 분포하는 단층 또는 불연속면 충진물(gauge)의 강도 특성에 따라 진행성 파괴(progressive failure), 또는 돌발붕괴(abrupt collapse)가 일어날 수 있다.

(a) 굴착면 전반붕괴 (b) 표토층 전반붕괴 (c) 연약대 전반붕괴
(full face collapse) (overburden collapse) (weak structure failure)

그림 M3.2 얕은(천층) 연약지반 터널의 전반붕괴 예

터널 굴착부 국부파괴

얕은 터널은 대체로 풍화의 영향을 받는 심도에 위치하기 때문에 굴착면이 토사에서 연암까지 다양한 지층을 포함할 수 있다. 터널 굴착 영향은 일반적으로 지반조건에 따라 다르지만, 천단으로부터 연직방향으로 약 $1.5D$ 정도까지 미치는 것으로 알려져 있다. 얕은 연약지반 터널이라도 $H > 1.5D$이면, 파괴가 굴착유발 응력이 강도를 초과하는 굴착면 주변 영역으로 국한될 수 있다.

암반터널에서는 중력의 영향으로 그림 M3.3(a)와 같이 암반 블록의 낙반이 발생할 수 있으며, 어느 한 부분의 낙반이 일어나면, 떨어져 나간 부분의 지지력 상실로 인접 암괴의 연속적 이탈로 진전될 수 있다. 그림 M3.3(b)는 굴착면에서 지보가 시공되기 전 발생할 수 있는 암반터널의 국부파괴의 유형을 예시한 것이다.

굴착면 국부파괴   막장압출(core extrusion)   압착파괴(squeezing failure)

(a) 연약지반 터널의 굴착면 국부파괴

그림 M3.3 터널의 국부파괴 예(계속)

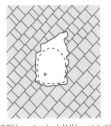  

| 붕락(caving), 낙반(rockfall) | 전단파괴, 낙반 | 암파열(spalling, rockburst) |

(b) 암반 터널의 국부파괴

그림 M3.3 터널의 국부파괴 예

굴착 지보재의 파괴

연약지반 터널 굴착 중 과도한 지반변형은 숏크리트, 록볼트, 강지보 등에 2차 영향을 미쳐 지보재 파괴를 초래할 수 있다. 숏크리트의 경우 타설 후 경화가 안 된 상태에서 주변 지반의 변형으로 강도를 초과하면 균열이 발생한다. 이때 추가 지보로 보강하지 않으면 지반파괴로 이어져 터널붕괴로 이어질 수 있다. 과도한 지반압력은 강지보재의 변형이나 파괴도 야기할 수 있다. 강지보가 지반에 밀착 시공되지 못한 경우 구조적 저항을 충분히 발휘하지 못해 큰 변형이 진전될 수 있다. 지보재 하부지반의 지지력이 충분하지 못하거나, 지보재의 기초가 적절하지 못한 경우 기초지반의 **관입파괴**(punching failure), 또는 인버트부의 **지지력 파괴**가 일어날 수 있다.

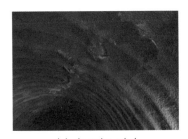  

| (a) 숏크리트 파괴 | (b) 격자 지보재의 파괴 | (c) 강 지보재의 파괴 |

그림 M3.4 지보재 파괴의 예

완성된 터널의 붕괴-콘크리트라이닝 파괴

터널의 콘크리트 라이닝 아치구조는 일단 완성되면 구조적 안정성이 높아, 붕괴 가능성이 낮고, 발생 사례도 흔치 않다. 하지만 지하수 작용, 시간의존성 지반거동, 지질구조적 취약성이 설계 오류나 시공미흡부위와 중첩되는 경우, 콘크리트 라이닝이 전단, 또는 압축파괴 될 수 있다. 그림 M3.5는 과도한 지반하중으로 라이닝 측벽이 파괴된 사례를 예시한 것이다.

그림 M3.5 콘크리트 라이닝 압축파괴 예

NB : 운영 중 터널의 붕괴

운영 중 터널의 붕괴사고는 흔치 않다. 현재까지 보고된 대부분의 운영 중 사고는 터널 내 부대시설(풍도 슬래브(상판), 표지판 등)의 탈락 사고이다(TE6장 유지관리 일본 사사고 터널 사례 참조). 하지만 운영 중 사고는 심각한 인명피해를 초래할 수 있어 큰 사회적 문제가 될 수 있다. 계획과 설계의 적정성 확보는 물론, 터널 유지관리시스템의 구축 및 유지관리 기술의 개발로 이를 예방하고 대응하여야 한다.

BOX-TM3-1   **터널의 안정문제**

굴착 중 안전율이 최소가 되는 터널공사의 특징으로 인해 터널의 안정 검토 방식은 다른 구조물과 차이가 있다. 일반적으로 교량과 같은 지상구조물은 설계수명기간 중 가능한 최대하중을 안전하게 지지하도록 설계한다. 터널 라이닝도 토압, 수압 등의 외부하중을 설계수명기간 동안 안전하게 지지하도록 설계하여야 한다는 점에서 라이닝의 구조설계 개념은 지상구조물 설계 개념과 같다.

하지만 터널의 안전율이 굴착 중 최소가 되므로 라이닝 구조 안정 검토와 별개로 터널 굴착의 안정성이 추가로 검토되어야 한다. 이 장에서는 굴착 중 터널과 인접지반의 안정문제를 다룬다. 라이닝 안정 검토, 즉 목적 구조물인 라이닝의 구조해석은 TM5장에서 다룬다.

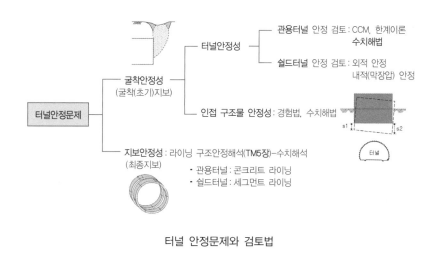

터널 안정문제와 검토법

3.1.2 굴착 중 터널의 안정 검토법

터널의 안정 검토는 설계단계에서 터널의 붕괴 가능성을 판단하여, 안전한 굴착 및 경제적 지보 계획을 수립하기 위하여 수행한다. 3.1.1절에서 살펴본 바와 같이 여러 유형의 터널붕괴에 대한 안정 검토를 위해 다양한 안정 검토 방법이 동원된다. 그림 M3.6에 터널 굴착 안정 검토 방법과 적용성을 예시하였다.

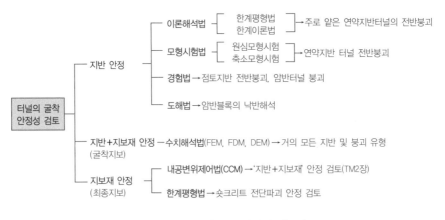

그림 M3.6 터널의 굴착 안정성 검토법

이론해석법은 터널안정문제를 지나치게 단순화하는 단점은 있지만 안전율을 정량적으로 제시할 수 있어 터널 안정에 대한 **공학적 직관과 전문가적 판단**, 그리고 신속한 검토에 도움이 된다. 이론해석은 기하학적인 단순화뿐만 아니라 재료 및 건설과정의 이상화도 포함한다. 특히, 이론안정 검토법 중 한계평형법과 한계이론은 터널붕괴모드나 응력장의 가정이 필요하다.

실제 터널은 비원형, 비균질 및 이방성 지층, 복잡한 시공조건 등 영향인자가 다양하여 파괴모드를 특정하기가 쉽지 않다. 따라서 이론해를 적용하기 위해서는 상당한 단순화가 필요하다. 따라서 실무에서 보편적으로 사용하는 터널안정 검토법은 비교적 사실대로 모델링이 가능한 **수치해석법**이다. 수치해석은 지층변화, 비대칭터널 형상, 복잡한 경계조건 등을 고려할 수 있어 터널굴착 과정을 비교적 사실적으로 모델링할 수 있다. 하지만 **수치해석으로는 전통적 개념의 안전율 정보를 얻을 수는 없으며**, 지반거동과 부재응력이 허용범위(예, 숏크리트 응력) 초과 여부를 확인하는 방식으로 안정 여부를 검토한다.

이론 또는 수치해석으로 확인하기 어려운 특수거동을 조사하거나, 실제 굴착 안정을 검증하고자 하는 경우는 **모형시험**(model tests)을 활용할 수 있다(BOX-TM3-2 참조). 암반터널의 암파열, 압착, 붕락 등의 붕괴 예측은 주로 경험적 방법에 따르며, 불연속면 낙반에 대한 안정 검토는 **도해법**을 이용할 수 있으나, 절리가 많고 복잡한 경우, 주로 상업용 프로그램을 이용한다.

모형시험의 활용

'축척이 다른 유사시스템'의 거동을 추론하기 위하여 '모형 계(model mechanical system)'의 물리적 현상을 관찰하는 학문을 '모형역학'이라 한다. 모형시험에는 축소모형시험과 원심모형시험이 있다. 모형시험의 신뢰성은 상사조건의 확보에 달렸다. 모형(model)은 원형(prototype)과 기하학적, 운동학적, 역학적 상사조건을 모두 만족하여야 하나, 지반에 구조물이 포함되는 경우 상사 조건을 만족시키는 것은 용이하지 않다. 일반적으로 공학적 거동을 지배하는 주요 요소에 대한 상사성만 고려할 수 없다(지반역공학 Vol.II 지반모형시험법 참조).

축척계수(scaling factor, 길이 축척계수, $n_l = 1/n$, n은 배수)

물리량		축척계수		
		기본표현	$1g$(실내축소모형)	ng(원심모형)
기본물리량	길이(l)	n_l	$1/n$	$1/n$
응력	응력(σ)	$n_\rho n_g n_l$	$1/n$	1
유체거동	투수성(k)	$n_{\rho f} n_g / n_\mu$	1 또는 $1/n^{1-\alpha/2}$	n 또는 1
동적거동	시간(dynamic)	$n_l (n_\rho/n_G)^{1/2}$	$1/n^{1-\alpha/2}$	$1/n$
	주파수(f)	$(n_G/n_\rho)^{1/2}/n_l$	$n^{1-\alpha/2}$	n

주) $n_l = l_m/l_p$, $G \propto \sigma^\alpha$, 점토, $\alpha = 1.0$, 사질토, $\alpha = 0.5$, 혼합토, $\alpha = 0.5 \sim 1.0$

축소모형시험(small scale physical model test)은 거동의 지배 요소만을 고려하는 1g–시험으로서 붕괴원인 조사, 특정 영향 분석 등 정성 검토(qualitative study) 등에 유용하다(Lee, 2006; Kim, 1998).

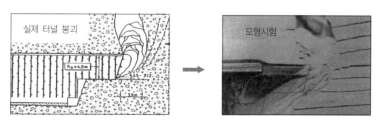

축소 모형시험을 통한 터널 붕괴의 재현(원인 조사)

원심모형시험(centrifugal model test)은 원심력을 이용하여 축소스케일에 상응하는 규모의 지반 응력장을 모형에 재현한다. 일반적으로 길이의 축소율(N)의 역수로 모형과 원형의 중력배율을 설정하면, 모형은 원형에 상응하는 중력을 받게 된다. 지반굴착과정의 모사는 시험기가 회전하는 중에 이루어져야 한다. 고무 튜브로 터널모형을 설치하고 여기에 압축공기를 채운 후, 회전 중 튜브 압력을 저하시켜 터널굴착영향을 모사한 예를 아래에 보였다(Mair, 1979).

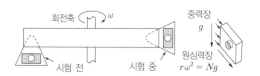

원심모형시험을 이용한 터널붕괴 거동 조사

3.2 연약지반 터널의 굴착 안정 검토 Stability of Soft Ground Tunnelling

'얕은 터널(shallow tunnel)'은 일반적으로 **토피가 직경의 2~3배 이하인 터널**로서 지보 없이는 굴착안정이 확보되지 않는 터널을 말한다.

터널의 굴착안정문제는 굴착면에 작용하는 힘의 역학적 조건을 고려하여 관용터널공법과 같은 비압력(non-pressurized, open-face) 터널과 쉴드 TBM과 같이 막장압을 가하여 안정을 유지하는 밀폐형 압력터널(pressurized, closed-face)로 구분하여 다룰 수 있다. 비압력터널은 안전율(FS) 개념으로 안정성을 검토하지만, 압력터널은 안정유지에 필요한 적정 막장압(P)을 검토한다.

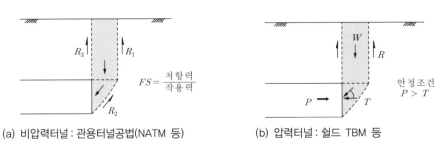

(a) 비압력터널 : 관용터널공법(NATM 등)   (b) 압력터널 : 쉴드 TBM 등

그림 M3.7 비압력터널과 압력터널의 안정 검토

3.2.1 토사터널의 굴착면 불안정 거동

그림 M3.8은 Terzaghi(1950)가 최초 제안하고 Heuer(1974)가 수정 제안한 토사 터널의 굴착면에서 발생할 수 있는 불안정의 유형을 보인 것이다. 일반적으로 토사터널은 지보(support) 없이 자립하기 어렵다. 입자간 결합력이 충분하지 못한 사질지반의 경우, 굴착면에서 중력에 의한 입자 이탈(ravelling), 굴러 떨어짐(활동, running) 등의 굴착면 불안정 거동을 보일 수 있으며, 강도와 강성이 충분하지 못한 점성토 지반에서는 터널이 밀려들어오는 **압착**(squeezing), **융기**(swelling) 등의 굴착면 불안정 거동이 나타날 수 있다. 지하수의 존재는 이러한 파괴거동을 촉진시킬 수 있으며, 특히 지하수와 함께 토사가 유출되는 거동을 **입자유출**(flowing)이라고 한다.

점성토 지반의 경우, 큰 지반변형이 일어나므로 굴착 주변 지반의 보강 또는 지지 없이 터널을 굴착하기 어렵다. 사질토의 경우는 점토가 결합재로서 존재하거나, 적당한 함수비로 겉보기 점착력을 보유하여야 어느 정도 자립시간(stand-up time)을 갖게 된다. 불포화조건에서 굴착 직후 굴착면에 부압이 생성되어 일시적 안정에 기여하나, 수분이 증발하면 바로 입자 분리 및 탈락이 일어날 수 있다.

토사터널의 붕괴거동에 가장 큰 영향을 미치는 요인은 **지하수**이다. Terzaghi는 "토사터널 굴착 중 마주칠 수 있는 모든 심각한 어려움은 직간접으로 지하수의 유입과 관련된다"라고 지적하였다.

파괴 유형	터널 굴착면 거동	발생 지반
① 입자탈락 (raveling)	터널 굴착면의 천단 또는 측벽에서 이완 또는 응력 과다로 굴착부의 토사가 분리되어 떨어지는 거동	잔류토지반, 결합력이 없는 마른 모래에서 발생(지하수에 잠기는 경우 빠르게 진행)
② 압착(압출) (squeezing)	눈에 띄는 균열 발생 없이 지반이 터널 내부로 밀려 들어오는 현상. 과응력에 따른 소성거동으로, 압착 속도는 과응력의 크기에 비례	전단강도가 작은 연약점토지반의 천층~중간 정도 깊이의 터널에서 발생. 깊은 강성점토지반 터널에서는 Raveling과 함께 일어날 수 있음
③ 입자활동 (running)	굴착사면의 경사가 안식각 보다 큰 비점착성 사질토 지반에서 입자가 굴러 흘러내리는 거동	지하수위 상부의 깨끗한 모래에서 발생(겉보기 점착력이 있거나 약한 결합력을 갖는 모래는 Rveling이 지체되는데 이를 점성 Running이라 함)
④ 입자유출 (flowing)	토사와 지하수의 혼합물이 점성유체처럼 터널 내부로 유입되는 현상	지하수위 아래의 실트, 모래 또는 점토함유가 낮은 자갈, 예민비가 높은 점토지반에서 발생
⑤ 팽창/융기 (swelling)	지반이 물을 흡수하여 체적이 팽창하여 터널의 내공을 축소시키는 거동	소성지수가 30 이상인 초과압밀 점토로서 팽창성 점토인 Montmorillonite를 함유하는 경우에 발생

(a) 연약지반 터널 굴착면 불안정 거동

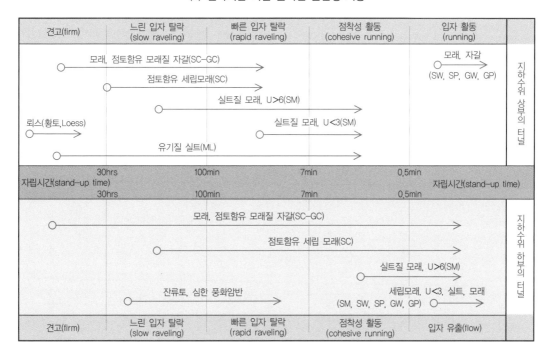

(b) 지반별 굴착면 불안정 모드와 자립시간

그림 M3.8 연약 지반터널의 굴착면 불안정 거동

3.2.2 비압력 터널(관용터널)의 전반붕괴에 대한 안정 검토

3.2.2.1 2D 파괴모드에 대한 안정 검토

얕은 연약지반 터널의 전반붕괴 모드를 그림 M3.9와 같은 **2차원 평면파괴모드**로 가정해보자(BOX-TM3-3 참조). 파괴 토체 $ABCD$에 작용하는 활동력은 자중 W이고, 활동저항력은 파괴토체 측면(연직 활동 파괴면 AB와 CD)의 마찰저항 R이므로, **한계평형조건**을 이용하여 파괴안전율을 정의할 수 있다. 마찰저항 산정을 위한 수평토압 고려 방식에 따라 단순해와 엄밀해로 구분하여 살펴볼 수 있다.

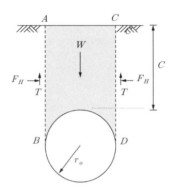

그림 M3.9 얕은 터널의 붕괴 메커니즘

단순해

그림 M3.9의 함몰붕괴모드에 대한 안정조건은 '**자중에 의한 활동력(W) < 파괴면의 전단저항(T)**'이다. 토피고(cover depth)가 C이고, 연직응력 σ_z, 정지토압계수 K_o, 점착력 c, 마찰계수가 $\mu = \tan\phi$, 깊이 z에서의 측압, $F_H = K_o\gamma_t z\mu + c$이면 W와 T는 각각 다음과 같이 산정된다.

$$W = 2\gamma_t r_o(C + r_o) - \frac{1}{2}\pi\gamma_t r_o^2 \tag{3.1}$$

$$T = 2\int_0^z \tau dz = 2\int_0^{C+r_o}(K_o\gamma_t z\mu + c)dz = K_o\mu\gamma_t(C + r_o)^2 + 2c(C + r_o) \tag{3.2}$$

$$T > W, \ \text{또는} \ F_s = \frac{T}{W} > 1.0 \tag{3.3}$$

조건을 만족하면 터널은 안정하다. 점성토의 경우 $\phi = 0$이므로 위 식들은 다음과 같이 된다.

$$W = 2\gamma_t r_o(C + r_o) - \frac{1}{2}\pi\gamma_t r_o^2$$

$$T = 2c(C + r_o)$$

$$F_s = \frac{T}{W} = \frac{4c}{4r_o\gamma_t - \pi r_o^2 \gamma_t / (C + r_o)} \tag{3.4}$$

점토지반에서 반경 r_o가 토피고 C에 비해 충분히 작다면, 붕괴에 대한 안전율은

$$F_s \approx \frac{c}{r_o \gamma_t} \tag{3.5}$$

엄밀해

　엄밀해는 파괴면에 작용하는 수직응력을 보다 사실적으로 가정하여 얻을 수 있다. 파괴 토체를 길이가 긴 **평면변형조건의 사일로(silo)로 가정**하면, 활동면 작용토압을 사일로 토압으로 고려할 수 있다. 간편해의 경우에는 정지상태(K_o)로 가정하였지만, 주동토압상태(K_a)를 가정하면 수평토압이 작아져 보수적인 결과를 준다.

NB : 굴착 중에는 지반변형, 교란 등을 감안하여 수평토압은 주동상태로 가정하여, K_a를 사용할 수 있다. 이 경우 마찰저항력이 작게 산정되어 보수적인 평가가 될 것이다. 하지만 굴착이 장기화하거나 장기적인 안정 검토 문제라면 굴착 후 시간 경과와 함께 지반이 안정되면서 수평토압계수는 K_o로 복원될 것이므로, 이런 경우에는 정지토압계수 K_o를 사용하는 것이 보다 타당할 것이다.

　그림 M3.10(a)의 파괴모드를 가정할 때, 파괴상태 요소 dz에 대한 힘의 수직평형조건은

$$\gamma_t r_o dz + \sigma_z r_o = (\sigma_z + d\sigma_z)r_o + (\mu K_a \sigma_z + c)dz \tag{3.6}$$

$$dz = \frac{d\sigma_z}{\gamma_t - \dfrac{(\mu K_a \sigma_z + c)}{r_o}} \tag{3.7}$$

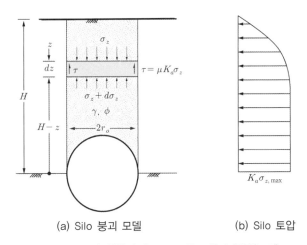

(a) Silo 붕괴 모델　　　　(b) Silo 토압

그림 M3.10 파괴(활동)면 Silo 토압조건(평면변형조건)

양변을 적분하면, $\displaystyle\int_0^z dz = z = \int_0^{\sigma_z} \frac{d\sigma_z}{\left(\gamma_t - \dfrac{(\mu K_a \sigma_z + c)}{r_o}\right)} = -\frac{r_o}{\mu K_a}\ln\left(\gamma_t - \frac{(\mu K_a \sigma_z + c)}{r_o}\right) + c_1$ (3.8)

경계조건 $z = 0$, $\sigma_z = 0$을 이용하여 상수 c_1을 구하면, 수직토압 σ_z은 다음과 같다.

$$\sigma_z = \frac{\gamma r_o}{\mu K_a}\left\{1 - \exp\left(-\frac{(\mu K_a \sigma_z + c)}{r_o}z\right)\right\}$$ (3.9)

상재하중 q를 고려하면,

$$\sigma_z = \frac{(\gamma_t - 2c/r_o)r_o}{2K_a\mu}(1 - e^{-2K_a\mu z/r_o}) + qe^{-2K_a\mu z/r_o}$$ (3.10)

$z \to \infty$인 경우 σ_z이 최대가 되므로,

$$\sigma_{z,\max} = \frac{\gamma_t r_o - 2c}{2K_a\mu}$$ (3.11)

파괴 토체의 활동력은 토체의 자중이나, 보수적으로 파괴토체 단면, $2r_o$에 최대 연직응력이 작용한다고 가정하면

$$W = 2r_o\sigma_{z,\max} - \frac{1}{2}\pi\gamma_t r_o^2 = 2r_o\frac{(\gamma_t r_o - 2c)}{2K_a\mu} - \frac{1}{2}\pi\gamma_t r_o^2$$ (3.12)

파괴면의 전단력, $\tau = \sigma_x\mu + c = K_a\sigma_z\mu + c$이므로 전단저항 T는

$$T = 2\int_0^H \tau dz = 2\int_0^H (\mu K_a\sigma_z + c)dz = \mu K_a\gamma H^2 + 2cH$$ (3.13)

$T > W$이면 안정하다.

3.2.2.2 3D 전반붕괴 모드에 대한 안정 검토

터널굴착단면에서 응력이 해제되는 면은 굴착전면과 굴착측면이므로 실제 붕괴형상은 2차원적이지 않다. 직경 D의 얕은 터널은 **3차원 원통형 또는 프리즘형의 전반 함몰파괴모드를** 가정할 수 있다. 이 대한 안정성은 한계평형법으로 검토할 수 있다.

원통형 3D 파괴모드의 안정 검토 : 한계평형법

막장에서 굴착부와 미굴착부에 걸쳐 그림 M3.11과 같이 원통형 파괴가 일어나는 경우를 가정하자. 원통형 파괴면에 **Silo 토압조건을 가정**하면, 수직응력은 지표 상재하중 q를 고려하여 다음과 같이 쓸 수 있다.

$$\sigma_z = \frac{(\gamma_t - 2c/r_o)r_o}{2K_a\mu}(1 - e^{-2K_a\mu z/r_o}) + qe^{-2K_a\mu z/r_o} \tag{3.14}$$

$q = 0$인 경우, 연직응력의 최대치는 다음과 같이 얻어진다.

$$\sigma_{z,\max} = \frac{\gamma_t r_o - 2c}{2K_a\mu} \tag{3.15}$$

파괴토체의 활동력은 중량$(\pi r_o^2 \gamma C)$이나, 보수적으로 파괴단면적에 식(3.15)의 연직응력 최대치가 작용한다고 가정하면,

$$W = \pi r_o^2 \sigma_{z,\max} \approx \pi r_o^2 \frac{(\gamma r_o - 2c)}{2K_a\mu} \tag{3.16}$$

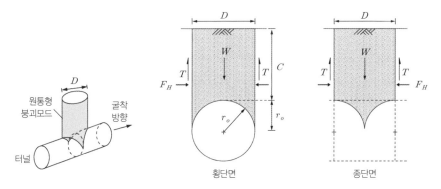

그림 M3.11 3D 원통형 붕괴모드

원통주면 저항력 T를 산정하기 위하여 파괴면에 작용하는 전단응력을 심도에 대하여 적분하면(주면저항력 작용 깊이는 지표에서 $C \sim C+r_o$이나, 보수적으로 C를 적용),

$$\tau = K_a\sigma_z\mu + c \tag{3.17}$$

$$T \approx \int_0^C 2\pi r_o\tau dz = \int_0^C 2\pi r_o\{\mu K_a\sigma_z + c\}dz \tag{3.18}$$

$$T > W \text{ 또는는 } F_s = \frac{T}{W} > 1.0 \text{을 만족할 때 안정하다.}$$

NB : 비압력 터널 굴착 시 국부적 파괴

관용터널의 국부파괴는 심도가 깊은 사질지반에서 발생할 수 있으며, 3.2.3.2절에서 다룰 무라야마 식을 이용하여 안전율을 평가할 수 있다.

BOX-TM3-3 **얕은 연약지반 터널의 파괴모드**

터널은 $C/D < 2$인 경우에는 지반 아치형성이 어렵고, $(\gamma_t D/s_u) > 4$인 경우는 응력해방 수준이 커 전반붕괴의 위험이 높아진다. 한계평형해석이나 한계이론의 상한치이론으로 터널 전반붕괴의 안정성을 검토하는 경우, 파괴모드 가정이 필요하다. 얕은 연약지반 터널의 파괴모드는 실제 붕괴 사례와 원심모형시험을 통해 비교적 충분히 파악되었다. 터널 파괴모드는 점성토 지반의 비배수 조건에서 발생하는 비배수 파괴와 사질토 지반의 배수조건에서 발생하는 배수파괴로 구분하여 살펴볼 수 있다.

모형실험 또는 터널 붕괴 사례로부터 분석된 점성토 지반의 대표적 터널 파괴 모드는 아래 왼쪽 그림과 같이 터널 축에서 직경 이내의 범위로 직선 파괴면을 나타낸다. 국부파괴는 터널 측벽이 밀려들어오는 파괴모드를 가정할 수 있다.

3차원 굴착면 파괴는 아래 오른쪽 그림에 보인 바와 같이 타원형 단면의 경사 원통형 전반파괴 모드로 나타난다.

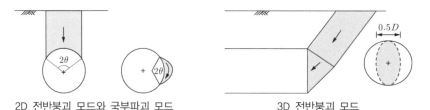

| 2D 전반붕괴 모드와 국부파괴 모드 | 3D 전반붕괴 모드 |

얕은 연약지반 터널의 비배수파괴 모드(점성토)

한편, 사질토의 경우 파괴는 천단부에서 팽창각 범위로 국부파괴가 시작되어, 곧 전반 전단파괴로 확대되는데, 2차원 전반붕괴의 경우 아래 왼쪽 그림과 같이 터널 직경에 해당하는 상부 토체의 직선 파괴모드를 가정할 수 있다.

사질토 지반의 3차원 파괴모드는 아래 오른쪽 그림에 보인 바와 같이 굴착면 전방에서는 타원형 단면의 쐐기형, 그 상부는 타원형 단면의 굴뚝형(chimney)으로 발생한다.

| 2D 전반붕괴 모드와 국부파괴 모드 | 3D 전반붕괴 모드 |

얕은 연약지반 터널의 배수파괴 모드(사질토)

붕괴터널의 복구

터널이 붕괴되었다... 어떻게 복구할 것인가?

터널이 붕괴되면 사회적 파장이 상당하다(특히, 도심지에서). 이런 상황에서는 2차 붕괴 방지 및 뉴스의 관심으로부터 빨리 벗어나기 위해 원인 조사 없이 함몰부를 바로 되메우는 경우가 많은데, 이로 인해 후속 원인조사나 대책 수행에 어려움이 따르는 경우가 많다. 붕괴지 복구방법은 상황과 여건에 따라 다를 것이다. 서울지하철 5호선 건설 중 발생한 두 건의 도심터널 붕괴사고를 통해 복구 사례를 살펴보자.

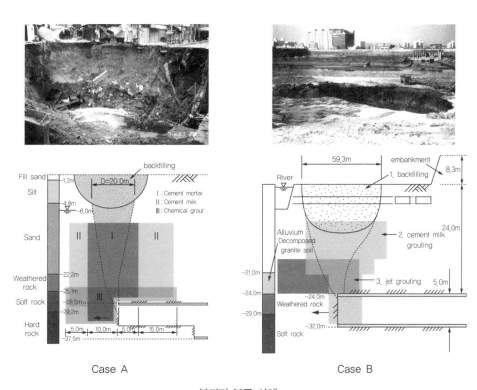

Case A   Case B

붕괴지 복구 사례

붕괴가 일어나면 지표에서는 함몰이 발생하며, 굴착부는 유입 지하수와 붕괴 시 밀려들어온 토사가 들어 차게 된다. 붕괴의 확대 및 2차 영향, 시민생활 불편 등을 감안하여, 바로 채움 작업이 실시되었다.

붕괴지 되메움부는 느슨하여 공학적 처리 없이 재굴착하기는 어렵다. 따라서 먼저 함몰지와 붕괴 영향지역을 그라우팅으로 강화하는 복구 계획이 수립되었다. 그라우팅의 전 처리로서 배수를 통해 지하수위를 그라우팅 영역 이하로 저하시키는 작업이 수행되었다. 붕괴의 영향 정도, 지반 공극의 분포정도를 고려하여 2~3단계의 그라우팅 작업 계획이 수립되었다. 1단계는 거대공극을 채우기 위한 몰탈 주입, 2단계는 이보다 적은 공극 채움을 위한 시멘트 밀크 주입, 그리고 마지막으로 재굴착부를 대상으로 미세공극까지 채우는 약액 주입 그라우팅이 시행되었다(Case A). 주입그라우팅이 어려운 경우 다짐그라우팅 또는 혼합교반공법(jet grouting)의 지반보강대책이 실시되기도 하였다(Case B). 이후 터널의 재굴착작업이 이루어졌다.

3.2.3 압력 굴착터널(쉴드 TBM 터널)의 외적 안정 검토

토사터널은 자립능력이 거의 없으므로 **지반을 보강**하거나 쉴드 TBM 등의 밀폐형 **압력공법**을 채용하여야 안정을 유지할 수 있다. 쉴드터널의 경우 지반교란 영향이 작으므로 비압력 터널에 비해 상대적으로 안정유지에 유리하고, 커터헤드가 굴착면 가까이 위치하여 지표까지 이르는 대규모 붕괴는 없을 것이라는 예상에도 불구하고 다양한 붕괴 사례가 보고되었다. 대부분 막장압 관리의 실패, 지하수의 침투와 토립자 유실, 비트교체 혹은 장비 보수를 위하여 막장압을 저하시키는 작업 중에 발생하였다.

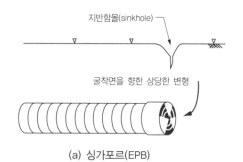

(a) 싱가포르(EPB)　　　　　(b) 美 LA Metro(세그먼트 라이닝 확폭 중 붕괴)

그림 M3.12 쉴드터널 붕괴 사례

압력터널의 안정 검토는 비압력 굴착터널의 파괴모드에 대하여 파괴가 일어나지 않도록 하는 **막장압**을 파악하는 것이다. 터널굴착 안정문제에서 압력, 비압력을 구분하는 것은 단지 안정조건을 정의하는 데 있어서, 비압력 터널은 안전율로, 압력터널은 막장압으로 하는 차이가 있을 뿐이다(이는 그림 M3.7에서 이미 설명하였다). 그림 M3.13에 압력굴착 터널의 안정 검토 개념을 정리하였다.

압력 쉴드터널은 **전반붕괴**(외적)에 대하여 안정하여야 하며, 쉴드 운영 중 굴착면 토사가 이탈하거나 변형이 일어나지 않고, 연속적 운전이 가능하도록 막장압의 **내적 안정 조건**을 확보하여야 한다(TE 3장 참조). 이에 따라 압력터널의 안정조건을 붕괴 방지 막장압을 구하는 외적 안정 검토와 굴착 중 '**막장압 > 토압＋수압**' 조건을 확보하는 내적 안정문제로 구분할 수 있다(DIN 4085 참조).

일반적으로 내적 안정을 통해 막장의 안정이 유지되면 당연히 외적 안정이 유지되는 것으로 볼 수 있으나, 내적 안정 검토는 첨가재 주입, 슬러리 농도 제어 등 막장 내 수리 역학적 운전조건을 통해 굴착면의 '**변형을 제어**'하는 개념이므로 지반의 전반붕괴에 대한 안정 검토인 외적 안정조건과 구분하여 다루는 것이 의미가 있다.

이 장에서는 쉴드터널의 외적 안정문제(굴착부 전반파괴 안정성 검토)를 중심으로 살펴보고, 내적 안정문제는 굴착지반의 입경, 간극, 안정액 농도(첨가재 량) 등의 쉴드 TBM의 장비의 운영관리와 밀접히 관련되므로 TE3장(Shield Tunnelling)에서 구체적으로 다룬다.

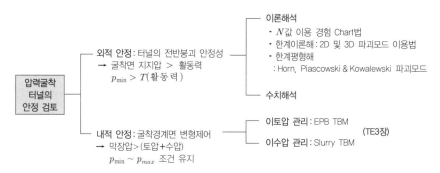

그림 M3.13 압력굴착터널(쉴드터널)의 안정 검토법

3.2.3.1 점토지반($\phi = 0$)의 안정 검토 : 전반붕괴 모드

Broms(1967)의 모형실험

Broms and Bennermark(1967)는 그림 M3.14와 같이 측벽에 개구부가 있는 실린더 안에 점토를 채우고 셀 내부에서 압력을 가하는 방법으로 **압력터널의 굴착조건**을 모사하였다. 토류벽의 개구부 압력 p(파괴 시의 개구부 압력, 즉 쉴드터널의 막장압으로 유추)를 다음의 관계로 나타내었다.

$$p = \gamma_t H - k_m s_u \tag{3.19}$$

여기서 H : 터널 심도, s_u : 비배수 전단강도, γ_t : 단위중량이다.

파괴조건을 $p > 0$으로 정의할 때, $k_m = 6$에서 파괴상태에 도달하는 것으로 확인되었다. 이때 k_m을 **안정계수**(stability ratio)라 하고, 상재하중 q를 포함하여, 다음과 같이 정의하였다.

$$k_m = \frac{\gamma_t H + q - p}{s_u} \tag{3.20}$$

$k_m \geq 6$이면, 굴착면 불안정이 야기되므로, 안정유지에 필요한 최소 굴착면 압력(막장압)은 다음과 같다.

$$p_{\min} = \gamma_t H + q - 6s_u \tag{3.21}$$

한편, 막장압이 '지반압+상재하중'보다 크면 지반이 융기할 것이므로 최대 막장압 조건은 다음과 같다.

$$p_{\max} = \gamma_t H + q \tag{3.22}$$

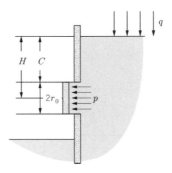

그림 M3.14 압력터널 모형시험(after Broms and Bennermark,1967)

한계이론 해

얕은 토사터널의 전반붕괴에 대한 다양한 한계이론해가 제시되었다(Davis et al., 1980; Leca, 1989; Anagnostou & Kovari, 1996); Atkinson & Potts, 1997). Davis et. al.(1981)는 $\phi = 0$인 점토지반에 대하여 각각 파괴 응력장 및 **3차원 원통**(cylinder)으로 구성되는 파괴메커니즘을 가정하여 한계이론법으로 안정해를 유도하였다.

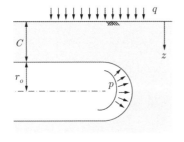　　　　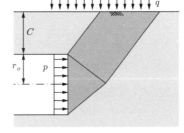

(a) 하한해석-응력장(3차원 반구형 굴착)　　　(b) 상한해석-붕괴모드(3D 강체 실린더)

그림 M3.15 한계이론해석 모델 : 3차원 파괴모드(Davis el. al., 1981)

하한해(lower bound solution). 하한해법으로 파괴조건을 만족하는 응력장에 대하여 안정 유지에 필요한 최소 막장압(p)을 구할 수 있다. 파괴상태에 접근하는 **구(球)형 응력장**을 그림 M3.15(a)와 같이 3차원 반구형으로 가정하면, 반경방향 평형조건은 다음과 같다.

$$\frac{d\sigma_r}{dr} + \frac{2(\sigma_r + \sigma_\theta)}{r} = 0 \tag{3.23}$$

식(3.23)을 적분하고 Mohr-Coulomb 항복조건, $\sigma_1 - \sigma_3 = \sigma_\theta - \sigma_r = 2s_u$ 와 경계조건, $r = r_o$에서 $\sigma_r = p$를 이용하면, 막장압 p를 다음과 같이 얻을 수 있다.

$$p = \sigma_r - 4s_u \ln\left(\frac{r}{r_o}\right) \tag{3.24}$$

소성영역의 외부경계, $r = r_o + C$에 상재하중으로 등방외압, $\sigma_r = \sigma_\theta = q$가 작용하는 경우, 탄소성경계에 작용하는 반경응력은 $\sigma_r = \gamma_t z + q$이므로, 막장압 p는 다음과 같다.

$$p = \gamma_t z + q - 4s_u \ln\left(1 + \frac{C}{r_o}\right) \tag{3.25}$$

Davis 등은 하한해를 다음의 응력장별 안정계수 N_c로 정리하였다. $N < N_c$ 조건에서 안정하다.

원통형 응력장에 대하여, $N_c = 2 + 2\ln\left(1 + 2\frac{C}{D}\right)$ $\qquad$ (3.26)

타원형 응력장에 대하여, $N_c = 4\ln\left(1 + 2\frac{C}{D}\right)$

상한해(upper bound solution). 2개의 **강체(rigid)** 실린더로 구성되는 그림 M3.15(b)의 파괴모드를 가정하며, 파괴면의 (각도)를 변화시키면 에너지 평형조건을 만족하는 최대 막장압을 구할 수 있다. Davis 등은 해석 결과를 다음의 안정계수 N_c를 도입하여, $N_c - C/D$ 관계로 제시하였다.

$$N_c = \frac{q - p + \gamma_t(C + D/2)}{s_u} \tag{3.27}$$

그림 M3.16은 앞의 한계이론해법에 의한 하한해와 상한해를 C/D에 대하여 정리한 것이다. 굴착대상 지반에 대한 터널조건(C/D) 및 $\gamma D/s_u$를 알면, 그림 M3.16으로부터 N_c 값을 읽어 $N < N_c$이면 안정하다. 또한, 그림 M3.16의 그래프에서 N_c 값을 읽어 식(3.27)을 적용하면 안정유지에 필요한 **막장압** p를 산정할 수 있다.

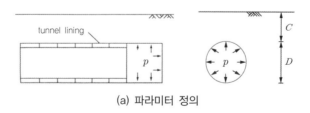

(a) 파라미터 정의

그림 M3.16 점토지반 터널안정의 한계 이론해(2D 파괴모드에 대한 비배수 해)(계속)

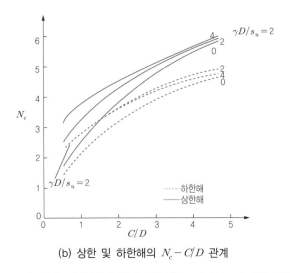

(b) 상한 및 하한해의 $N_c - C/D$ 관계

그림 M3.16 점토지반 터널안정의 한계 이론해(2D 파괴모드에 대한 비배수 해)

경험 차트법 Mair & Taylor chart

점토지반 내 쉴드터널의 안정성은 **원심모형시험**으로 많이 조사되었다(BOX-TM3-2 참조). Mair and Taylor(1997)는 안정계수 $N_c = \{q - p + \gamma_t(C+D/2)\}/s_u$ 를 이용하여, 붕괴모형시험과 실제붕괴 사례 분석 결과를 종합하여 그림 M3.17과 같은 $C/D - N_c$ 관계의 경험 차트법을 제시하였다. 터널이 계획된 지반의 안정수 N_c가 설계곡선 아래에 위치하여야 굴착안정이 확보된다. 이 경험법은 점성토 지반 내 터널의 안정성검토에 실무적으로도 활용되고 있다.

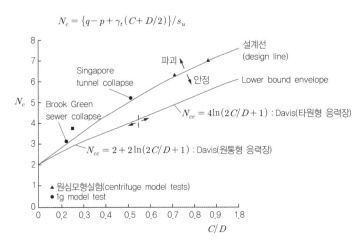

그림 M3.17 점토지반의 터널 붕괴안정성 설계 도표
(after Mair, 1993; Mair and Taylor, 1997)

3.2.3.2 2D 파괴모드에 대한 안정 검토 : $c \neq 0$, $\phi \neq 0$ 지반의 국부파괴 안정 검토

2D 파괴모드에 대한 한계평형법 : 깊은 연약지반

일반적으로 $C < D$인 사질토 지반의 터널에서는 굴착면 국부파괴가 시작되면 순식간에 지표 함몰로 이어질 수 있다. 하지만 터널의 깊이가 충분히 깊다면($C > D$), 터널 상부 일정구간만 이완 분리되는 국부파괴로 한정될 것이다(그림 M3.18).

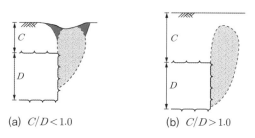

그림 M3.18 토피고에 따른 굴착면의 붕괴영역 예

Murayama(1966)는 Terzaghi-Peck의 **수평토압 모델**을 이용하여 토사지반 내 터널의 국부파괴모드에 대하여 굴착면 안정에 요구되는 지지압 식을 제안하였다(무라야마식은 2차원 해석으로서 보수적 결과를 준다).

그림 M3.19와 같이 천단을 지나는 수평선과 이에 직교하는 **대수나선형 활동면**을 가정하고, 수직굴착면으로 둘러싸인 파괴 토체 상부에 연직토압 Q가 작용하는 경우, 파괴 토체의 안정 유지에 필요한 지보압력 P라 하자. 파괴면의 기하학적 조건, $\theta_{cr} = 45 + \phi/2$와 Mohr-Coulomb 조건으로부터 파괴활동면 각, θ_{cr} 은

$$\tan\theta_{cr} = \frac{\frac{1}{2}(\sigma_\theta - \sigma_r)\cos\phi}{\frac{1}{2}(\sigma_\theta + \sigma_r) - \frac{1}{2}(\sigma_\theta - \sigma_r)\cos(90° - \phi)} = \frac{\cos\phi}{1 - \sin\phi} \tag{3.28}$$

굴착면 하단 D부터 천단 내측 A 구간이 대수나선 활동면이다. 대수나선상의 활동 파괴의 시점 A에서 수평면에 대해 각도 ϕ로 직선을 긋고, D점에서 연직 굴착면을 기준으로 각도 ϕ인 직선을 그어 만나는 교차점 O가 대수나선의 Pole이다. 대수나선상 임의의 위치(회전)각 θ, 반경과 대수나선 접선의 기울기(활동 파괴면의 각)이 θ_{cr} 이므로 대수나선 반경식은 다음과 같이 표현된다.

$$r = r_o e^{\theta_{cr}\tan\phi} \tag{3.29}$$

그림 M3.19의 파괴모드에 대하여 $r_A = r_o e^{\theta_{cr,A}\tan\phi}$, $r_D = r_o e^{\theta_{cr,D}\tan\phi}$, $r_A = h_p\sin\phi$이다.

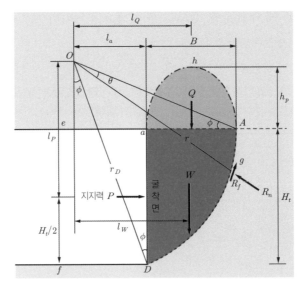

그림 M3.19 굴진면의 안정(after Murayama, 1966)

활동 파괴토체 aAD에 작용하는 하중은 토체의 자중 W, 토체 상단의 연직 이완토압 Q, 굴착면 총 수평 지지압 P, 대수나선 활동면상의 마찰저항력(R_f)이 작용한다.

① **활동면 저항력.** 활동면 접선방향의 저항력(R_f)은 점착저항력 C_R과 마찰저항력 F_R이다.

② **터널 상부 이완토압** Q. Terzaghi의 2차원 토압이론을 이용하면,

$$Q = \frac{\lambda B\left(\gamma_t - \dfrac{2c}{\lambda B}\right)}{2K_o \tan\phi}\left\{1 - \exp\left(2K_o \tan\phi \frac{H_t}{\lambda B}\right)\right\} \tag{3.30}$$

여기서 $\lambda > 0$이며, 건조 모래의 경우 $\lambda = 1.8$이다. 토피가 터널 폭에 비해 충분히 큰 경우($H_p > 1.5B$)이다. Q는 근사적으로 다음과 같이 단순화된다.

$$Q \approx \frac{\lambda B\left(\gamma_t - \dfrac{2c'}{\lambda B}\right)}{2K_o \tan\phi} \tag{3.31}$$

③ **굴착면 지지력** P. 파괴토체가 안정을 유지하기 위해 필요한 굴착면의 지지력을 P라 하고, P는 터널 중심에서 터널 축 방향으로 작용한다고 가정한다. 대수나선 활동면에 작용하는 저항력 중 점착저항력만 고려하여(F_R을 무시), 대수나선의 Pole에 대해 모멘트 평형조건을 취하면,

$$Pl_P = Wl_W + Q(l_a + B/2) - \int_{r_A}^{r_D} rc\cos\phi\, ds \tag{3.32}$$

l_P, l_W는 대수나선의 Pole인 O점과 P, W 사이의 수직거리이며, $l_Q = l_a + B/2$이고 l_a는 Oa의 수평거리이다. 미소 활동면 길이 ds는 다음과 같이 나타낼 수 있다.

$$ds = \sqrt{1 + r^2\left(\frac{d\theta}{dr}\right)^2}\, dr \tag{3.33}$$

식(3.33)을 적분하여 P에 대하여 정리하면,

$$P = \frac{1}{l_P}\left\{ Wl_W + Ql_Q - \frac{c}{2\tan\phi}(r_A^2 - r_D^2) \right\} \tag{3.34}$$

점 A(활동면의 폭)를 변화시켜가며 최대 P를 구하면 이 값이 구하고자 하는 굴착면 안정유지에 필요한 지지압이 된다. 식(3.34)를 고찰하면 막장 지지압 P는 토피에 무관하다(c-ϕ토의 막장 지지압은 토피에 무관하므로(국부파괴), 토피에 의해 결정되는 점성토($\phi = 0$토)의 지지압(전반붕괴)과 차이가 있음을 유의하자).

이 이론을 관용터널공법(NATM)에 적용하는 경우, 막장압 $P = 0$이므로, 안정조건은 식(3.34)로 나타낼 수 있다. 단, $B = unsupported\, 1\, span +$ 이완폭이며, D점의 주동각을 고려하면, $r_D = r_o e^{(\pi/4 - \phi/2)\tan\phi}$.

$$W \times l_w + Q \times l_Q \ < \ \frac{-c\, l_p}{2\tan\phi}(r_A^2 - r_D^2) \tag{3.35}$$

식(3.35)에서 ϕ가 증가하면 안전율이 감소하는 것처럼 보이나 ϕ의 증가가 r_A를 증가시키므로 결과적으로 저항력 증가 영향이 더 커져 안전율은 증가한다.

3.2.3.3 3D 파괴모드에 대한 안정 검토

일반적으로 얕은 터널의 굴착부 붕괴모드는 3차원 형상이므로 3차원 파괴메커니즘으로 안정성을 검토하는 것이 타당할 것이다. 특히, 쉴드 TBM의 경우 3차원 파괴모드에 대한 안정 개념을 고려하여 소요 막장압(이토압, 이수압 등)을 산정할 수 있다.

3D 파괴모드에 대한 한계이론 해 Leca and Dormieux

Leca와 Dormieux(1990)는 c-ϕ토에 대하여 굴착면의 3차원 파괴모드를 그림 M3.20과 같이 Cone 형 및 굴뚝형으로 가정하여 막장압 P에 대한 한계이론의 상한해를 제시한 바 있다.

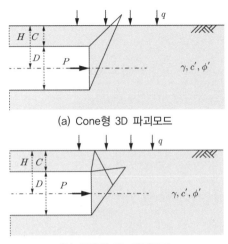

(a) Cone형 3D 파괴모드

(b) 굴뚝형 3D 파괴모드

그림 M3.20 사질토지반의 3D 파괴모드(after Leca and Dormieux, 1990)

Horn(1961)

Horn(1961)은 사질지반의 터널붕괴 사례에 기초하여 그림 M3.21과 같이 **원형 터널의 외접 사각형 단면의 파괴쐐기와 그 상부의 사각입방체로 구성되는 파괴모드**를 가정하였다.

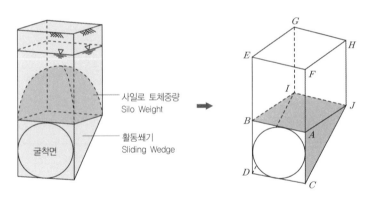

그림 M3.21 Horn(1961)의 3차원 파괴모드

그림 M3.22에서 굴착부 3차원 활동쐐기 $ABCDIJ$가 수평에 대해 각도 θ인 바닥면 $CDIJ$를 따라 활동하면, 상부 직육면체 파괴 토체 $ABIJFEGH$는 연직 활동면(수평압력 $\sigma_h = K\gamma z$)을 따라 하향으로 활동한다고 가정한다. 활동쐐기 $ABDCIJ$에 자중 W와 연직력 V_V가 작용하며, 이에 대한 저항력으로 활동쐐기의 바닥부 Q와 측면 T 그리고 상부 H가 작용한다. N, P는 각각 측면, 바닥면에 수직한 힘이다.

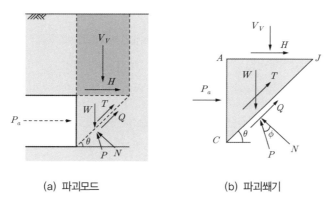

(a) 파괴모드   (b) 파괴쐐기

그림 M3.22 굴진면 3차원 붕괴메커니즘 : 파괴체의 작용력

연직력 V_V는 활동쐐기토체의 자중이다. 저항력 H, T, Q는 점착력 성분과 마찰력 성분으로 구성되므로, 각각의 점착력 성분을 C_H, C_T, C_Q, 마찰력 성분을 R_H, R_T, R_Q로 구분할 수 있다. 활동쐐기에 대하여 터널 축 및 연직방향 힘의 평형조건을 취하면,

터널 축방향,

$$\sum H = 0, \quad P_a + H + (T+Q)\cos\theta - P\cos\phi\sin\theta = 0 \tag{3.36}$$

연직 방향,

$$\sum V = 0, \quad V_V + W - (T+Q)\sin\theta - P\cos\phi\cos\theta = 0 \tag{3.37}$$

위 식을 연립해서 풀면, 지지압력 P_a를 다음과 같이 구할 수 있다.

$$P_a = -H - (T+C_Q)\cos\theta - \{V_V + W - (T+C_Q)\sin\theta\}\tan(\phi-\theta) \tag{3.38}$$

여기서, $W = \dfrac{1}{2}\gamma_t D^3/\tan\theta$, $V_V = \gamma_t D \dfrac{D}{\tan\theta} C = \gamma_t CD^2/\tan\theta$, $C_Q = c'D^2/\sin\theta$,

$$H = C_H + R_H = c'D^2/\tan\theta + V_V\tan\phi, \quad T = C_T + R_T = c'D^2/\tan\theta + \gamma_t(C+D/3)D^2\tan\phi/\tan\theta$$

식(3.38)에 대하여 각도 θ를 변화시켜, 최대 P를 구하면 이 값이 소요 최소 지지압이다.

Anagnostou and Kovari(1994)의 검토법

Anagnostou and Kovari(1994)는 그림 M3.23(a)의 **Horn의 파괴모드**에 수직토압을 Janssen / Terzaghi의 **Silo 이론**으로 고려하여 압력굴착터널의 굴착면 안정조건을 유도하였다.

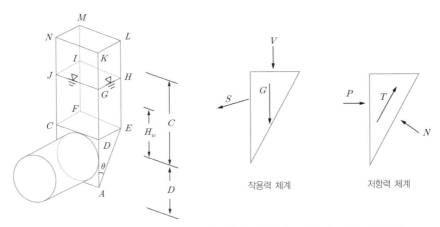

(V : 수직력, S : 수압, P : 막장 지지력, N : 저면 저항력, T : 측면저항력, G : 파괴쐐기 자중)

(a) 파괴쐐기(Horn, 1961)   (b) 작용력과 저항력 체계

그림 M3.23 Anagnostou & Kovari(1994)의 파괴모드와 작용력

그림 M3.23(a)의 파괴모드에 대하여, 터널을 사각형으로 근사화하여 토체 $CDEFKLMN$이 파괴쐐기 $ABCDEF$에 토압으로 작용한다고 가정하였다. 파괴쐐기는 최대 막장압이 가해지기까지의 주동상태를 가정한다. 파괴쐐기 상부 입방체 프리즘을 높이 ΔH씩 n 구간으로 수직 분할하였다면, $z = H$인 ΔH_n 층에 작용하는 상재하중 $\sigma_{v, z = H}$은 Silo 토압이론을 이용하여 다음과 같이 순차 계산하여 산정할 수 있다.

$$\sigma_{v, z = H} = \frac{(F / U)\gamma' - c}{K_o \tan\phi}\left\{1 - \exp\left(-K_o\tan\phi \cdot \frac{\Delta H}{(U / F)}\right)\right\} + \sigma_{v, n-1}\exp\left(-K_o\tan\phi\frac{\Delta H}{(U / F)}\right) \tag{3.39}$$

여기서, F : 입방체 저면적, U : 입방체 주면적, γ' : 수중단위중량, c : 배수 점착력, ΔH : 입방체 분할 층별 두께, V : 파괴쐐기 상부에 작용하는 수직 상재하중), S : 전수압, K_o : 토압계수, G : 파괴쐐기의 자중이다. V, G는 각각 다음과 같이 구할 수 있다.

$$V = \frac{\sigma_{v, n}D^2}{\tan\theta}, \quad G = \frac{D^3\gamma_{wg}}{2\tan\theta}$$

여기서, γ_{wg} : 파괴쐐기의 평균 단위중량, θ : 수직 막장면과 활동 파괴면의 각도, D : 쉴드직경이다. 파괴면의 총 마찰저항력을 T라 하고, 파괴면 측면마찰각을 $\delta(\approx\phi)$, 쐐기 저면 및 측면 마찰저항력 성분을 각각 T_G, T_S라 하면,

$$T = T_G + 2T_S = N\tan\delta + (c_{wg}D^2)\frac{1}{\sin\theta} + 2(M\tan\delta + cA_s) \tag{3.40}$$

여기서, A_s : 파괴쐐기의 측면적, M : 파괴쐐기 측면수직토압, c_{wg} : 파괴쐐기의 평균 점착력이다. 파괴토체 측면의 마찰을 무시하면 총저항력은

$$T = N\tan\delta + (c_{wg}D^2)\frac{1}{\sin\theta} + 2cA_s \tag{3.41}$$

막장압 P 및 전수압 S를 고려한 파괴 토체의 작용력과 저항력에 대하여 N 방향 및 N의 수직방향 평형조건을 적용하면 다음과 같이 나타난다.

$$N = P\sin\theta + (V+G)\cos\theta \tag{3.42}$$
$$T + P\cos\theta + (V+G)\sin\theta - S$$

식(3.42)와 (3.41)을 이용하면 N, T를 소거할 수 있다. 식(3.41)에 $\tan\delta$를 곱하여 정리하면, $T - N\tan\delta = (c_{wg}D^2)\frac{1}{\sin\theta} + 2cA_s$ 이 되며, 식(3.42)의 아래 식에 $\tan\delta$를 곱하여 위 식에서 아래 식을 뺀 식과 등치시키면 N, T를 소거할 수 있다. 따라서 등치 식을 P에 대하여 정리하면 다음과 같다.

$$P(\theta) = \frac{(V+G)(\sin\theta\tan\delta - \cos\theta) - S\tan\delta + c_{wg}D^2/\sin\theta + 2cA_s}{\sin\theta + \cos\theta\tan\delta} \tag{3.43}$$

θ를 변화시켜, 최대가 되는 $P(\theta)$를 구하면, 이 값이 최소 지지압이 된다.

Piaskowski & Kowalewski의 안정 검토법

Piaskowski & Kowalewski는 터널의 굴착면을 향한 슬라이딩 웨지(파괴토체)를 그림 M3.24와 같이 가정하여, 파괴 안정조건을 제시하였다(이 파괴모드는 원래 D-wall panel의 안정 검토법으로 제안된 것이다). **파괴토체를 수평 슬라이스(slice)로 분할**하고 각 슬라이스에 대한 주동토압을 산정한다. 주동토압은 3차원 굴착조건을 고려하여 높이/폭 비, z/b로 제시된 표와 형상계수 μ_s를 이용하여 계산한다.

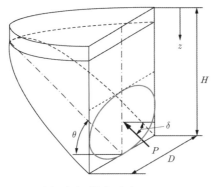

(a) 터널굴착면 파괴모드

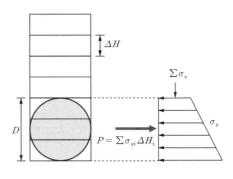

(b) 지지압 산정을 위한 단면분할

그림 M3.24 Piaskowski & Kowaleski의 터널 파괴모드와 굴착면 지지압

표 M3.1 형상계수(DIN 4085) : z : 심도, b : 굴착직경, μ_s : 형상계수

z/b	0	1	2	3	4	6	8	10
형상계수, μ_s	1	0.82	0.70	0.59	0.50	0.37	0.30	0.25

상재하중이 q인 경우, 깊이 z에서 단위면적당 지지압 $\sigma_s(\text{kN/m}^2) =$ '수평토압＋상재하중영향 - 점착력성분'이다.

$$\sigma_s = K_a(\gamma' z + q)\mu_s - c2\sqrt{K_a}\mu_c \tag{3.44}$$

여기서, 토압계수 $K_a = (1 - \sin\phi)/(1 + \sin\phi)$, μ_s : 응력형상계수, $\mu_c = 1.0$이다.

수평토압은 그림 M3.24(b)와 같이 토피를 분할하여 $z = 0$에서부터 계산을 시작한다. 일례로 첫 번째 분할층의 수직응력은 $\sigma_v = q + \gamma'\Delta H$이다. 총 작용토압 E는 터널 굴착면에 대한 단위면적당 수평토압을 모두 더하여 얻는다. 총 막장압 P는 총 토압(kN)에 대하여 안전율 1.0을 기준으로 산정하고, 여기에 막장에 작용하는 총 수압(W)과 여유 지지압(δP)을 고려하여 결정한다. 즉, $P = E + W + \delta P = \sum \sigma_{si}\Delta H_i + W + \delta P$.

NB : DIN 4085

총 막장 지지력과 지지(막장)압을 각각 P(kN), p(kN/m²)라 할 때, 다음을 만족하여야 한다.
① 지표활동 방지 지지력 안정조건 : $P \geq \eta_W W + \eta_E E$(kN) : 외적 안정 조건
② 굴착면 지반변형 방지 막장압 조건 : $\sigma_{v,crown} + w \geq p$(kN/m²) : 내적 안정 조건

추가적으로 국부적 안정을 위한 다음 조건도 만족되어야 한다.
③ 천장부 막장압 조건 : $p_{crown} \geq (\sigma_{s,crown}\eta_E + w_{crown}\eta_W)$(kN/m²)
④ 인버트 침투 방지 막장압 조건 : $p \geq w + 10$(kN/m²)

여기서, E : 안전율 1.0인 경우 총토압(kN), η_W : 수압에 대한 안전율, η_E : 토압에 대한 안전율, w : 수압(kN/m²), σ_v : 수직응력(kN/m²), σ_s : 수평응력(kN/m²).

3.2.4 굴착 지보재 안정성 검토

연약지반은 자립시간이 충분하지 않으므로 지보를 설치하여 굴착안정을 도모하게 된다. 이 경우 지보재가 지반과 일체로 지지링으로서 안정을 이루거나, 지반 변형을 구속함으로써 안정을 확보할 수 있다.

지보재의 안정은 지반과의 상대강성에 따라 결정되며, 또 터널의 형상, 경계조건, 지보재의 조합설치에 따른 거동의 복합성 때문에 주로 수치해석법으로 다루게 된다(수치해석법은 TM3장을 참고할 수 있다). 여기서는 이론적인 안정 검토법인 CCM을 이용한 방법을 살펴보고, 숏크리트에 대한 전단파괴 등은 3.3절의 암반의 전단압출 부분에서 살펴본다.

NB : 터널거동과 지보 개념

M. Wood는 지반의 강도와 초기응력을 이용하여, 안정수(N_c) 및 응력/강도비(S_c)를 이용하여 Soft Ground Tunnelling과 Rock Tunnelling 전반에 대한 터널거동과 지보 유형을 그림 M3.25와 같이 구분하였다. 낮은 토피, 낮은 강도조건이면 연약지반터널, 상재하중이 크고 강도가 낮은 경우 압착성 암반터널에 해당한다. 응력, 강도비($2\gamma H/\sigma_{cm}$)가 4보다 크면 지보재를 통해 안정을 확보해야 하며, 4보다 작으면 자립이 가능하다.

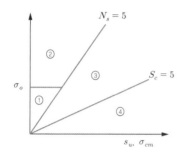

터널 거동구분과 지보 유형

Zone ① Soft Ground Tunnelling →강성 지보
Zone ② Squeezing Rock →가축성 지보
Zone ③ Intact Rock : requires support close to face
(비지지 길이를 짧게 유지)
Zone ④ Intact Rock : Self-Supporting →무지보

$$N_c = \{\gamma H + q - p_i\}/s_u, \ S_c = (2\gamma H)/s_u \approx (2\gamma H)/\sigma_{cm} = \frac{1}{I_c} : I_c : \text{Competence Index}$$

그림 M3.25 터널거동과 지보 유형(s_u : 비배수 전단강도 및 σ_{cm} : 암반일축강도)

CCM을 이용한 굴착지보재 안정성 검토

터널문제에서 **등방조건은 측압계수가** $0.6 < K_o < 1.6$ **범위에서 가정**할 수 있다. 측압계수가 이 범위라면, CCM을 이용하여 지보안전율을 검토할 수 있다. TM2장에서 살펴본 바와 같이 CCM의 지반반응곡선(GRC)과 지보반응곡선(SRC)은 TM2장의 이론해를 이용하여 산정할 수 있다.

터널의 안전율 F_s는 내공변위 제어법을 이용하여 지보의 이론적 지지능력 $p_s^{\max}$ 평형조건의 내압(p_s, 지지력)으로 나눈 값으로 정의할 수 있다(지반반응곡선은 터널의 위치(천단, 측벽, 인버트 등)에 따라 달라지므로 안전율이 최소가 되는 위치를 기준으로 검토하는 것이 타당할 것이다).

$$F_s = \frac{p_s^{\max}}{p_s} \tag{3.45}$$

위 조건이 만족되도록 지보재 강성 및 최대강도를 선정한다.

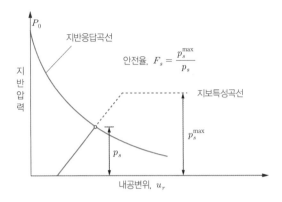

그림 M3.26 CCM을 이용한 지보재 안전율

관용터널공법(NATM)에서 지반의 응력 재배분이 충분하게 일어나 안전율이 1.0에 가까워지는 경우 경제적 최적조건이라 할 수 있다. 이에 따라 Rabcewicz는 주변 지반 내 응력이 잘 재분배되도록 변형이 잘 일어나는(안전율이 1.0에 가깝고, 크기가 작고 얇은) 지보공을 설치할 것을 권장하였다. 하지만 이 경우, 지보공을 최소화하는 경제적 이득이 있지만, 도심지 터널에서는 경우 변형이 크게 일어나 인접구조물의 안정성을 위협할 수 있다. 지보 계획은 터널 안정성 확보와 함께 지표 허용변형을 초과하지 않도록 하여야 한다.

예제 아래 왼쪽 그림과 같이 숏크리트, 강지보, 록볼트로 지지되는 터널에 내공변위와 Extensometer를 설치하여 측정하고, 이를 지반반응곡선 및 지보반응곡선인 지압하중-내공변위 관계로 정리하여 오른쪽 그림의 결과를 얻었다. 이 터널의 현재상태의 안전율을 산정해보자.

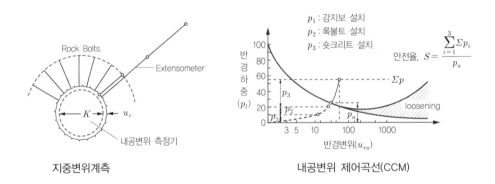

지중변위계측   내공변위 제어곡선(CCM)

풀이 안전율 $= \dfrac{\Sigma p_i}{p_a} = \dfrac{55}{25} = 2.2$

3.3 암반터널의 안정 검토 Stability of Rock Tunnelling

3.3.1 암석의 파괴거동과 암반터널의 붕괴특성

3.3.1.1 암석의 파괴특성

암반터널의 붕괴거동은 암석의 파괴거동 고찰을 통해 더 잘 이해할 수 있다. 구속응력을 달리하여 암석에 대한 재하시험을 수행하면, 응력조건에 따라 그림 M3.27과 같이 **전단파괴**(shear failure), **암박리**(spalling, rockburst), **인장파괴**(tensile failure) 등의 파괴거동이 된다.

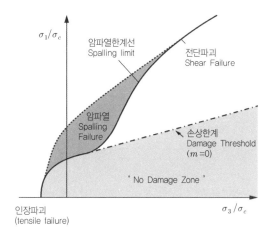

그림 M3.27 암석의 파괴메커니즘(after Diederichs, 1999)

강도가 구속응력 보다 작은 영역에서(예, 굴착경계면) 균열전파가 매우 예민해지며, σ_1/σ_3이 '0'에 접근하면 균열 길이가 σ_1 방향으로 급격히 확대되는 거동이 발생하는데, 이를 **암파열**(spalling/rockburst)이라 한다. 암석시료에 대하여 암파열이 일어나는 응력한계를 '**암파열 한계**(spalling limit)'라 한다. 한계선의 좌측에서는 취성 암파열이 일어나며, 우측에서는 마찰성 전단파괴가 일어난다.

암파열 한계는 무결암(intact rock)에서 $\sigma_1/\sigma_3 \approx 20$, 절리암반(jointed rock mass)에서 $\sigma_1/\sigma_3 = 10$ 정도이다. Mogi(1966)는 암석실험 결과를 토대로 연성파괴와 취성파괴의 한계선을 $\sigma_1 - 3.4\sigma_3 = 0$로 제시하였다. 전단파괴는 점착력과 마찰각이 모두 발휘되는 파괴거동인 데 비해, 암파열은 점착력의 상실로 전단강도가 발현되기 전 순간적으로 발생하는 파괴거동이라 할 수 있다. 구속응력이 '0'인 경우 **축방향 암박리**(spalling)가 일어난다.

Martin et al.(1999)은 그림 M3.27의 응력공간에서 파괴에 이르지 않는 안정된 영역과 불안정 영역을 구분하여, 이 경계를 '**손상한계**(damage threshold)'라 정의하였다. 이는 Hoek-Brown 모델의 모델 파라미터 $m = 0$인 조건이다.

3.3.1.2 암반터널의 붕괴 거동

Bieniawski(1976)는 실제 터널 건설사례에 기초하여 그림 M3.28과 같이 암반의 질과 굴착장(또는 직경)에 따라 암반터널의 안정이 유지되는 **자립시간(stand-up time)**의 관계를 정리하였다. 암반의 지질구조적 상태가 불량할수록(RMR 감소) 암반터널이 붕괴되지 않고 스스로 버틸 수 있는 시간은 지수적으로 감소하고, 특히 **비지지(unsupported)** 장이 증가할수록 즉시 붕괴의 가능성이 커진다. 이로부터 암반터널의 붕괴거동은 시간의존적이며, 지질구조와 비지지 굴착면 길이가 지배적인 영향 요인임을 알 수 있다.

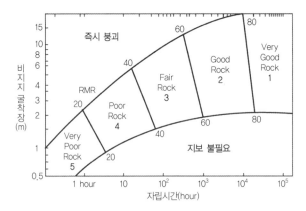

그림 M3.28 암반 자립시간(stand-up time)과 안정

그림 M3.28의 자립시간은 터널의 지보 설치 시기 등 터널시공에 매우 중요한 정보이나, 붕괴메커니즘 등의 정보는 제공하지 못한다. 암반터널의 붕괴메커니즘은 암반이 비균질 이방성 재료로서 발생기제가 복잡하고, 영향요인도 다양하여 이론적 예측이 거의 불가능하다. 이에 따라 암반의 상태(지질구조), 응력/강도 특성, 굴착조건 등에 기초한 암반터널의 안정에 대한 **정성적 경험평가법**들이 제안되었다. 터널 굴착면에서 나타나는 암석의 재료적 파괴속성, 그리고 암반 불안정(instability) 거동을 종합하여 암반터널의 붕괴거동을 유형화하려는 시도들을 BOX-TM3-5에 정리하였다.

암반터널의 붕괴유형은 일반적으로 암반의 지질구조와 '응력/강도' 비(stress to strength ratio, σ_θ/σ_c)를 기준으로 그림 M3.29와 같이 암파열(spalling/rockburst), 낙반(wedge failure), 붕락(caving), 그리고 압착(squeezing) 등으로 구분한다.

응력수준의 관점에서 보면 낮은 응력수준의 암반터널 붕괴는 불연속면의 연속성과 분포에 지배되어 낙반 등이 발생할 수 있으며, 응력이 증가함에 따라 굴착경계면의 접선방향 응력($\sigma_\theta = \sigma_1$)이 유발하는 균열에 의해 암파열 또는 압착과 같은 파괴가 일어난다. 한편, 지질구조 관점에서 보면, 연성암반은 연속체로서 소성영역의 전단활동에 의해 전단파괴 또는 시간의존성 소성변형거동인 **압착파괴(squeezing failure)**가 일어나며, 취성암반은 암반이 전단강도에 도달하여 파괴메커니즘이 형성되기 전 암반의 연속성이 급격하게 교란되는 **암파열**(spalling, rockburst) 현상이 나타나며, 이는 점착력의 순간적인 상실로 발생하는 파괴거동으로 설명되고 있다.

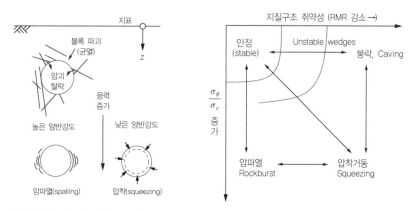

그림 M3.29 '응력/강도비' 및 지질구조에 따른 암반터널의 붕괴거동(σ_θ : 터널 접선(최대)응력, σ_c : 일축강도)

보다 최근의 연구들은 암반의 지질구조, 응력상태 그리고 자립능력에 따라 암반 터널의 붕괴유형을 그림 M3.30과 같이 변형거동과 지질구조로 구분한다.

거동 구분	변형거동 (deformation response)			암반의 지질구조적 거동 (geostructral resoponse)				
	변형특성	ϵ_r(%)	r_e/r_o	RMR				
				I	II	III	IV	V
a	탄성 ($\sigma_\theta < \sigma_{cm}$)	무시할 만함 (negligible)	—	안정 STABLE	낙반(wedge failure)			붕락(caving)
b				$\updownarrow$				
c	($\sigma_\theta \approx \sigma_{cm}$)	<0.5	1~2	암파열(spalling, rockburst)				
d		0.5~1.0	2~4					
e	탄소성 ($\sigma_\theta > \sigma_{cm}$)	>1.0	>4					압착(squeezing)
f				→ 굴착면붕괴(immediate face collapse)				

a : 미소탄성변형 : 암반강도가 유발응력보다 커 파괴에 안정(강도/응력비, Competence Index, $I_c = \sigma_{cm}/\sigma_o > 1.0$)
b : a와 거의 동일하지만 불연속 구조로 → 쐐기파괴 가능성, r_e : 탄소성경계, σ_o : 초기응력(γH)
c : $I_c = \sigma_{cm}/\sigma_o \approx 1.0$, 굴착면 탄소성거동, $\epsilon_r \leq 0.5\%$, $r_e/r_o \cong 1 \sim 2$ → 약한 불안정성
d : $I_c < 1.0$. 굴착면 소성변형, 변형경사, $0.5 \leq \epsilon_r \leq 1.0\%$, $r_e/r_o \cong 2 \sim 4$ → 점진 붕괴 가능성
e : $I_c \ll 1.0$. 굴착면 소성변형확대, 변형경사, $\epsilon_r \geq 1.0\%$, $r_e/r_o \geq 4$ → 붕괴 가능성 높음
f : 굴착 중 붕괴, 지보 설치 불가

· 소성영역의 크기, $r_e/r_o = \left(1.25 - 0.625\dfrac{p_s}{\sigma_o}\right)^{\frac{\sigma_{cm}}{\sigma_o}(p_s/\sigma_o - 0.57)}$, p_s : 지보내압, σ_{cm} : 암반 일축강도, r_o : 터널반경, r_e : 소성영역 반경
· 강도/응력비(competence factor), $C_f = \sigma_{cm}/\sigma_o$ (참고, Competence Index, $I_c = \sigma_{cm}/2\sigma_o$)
· 압착 암반의 터널 변형률, $\epsilon_r(\%) = u_{ro}/r_o(\%) = \epsilon = 0.2(\sigma_{cm}/\sigma_o)^{-2}$, u_{ro} : 터널 내공변형

그림 M3.30 암반터널의 붕괴 유형(Russo and Grasso, 2007; Russo, 2009)

NB : 붕락(caving)

'붕락'이란 파쇄가 심한 암반 굴착면이 초기에 탄성(또는 약간의 소성)변형을 일으키다 항복에 도달하기 전, 중력에 의해 암편이 일정영역에 걸쳐 연속적으로 급격하게 이탈하는 현상을 말한다. 중력에 의해 유발되는 불안정으로 자립능력이 낮은 불량한 암반에서 주로 발생한다.

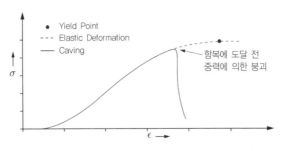

그림 M3.31 Caving 현상(Majumder et al., 2017)

NB : 전단압출(shear extrusion)과 압착(squeezing)

암반 터널 굴착면의 특정영역(예, 최소주응력 작용 굴착면)에서 소성상태가 진행되어, 전단 활동면에 의한 파괴거동을 (압출)전단파괴(extrusive shear failure)라 한다. 반면, 압착(squeezing)은 터널의 전반 내공이 줄어드는 거동을 의미하며, 특히, 지반점착력이 시간경과와 함께 감소($c = c_o e^{-\alpha t}$)하여, 강도 저하에 따른 시간 의존적 현상으로 터널내공이 축소되는 거동을 지칭한다. 일반적으로 소성 전단파괴는 압착 거동의 시발점이 되는 경우가 많다. 두 거동 모두 강도에 비해 응력 수준이 높은 응력조건에서 발생하며, 전단파괴는 연암반의 탄소성거동, 압착거동은 점탄소성거동이다. 일반적으로 전단파괴는 압착거동의 시작점이 되는 경우가 많다.

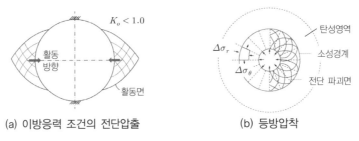

(a) 이방응력 조건의 전단압출   (b) 등방압착

그림 M3.32 전단압출과 압착거동

팽창성 점토광물을 많이 함유한 터널 주변의 암석이 물과 접촉하여 수화작용을 일으켜 팽창하면, 팽창압이 최대 $10 \sim 20\,Bar$에 이를 수 있다. 팽창압은 터널내공을 축소시키고 지보재의 파괴를 초래할 수 있다.

터널시공 중 경험한 암반파괴 사례를 토대로 암반붕괴에 영향을 미치는 **다수 요소 간 상관관계를 다중 도표(Multiple Graphs)로 연결**하여 암반의 붕괴거동을 예측하는 연구들이 있었다. 이 중 2 사례를 BOX-TM3-6 및 7에 예시하였다. 향후 정보가 축적되어 충분히 보완되면, 매우 유용한 암반터널 거동의 예비 평가 도구로 활용될 수 있을 것으로 전망된다.

굴착경계면의 암석파괴 거동

암반터널의 굴착경계면에서는 암석은 광물조성 및 조직, 강도에 따라 다양한 유형의 파괴거동이 나타난다. 암석의 일축강도와 암종에 따른 응력파괴거동의 특성을 아래에 예시하였다.

일축 강도 (MPa)	암석의 유형(rock type)	과응력(overstress) 시 파괴거동	
		양질암반(massive rock)	풍화암반(jointed rock)
440	조밀현무암, 규암, Diabase, Gabbro	국부적으로 격렬한 암파열	
220	편마암, 고강도 대리석, 슬레이트 대부분의 화성암(화강암)	박리(spalling), 폭열(popping)	무결암과 절리암반의 조합거동
110	치밀한 퇴적암, 고결응회암, 석회암	폭열(spitting), hour-glass pillar	
28	천매암(phyllite)	박편파괴(flaking)	
14~7	저밀도 퇴적암, Chalk, 응회암(tuff)	슬래빙(slabbing)	
3.4	대리석(marl), Shale	압착(squeezing), slaking(shale)	지하수 접촉 영향
0.8	풍화 및 변질암	ravelling	

암반터널의 굴착면 파괴거동

암반터널의 붕괴거동에 영향을 미치는 요소는 암반구성상태(지질구조), 응력상태, 지하수, 굴착조건 등 다양하다. 터널굴착경험에 기초한 암반붕괴 유형은 중력, 응력 그리고 지하수 작용에 따라 구분할 수 있다(Hoek et al., 1995, Martin et al., 1999, Schubert and Gorick, 2004).

A. 중력작용(gravity-driven)에 의한 암반터널 굴착면 붕괴

붕괴 유형	특성
낙반(block fall)	불연속 암반구조의 자중이 저항을 초과하여 낙하, 불연속면 지배, 붕괴체적<10m³
붕락(cave-in)	변형이 중력작용 여건을 조성하여 탄성변형 중 자중으로 붕괴, 붕괴체적>10m³
암편활동(running)	심한 파쇄암반의 암반 블록이 안정면 형성 시까지 흘러내림

B. 응력작용(stress-induced)에 의한 암반터널 굴착면 붕괴

좌굴(buckling)	터널의 벽면이 하중에 의해 파단. 이방성 지질구조의 경암반에 큰 하중 작용 시
파단(rupturing)	터널 굴착면이 점진적으로 작은 조각으로 바스러지는 현상. 시간의존적 슬래빙 및 암파열
슬래빙(slabbing)	천단, 측벽면에서 얇은 엽리성 암이 돌발적으로 파단되는 붕괴. 취성 암반의 과응력
암파열(rock burst)	슬래빙보다 훨씬 격렬한 돌발 붕괴. 상당 규모의 붕괴체적 형성. 취성암반의 과응력
소성파괴(plastic failure)	굴착 소성영역의 전단영향과 중력, 불연속 절리작용이 조합된 붕괴거동. 변형성 연암반이 과응력상태가 될 때 발생하며, 압착거동의 시작에 해당
압착(squeezing)	과응력에 의한 크립성 시간의존거동으로 건설 중, 후에 걸쳐 나타남. 팽창성이 낮고, 운모구성비가 높은 연암반이 과응력상태에서 나타내는 점탄소성거동

C. 지하수 영향(ground water influenced)에 의한 암반터널 굴착면 붕괴

흘러내림(ravelling)	슬레이킹(slaking, disintegration) 등으로 분리된 암편의 이탈(이암, 균열점토암)
팽창(swelling)	굴착 주변의 팽창광물 함유지반이 물을 흡수하여 팽창하여 터널 내로 밀려들어오는 현상(물리적으로 압착과 같으나, 물리-화학적 작용에 해당 : anhydrite, halite, smectite)
유출파괴(water ingress)	굴착면 절리를 통한 피압수 유입 시 토사 및 암편 세굴 유입

BOX-TM3-6   다중도표에 의한 암반터널 거동의 예비 평가법 : Majumder 등(2017)

다중도표법(Multiple Graph Method)은 터널붕괴와 관련되는 요인을 크게 지질구조, 암반강도, 자립능력 등으로 구분하고, 상호연관관계를 추적하여 암반터널의 붕괴 유형을 예측하는 경험적 방법으로 Russo(2014)와 Majumder et al.(2017) 등이 제안하였다. 향후 적용 사례를 축적하여 지속적인 개선과 보완이 이루어진다면, 암반터널의 붕괴거동에 대한 예비 검토로서 매우 유용할 것으로 예상된다.

Majumder et al.(2017)

Majumder et al.(2017)이 제안한 다중도표법은 25개소 터널현장과 348개의 터널 단면에 대한 분석을 토대로 제안되었다. 일부 영역(예, RMR<20 및 I_c >0.5인 붕락존, RMR>40 및 I_c <0.5인 Rock Bursting Zone)에 대해서는 실측 데이터가 없어 현재로서는 '예측 불가 구간'으로 제안되었다.

① **1단계** : 암반강도(rock mass strength, σ_{cm}) 평가 : $\sigma_{cm} = 5\gamma Q_c^{1/3}$, $Q_c = Q \times (\sigma_{ci}/100)$, σ_{ci} : 암석일축강도

연암 : $RMR = 10\ln Q_m + 36$, 여기서 $Q_m = Q_{SRF=1}$, 경암 : $RMR = 9\ln Q + 44$, H : Overburden

$\sigma_{cm} \leq 30$MPa이면 연암반(soft rock), $\sigma_{cm} > .00$이면 경암반(hard rock)으로 분류하였다.

② **2단계** : 암반 성능지수(rock mass competence index, 강도응력비) 평가 : $I_c = \sigma_{cm}/(2\gamma H)$

$I_c = 1$이 탄소성경계. $I_c < 1$이면 과응력상태로서 탄소성거동 발생(competence factor, $C_f = \sigma_{cm}/\sigma_o$)

③ **3단계** : RMR 및 I_c로 굴착 암반거동을 결정한다. → Caving, Squeezing, Spalling, Rockburst

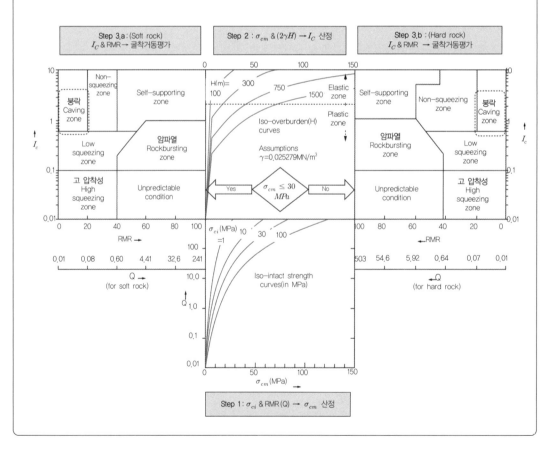

BOX-TM3-7　　다중 도표에 의한 암반터널 거동의 예비 평가법 : Russo(2014)

Russo(2014)

암반구조(GSI)와 강도/응력비(I_c, competence factor) 그리고 암반자립능력(RMR) 간 상관관계를 순차적으로 추적하여 암반터널의 거동 유형을 평가하는 방법이다.

① **1단계** : 암반구조(rock mass fabric)의 평가, GSI(부록 A4 참조)

　　Joint Condition(JC)과 블록 체적(rock block volume) 관계곡선을 이용하여 GSI를 구한다.

② **2단계** : 암반강도(rock mass competence, σ_{cm}) 평가, $\sigma_{cm} = \sigma_c s^a$

　　Hoek-Brown 모델 이용 : $a = (1/2) + (1/6)\left[\exp(-GSI/15) - \exp(-20/3)\right]$, $s = \exp\left[(GSI-100)/9\right]$,

　　$\rightarrow GSI \approx 153 - 165/\left[1 + (s^a/0.19)^{0.44}\right]$, H : Overburden

③ **3단계** : 암반성능지수(competence index) 평가, $I_c = \sigma_{cm}/\sigma_\theta \approx \sigma_{cm}/2\gamma H$

　　원형 터널의 경우, σ_θ(최대접선응력)은 $K_o = 1.0$ 조건에서, $\sigma_\theta = 2\gamma H$

　　$K_o \neq 1.0$인 조건에서, $\sigma_{\theta,\max} = 3\sigma_1 - \sigma_3$로 응력을 구하고, 가상의(fictitious) 터널 높이를

　　$H \approx \sigma_{\theta,\max}/(2\gamma)$로 구한다. $I_c > 1.0$: 탄성거동, $I_c < 1.0$: 탄소성거동

④ **4단계** : 굴착거동 평가 : RMR 및 I_c 이용 → Spalling, Rockburst, Caving, Rockfall, Squeezing

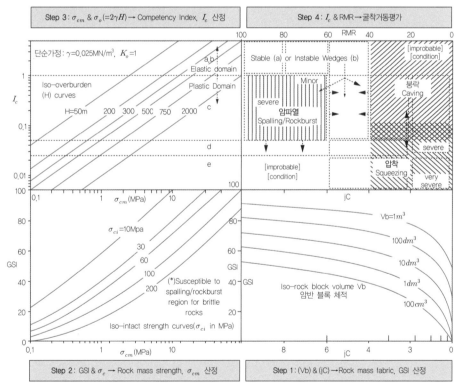

검토 예:

그래프 1 : $V_b = 20dm^3$, $JC = 2 \rightarrow GSI \approx 55 \Rightarrow$ 그래프 2 : $GSI \approx 55$, $\sigma_{ci} = 100\,\text{MPa} \rightarrow \sigma_{cm} \approx 8\,\text{MPa}$
$\Rightarrow$ 그래프 3 : $\sigma_{cm} \approx 8\,\text{MPa}$, $\text{H}_f = 1,750\text{m} \rightarrow I_c = 0.09 \Rightarrow$ 그래프 4 : $I_c = 0.09$, R = 53 → 쐐기파괴 가능성

3.3.2 경암반 터널의 취성파괴에 대한 안정 검토

3.3.2.1 취성파괴의 특성

응력 수준(stress level)이 높은 암반에서 터널을 굴착할 때 응력이 해제되면 터널 굴착면 주변 유발응력이 강도를 초과하여 비교적 넓은 범위의 암석이 에너지 방출과 함께 큰 소리를 내며 급격히 튕겨 나오는데, 이를 **암파열**(rockburst)이라고 한다. 이는 돌발적인 점착력 상실에 따른 취성파괴(brittle failure)로서 초기형태는 굴착 암반면이 소규모로 껍질처럼 얇게 벗겨지는 **암박리현상**(spalling)으로 나타나나, 심하면 천장이 주저앉는 **슬래빙**(slabbing)으로 진전된다.

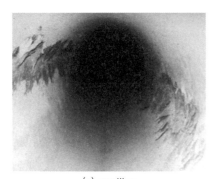

(a) spalling   (b) spalling & slabbing

그림 M3.33 취성암반의 파괴 예

암파열은 강성이 큰 취성의 무결함 암석에서 흔히 발생한다. 유발응력의 크기가 일축압축강도를 2~3배 초과할 때 주로 일어나며, 급격히 진행되므로 위험하다. 일반적으로 Spalling과 Rockburst를 모두 암파열로 지칭하지만, 규모나 에너지 방출 스케일에서 암박리(spalling)는 암파열(rockburst)의 전조현상인 경우가 많다. 암파열의 일반적 특성은 다음과 같다.

- 심도가 깊은(700~800m 이상) 경암 터널에서 주로 발생한다.
- 균열 또는 용수가 있는 암반에서는 거의 발생하지 않는다.
- 지층의 방향 또는 절리나 절리 충진물(seam)과 관련 있다.
- 굴착면에서 암편이 순간 비산하고, 심하면 굴착부가 순식간에 파괴된다.

암파열 붕괴모드는 주응력 방향과 밀접한 관계가 있다. $K_o < 1.0$인 경우 측벽에서, $K_o \gg 1.0$인 경우 천단부(인버트)에서 주로 발생한다. 그림 M3.34는 단면형상과 주응력 방향에 따른 암반의 취성파괴 양상을 예시한 것이다. 파괴영역은 최대주응력에 수직한 방향, 즉 최소주응력 방향으로 발생한다.

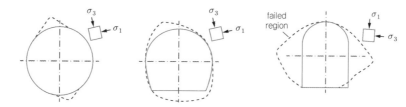

그림 M3.34 터널형상과 주응력방향에 따른 암반터널의 취성파괴 형상 예(after Martin, 1990)

그림 M3.35는 $K_o \gg 1$ 조건에서, 최대 주응력이 수평에 가까운 경우 발생한 실제 파괴 사례를 보인 것이다. 천장 및 인버트부의 접선응력이 압축강도를 초과하였다.

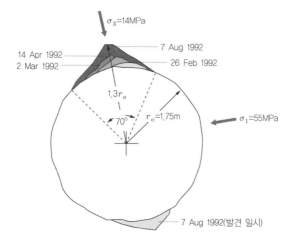

그림 M3.35 암파열 사례(URL Test Tunnel)
(Support of underground excavations in Hard Rock, 1997; Martine, 1990)

3.3.2.2 취성파괴 안정 검토

암반의 취성파괴는 주로 무결암의 강성과 강도특성 및 현장의 초기응력 수준과 관계가 있다. 암반터널의 취성파괴는 이론적으로 다루기 어려우며, 암석시험 결과를 토대로 다양한 경험적 검토법이 제안되었다.

손상지수 이용법 damage index

최대접선응력 $\sigma_{\theta \max}$(최대주응력)과 일축압축강도 σ_c의 비를 **암반 손상지수** D_i(damage index)라 한다.

$$D_i = \frac{\sigma_{\theta \max}}{\sigma_c} \tag{3.46}$$

D_i가 0.4 이상이면 취성파괴 가능성이 높다. $\sigma_\theta/\sigma_c < 0.6$이면 경미한 스폴링, $\sigma_\theta/\sigma_c > 0.8$이면 현저한 암박리(spalling) 가능성으로 구분한다(Martin et. al., 1999; Kaiser et al., 2000). 최대접선응력은 $\sigma_{\theta\max} = 3\sigma_1 - \sigma_3$로 산정할 수 있다(TM2장 Kirsh해 참조).

손상지수의 최대 주응력 대신 수직하중($\sigma_o = \gamma_t z$)을 이용하여 응력/강도비(P_i)를 다음같이 정의한다.

$$P_i = \frac{\sigma_o}{\sigma_{ci}} > 0.2 \tag{3.47}$$

응력/강도비가 0.2 이상이면 암박리(spalling)가 일어나기 쉽다(그림 M3.36).

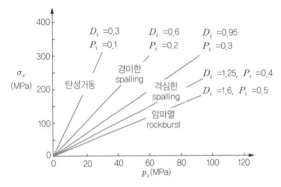

그림 M3.36 응력강도비(P_i)와 손상지수(D_i)를 이용한 취성파괴 가능성 평가

NB : 컴피턴스 지수(competence index)는, $I_c = \sigma_c/\sigma_\theta$로 정의되며, $\sigma_\theta = 2\gamma H$로 취하면 $I_c = \sigma_{cm}/(2\gamma H)$가 된다. 일부 연구자들(주로 일본)은 컴피턴스 계수(competence factor), $C_f = \sigma_{cm}/\sigma_o$로 정의하고, $\sigma_o = \gamma H$를 사용하기도 한다. 따라서 $I_c = C_f/2$이다. 제안자에 따라 약간씩 식이 달라지므로 혼동에 유의하고, σ_c는 σ_{ci} 보다 σ_{cm}이 타당한 압착평가 지표로 평가된다.

변형에너지 밀도(D_{se})와 취성도 이용법 strain energy density

암석의 일축압축강도 σ_{ci}와 변형계수 E_i로부터 구한 **변형에너지 밀도** U_e가 150(kJ/m^3) 보다 크면 취성파괴가 일어날 가능성이 높다(Wang, 2001). $\sigma_{ci} = E_i\epsilon_c$이고,

$$U_e = W_E/V = \frac{1}{2}\sigma_{ci}\epsilon_c = \frac{1}{2}\sigma_{ci}\frac{\sigma_{ci}}{E_i} = \frac{\sigma_{ci}^2}{2E_i} = \frac{\sigma_c^2}{2E_i} > 150\,(\text{kJ/m}^3) \tag{3.48}$$

한편, 암석의 일축압축강도 σ_{ci}와 인장강도 σ_t의 비를 **취성도**(brittle index) B_i라 정의하며, 취성도가 9.9 보다 크면 취성파괴 가능성이 크다.

$$B_i = \frac{\sigma_{ci}}{\sigma_t} > 9.9 \tag{3.49}$$

표 M3.2 변형에너지 밀도와 취성도에 따른 취성파괴 가능성

변형에너지 밀도, U_e(kJ/m³)	취성도, B_i	취성파괴 가능성
<50	<4.3	매우 낮음
51~100	4.3~7.1	낮음
100~150	1.7~9.9	보통
151~200	9.9~12.7	높음
>200	>12.7	매우 높음

3.3.2.3 암파열 깊이

암파열 깊이를 알면 굴착 계획, 터널 보강 등에 유용하다. Martin et al.(1999)은 터널굴착에 따른 유발응력이 파괴조건 $\sigma_f = \sigma_3 + \sqrt{s\sigma_c^2}$ 을 초과하는 영역을 취성파괴영역으로 가정하는 **탄성과응력해석법**(elastic overstress analysis)을 이용하여 그림 M3.37과 같이 암파열 깊이를 산정하였다.

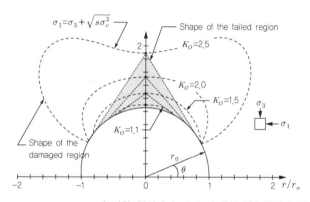

(a) Elastic overstress analysis에 의한 취성파괴 깊이 산정(삼각형 형태의 낙반을 가정)

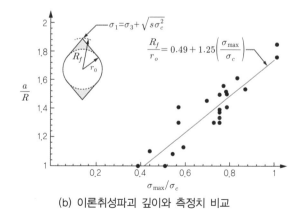

(b) 이론취성파괴 깊이와 측정치 비교

그림 M3.37 취성파괴 깊이 산정과 실측 결과와 비교(after Martin, 1999)

실제 암파열로 이탈되는 파괴영역은 굴착면에 접한 소성영역 중, 주변 탄성영역으로 구속되지 않는 부분에서 일어나므로, 파괴깊이를 그림 M3.37(a)와 같이 터널의 접선과 파괴영역 중심을 잇는 삼각형으로 가정하여 **암파열 깊이**를 다음과 같이 제안하였다.

$$\frac{R_f}{r_o} = 0.49(\pm 0.1) + 1.25\frac{\sigma_{\max}}{\sigma_c} \tag{3.50}$$

여기서, $\sigma_{\max}$ 는 최대유발응력으로서, $\sigma_{\max} = 3\sigma_1 - \sigma_3$ 이며, 그림 M3.37(b)에 그래프로 나타내었다. 이 이론식은 실제 암파열 측정치와도 잘 일치하는 것으로 보고되었다.

NB : 터널 취성파괴의 안정대책

취성파괴는 돌발적인 경우가 많으므로 이의 대책을 미리 수립하기가 용이하지 않다. 취성거동이 현저하지 않은 경우, 굴착 주면 및 불안정 암괴 선행 구속(경사 록볼트, 그라우팅 등), 선행지보(fore polling) 등 지보 보완을 통해 일부 제어할 수 있다. 하지만 현저한 취성파괴 거동, 즉 암파열이 우려되는 경우라면, 고 에너지 흡수형 지보(와이어 메쉬, 가축성 볼트, 섬유보강 숏크리트 등)를 검토할 수 있으며, 암파열이 굴착단면 내에서 일어나도록 단면형상을 조정(예, 사각형, 타원형 등) 시공하거나 파괴 예상 영역을 미리 굴착하여 응력해방을 유도하는 것도 한 방법이다.

3.3.3 연암반 터널의 전단 및 압착파괴에 대한 안정 검토

3.3.3.1 연암반 터널의 전단파괴에 대한 안정

터널굴착 시 굴착 면 인접 범위 내 지반은 접선응력이 항복강도를 초과하여 **소성화**한다. 소성영역에서는 그림 M3.38과 같이 반경방향에 대해 일정한 각도로 다수의 **대수나선 활동 전단파괴면이 형성**된다. 이 활동면으로 이루어진 쐐기가 굴착면에서 지지되지 못하면 터널 내로 **전단압출**(extrusion)이 일어난다. 이러한 파괴거동은 연암반(soft/weak rock) 터널, 또는 암파열이 진행된 이후의 경암반 터널에서 발생할 수 있다.

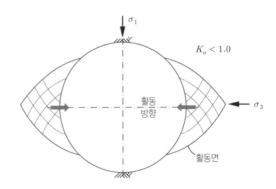

그림 M3.38 연암반 터널의 전단활동(after Seeber, 1999)

Rabcewicz는 Iran 횡단철도공사(1932~1940) 중 전단압출파괴가 일어난 터널에 대한 시추조사를 실시하여 라이닝의 전단균열이 측벽 배후지반에서 발생한 활동 파괴면의 연장임을 확인하였다(그림 M3.39 a). 이러한 전단파괴는 심도가 깊어 응력 수준이 높은 연성(파쇄암반, 낮은 RMR) 암반터널에서 발생할 수 있으며, 응력이완이 시간경과와 함께 진행될 경우, 숏크리트 타설 이후에 발생할 수 있다.

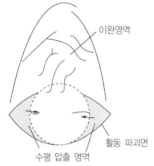

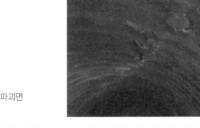

(a) 소성변형에 의한 전단압출 $K_o < 1.0$ (b) 붕락 및 낙반에 의한 지보파괴 사례

그림 M3.39 전단파괴 사례

전단압출에 대한 숏크리트 안정 검토

Rabcewicz(1965)는 터널의 소성영역 내 활동 파괴면이 그림 M3.40과 같이 **최소 주응력방향과** $(45 - \phi/2)$ **의 각도를 이루는 대수나선**이며, **숏크리트 전단 파괴면은 지반활동 파괴면의 연장선**이라 가정하여 숏크리트에 작용하는 수평력 H를 다음과 같이 산정하였다(q는 수평토압, θ는 지압의 작용범위).

$$H = \int_{-\theta}^{+\theta} q r_o \cos\theta d\theta = 2 q r_o \sin\theta \tag{3.51}$$

숏크리트는 측벽지반의 수평방향 압출에 대해서 저항하며, 숏크리트(두께 d)의 최대 전단저항력 T_{Bm}은 숏크리트의 전단강도 τ_{fs}에 파괴면의 단면적을 곱한 크기이다.

$$T_{Bm} = 2\tau_{fs} l_s = 2\tau_{fs} \frac{d}{\sin(\pi/2 - \theta + \phi)} = \frac{2\tau_{fs} d}{\cos(\theta - \phi)} \tag{3.52}$$

따라서 숏크리트의 전단파괴에 대한 안전율 F_s는 숏크리트 전단저항력 T_{scm}과 수평력 F_H의 비로 다음과 같이 정의할 수 있다.

$$F_s = \frac{T_{Bm}}{H} = \frac{\tau_{fs} d}{q r_o \sin\theta \cos(\theta - \phi)} \tag{3.53}$$

안전율 최소조건은 $dF_s/d\theta = 0$을 이용하여 구할 수 있다. $\cos(2\theta - \phi) = 0$이므로, 숏크리트의 전단파괴는 터널의 중심을 지나는 수평축에서 $\theta = \pi/4 + \phi/2$의 각도로 형성된다. 식(3.53)을 이용하여 규정된 안전율을 만족하는 숏크리트 두께, d를 산정할 수 있다. 콘크리트 전단강도 τ_{fs}는 일반적으로 일축압축강도의 약 20%로서 $0.2\sigma_{con'c}$이다.

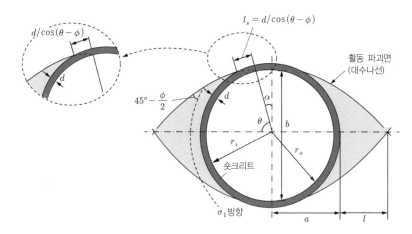

그림 M3.40 숏크리트의 전단파괴 모드(Rabcewicz, 1965)

한편, Sattler(1968)는 숏크리트 라이닝의 파괴모드 폭 b를 그림 M3.41과 같이 가정하여 수평력, $H \approx qb/2$, 숏크리트 전단응력, $\tau_{fs} = H/l_s$, 숏크리트 파괴구간의 길이, $l_s = qb/(2\tau_{fs})$으로 나타내었다. 여기서, d : 숏크리트 두께, H : 파괴 전단력이다. 따라서 붕괴 방지를 위한 숏크리트 최소 두께 d는 다음과 같다 (보통 $\alpha = 30$로 가정).

$$d = l_s \sin\alpha \approx l_s/2 \tag{3.54}$$

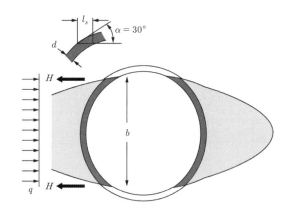

그림 M3.41 숏크리트 전단파괴(after Sattler, 1968)

3.3.3.2 연암반터널의 압착(squeezing)파괴에 대한 안정 검토

압착거동은 초기응력에 비해 암반강도가 작은 경우, 크리프 특성을 보이는 경우, 간극수압이 높은 경우에 주로 발생한다. 특히, 심도가 깊은 연암반에서 주로 발생한다. 그림 M3.42는 높은 수평 구조응력으로 인해 터널의 폭이 좁아진 압착파괴 사례를 예시한 것이다.

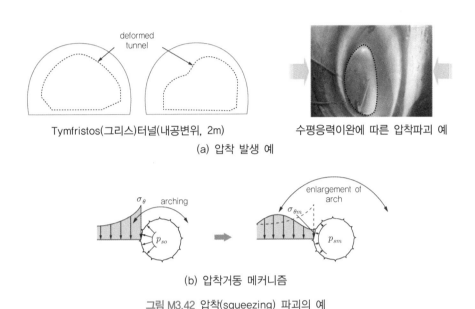

Tymfristos(그리스)터널(내공변위, 2m)　　　수평응력이완에 따른 압착파괴 예

(a) 압착 발생 예

(b) 압착거동 메커니즘

그림 M3.42 압착(squeezing) 파괴의 예

압착(squeezing)현상은 비교적 낮은 강도의 암반이 과응력상태에 놓이는 경우, 점성 및 소성거동으로 인해 터널 내공이 전반적으로 감소하는 시간 의존적 거동이다. 심한 절리암반으로서 큰 지압이 작용하는 경우, 시간경과와 함께 점착력 감소의 결과로 나타나는 **탄점소성거동**(TM2장 2.4.2.3절 참조)으로 진행 속도가 느린 경우 굴착 후 운영 중에 나타날 수도 있다.

압착성 암반은 대개 강도가 작고 규산염층(편암에서 현저한 광물)을 포함하는 경우가 많다. 편리(schist)에 의해 이방성을 나타내는 암반에서는(응력이완이 편리면 전단강도에만 영향을 미치므로) 터널축과 편리면 주향의 상호관계에 따라 압착거동의 방향이 결정된다. 암반이 압착되면 터널 내공이 축소되어 터널 굴착을 계속 진행하기 어렵다. 압출성 암반에서 쉴드공법을 적용하는 경우 쉴드기가 협착(zamming)되어 더 이상 전진하지 못할 수도 있다.

일반적으로 그림 M3.42(b)에 보인 바와 같이 유발 접선응력이 강도를 초과하면 그 배후로 응력전이가 일어나고, 만일 그랜드아치가 형성되면 안정이 이루어진다. 지반이완이 확대되고, 이완하중이 증가하면, 지보재 변형 및 파괴가 일어나 터널 전반붕괴로 진행될 수도 있다. 압착거동은 대부분 시간경과와 함께 진행되며, 준공 후 공용 중 저면융기로 나타나기도 한다. 이를 평가하기 위한 여러 경험적인 방법들이 제안되었다.

강도/응력비 이용법

일축압축강도(σ_c)와 상재하중($\approx \gamma_t H$)의 비로서 압착 파괴의 가능성을 판정하는 경험적 방법으로, 일본 철도연구소, Jehtwa et al.(1984) 등이 제안하였다(**competence index**, $I_c = \sigma_c/\sigma_\theta \approx \sigma_c/2\gamma H$). 지반강도가 토피압보다 작을 때, 터널굴착의 영향이 장기간에 걸쳐 탄성상태에서 소성상태가 되고, 이로 인해 라이닝에 가해지는 추가압력이 터널 붕괴를 야기할 수 있다. (제3기)이암, 응회암, 단층파쇄대와 변질대가 발달한 상황에서 흔히 발생하는 것으로 알려져 있다. 일본의 터널운영 경험에 따르면, 일축압축강도(σ_c)에 대한 지반초기응력의 비(**competence factor**, $F_c = \sigma_c/\sigma_o$)가 2.0 이하일 때 압착의 가능성이 있는 것으로 보고되었다.

$$F_c = 2I_c = \frac{\sigma_c}{\gamma_t H} \leq 2.0 \tag{3.55}$$

Q-값 이용법

Bhasin and Grimstad(1996)는 터널 붕괴 사례에 기초하여 **압착안정계수**(stability factor, S_f, 앞에서 다룬 손상지수 D_i와 유사)를 다음과 같이 도입하였다.

$$S_f = \frac{\sigma_\theta}{\sigma_{cm}} = \frac{2\sigma_o}{0.7\gamma_t Q^{1/3}} \tag{3.56}$$

여기서 σ_{cm} : 암반일축압축강도, σ_o : 암반의 초기응력($= \gamma_t H$), γ_t : 암반단위중량이다. $S_f > 5.0$이면 압착파괴의 가능성이 있다. 그림 M3.43을 이용하여 Q에 대한 S_f 관계로 압착 가능성을 판단할 수 있다.

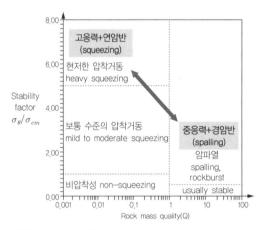

그림 M3.43 응력/강도비를 이용한 압착가능성 평가(after Bhasin and Grimstad, 1996)

Singh 등(1992)은 실제 압착 파괴 사례를 Q-값과 압착 발생 터널 심도의 관계로 분석하여 압착이 발생하는 한계(최소)토피고 C_{tcr} 을 다음과 같이 제안하였다.

$$C_{tcr} = 350 Q^{1/3} \tag{3.57}$$

한편, Goel 등(1995)은 99개 현장압착 파괴 사례를 분석하여 터널의 규모(폭 또는 직경 B)와 암반계수 Q_m($SRF = 1$일 때의 Q 값)의 상관관계로부터 압착이 발생하는 한계토피고 C_{tcr}을 다음과 같이 제시하였다.

$$C_{tcr} = (275 Q_m^{0.33}) B^{-0.1} \tag{3.58}$$

터널 내공변형률 이용법(Hoek and Marinos, 2000)

압착은 내공변위를 증가시킨다(내공 감소). 내공변형률이 10%를 초과하면 현저한 압착파괴로 진단할 수 있다. Hoek and Marinos(2000)는 암반의 초기응력(σ_o) 및 암반일축압축강도(σ_{cm})를 이용하여 **무지보터널의 내공변형률**을 식(3.59)와 같이 제안하였고, 이를 그림 M3.44와 같이 제시하였다.

$$\epsilon_r (\%) = 0.2 \left(\frac{\sigma_{cm}}{\sigma_o} \right)^{-2} \times 100 \tag{3.59}$$

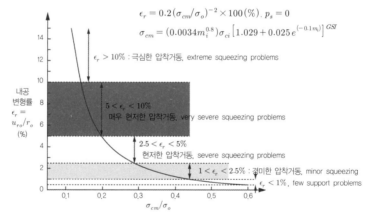

(σ_{ci} : 암석의 일축압축강도, σ_{cm} : 암반의 일축압축강도, σ_o : 초기응력, m_i : H−B Parameter)

그림 M3.44 내공변형률에 의한 압착가능성 평가(after Hoek and Marinos, 2000)

NB : 압착 및 팽창성 지반의 터널굴착

팽창성, 압착성 지반에서는 지압이 크게 증가할 수 있으므로, 압착거동이 미리 인지된 경우라면, 선행(pilot) 터널을 굴착하여 지압을 소산시킨 후에 계획단면을 굴착하는 방법을 검토할 수 있다. Pilot 터널 굴착으로 유발되는 이완압의 대부분을 장차 굴착·제거될 주변 지반을 이완시키는 데 소모시키므로 소량의 잔여 에너지만 터널 굴착 시 대응하면 된다. 굴착 중 압착이 예상되면 압출량만큼 변형 여유량을 확보하여 굴착하는 방법, 단면을 여러 개로 분할하여 굴착하는 방법, 인버트를 폐합하는 방법 등을 검토할 수 있다. 일반적으로 압착성 암반에서는 압착거동이 거의 수렴한 후에 라이닝을 시공한다.

암반 일축압축강도의 산정

암반터널의 거동예측을 위해서는 암반의 일축강도(σ_{cm})를 평가하여야 한다. 시험으로는 이를 결정하기 어려우므로 주로 암석의 일축압축강도(σ_{ci})에 기초한 경험상관식을 이용한다. 암석의 일축강도는 일축압축시험 혹은 구속응력이 '0'인 조건의 삼축응력시험($\sigma_2 = \sigma_3 = 0$ 조건에서 파괴 시 $\sigma_{1f} = \sigma_{ci}$)으로 구한다.

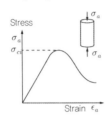

Sample Size 영향, $\sigma_{ci} = \sigma_{ci, d=50}\left(\dfrac{50}{d}\right)^{0.18}$

암석등급과 일축압축강도

등급	설명	일축강도 (MPa)	현장 평가	암석 예
R6	extremely strong	>250	시료를 (지질)해머 타격 시 작은 조각	fresh basalt, diabase, gneiss, granite, quartzite
R5	very strong	100–250	시료를 쪼개는 데 수차례 타격	amphiibolite, sandstone, basalt, gabbro, tuff, gneiss, grandiorite, limestone, marble
R4	strong	50–100	시료 쪼개는 데 적어도 1회 이상 해머 타격	limestone, marble, phyllite, sandstone, schist, shale
R3	medium strong	25–50	주머니칼로 긁히거나 벗겨지지 않으나, 한 차례 해머타격으로 파쇄	claystone, coal, concrete, schist, shale, siltstone
R2	weak	5–25	주머니칼로 긁히거나 벗겨지며, 해머로 쳐서 자국을 만들 수 있음	chalk, rocksalt, potash
R1	very weak	1–5	해머로 세게 치면 부스러지며, 칼로 벗겨짐	심한풍화토 및 변질암
R0	extremely weak	0.25–1	엄지손톱으로 눌러 자국이 남	단층점토

아래 그림은 Mohr–Coulomb 모델 그리고 Hoek-Brown 모델에서 일축강도 점을 나타낸 것이다.

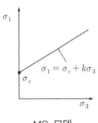

MC 모델

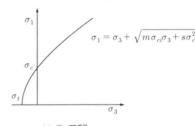

H–B 모델

암석에 대하여, MC 모델 이용, $\sigma_3 = 0$인 조건에서, $\sigma_c = \sigma_1 = \sigma_{ci} = \dfrac{2c\cos\phi}{1 - \sin\phi}$

H–B 모델의 경우, $\sigma_3 = 0$인 조건에서, $\sigma_1 = \sqrt{s\sigma_{ci}^2}$ 이므로, $\sigma_{ci} = \dfrac{\sigma_{1f}}{\sqrt{s}}$

암반에 대하여, MC 모델의 경우, $\sigma_1 = \sigma_{cm} + k\sigma_3$로부터, $\sigma_{cm} = \dfrac{2c_m\cos\phi_m}{1 - \sin\phi_m}$

H–B 모델 파라미터 및 GSI를 이용하여, $\sigma_{cm} = (0.0034m^{0.8})\sigma_{ci}\left\{1.029 + 0.25e^{-0.1m}\right\}^{GSI}$

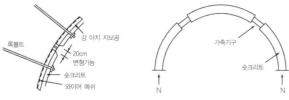
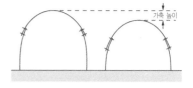

(a) 숏크리트 그루브 이용(shotcrete groove joints)　　(b) 활동변형성 지보(sliding supports)

(c) 가축성 지보의 구조와 설치 예

그림 M3.45 압착성 지반의 터널 지보 예

예제 터널깊이 100m, 초기응력 σ_o =2.6MPa, 무결암의 일축강도 σ_{ci} =25MPa, H-B 모델파라미터 m_i =10, GSI=20일 때 압착 가능성을 평가해보자.

풀이 암반일축압축 강도를 추정하면(BOX-TM3-7), $\sigma_{cm} = \sigma_{ci} s^a$ 및 GSI를 이용하면, σ_{cm} =1.01MPa

Competence factor, 강도응력비 $I_c = \sigma_{cm}/\sigma_o = 0.39$

p_s =0인 경우에 대하여

$$\epsilon(\%) = u_{ro}/r_o = 100 \times \left(0.002 - 0.0025\frac{p_s}{\sigma_o}\right)\frac{\sigma_{cm}^{(2.4p_s/\sigma_o - 2)}}{\sigma_o} = 1.33\%$$

$1 \leq \epsilon(\%) \leq 5$이므로 경미한 압착조건(minor squeezing)으로 추정할 수 있다.

3.3.4 암반터널의 낙반 안정성 검토

붕락(caving)과 낙반(rock fall)은 암반붕괴의 대표적 유형 중의 하나이다. 하지만 중력요인과 변형요인이 복합되고 암괴의 구속조건이 변화무쌍하므로 굴착 전 예측이 용이하지 않다.

낙반(wedge instability)은 지질구조에 지배된다. 절리가 있는 암반터널의 경우 터널 천장부에 형성된 절리군에 의한 암반 블록이 중력에 의하여 낙하할 수 있다. 불연속면에 소성변형이 수반되는 경우 쉽게 낙반이 촉진될 수 있다.

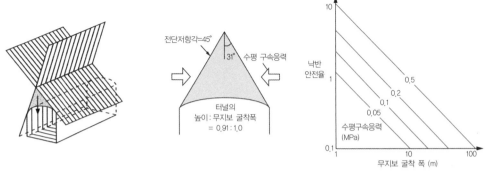

(a) 낙반 가능 지질구조의 예　　　　(b) 수평구속응력과 무지보 굴착폭에 따른 안전율

그림 M3.46 비우호적 절리 경사에 의한 낙반 특성(after Hudson and Harrison, 1997; after Diederichs, 1999)

낙반은 구속력이 부족하여 느슨해진 암괴가 중력으로 이탈하는 것이다. 그림 M3.46은 파괴쐐기의 크기와 수평구속응력에 따른 낙반안정성의 관계를 예시한 것이다. 무지보 굴착길이에 대수선형 비례하여 안전율이 감소하며, **수평구속응력의 증가는 안정한 스팬길이를 크게 증가시킨다**(그림 M3.46 b).

Stereonet을 이용한 낙반안정 검토(부록 TE.A2 참조)

시추조사로 절리구조를 측정하였거나, 막장관찰(face mapping)로 불연속면의 기하학적 구조가 완전하게 파악된 경우라면, **도해적으로 낙반 안정성을 평가**할 수 있다(Hoek and Brown, 1980).

암괴가 터널의 천장이나 측벽으로부터 분리 낙하하기 위해서는 암반 블록이 적어도 3개의 서로 교차하는 불연속면으로 분리되어 있어야 한다. 암반 블록이 낙반하는 경우는 중력에 의한 '**자유낙하**'(그림 M3.47)와 인접 암반 블록과 접한 절리면에서 활동(불연속면에서 마찰저항을 초과할 때 발생)이 일어나 낙반하는 '**활동낙반**'(그림 M3.49a)의 2가지 경우가 있다.

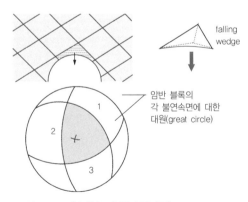

그림 M3.47 천장부 낙반(자유낙하)

천장부 암반 블록의 자유낙하(free fall). 암반 블록이 미끄러지지 않고 낙하하기 위해서는 그림 M3.47과 같이 천단 암반 쐐기의 정점을 지나는 연직선이 쐐기의 저면을 통과해야 한다. 천장부 낙반은 **스테레오 투영법**을 이용하여 평가할 수 있다. 쐐기의 정점을 통과하는 연직축을 네트의 중심에 일치시키고, 절리면을 나타내는 대원을 그렸을 때, 대원들이 중심점을 둘러싼 폐쇄도형을 형성하면 낙반의 발생 가능성이 있다.

그림 M3.48은 마찰원과 폐쇄도형의 상대적 크기에 따른 쐐기형상을 예시한 것이다. 폐쇄도형이 크게 그려질수록 얇은 블록이 쉽게 낙반될 수 있다.

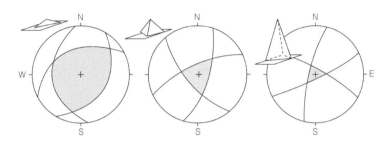

그림 M3.48 웨지 형상에 따른 마찰원과 웨지투영도 상관관계(after Dierderichs, 1999)

천정부 암반 블록의 활동 낙반(slide & fall). 3개의 절리가 서로 교차하여 암반 블록을 형성하되 쐐기의 정점을 지나는 연직선이 쐐기 저면과 교차하지 않을 수 있다. 이 조건을 스테레오 넷에 투영하면 그림 M3.49과 같이 나타난다.

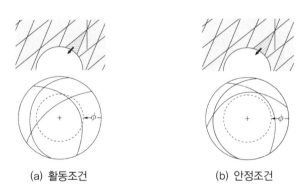

(a) 활동조건   (b) 안정조건

그림 M3.49 천장부 암반 블록의 활동 낙반 조건

이 경우 활동 가능성은 교선의 경사와 마찰각(ϕ)을 비교하여 평가할 수 있다. 그림 M3.49(a)와 같이 교각의 일부경사가 마찰각보다 크면 활동낙반(slip & fall)의 가능성이 있다. 만일, 그렇지 않고 그림 3.49(b)와 같이 마찰원 경사가 더 크면, 교각경사가 작아 쐐기의 자중에 의한 활동 유발력이 활동면의 마찰저항보다 작으므로 활동 가능성이 거의 없다.

NB : 낙반안정 대책 – 숏크리트와 록볼트 부재설계

① Rockbolt 낙반안정 대책

불연속면의 형상이 정확히 파악된 경우, 그림 M3.50의 예와 같이
록볼트로 보강할 수 있다.

활동력 $F_a = W\sin\phi - T\sin\theta$; 저항력 $F_r = cA + (W\cos\phi + T\cos\theta)\tan\phi$

$$F = \frac{F_r}{F_a} = \frac{cA + (W\cos\psi + T\cos\theta)\tan\phi}{W\sin\psi - T\sin\theta} > 1.0$$

여기서, W : 암반쐐기의 중량, T : 록볼트 장력 총합, A : 활동면의
단면적, ψ : 활동경사각, θ : 볼트의 축과 활동면의 수직선이 이루는
각, c : 활동면의 점착력, ϕ : 활동면의 마찰각이다.

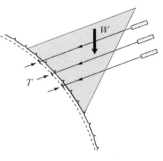

그림 M3.50 록볼트에 의한 낙반대책

② Shotcrete 낙반안정 대책(Barratte, 1999, AASHTO 등 인용) : 숏크리트 설계법

10~15cm 이하 두께의 숏크리트는 보통 멤브레인으로 모사하여 그림 M3.51과 같이 각각 전단, 인장,
휨, 펀칭 파괴모드에 대하여 안정성을 검토한다.

| (a) 직접전단 파괴 | (b) 관입전단(사인장) 파괴 |
| (c) 부착 파괴 | (d) 휨 파괴 |

그림 M3.51 숏크리트의 파괴모드

각 파괴모드에 대한 안전율은 '안전율=저항력(R)/작용하중(W)'이다. 작용하중은 그림 M3.52(a)의 파괴
모드로부터 파괴체의 중량으로 산정한다. 숏크리트 두께가 t, 록볼트 간격이 s인 경우, 각 저항력(R)은

- 부착파괴 저항력, $R_a = 4 \cdot \sigma_a \cdot s \cdot a$, a : 부착길이(0.04m), σ_a : 부착강도(예 $\approx$ 185.14kN/m²)

- 휨파괴 저항력, $R_{flex} = \sigma_{flex} \dfrac{t^2}{6} \dfrac{s}{2}$, σ_{flex} : 휨강도(예 $\approx$ 793.7kN/m²)

- 전단파괴 저항력, $R_s = 4 \cdot \tau_{ds} \cdot s \cdot t$, τ_{ds} : 전단강도(예 $\approx$ 396.8kN/m²)

- 관입전단파괴 저항력, $R_{ps} = \sigma_{ps} \cdot 4 \cdot (c+d) \cdot t$, σ_{ps} : 펀칭전단강도(예 $\approx$ 476.2kN/m²)

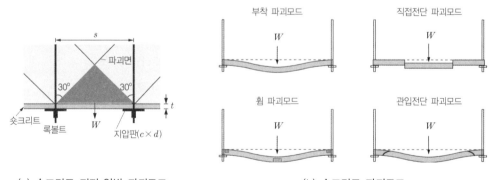

(a) 숏크리트 지지 암반 파괴모드   (b) 숏크리트 파괴모드

그림 M3.52 숏크리트 낙반 안정 검토 : 확정론적 설계 모델(Barrett and McCreath,1995)

도해적으로 낙반 위험도를 평가할 수 있는 경우는 블록 개수가 적고 매우 단순한 조건에서만 가능하다. 실제 실린더형 터널 굴착면과 3차원 절리가 이루는 기하학적 형상은 매우 복잡하므로 낙반안정을 도해적으로 평가하는 것은 한계가 있다. 실무에서는 터널과 절리의 공간 정보를 입력하여 파괴쐐기를 찾아내고 안전율을 검토하는 여러 Software가 개발되어, 사용되고 있다(예, UNWEDGE).

아래 그림과 같이 폭 7m, 높이 6.7m의 터널이 위치하는 암반에 J1, J2, J3 절리가 발달한 경우, SW를 이용하여 평가한 사례를 살펴보자.

절리	경사(°)	경사방향(°)
J1	70±8	036±12
J2	85±8	144±10
J3	55±6	262±15

위 3절리를 낙반해석용 프로그램에 입력하면 아래 왼쪽 그림과 같은 스테레오넷 투영 결과를 얻을 수 있다. 터널의 기하학적 정보와 이들 불연속면을 조합하면 터널 굴착면에 형성되는 쐐기의 형상은 아래 오른쪽 그림과 같이 천장 1, 측벽 2, 바닥 1의 4가지 경우가 발생한다. 터널축의 Trend는 25°, Plunge는 15°이다.

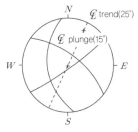

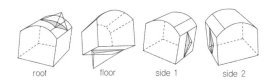

① Roof Wedge ② Floor Wedge ③ Side Wedge1 ④ Side Wedge2

스테레오넷 투영　　　　　　　　　　터널 굴착면 파괴쐐기 예측 결과

입력한 강도파라미터로 프로그램이 산정한 4개 쐐기에 대한 중량, 활동저항, 그리고 안전율을 아래 정리하였다. 천장부 쐐기는 자유낙하하며, 2개의 측면쐐기의 안전율도 1.0 이하로 나타나 활동 낙반의 가능성이 예측되었다. 낙반해석 프로그램을 이용하면 록볼트 등 보강대책에 대한 시뮬레이션도 가능하다.

파괴쐐기	중량	파괴모드	안전율
천장부쐐기	13	낙반	0
측벽부쐐기	3.7	J1/J2면을 따라 활용	0.36
측벽부쐐기	3.7	J3면을 따라 활용	0.52
바닥부쐐기	43	안정	∞

(after Hoek, Kaiser and Bawden, 1997)

3.4 터널 인접구조물의 안정 검토

터널굴착 중 인접구조물 손상방지를 위한 대책은 터널공사 그 자체보다 훨씬 더 많은 비용과 시간이 소요될 수 있어, 터널사업의 성패를 좌우할 수 있다(Peck, 1969). 인접건물 대책은 도심지의 연약지반 터널에서 특히 중요하다.

3.4.1 터널굴착에 따른 지반변형

터널굴착이 인접건물에 미치는 영향을 평가하는 데 있어 중요한 거동은 '**지반변형**'이며, 이 중 **지표침하**가 터널 굴착 영향 평가의 주 대상이다. 지표침하는 보통 **경험적 방법으로 예비평가**를 실시하고, 그 결과에 따라 중요 위치에 대하여 **수치해석으로 상세조사**를 하는 방법으로 검토한다(수치해석은 TM4장 참조).

침하영향의 예비평가 시 일반적으로 **자유지반(green field)의 침하**를 지상구조물의 **침하형상으로 가정**하므로 지표 침하 평가가 매우 중요하다. 하지만 실제 구조물의 침하는 구조물 자체 강성에 의해 자유지반 침하형상과 달리 수평에 가깝게 나타나므로 이러한 가정은 상당히 보수적인 평가라 할 수 있다.

3.4.1.1 자유지반에서의 지표거동

토피가 작은 연약지반에서 터널을 굴착하면 굴착공법에 관계없이 굴착부에서 그림 M3.53과 같은 3차원 형상의 지표침하가 발생한다. 많은 계측자료를 분석한 결과, 지표침하의 형상은 횡방향 침하의 경우 **가우스 정규분포함수**를 뒤집어 놓은 형태로 나타낼 수 있고, 종방향 침하형상은 가우스 **확률밀도함수**, 또는 오차함수(Gaussian error function)로 근사화할 수 있다(Peck, 1969).

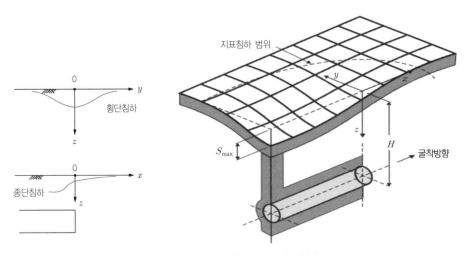

그림 M3.53 터널굴착에 따른 지표침하

3.4.1.2 횡방향 침하 Lateral Settlement Profile

터널 황단면 지표침하형상은 터널 중심의 최대 지표침하(S_{max}), 최대경사위치(변곡점)까지의 거리(i), 터널 중심으로부터 횡방향 거리(y)를 파라미터로 가우스 정규분포함수를 이용하여 다음과 같이 나타낼 수 있다.

$$S_y = S_{max}\exp\left(-\frac{y^2}{2i^2}\right) \tag{3.60}$$

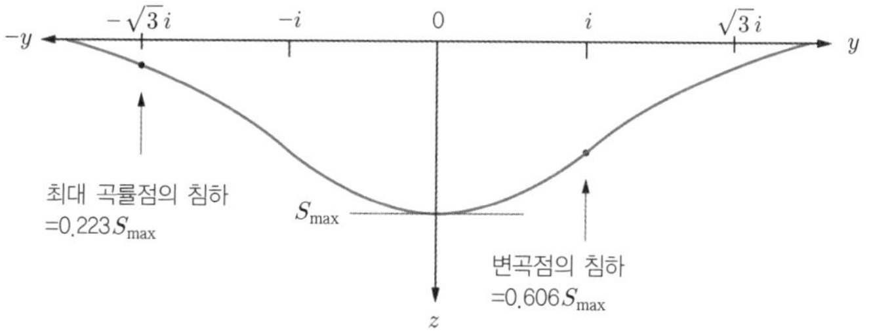

그림 M3.54 횡단(transverse) 침하곡선의 형상(가우스 정규 확률분포곡선)

지표침하로 형성된 단위길이당 침하단면적을 지표손실(surface loss, $A_s \approx \sqrt{2\pi}\,iS_{max}$)이라 하며, 횡방향 침하곡선을 적분한 값이다. 터널굴착에 따른 침하의 규모를 나타내는 지표로서, 터널면적(A_t)에 대한 지표손실의 백분율인 '**지반손실**(volume loss, $V_l(\%)$)'을 도입한다. 터널 계측 결과(쉴드터널)에 따르면, 연약지반(점토)터널의 경우 굴착 중 단기 지반손실 V_l은 약 1% 수준인 것으로 알려져 있다.

$$V_l(\%) = \frac{A_s}{A_t}\times 100 \tag{3.61}$$

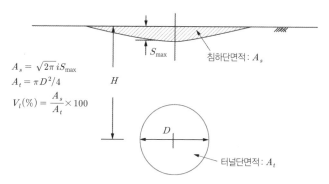

그림 M3.55 지표침하 파라미터의 정의

지표손실 A_s 및 지반손실 V_l을 이용하면 최대 침하를 다음과 같이 나타낼 수 있다.

$$S_{max} = \frac{V_l A_t}{\sqrt{2\pi}\, i} = \frac{A_s}{\sqrt{2\pi}\, i} \tag{3.62}$$

식(3.62)를 이용하여 지표침하 식(3.60)을 다시 쓰면,

$$S_y = \frac{V_l A_t}{\sqrt{2\pi}\, i} \exp\left(-\frac{y^2}{2i^2}\right) \tag{3.63}$$

지반손실 식(3.60)과 (3.63)은 침하 파라미터를 각각 S_{max}와 V_l를 사용한다. S_{max} 보다는 지반조건과 터널 규모 영향을 포함한 파라미터인 지반손실 V_l이 보다 유의미한 침하지표라 할 수 있다(특히, V_l은 런던 점토와 같이 굴착 중 비배수 거동을 하는 지반의 터널 거동 정의에 잘 부합한다).

지반 손실률(V_l). 표 M3.3은 실제 터널의 계측 결과에 따른 지반 손실률(volume loss)의 분포범위를 보인 것이다.

표 M3.3 지반손실률(V_l)

지반 조건	터널 시공법	V_l(%)	비고
연약한 해성점토	EPB 쉴드/Compressed Air	3.0	Shirlaw and Doran(1988)
사력층 지반	EPB 쉴드	0.2	Kanayasu 등(1995)
점토지반(런던 점토)	쉴드 공법/NATM 공법	1.0~2.0 1.0~1.5	O'Reilly and New(1982) New and Bowers(1994)
중간 내지 조밀한 모래지반	슬러리 쉴드	0.2~1.0	Ata(1996)

최대경사 위치(i). 가우스 정규분포곡선에서 **최대경사는 침하곡선의 변곡점에서 발생**한다. Mair and Taylor(1997)는 계측 결과를 종합하여, 터널 심도(H)를 이용하여, 최대경사 위치 i를 다음과 같이 제안하였다.

$$i = \alpha H \tag{3.64}$$

표 M3.4 최대경사(i)의 결정을 위한 α값(Mair & Taylor, 1997)

지반	α
경성 균열점토(stiff fissured clay)	0.4~0.5
빙하퇴적토	0.5~0.6
연약 실트질 점토	0.6~0.7
지하수위 입상토	0.2~0.3

지중 횡방향 침하(subsurface lateral settlement). Mair and Taylor(1997)에 따르면, 지중의 횡방향 침하형상

도 가우스 정규분포함수로 가정할 수 있다. 다만, 이때 지중침하 형상에 대한 최대경사(변곡점)의 위치는 $i' = \alpha'(H-z)$로 조정되며, 이때 $\alpha' = \{0.175 + 0.325(1-z/H)\}/(1-z/H)$로 제안하였다.

3.4.1.3 횡방향 수평변위 및 변형률

구조물의 손상을 야기하는 변형 인자는 주로 수평(인장) 변형이므로, 이의 고찰이 공학적으로 중요하다. 수평거동은 수직침하로부터 아래와 같이 산정할 수 있다.

횡방향 수평변형, $S_h = S_y \dfrac{y}{H}$ (3.65)

횡방향 수평변형률, $\epsilon_h = \dfrac{dS_h}{dy} = \dfrac{S_y}{H}$ (3.66)

그림 M3.56에 주요 위치의 수평거동과 구간별 경사를 나타내었다. 변형률(−) 구간은 기초가 오목하게, (+) 구간은 기초가 위로 볼록한 형상으로 변형된다.

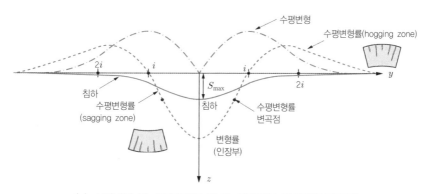

(a) 수평변위 및 수평변형률 곡선(i:최대경사 발생위치-변곡점)

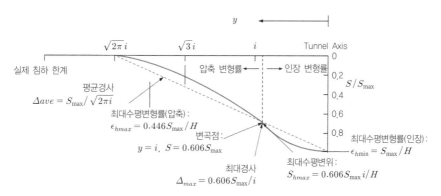

(b) 주요 위치의 경사, 수평변위 및 수평변형률 값(Δ : 경사, S : 침하, S_h : 수평변형)

그림 M3.56 터널 횡단면 수평변위 및 경사

예제 단면적 A=96.818m², 토피(distance from surface to crown), C=4.855m인 실트질 점토 내 터널에 대하여 지반손실률(V_l)과 최대 경사위치(i)를 평가하고, 지표침하곡선을 유도해보자.

풀이

주어진 터널에 대하여

$$\text{등가직경 } D_e = \sqrt{\frac{4 \times 96.818}{\pi}} \fallingdotseq 11.10\text{m}, \quad \text{심도 } H = C + \frac{D_e}{2} = 4.855 + 3.000 + 5.55 = 13.405\text{m}$$

지반손실률은 표 M3.3으로부터 1~3%로 분포할 것으로 추정할 수 있으며, 여기서는 $V_l = 1\%$로 가정한다(최근 굴착기계의 발달에 따라 지반손실률은 1~1.5%로 제어가 가능하다). 지반손실은,

$$V_S = 0.01 \times \pi D^2 / 4 = 0.01 \times 96.818 = 0.96818\text{m}^2$$

최대경사는 표 M3.4로부터 $\alpha = 0.6$이므로, $i = \alpha H = 0.6 \times 13.405 = 8.3\text{m}$

$$\text{최대침하는, } S_{\max} = \frac{V_s}{\sqrt{2\pi} \times i} = \frac{0.96818}{\sqrt{2\pi} \times 8.3} = 0.046\text{m} = 4.6\text{cm}$$

위 두 파라미터와 식(3.62)를 이용하면, 침하형상은,

$$S = S_{\max} \exp\{-y^2/(2i^2)\} = 4.6 \exp(-y^2/138.61)$$

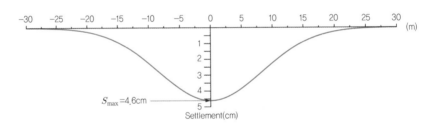

그림 M3.57 지표침하 예측 결과

3.4.1.4 종방향 침하 Longitudinal Settlement Profile

종방향 침하곡선식은 가우스 확률밀도함수 형태로 나타나며, 다음과 같이 표현할 수 있다.

$$S_z = \frac{V_s}{\sqrt{2\pi}\, i} \exp\left[\frac{-x^2}{2i^2}\right]\left[G\left(\frac{x - x_i}{i}\right) - G\left(\frac{x - x_f}{i}\right)\right] \tag{3.67}$$

여기서, $G(\beta) = \dfrac{1}{\sqrt{2\pi}} \displaystyle\int_{-\infty}^{\alpha} \exp\frac{-\beta}{2} d\beta$

그림 M3.58은 실측 및 해석으로 얻은 종방향 침하(S_z)형상을 가우스 확률밀도함수로 근사화한 예이다. 굴착 통과 직전까지 발생하는 천장부의 침하는 최종 침하의 약30% 정도로 알려져 있다.

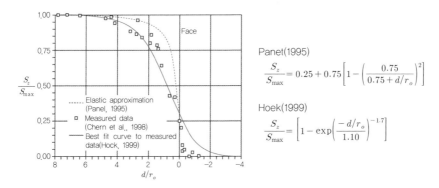

Panet(1995)
$$\frac{S_z}{S_{max}} = 0.25 + 0.75\left[1 - \left(\frac{0.75}{0.75 + d/r_o}\right)^2\right]$$

Hoek(1999)
$$\frac{S_z}{S_{max}} = \left[1 - \exp\left(\frac{-d/r_o}{1.10}\right)^{-1.7}\right]$$

그림 M3.58 종방향 지표 침하곡선(누적확률함수; after N. Vlachopoulos and M.S. Diederichs, 2009)

터널굴착공법(막장압의 여부)에 따라 굴착면 변형의 크기가 달라지며, 이에 따라 종방향 침하곡선의 변곡점의 위치도 현저히 달라진다. 그림 M.3.59와 같이 막장압이 없는 비압력 굴착 경우(open mode)보다 막장압이 있는 압력굴착 경우(closed mode) 굴착면에서 침하가 더 작게 발생한다.

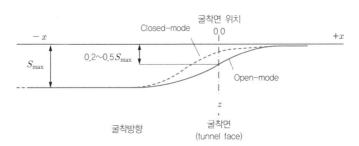

그림 M3.59 **굴착방법에 따른** 종방향 지표 침하곡선(누적확률함수; Mair & Taylor, 1997)

3.4.2 인접건물의 영향도 평가

3.4.2.1 터널굴착에 따른 인접건물의 영향 특성

도심지 터널의 경우 기존 구조물 하부를 통과하는 경우가 많아 인접건물의 안정성 확보가 중요한 설계 이슈 중의 하나이다(Son and Cording, 2005, 2006). 그림 M3.60은 터널굴착에 따른 인접구조물과 저촉상황을 예시한 것이다. 굴착으로 인한 횡단침하는 지속적 상황이지만, 종단침하는 굴착면 진행과 함께 앞으로 이동하며 평활해진다(침하가 회복되는 것이 아니라, 균일해지는 현상).

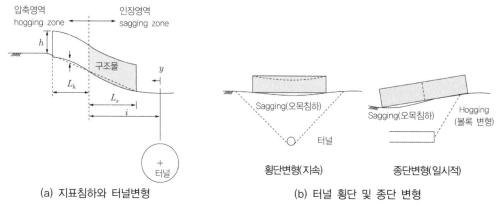

(a) 지표침하와 터널변형   (b) 터널 횡단 및 종단 변형

그림 M3.60 터널로 인한 지표침하가 구조물에 미치는 영향(Δh, Δs)

터널굴착에 따른 지반거동은 **침하형상으로부터 경험법으로 평가**하거나, **수치해석을 통해 예측**할 수 있다. 거동한계는 시설물에 따라 다르며, 그림 M3.61의 구조물 기초설계기준에서 정하는 허용침하량(Sowers, 1962), 변위한계(Bjerrum, 1963) 기준을 참고할 수 있다.

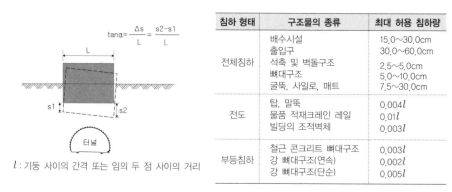

침하 형태	구조물의 종류	최대 허용 침하량
전체침하	배수시설 출입구 석축 및 벽돌구조 뼈대구조 굴뚝, 사일로, 매트	15.0~30.0cm 30.0~60.0cm 2.5~5.0cm 5.0~10.0cm 7.5~30.0cm
전도	탑, 말뚝 물품 적재크레인 레일 빌딩의 조적벽체	$0.004l$ $0.01l$ $0.003l$
부등침하	철근 콘크리트 뼈대구조 강 뼈대구조(연속) 강 뼈대구조(단순)	$0.003l$ $0.002l$ $0.005l$

l : 기둥 사이의 간격 또는 임의 두 점 사이의 거리

(a) 허용 침하량(Sowers, 1962)

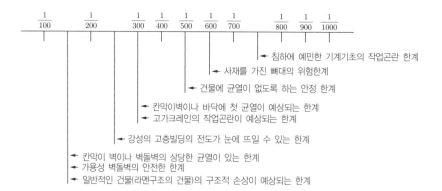

(b) 허용 처짐각(Bjerrum, 1963)

그림 M3.61 구조물의 허용 침하량 및 허용 처짐각

3.4.2.2 인접건물 영향 및 안정성 평가

터널이 지나가는 경로에 다수의 구조물이 위치하는 경우 단계별 위험도 평가 개념을 도입할 수 있다. 먼저 경험법(3.4.1절)을 이용한 **예비평가**(preliminary assessment)를 수행하여 터널 영향권 내 전체 구조물에 대한 영향도 평가를 실시하고, 예비검토 결과 상세검토가 필요한 중요건물에 대해 수치해석 등을 이용한 **상세평가**(detailed evaluation)를 수행한다.

예비평가

예비평가는 일반적으로 터널이 통과하는 전 구간의 영향범위에 대하여(특히, 도심지의 경우) 수행한다. 통상 경험법을 이용하여 자유지반의 지표침하 등고선을 추정하고, 지표침하 형상대로 건물이 변형한다고 가정하여 안정성을 평가할 수 있다(Sower 및 Bjerrum의 침하 허용기준 참고 가능).

구조물의 중요도 등을 고려하여 필요한 경우 2차원 수치해석을 수행하고, 구조물에 야기된 최대 인장 변형률을 산정한 다음, Rankin(1988)의 제안 등을 참조하여 구조물의 손상위험도를 평가할 수 있다.

표 M3.5 건물손상 리스크 평가(Rankin, 1988)

리스크 등급	최대경사	최대침하 (mm)	리스크 수준	대책
1	<1/500	<10	무시할 만함	대책 불필요
2	1/500~1/200	10~50	**약간**: 경미한 외상적 손상을 야기하나 구조적 손상은 없음	손상에 예민한 건물 손상 및 균열조사, 영향 평가 및 반영
3	1/200~1/50	50~75	**보통**: 건물과 강성매설관에 외상 및 구조적 손상이 예상됨	구조적 손상범위를 예측평가하고, 손상대책 검토
4	>1/50	>75	**높음**: 건물과 지중 매설관에 구조적 손상이 일어날 수 있음	손상경보 및 필요 시 손상부 철거, 보수, 교체 등

상세평가

주로 3차원 수치해석을 이용하여 지반-구조물 상호작용의 영향을 고려하게 되는데, 특별히 손상위험도의 상세검토가 필요한 건물에 대하여 터널 건설공법 및 과정을 상세히 반영해야 한다. 특히, 3차원적 거동특성에 영향을 미치는 건물배치 및 형상을 반영하여 필요시 보수·보강대책이 검토되어야 한다. 터널굴착으로 인한 3차원적 지반-구조물 상호거동에 따른 구조물의 침하량, 각 변위 등을 산정하여, 건물손상 리스크를 평가하거나, 건물 구조계를 포함한 수치해석 결과로부터 구조부재의 안정성을 직접적으로 평가한 후, 필요한 대책을 수립한다.

CHAPTER 04

Numerical Analysis of Tunnelling
터널의 수치해석

Numerical Analysis of Tunnelling
터널의 수치해석

수치해석법은 터널의 굴착 안정성해석, 침투류 해석, 라이닝 구조해석 등에 활용되는 가장 보편적인 터널 해석도구이다. 고급 구성 모델의 개발, 메모리 제약문제 해소, 연산속도 향상으로 수치해석법의 사용이 급속도로 확대되어왔고, 다양한 기하학적 형상, 경계조건, 및 물성변화를 고려할 수 있어 **터널해석의 가장 강력한 해석도구** 중의 하나로 자리 잡았다. 수치해석법은 경험이 있고 신중한 해석자에게는 어떤 해석법으로도 알아낼 수 없는 터널의 거동정보를 파악하는 유용한 수단이다.

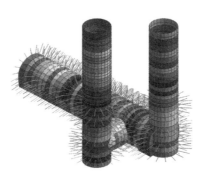

터널의 3차원 수치해석 모델

이 장에서 다룰 주요 내용은 다음과 같다.

• 터널 수치해석 이론
• 터널 굴착 과정의 수치해석 모델링
• 터널 수치해석의 오류 분석
• 터널 수치해석의 활용

4.1 터널 수치해석 개요

터널해석, 왜 수치해석인가?

그 이유는 터널 문제의 '**변화하는 지반 성상, 다양한 초기조건, 비균질·이방성·비선형성 그리고 복잡한 굴착경계조건을 가장 사실적으로 고려할 수 있는 해석법**'이 바로 수치해석법이기 때문이다. 그림 M4.1은 도심지의 건물에 인접하여 계획된 터널문제의 복잡성을 예시한 것이다.

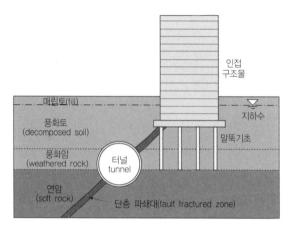

그림 M4.1 터널 모델링의 고려요소 : 비균질 지반, 지질구조 변화, 인접구조물과 지반–구조물 상호작용, 수리영향 등

수치해석법으로 터널 라이닝, 인접지반 그리고 인접구조물의 거동을 포함한 광범위한 거동 정보를 파악할 수 있다. 수치해석을 수치모형시험이라고도 하는데, 물리 모형시험은 시험조건의 반복구현 한계 때문에 시험 개수가 매우 제한되지만, 수치해석은 거의 무한에 가까운 조건에 대하여 시뮬레이션이 가능하다.

터널 수치해석은 모델링 방법에 따라 그림 M4.2와 같이 지반과 라이닝을 모두 포함하는 **전체 수치 모델링**(full numerical modeling)과 **빔-스프링(지반반력계수) 모델링**으로 구분할 수 있다. 전체 모델은 주로 굴착 안정해석 시 사용하며, 빔-스프링 모델은 라이닝 단면 결정을 위한 라이닝 구조의 설계해석 시 사용한다(TM5장 참조).

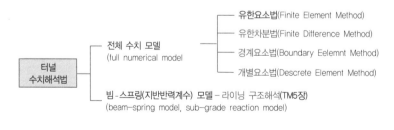

그림 M4.2 터널 수치해석법

전체 수치 모델링에 대한 수치해석법에는 이론체계에 따라 **유한요소법**(Finite Element Method, FEM), **유한차분법**(Finite Difference Method, FDM) 그리고 **경계요소법**(Boundary Element Method, BEM) 등이 있다. 터널해석에는 유한요소법(FEM)이 가장 널리 사용되고 있지만, 미분방정식의 수치해석법인 유한차분법(FDM)도 매우 광범위하게 사용되고 있다. 터널의 불연속 거동 파악을 위한 **개별요소법**(Discrete Element Method, DEM)의 사용도 일반화되어왔으며, 주로 연구목적이긴 하나 개별 입자 모델링법인 입상체해석법(Particle Flow Code, PFC)도 사용이 시도되고 있다.

이 장에서 주로 다루게 될 전체 모델링(full numerical modeling) 해법으로서의 유한요소해석은 지반을 비롯한 대상문제의 모든 부분을 모델링에 포함하며 경계치문제가 요구하는 거의 모든 조건을 고려할 수 있다. 특히 실제 흙의 응력-변형률 거동을 모사하는 다양한 구성방정식을 채용할 수 있고 현장 조건과 일치하는 경계조건의 설정이 가능하다.

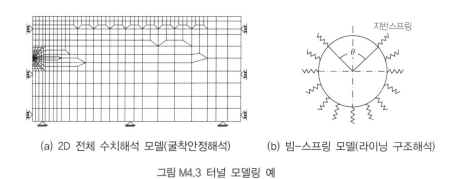

(a) 2D 전체 수치해석 모델(굴착안정해석)   (b) 빔-스프링 모델(라이닝 구조해석)

그림 M4.3 터널 모델링 예

유한요소법은 대상문제(시스템)를 그림 M4.4와 같이 유한 개의 요소(작은 영역)로 분할하여 연속체의 거동을 절점변수로 다룬다. 유한 개의 각 영역을 **요소(element)** 그리고 요소를 구획 짓는 선들의 교점을 **절점 (node)**이라 한다. 유한요소법은 절점 거동변수(미지수)에 대한 다원 연립방정식을 푸는 문제가 되며, **미지수의 개수는 대략 '(절점 개수)×(절점에서의 자유도 수)'**이다.

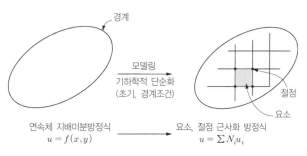

그림 M4.4 유한요소 근사화 개념

4.2 터널 수치해석의 기본방정식(유한요소해석을 중심으로)
Governing Equations and Finite Element Formulation

4.2.1 유한요소 방정식의 정식화

유한요소방정식은 변분법(variational calculus, 선형 대수학 참조)을 이용하여 유도할 수 있다. 시스템 에너지 방정식을 변분법의 범함수(function of functions)로 하면, **변분 원리는 최소일의 원리와 개념적으로 같다.** 그림 M4.5와 같이 면적 Ω^e, 경계면 Γ^e인 요소를 고려하자(수치해석법의 이론과 정식화는 그 자체가 단위 과목 분량이므로 여기서는 터널 수치해석의 이해에 필요한 최소한의 내용만을 다루고자 한다. 보다 세부적인 수치해석 이론은 지반역공학 Vol.II 3장 지반수치해석을 참고할 수 있다).

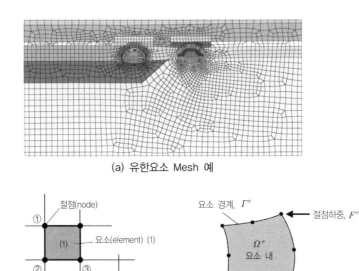

(a) 유한요소 Mesh 예

(b) 요소와 절점의 정의

그림 M4.5 터널 모델의 유한-요소화

요소경계 Γ^e에 면하중 $\{T\}$와 절점하중 $\{F^e\}$가 작용할 때 내부 및 외부에너지 총합(범함수)은 다음과 같다.

$$\Pi = \frac{1}{2}\int_{\Omega^e}\{\epsilon\}\{\sigma\}d\Omega - \int_{\Gamma^e}\{u\}\{T\}d\Gamma - \{u^e\}\{F^e\} \tag{4.1}$$

여기서 요소의 변위, $\{u\} = [N]\{u^e\}$, $\{u^e\}$는 요소 절점변위, $[N]$는 요소의 형상함수이다. 구성관계, $\{\sigma\} = [D]\{\epsilon\}$. '변형률-절점변위' 관계는 변형률의 정의로부터,

$$\{\epsilon\}= \{\partial u/\partial x_i\}= \{\partial(N^e)/\partial x_i\}= [\partial N/\partial x_i]\{u^e\}= [B]\{u^e\}$$

로 나타낼 수 있다. 여기서 $[B]$는 변형률과 변위의 연계행렬이다. 식(4.1)을 다시 쓰면,

$$\Pi = \frac{1}{2}\int_{\Omega^e}\{u^e\}[B]^T[D][B]\{u^e\}d\Omega - \int_{\Gamma^e}\{u^e\}[N]^T\{T\}d\Gamma - \{u^e\}\{F^e\} \tag{4.2}$$

$\{u^e\}$는 좌표의 함수가 아닌 절점 값이므로 적분 밖으로 내보내 정리할 수 있다.

$$\Pi = \{u^e\}\left(\frac{1}{2}\int_{\Omega^e}[B]^T[D][B]d\Omega\{u^e\} - \int_{\Gamma^e}[N]^T\{T\}d\Gamma - \{F^e\}\right) \tag{4.3}$$

위 식에 변분(variation)을 취하면 다음이 성립한다.

$$\delta\Pi = \{\delta u^e\}\left(\int_{\Omega^e}[B]^T[D][B]d\Omega\{u^e\} - \int_{\Gamma^e}[N]^T\{T\}d\Gamma - \{F^e\}\right) = 0 \tag{4.4}$$

이 등식이 성립되기 위해서는 괄호 안의 값이 '0'이 되어야 하므로

$$\int_{\Omega^e}[B]^T[D][B]d\Omega\{u^e\} - \int_{\Gamma^e}[N]^T\{T\}d\Gamma - \{F^e\} = 0 \tag{4.5}$$

식(4.5)는 다음과 같이 간략히 표시할 수 있다.

$$[K^e]\{u^e\} = \{F^e\} + \{F^d\} = \{R^e\} \tag{4.6}$$

여기서, $[K^e]$와 $\{R^e\}$는 각각 요소 강성행렬 및 우항하중벡터이다. 요소강성행렬은

$$[K^e] = \int_{\Omega^e}[B]^T[D][B]d\Omega \tag{4.7}$$

4.2.2 요소 강성행렬 Element Stiffness Matrix

터널을 구성하는 주 재료는 지반과 지보재이다. 지보재는 관용터널공법의 경우, 록볼트, 숏크리트, 강지보 등이며, 쉴드터널공법의 경우 세그먼트 라이닝이다. 각 재료별 거동 표현에 부합하는 요소로 모델링하여야 한다.

재료	요소(elements)	
	2D 요소	3D 요소
지반	2D soild – 3각형, 사각형(4절점, 8절점)	3D solid – 사면체, 입방체(8절점, 16절점)
라이닝	보요소	쉘 요소
록볼트	1D Bar 요소, 스프링 요소	3D Bar 요소
인터페이스	Zero thickness interface element	3D 인터페이스 요소

지반은 2차원 또는 3차원 **고체 요소**(solid element)로 모델링할 수 있다. 지보재는 각각의 거동 특성에 부합하는 요소를 적용하게 되는데, 일례로 록볼트는 축력부재이므로 **바요소**(bar element), 숏크리트, 강지보 세그먼트 라이닝은 휨모멘트에 저항하므로 **보요소**(beam element)로 모델링할 수 있다. 세그먼트 라이닝의 조인트는 힌지, 또는 모멘트 부분전달 요소 등으로 표현할 수 있다.

요소별 강성행렬과 구성행렬

강성행렬을 구하기 위해서는 구성행렬 $[D]$ 와 '변형률-변위' 연계행렬 $[B]$ 가 결정되어야 하며, 요소의 면적적분이 필요하다. $[B]$ 는 요소의 형상함수의 미분형태로서 요소 선정과 함께 결정된다.

$$[K^e] = \int_A [B]^T [D] [B] dA \tag{4.8}$$

구성행렬 $[D]$ 는 유효응력 $\{\sigma\}$ 에 대하여 $\{\sigma\} = [D]\{\epsilon\}$ 로 정의된다. 터널 모델링에 사용되는 주요 요소에 대한 구성식은 다음과 같다.

① **1차원 스프링, 바요소(bar elements).** 록볼트 등 선형 구조 모델링

$\{\epsilon\} = \{\epsilon_{xx}\}$ 이므로, 구성행렬은 $[D] = [1 \times 1]$

$[D] = k$: 스프링요소, $[D] = \dfrac{EA}{L}$: 바요소

2절점 요소　　3절점 요소 $\tag{4.9}$

② **2차원 고체 요소(solid elements).** 지반의 2D 모델링

$\{\epsilon\} = \{\epsilon_{xx}, \epsilon_{yy}, \epsilon_{xy}\}$ 이므로, 구성행렬은 $[D] = [3 \times 3]$

평면 변형조건 : $[D] = \dfrac{E}{1-\nu^2} \begin{bmatrix} 1 & \nu & 0 \\ \nu & 1 & 0 \\ 0 & 0 & \dfrac{1-\nu}{2} \end{bmatrix}$

3각형 요소　　4각형 요소 $\tag{4.10}$

③ 3차원 요소(three dimensional elements). 지반, 라이닝 등 3차원 해석 모델링

터널을 3차원으로 모델링하는 경우 지반은 3차원 고체 요소로, 라이닝 구조는 3차원 쉘(shell) 요소로 모델링할 수 있다.

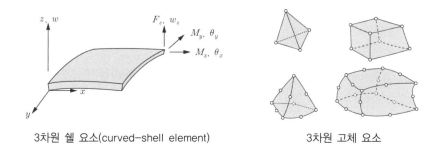

3차원 쉘 요소(curved-shell element)　　　　3차원 고체 요소

④ 보 요소(beam elements)의 구성행렬. 라이닝, 강지보 등 2D 모델링

보 요소의 구성방정식은 3차원 쉘(shell) 요소 방정식으로부터 취할 수 있다. 평면변형조건의 모델링인 경우 변형률 성분은, ϵ_l(축방향 변형률), χ_l(휨 변형률), γ(전단변형률)이므로, $\{\epsilon\}=\{\epsilon_l, \chi_l, \gamma\}$이고, $[D]=[3\times3]$이다.

$$[D] = \begin{bmatrix} \dfrac{EA}{1-\nu^2} & 0 & 0 \\ 0 & \dfrac{EI}{1-\nu^2} & 0 \\ 0 & 0 & KGA \end{bmatrix} \tag{4.11}$$

여기서 I: 라이닝 단면 2차 모멘트, A: 단면적(평면변형률해석 - 단위단면적)이다. 휨모멘트를 받는 보에서 전단응력분포는 비선형이다. 이를 대표 전단변형률로 나타내기 위해 전단 보정계수 K를 도입한다. K는 단면형상에 따라 달라지며, 사각형보의 경우 $K=5/6$이다.

⑤ 인터페이스 요소(interface elements)

일반적으로 구조물의 강성과 지반의 강성은 100~10,000배나 차이가 나므로 '지반-라이닝' 접속부에서 강도를 초과하면 상대변위(slip, relative displacement)가 발생할 수 있다. 재료 경계는 두께가 무시할 만큼 작으므로 이를 고려하기 위한 특수 요소가 필요하다. **터널의 재료 간 경계면**(material boundaries) 거동을 고려하기 위하여 그림 M4.6과 같은 **경계요소**를 사용할 수 있다.

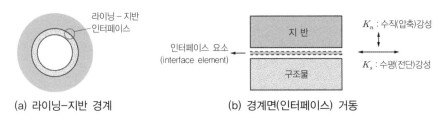

그림 M4.6 경계요소의 예

주로 사용되는 경계요소는 **제로('0') 두께 지반요소(zero thickness element)**로서 인터페이스 의 거동을 수직응력(normal stress) σ_n 과 전단응력 τ 으로 모사한다. 이 응력들은 각각 수직변형률 ϵ_n 과 전단(접선)변형률 γ 와 연관된다. 등방선형탄성거동을 가정하면, 구성행렬은 각각 수직강성 K_n 과 전단강성 K_s 을 이용하여 다음과 같이 나타낼 수 있다.

$$\begin{Bmatrix} \sigma_n \\ \tau \end{Bmatrix} = [D] \begin{Bmatrix} \epsilon_n \\ \gamma \end{Bmatrix} \text{이며, } [D] = \begin{bmatrix} K_n & 0 \\ 0 & K_s \end{bmatrix} \tag{4.12}$$

제로두께요소는 인접 재료 간 강성의 차이가 큰 경우(탄성계수비, $E_s/E_l > 100$) 수치해석적 불안정(numerical instability)이 야기될 수 있다(제로 두께 요소의 인접한 상하 절점은 같은 좌표를 가지므로 메쉬 자동생성 시 문제가 되지 않도록 하는 프로그램상의 수학적 고려(mathematical manipulation)가 필요하다).

요소 강성행렬의 수치적분

요소 강성행렬의 산정은 요소단위의 적분이 필요하다. 평면변형률 조건의 **등매개 변수 요소(isoparametric element)**에 대한 강성행렬은 다음 형태로 표현된다.

$$[K^e] = \int_{\Omega^e} [B]^T [D] [B] \, d\Omega = \int_{-1}^{+1} \int_{-1}^{+1} [B]^T [D] [B] |J| \, d\eta \, d\xi \tag{4.13}$$

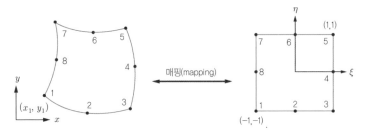

그림 M4.7 글로벌 좌표계와 모 좌표계 간 관계

여기서 |J| 는 글로벌 좌표계를 모좌계로 변환(mapping)히는 데 따른 자코비안 행렬시이다. 식(4.13)의 적분은 수치적분법을 이용하여 적분한다. 유한요소법을 비롯한 컴퓨터 수치해석은 대부분 적분점과 가중 치(weight)를 이용하는 가우스적분법(Gauss quadrature)을 이용한다(지반역공학 II, 3장 지반수치해석 참조).

4.2.3 시스템 방정식의 조립과 수정

4.2.3.1 시스템 방정식의 조립

모든 요소의 강성이 구해지면, 이를 전체 시스템 방정식이 되도록 조립(assembling)한다. 개별요소 강성 행렬 $[K^e]$을 전체 강성행렬 $[K_G]$로 조합하는 과정을 **시스템 방정식의 조립**이라 한다. 어떤 절점에서 전체 강 성행렬 항은 요소 사이에 공통적인 자유도를 취하는 인접요소의 기여 부분을 더함으로써 얻어진다.

조립된 시스템 방정식 및 요소 강성행렬을 조립한 전체 유한요소 방정식의 형태는 다음과 같다.

$$[K_G]\{\Delta u_G\}_n = \{\Delta R_G\}_n$$

$$\begin{bmatrix} K_{11} & K_{12} & \cdot & \cdot & \cdot & \cdot & K_{1n} \\ K_{21} & K_{22} & \cdot & \cdot & \cdot & \cdot & K_{2n} \\ \cdot & \cdot & \cdot & \cdot & \cdot & \cdot & \cdot \\ \cdot & \cdot & \cdot & \cdot & \cdot & K_{ij} & \cdot \\ \cdot & \cdot & \cdot & \cdot & K_{ji} & \cdot & \cdot \\ \cdot & \cdot & \cdot & \cdot & \cdot & \cdot & \cdot \\ K_{n1} & \cdot & \cdot & \cdot & \cdot & \cdot & K_{nn} \end{bmatrix} \begin{Bmatrix} \Delta u_1 \\ \Delta u_2 \\ \cdot \\ \cdot \\ \cdot \\ \cdot \\ \Delta u_n \end{Bmatrix} = \begin{Bmatrix} \Delta R_1 \\ \Delta R_2 \\ \cdot \\ \cdot \\ \cdot \\ \cdot \\ \Delta R_n \end{Bmatrix} \qquad (4.14)$$

여기서 $[K_G]$는 시스템강성행렬, $\{\Delta u_G\}_n$는 전체 유한요소 메쉬의 절점변위 증분벡터, $\{\Delta R_G\}_n$는 우변 하중벡터이다. n은 증분해석의 하중 증분단계이다.

4.2.3.2 시스템 방정식의 수정 : 경계조건 고려

전체 방정식을 조립한 후, 경계조건들을 고려하여 실제로 풀어야 할 방정식을 확정지어야 한다. 일례로 그림 M4.8의 절점자유도 28번의 거동이 구속('0')되었다면, 이 절점에서는 이미 답이 정해진 것이므로 28번 자유도에 해당하는 열과 행은 풀어야 할 전체 시스템 방정식에서 배제한다.

이러한 과정을 시스템 **방정식의 수정**(modification)이라 하며, 방정식의 수정은 변위 혹은 하중 경계조건 에 의해 결정된다.

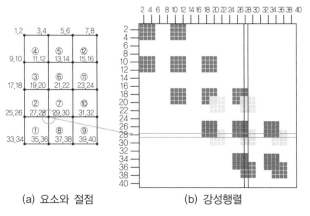

(a) 요소와 절점　　　　　　　　　(b) 강성행렬

그림 M4.8 경계조건을 고려한 유한요소방정식 재구성

4.2.4 유한요소 방정식의 풀이 Solution Process

거동이 탄성한도 내에 있는 경우라면 선형탄성해석, 소성거동 문제는 비선형해석법이 적용된다. 거의 대부분의 터널 굴착은 주변 지반에 소성거동을 야기하므로, **대부분의 터널거동은 비선형·탄소성 문제**라 할 수 있다.

4.2.4.1 선형 유한요소방정식의 풀이

선형 유한요소방정식의 해법은 가우스소거법(Gauss elimination), 촐스키분해법(Cholesky decomposition), 반복법(iterative method) 등 매우 다양하다. 대부분의 상용프로그램들은 2차원 해석에는 가우스 소거법(Gauss Elimination)을 사용하고, 3차원 해석의 경우는 비용측면에서 효용이 높은 반복법(iterative method)이 주로 사용된다(지반역공학 II, 3장 지반수치해석 참조).

4.2.4.2 비선형 유한요소방정식의 풀이

비선형해석은 하중을 여러 단계로 분할하여 순차적으로 가하는 증분해석방법으로 이루어진다. 각 하중 단계에 대하여 수렴할 때까지 반복해석을 수행하고 다음 하중 증분단계로 넘어간다. 즉, **비선형해석은 하중 증분-반복해법**(incremental-iterative scheme) 방식으로 푼다.

비선형 해석법에는 여러 기법들이 제시되어 있으며, 일반적으로 하중증분에 대하여 반복단계마다 새로운 강성행렬을 산정하는 **접선 강성법**과 매 증분하중단계의 초기강성을 매 비선형 반복단계에서 동일하게 사용하는 **초기 강성법**이 대표적이다. 매 하중 증분단계에서 일정 강성 값을 사용하므로, 반복해석에 따른 연산 횟수가 대폭 줄어드는 초기 강성법이 많이 사용된다. **대표적 초기 강성법인 MNR(Modified Newton-Raphson)법**을 그림 M4.9에 예시하였다.

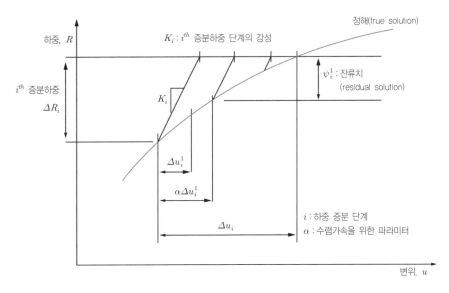

그림 M4.9 초기강성법(Modified Newton Raphson, MNR) : 각 하중증분의 반복단계에서 동일 강성행렬 사용

수렴조건

비선형문제에서 수렴 여부 판단에 사용되는 변수는 변위, 불평형력(잔류치) 혹은 에너지이다. 많은 경우 변위를 수렴조건으로 사용하나, 이 경우 변위 진척이 느려 수렴상태를 잘못 판단할 수 있다. **불평형력** 기준의 수렴판정이 보다 신뢰할 만하다.

MNR법의 경우 불평형력(하중벡터)을 이용하여 수렴조건을 설정할 수 있다. 수렴조건은 각 증분해석단계(i)마다 검토되어야 하며, 우변항 하중벡터 $\| \{R_G\} \|$ 에 대한 잔류하중벡터(불평형력) $\| \{\Psi\}^i \|$ 의 비로 다음과 같이 정의할 수 있다.

$$\frac{\| \{\Psi\}_{inc} \|}{\| \{\Delta R\}_G \|} \leq \epsilon \tag{4.15}$$

ϵ는 보통 1~2%로 설정한다.

MNR법에 의한 비선형방정식의 풀이

MNR법은 계산된 증분해가 오차상태에 있는 것으로 가정하며, 따라서 **잔류하중벡터는 가정해에 대한 오차량**에 해당한다.

$$[K_G]_i \{\Delta u_G\}_i^j = \Psi^{j-1} \tag{4.16}$$

여기서 j는 반복횟수, Ψ는 잔류하중벡터이며, $\Psi_i^o = \{\Delta R_G\}_i$로 둔다. 계산된 증분변위는 잔류하중(residual load(measure of error))을 계산하는 데 사용된다. 잔류치가 수렴기준 이내에 들 때까지 반복계산을 수행한다. MNR법을 이용한 비선형방정식 풀이과정을 정리하면 다음과 같다.

i번째 하중 증분 단계 해석에서 반복회수 $j : i = 0,\ j = 1$에 대하여

$\longrightarrow\ i = i+1$

① i^{th} 증분단계의 강성 : $[K_G]_i$
초기 잔류치, $\{\Psi\}_i^{j-1} = \{\Delta R\}_i^{j-1}$라 놓는다. 최초 $\{\Psi\}_i^{j-1} = \{\Psi\}_i^0$

$\longrightarrow\quad j = j+1$

② 변위산정 : $\{\Delta u\}_i^j = [K_G]_i^{-1}\{\Psi\}_i^{j-1}$

③ 내부응력 산정

$$\{\Delta \epsilon\}_i^j = [B]\{\Delta u\}_i^j$$

구성방정식 적분 : Stress point algorithm(sub-stepping scheme)

$$\{\Delta \sigma\}_i^j = \int_{\Delta\epsilon} [D]^{ep} d\epsilon$$

누적응력 산정(F : 항복함수)

$$\{\sigma\}_i^j = \{\sigma\}_i^{j-1} + \{\Delta\sigma^*\}_i^j$$

$F > 0$: 탄성 $\rightarrow i = i+1$
$F < 0$: 소성

④ 내부력 : $\{I\}_i^j = \sum\limits^n \int_{ve} [B]^T \{\sigma\}_i^j dv_e$

⑤ 잔류하중벡터 : $\{\Psi\}_i^j = \{\Delta R\}_i^{j-1} - \{I\}_i^j = \{\Delta R\}_i^{j-1} - \sum\limits^n \int_{ve} [B]^T\{\sigma\}_i^j\ dv_e$

⑥ 수렴조건 판정 : $\dfrac{\|\{\Psi\}_{inc}\|}{\|\{\Delta R\}_G\|} \leq 1 \sim 2\%$

수렴이 안 된 경우, $j \rightarrow j+1$하여 ② → ⑥ 반복
$j = j$에 대하여

$$\{\Delta u\}_i^j = [K_G]_i^{-1}\{\Psi\}^{j-1}$$

수렴된 경우, 다음 단계 증분해석 $i \rightarrow i+1$하여 ① → ⑥ 반복

비선형 방정식의 풀이 연습

앞에서 고찰한 바와 같이 비선형문제의 풀이는 전체하중을 여러 하중단계로 나누고, 각 하중단계에 대하여 수렴할 때까지 반복해석을 수행하여야 한다. 즉, **하중증분-반복해법**(incremental-iterative scheme) 방식이라 할 수 있다. 실제 비선형 유한요소방정식은 각 하중증분의 반복 단계마다, 탄소성구성행렬의 수치적분

을 통해 요소 내 응력을 구하고 내부력을 산정하는 복잡한 과정을 거친다.

수치적분까지 포함하는 다절점 비선형 유한요소해석의 실제 예를 예제로 다루기가 용이하지 않으므로, 1-DOF 비선형(강성이 변형의 함수인) 예제를 통해 비선형 방정식의 풀이과정을 살펴보자.

예제 그림 M4.10과 같이 외력 R, 변위 d의 1차원 비선형문제가 비선형탄성계수 $K(d) = K_o - cd$로 거동한다. $R = 1.5$, $K_o = 5.0$, $c = 4$, 수렴조건 $\epsilon = \| \{\Psi\}^j \| / \| R_G \| = 0.00015$로 하여 MNR 방법을 이용하여 변위의 수치 근사해를 구해보자. $\Delta R = 0.5$로 가정하자.

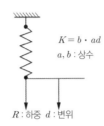

(a) 1-자유도 비선형스프링문제

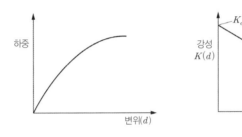

(b) 하중변위 및 강성-변위관계

그림 M4.10 비선형문제의 예제

풀이 예제의 풀이과정을 앞 절의 이론을 토대로 전개해보자.

① 정해(exact solution)

$R - p = cd^2 - K_o d + R = 0$이므로 $d = \dfrac{1}{2c}(K_o \pm \sqrt{K_o^2 - 4cR})$

$d = 0$이면 $R = 0$이므로 정해는 $d = \dfrac{1}{2c}(K_o - \sqrt{K_o^2 - 4cR}) = 0.5$

증분해석의 경우, 정해는 각 증분에 대하여 $d^n = \dfrac{1}{2c}(K_o - \sqrt{K_o^2 - 4cR^n})$로 구한다.

② Modified Newton Raphson Method에 의한 수치 근사해

앞의 MNR법을 참조하면 $i = i^{th}$ 증분, $j = j^{th}$ 반복에 대한 해석순서는 표의 상단 가로측 순서와 같다.

각 하중증분 i에 대하여, 접선탄성계수는 $K_{Ti} = 5 - 4d_i$이며, 반복단계 j에서 강성은 일정하다.

하중 증분단계 i에 대하여, 각 하중단계에서 반복횟수 j에 대한 계산과정을 아래에 예시하였다.

증분횟수 $n=i$	하중단계 ΔR_i	반복횟수 j	총 변위, d_i^j $d_i^j = d_i^{j-1} + \Delta d_i^j$	잔류치, Ψ_i^j $\Psi_i^j = \Delta R_i + \alpha d_i^{j^2} - K_o d_i^j$	접선탄성계수, K_{Ti}^j $K_{Ti}^j = 5 - 4d_i^j$	반복 변위, Δd_i^j $\Delta d_i^j = K_{Ti}^{-1} \Psi_i^j$
1	0.5	0	0.00000	0.50000	5.00000	0.10000
		1	0.10000	0.40000	5.00000	0.00800
		2	0.10800	0.00666	5.00000	0.00133
		3	0.10933	0.00116	5.00000	0.00023
		4	0.10956	0.00020	5.00000	0.00004
		5	0.10960	0.00004		
2	1.0	0	0.10960	0.50004	4.56159	0.10962
		1	0.21922	0.09612	4.56159	0.02107
		2	0.24029	0.02949	4.56159	0.00647
		3	0.24676	0.00976	4.56159	0.00214
		4	0.24890	0.00330	4.56159	0.00072
		5	0.24962	0.00113	4.56159	0.00025
		6	0.24987	0.00036	4.56159	0.00008
		7	0.24996	0.00013	4.56159	0.00003
		8	0.24998	0.00005		
3	1.5	0	0.24998	0.50005	4.00006	0.12501
		1	0.37499	0.18751	4.00006	0.04688
		2	0.42187	0.10254	4.00006	0.02564
		3	0.44751	0.06351	4.00006	0.01588
		4	0.46339	0.04198	4.00006	0.01049
		5	0.47388	0.02885	4.00006	0.00721
		6	0.48109	0.02034	4.00006	0.00508
		7	0.48618	0.01459	4.00006	0.00365
		8	0.48982	0.01059	4.00006	0.00265
		9	0.49247	0.00776	4.00006	0.00194
		10	0.49441	0.00572	4.00006	0.00143
		11	0.49584	0.00423	4.00006	0.00106
		12	0.49690	0.00314	4.00006	0.00079
		13	0.49768	0.00234	4.00006	0.00058
		14	0.49827	0.00175	4.00006	0.00044
		15	0.49870	0.00130	4.00006	0.00033
		16	0.49903	0.00097	4.00006	0.00024
		17	0.49927	0.00073	4.00006	0.00018
		18	0.49946	0.00055	4.00006	0.00014
		19	0.49959	0.00041	4.00006	0.00010
		20	0.49969	0.00031	4.00006	0.00008
		21	0.49977	0.00023	4.00006	0.00006
		22	0.49983	0.00017		
총 변위			0.49983			

1) i : 하중단계 j : 각 하중단계에서 수렴까지 반복해석 단계
2) R=1.5이며, 3단계 증분해석 시 각 하중 증분단계 하중은 0.5
3) 하중은 각 증분 단계에서 최초 잔류치로 가정, ΔR=0.5
4) 매 하중 단계에서 접선탄성계수는 일정하게 유지. $K=const$
5) 반복계산으로 산정한 잔류치에 대한 최초 잔류치(0.5)의 비(수렴조건)가 0.00015보다 작으면 계산 종료

정(순)해석(forward analysis)이 설정된 초기조건, 지반물성을 기초로 외부하중 등에 의한 변위, 응력, 혹은 변형률을 구하는 것이라면, 역해석(back analysis)은 아는 값(이하 '측정치')인 변위, 응력, 혹은 변형률로부터 초기 응력, 지반물성 및 경계조건 등을 알아내는 해석을 말한다. 아래 정(순)해석과 역해석의 관계를 예시하였다.

역해석은 계측 결과를 이용하여 모델링 파라미터 및 수치해석 모델의 적정성을 평가하거나 붕괴원인조사 등에 유용하다. 하지만 특정 지점의 계측해로 모델 전체 거동을 분석하는 경우, 최적해가 아닌 국부적인 해만 줄 수 있으므로 가능한 많은 지점에서 측정한 자료를 종합적으로 분석하여 모델링에 고려하는 것이 바람직하다. 역해석법에는 역산법(inverse method)과 직접법(direct method)이 있다.

역산법은 변위 등 계측치가 있을 경우 정해석 지배방정식을 역으로 전개하여 대상 지반에 대한 설계파라미터(물성)를 구할 때 주로 이용한다. 주로 탄성문제에 적용하며 비선형이나 점탄성 문제에 적용하기 어렵다. 역산법을 이용한 강도정수의 산정 절차(back analysis of elastic constants)를 아래에 예시하였다. 이 방법은 Kavanagh & Clough가 구조문제에서 탄성계수의 유한요소 역해석을 위해 제시하였으며, 최소자승법을 이용하여 미지 매개변수의 최적값을 구한다. 아래 역산법 절차를 예시하였다.

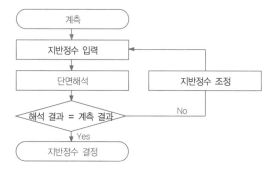

직접법은 응답변수인 변위, 응력 등의 계측 결과와 해석 결과를 비교하여 그 차이가 정해진 범위에 들 때까지 반복계산을 수행하여 미지 매개변수를 구하는 방법이다. 이 방법은 계측치와 해석 결과의 차로 구성되는 오차함수를 최소화하는 과정을 포함한다. 계측 결과와 해석 결과(계산값) 사이의 차이는 오차함수 ε로 정의할 수 있다.

$$\varepsilon = \sum_{i=1}^{m} (u_i - u_i^*)^2 \leq \xi$$

여기서, u_i^* : 계측(아는) 값, u_i : 계산 값, m : 계측 점의 수, ξ : 허용범위이다. 오차함수가 허용범위 내로 수렴하면, 각 계측지점의 계측 값과 계산 값이 거의 일치하게 되므로, 이때의 매개변수가 최적해가 된다.

터널 주변 지반의 탄소성변형 거동을 고려할 때, 직접법이 일반적인 터널 역해석에 부합하는 방법이라 할 수 있다. 직접법은 기존의 정해석 프로그램을 수정하여 사용할 수 있으며, 비선형 문제에도 적용할 수 있다. 계산시간이 역산법에 비해 길다는 단점이 있다.

4.2.5 기타 수치해석

4.2.5.1 유한차분법 Finite Difference Method(FDM)

차분법은 지배 미분방정식의 Taylor 전개식에 근거하여 굴착과 같은 유발 원인력을 절점의 불평형력으로 정의하고, 이 불평형력이 전파하며 새로운 평형상태에 도달하는 **시스템 미분방정식을 순차적으로 풀어가는 해석법**이다(FLAC은 차분원리에 기반을 둔 대표적 프로그램이다).

변위를 u, 변위속도를 $\dot{u}$, 그리고 가속도를 $d\dot{u}_i/dt$ 라 정의하면 미소 지반요소의 거동의 평형 미분방정식은 각 시간 간격(time step) Δt에 대하여 다음과 같이 표현된다.

$$\rho\left(\frac{\partial \dot{u}_i}{\partial t_i}\right) = \frac{\partial \sigma_{ij}}{\partial x_j} + \rho g_i \tag{4.17}$$

여기서, ρ : 밀도, $\dot{u}_i = du_i/dt$: 속도, t : 시간, σ_{ij} : 응력텐서, g_i : 중력가속도이다.

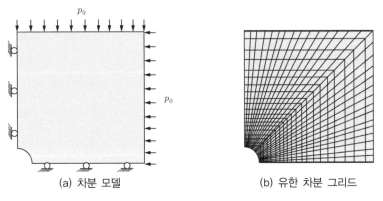

(a) 차분 모델   (b) 유한 차분 그리드

그림 M4.11 터널의 유한차분해석(FDM)을 위한 그리드

터널 모델을 그림 M4.11과 같이 그리드로 분할하고, 그리드 영역의 질량 m 이 주변 절점에 뭉쳐(lumped) 있는 절점질량으로 모델링하면, 절점에서 작용력 f 에 대하여, Newton의 제2법칙($f = ma$)에 의거 다음이 성립한다.

$$\frac{\partial \dot{u}}{\partial t} = \frac{f}{m} \quad (i.e., f = ma) \tag{4.18}$$

여기서, $\partial \dot{u}/\partial t$는 절점의 가속도, f는 작용력으로 절점 불균형력(out-of balance force)이다. 불균형력을 고려한 절점조건은 '외부 일률＝내부 축적 일률'이며, 이 조건을 이용하면, 절점 n에서 다음의 식을 얻을 수 있다.

$$-f_i^n = \frac{T_i^n}{3} + \frac{\rho b_i V_i^n}{4} - m^n \left(\frac{\dot{du_i}}{dt} \right)^n \tag{4.19}$$

여기서, $i = 1,3$(좌표축), n : 절점, f^n : 절점력, m^n : 절점질량, b_i : 단위체적력, T_i^n, V_i^n은 각각 절점으로 배분되는 표면적과 체적이다. 절점의 속도($\dot{u}$)가 구해지면, 변형률 증분을 다음과 같이 구할 수 있다.

$$\Delta \epsilon_{ij} = \frac{1}{2} \left[\frac{\partial \dot{u_i}}{\partial x_j} + \frac{\partial \dot{u_j}}{\partial x_i} \right] \Delta t \tag{4.20}$$

변형률 증분과 구성방정식을 이용하면 그리드 절점 응력을 산정할 수 있다.

$$\Delta \sigma_{ij} = f(\Delta \epsilon_{ij}, \sigma_{ij} \cdots\cdots) \tag{4.21}$$

여기서, 함수 f는 구성방정식에 해당된다($\Delta \sigma_{ij} = D_{ijkl} \Delta \epsilon_{kl}$).

4.2.5.2 개별요소법 Descrete Element Method(DEM)

개별요소법은 불연속체에 대한 거동해석법으로 **접촉거동과 상호작용에 따른 동적 운동이 지배방정식**이 된다. 각 불연속체는 '**강체**(rigid body)'이며, 따라서 요소의 변형은 입자 간 접촉점에서만 발생한다'고 가정한다. 개별요소의 거동을 정의하는 변수는 그림 M4.12와 같이 입자회전(ψ)과 접촉변위(u_n, u_s)이다.

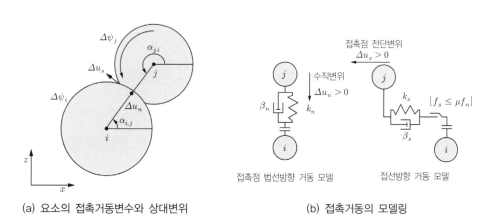

(a) 요소의 접촉거동변수와 상대변위   (b) 접촉거동의 모델링

그림 M4.12 개별요소의 거동변수와 모델

요소의 운동지배방정식은 시스템 평형조건을 이용하여 작용력(힘, 모멘트)의 총합으로 나타낼 수 있다.

$$F = \sum f_c + \sum f_b + \sum f_t = m\ddot{u} \tag{4.22}$$

$$M = \sum M_c + \sum M_t = \dot{I}\psi \tag{4.23}$$

여기서 f_c : 요소 간 접촉력, f_b : 요소 체적력, f_t : 요소 표면력, m : 요소 질량, u : 요소 변위($\ddot{u}$: 가속도), M_c : 요소 상호작용 모멘트, M_t : 표면력에 의한 모멘트, I : 요소 관성모멘트, ψ : 요소회전변위($\dot{\psi}$: 각가속도)이다.

위 식들은 요소에 대해서만 성립하며 시스템에 대하여 연속적으로 성립하는 것은 아니다. 식(4.22)와 (4.23)은 시스템 방정식으로 정식화되지 않으므로 시간영역에 대하여 요소별로 순차적으로 계산하는 **차분 기법을 이용**하여 푼다. 방정식의 풀이는 이전 시간(t_{n-1})의 요소에 대하여 각 접촉점의 상호작용력을 구하고, 이어 $\ddot{u}$와 $\dot{\psi}$를 산정하는 방식으로 이루어진다.

DEM 해석에 요구되는 파라미터는 법선 및 전단 스프링 강성(k_n, k_s), 감쇠계수 β 그리고 입자 간 마찰계수 μ 등이다. DEM은 거동의 복잡성으로 인해 기하학적 단순화와 많은 가정이 필요하며, 주로 특정 **불연속면의 정성적 거동 조사에 사용**한다. 그림 M4.13은 절리지반의 DEM 해석의 예를 보인 것이다.

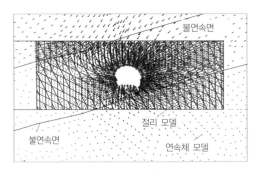

(a) 경사 불연속면에 대한 DEM 해석 결과 예

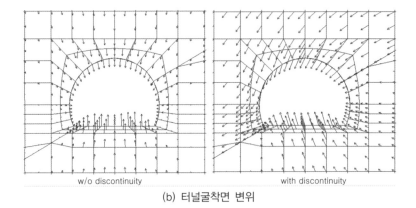

w/o discontinuity   with discontinuity

(b) 터널굴착면 변위

그림 M4.13 DEM 해석 예 : 불연속 지반 내 터널굴착 2D 해석 결과-변위벡터

4.2.5.3 입상체 해석 Particle Flow Code(PFC)

입상체 해석은 순간 정적평형조건에 기초한 **강성행렬을 구성하여, 시스템 연립방정식을 푸는 기법**이며, 강성행렬은 입자의 이동이나 회전에 따라 매 순간 변화한다. 입상체 거동의 지배방정식은 그림 M4.14에 예시한 회전·이동 중인 입자와 이에 접한 입자의 거동 조건으로부터 유도할 수 있다.

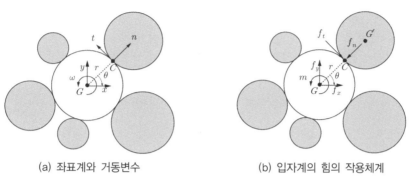

(a) 좌표계와 거동변수 (b) 입자계의 힘의 작용체계

그림 M4.14 PFC 요소 좌표계와 거동변수 및 요소의 역학체계

시간 t에서 입자 G의 거동변수는 $\{u\}_G = \{u_x, u_y, r, \omega\}^T$, 접촉점 C에서 상대변위는 $\{u\}_C = \{u_n, u_t\}^T$로서 각각 x-y 및 n-t좌표계의 값이므로 $\{u\}_G = [T]\{u\}_G$로 좌표변환이 가능하다. 또한 그림 M4.14(b)의 힘의 작용체계로부터 입자 방정식은 접촉점 C에서, $\{F\}_C = [K]_C\{u\}_C$. 입자 G에 대하여, 시스템 방정식은 $\{F\}_G = [K]_G\{u\}_G$이며, 모든 접촉점에 대한 조합강성은 $[K]_G = \sum [T]^T[K]_C[T]$ 이다. 입자 G의 거동 $\{u\}_G$는 인접입자 G'에 대하여 힘과 모멘트를 유발하므로 접촉력은 $\{F\}_G = \{f_n, f_t\}$이고, $\{F\}_{G'} = [K]_{G'G}\{u\}_G$이다.

$[K]_G$와 $[K]_{G'G}$를 구하면 $\{F\}_C$ 및 $\{F\}_G$식을 이용하여 $\{u\}_C$ 및 $\{u\}_G$를 구할 수 있고, $\{u\}_G$를 이용하여 인접입자의 영향력 $\{F\}_{G'}$를 산정할 수 있다. 그림 M4.15는 쉴드터널의 막장압 감소에 따른 천장부 균열을 통한 토사유입거동을 PFC로 시뮬레이션한 예를 보인 것이다.

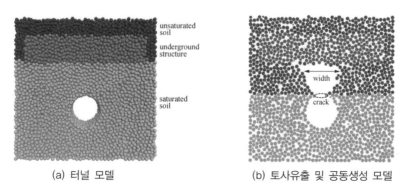

(a) 터널 모델 (b) 토사유출 및 공동생성 모델

그림 M4.15 쉴드 TBM 터널 압력저하에 따른 천장부 토사유입거동 모델링

4.3 터널 건설과정의 모델링

수치해석은 '데이터를 준비하고 입력하는 과정(전처리, pre-process) → 해석과정 → 결과를 시각적으로 처리하는 과정(후처리, post-processing)'으로 구성된다.

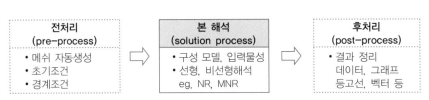

그림 M4.16 수치해석의 전후 처리과정

모델링은 요소와 절점 정보 모두를 입력하여야 하는데, 요소(메쉬, mesh)가 많은 경우 이를 수작업으로 수행하기란 쉽지 않다. 따라서 대부분의 프로그램은 전처리 입력수단으로서 **요소 자동생성**(mesh generation) 기능을 포함한다. 또한 해석 결과의 효과적 표출을 위해 그래프, 도표, 등고선, 색상 등으로 처리하는 후처리 기능도 포함한다.

4.3.1 터널의 수치해석 모델링

터널문제의 경계조건은 지형, 인접구조물, 지하수 유입, 건설과정 등으로 인해 매우 복잡하고 또 공간적으로 변화하므로 이를 공학적으로 다루기 위하여 먼저 터널 주변의 지형, 인접시설, 지층구조 등에 대한 어느 정도의 **이상화와 단순화**가 필요하다.

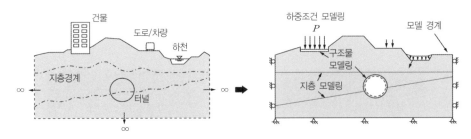

그림 M4.17 터널문제의 모델링 : 단순화와 이상화

지반 모델링은 대부분 점(point) 조사에 해당하는 시추조사와 시험을 통해 얻어진 극히 한정된 정보를 기초로 이루어지는 경우가 많다. 하지만 대상문제를 단순화한다고 해서 정확도가 비례하여 떨어지는 것은 아니므로 수치해석 모델러는 **경험에 기초한 공학적 판단을 동원**해야 한다.

4.3.1.1 터널의 모델링 범위

모델 영역은 대상문제에 따라 다르나, 통상적으로 고려하고자 하는 **외부영향이 미치는 범위 이상**이어야 한다(그림 M4.18). 현장계측 결과에 따르면, 지표 침하의 횡방향 폭은 모래지반에서 $1H$~$1.5H$로 분포하며 (H는 터널축(중심)까지 깊이), 점토지반에서는 $2.0H$~$2.5H$로 분포한다(Mair and Taylor, 1997). 따라서 모델 영역은 이보다 넓은 범위로 선정하는 것이 바람직하다.

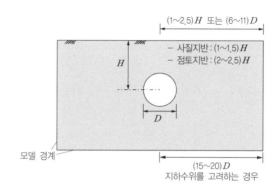

그림 M4.18 터널 수치해석의 모델 영역 예

4.3.1.2 메쉬화의 기하학적 고려

유한 요소의 크기와 형태를 어떻게 결정할 것인가는 **터널 공학적 경험과 직관이 중요**하다. 요소화된 모델을 **메쉬**(mesh)라 한다. 메쉬는 모델에 포함된 요소가 가능한 실제에 가깝도록 표현되어야 한다. 모델의 기하학적 경계, 혹은 재료경계가 곡선인 경우 중앙 절점이 있는 **고차 절점 요소를 사용**하여야 표현 가능하다. 메쉬 작성 시 지형, 지층 등 기하학적인 사항과 재료거동, 재료 간 경계거동, 결과의 활용 계획 등을 종합 검토하여야 한다. 그림 M4.19는 메쉬 작성 시 고려하여야 할 요소로서, 수리경계조건(그림 M4.19의 A), 지형 및 지층변화 및 지질구조(파쇄대 등 불연속면, B), 계측위치(절점, C), 거동의 결과를 알고자 하는 위치(절점, 혹은 Gauss Points), 구조물과의 경계(D)를 예시하였다.

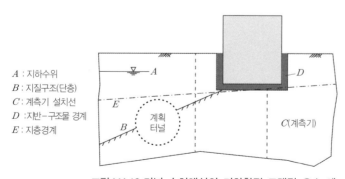

그림 M4.19 터널 수치해석의 기하학적 모델링 요소 예

일반적으로 요소의 크기는 작용(action, 예, 하중)이 집중되는 영역에서는 충분히 작게 하여야 하며, 작용지점과 멀어지면 요소를 크게 하여도 정확도에 미치는 영향은 크지 않다. 선형탄성거동의 경우, 요소의 크기는 크게 문제될 것이 없다. 다만, 거동이 급격하게 변화하는 영역에 대해서는 요소 크기의 점진적 변화가 바람직하다. 정밀해를 얻기 위하여 터널 굴착면 주변 등 거동변화가 큰 영역에서는 메쉬(요소)를 세분화하는 것이 좋다. 일반적으로 요소의 크기 변화가 점진적이고 규칙적일 때 좋은 결과를 주므로 뒤틀리거나 가늘고 긴 요소를 피하는 것이 좋다.

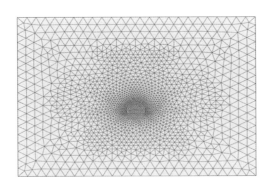

그림 M4.20 요소밀도 변화 예(응력변화 큰 영역은 밀(密)하게, 그 외곽은 소(疎)하게)

그림 M4.21(a)의 2차원 모델에 상응하는 3차원 모델을 그림 M4.21(b)에 보였다. 종방향으로도 막장위는 밀(密)하게, 거리가 증가할수록 소(疎)하게 작성한다. 3차원 해석의 경우 절점수의 증가는 풀어야 할 연립방정식의 크기에 상당한 영향을 미치므로 요소크기의 관리가 해석시간 단축에 중요하다.

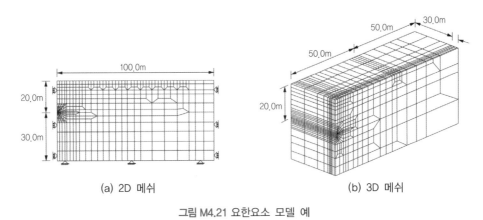

(a) 2D 메쉬   (b) 3D 메쉬

그림 M4.21 요한요소 모델 예

4.3.1.3 경계조건 Boundary Conditions

터널 문제에서 고려하여야 할 경계조건은 **하중경계조건**(점 하중, 분포하중, 수압하중, 체적력)과 **변위경**

계조건이다. 2차원 모델의 변위경계조건은 그림 M4.22(a)와 같이 통상 수평변위를 구속하고, 저면경계에서
는 수직·수평 모두 구속한다. 터널로부터 모델의 수평거리가 충분한 경우 횡방향 경계에서 수직·수평 모두
구속해도 해석 결과에 미치는 영향은 크지 않다.

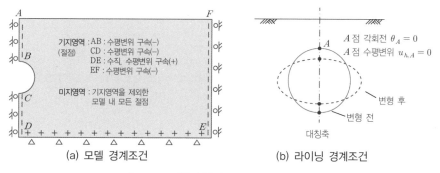

그림 M4.22 굴착(관용)터널 모델의 경계조건 예

비원형 터널은 대부분 좌우대칭이다. 이 경우 지표와 지층을 수평으로 가정할 수 있고, 물성이 지층별로
일정하다면 좌우대칭문제에 해당하므로 해석영역의 1/2만 모델링해도 된다. 터널 반단면 해석 시 대칭면은
수평거동을 구속하며, 터널 라이닝의 경우 그림 M4.22(b)와 같이 대칭축의 천단과 인버트에서 라이닝의 회
전각을 '0'으로 설정하여야 한다. 원형 터널의 경우 터널 형상만 고려할 때 축대칭이다. 하지만 **원형 터널을
축대칭문제로 다루기 위해서는 지반조건 및 하중조건도 축대칭이어야 한다.**

4.3.1.4 초기응력의 재현 Initial Stress Conditions

터널굴착 시 굴착경계면 작용하중은 터널굴착 전 설정된 초기지반응력에 의하여 결정된다. 초기응력조
건(initial stress conditions)의 설정은 어떤 작용이 지반에 가해지기 전의 지중응력상태를 사실에 가깝게 표
현하는 것이다. 지반거동은 응력이력(stress history)에 의존하므로 초기응력조건이 터널 굴착거동을 지배
한다. 정밀한 해석이 요구되는 경우 초기응력은 현장시험으로 결정하는 것이 바람직하다.

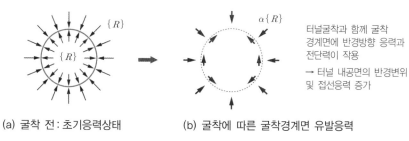

그림 M4.23 초기응력과 굴착경계면 작용응력

원형 터널의 경우, 구(spherical) 좌표계 또는 원통(polar, 극) 좌표계를 이용하면 편리하다. 축변환 원리를 이용하면 직교좌표와 극좌표 간 응력관계식을 구할 수 있다.

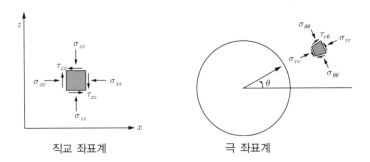

직교 좌표계   극 좌표계

위 그림에서 직교 좌표계(x, z, y)의 응력을 원통형 좌표계(r, θ, y)로 옮기는 축변환을 생각해보자. 수평지반의 경우 $\sigma_{zz} = \gamma_t h$, $\sigma_{xx} = K_o \sigma_{zz}$, $\tau_{zx} = 0$이다.

$$\begin{bmatrix} \sigma_{xx} & \tau_{zx} & 0 \\ \tau_{zx} & \sigma_{zz} & 0 \\ 0 & 0 & \sigma_{yy} \end{bmatrix} \Longleftrightarrow \begin{bmatrix} \sigma_{rr} & \tau_{r\theta} & 0 \\ \tau_{r\theta} & \sigma_{\theta\theta} & 0 \\ 0 & 0 & \sigma_{yy} \end{bmatrix}$$

좌표 변환방정식은 $\begin{Bmatrix} r \\ \theta \\ y \end{Bmatrix} = \alpha_{ij} \begin{Bmatrix} x \\ z \\ y \end{Bmatrix} = \begin{bmatrix} \cos\theta & \sin\theta & 0 \\ -\sin\theta & \cos\theta & 0 \\ 0 & 0 & 1 \end{bmatrix} \begin{Bmatrix} x \\ z \\ y \end{Bmatrix}$ 이며, $\{\sigma_{r-\theta}\} = \alpha_{ij} \alpha_{ij}^T \{\sigma_{x-z}\}$ 이다.

$$\begin{Bmatrix} \sigma_{rr} \\ \sigma_{\theta\theta} \\ \tau_{r\theta} \end{Bmatrix} = \begin{bmatrix} \cos^2\theta & \sin^2\theta & \sin2\theta \\ \sin^2\theta & \cos^2\theta & -\sin2\theta \\ -\dfrac{\sin2\theta}{2} & \dfrac{\sin2\theta}{2} & \cos2\theta \end{bmatrix} \begin{Bmatrix} \sigma_{xx} \\ \sigma_{zz} \\ \tau_{zx} \end{Bmatrix} \tag{4.24}$$

A. 직교좌표계 응력을 원통좌표계 응력으로 변환

$$\sigma_{rr} = \cos^2\theta \sigma_{xx} + \sin^2\theta \sigma_{zz} + \sin^2\theta \tau_{zx} = \frac{\sigma_{xx} + \sigma_{zz}}{2} + \frac{\sigma_{xx} - \sigma_{zz}}{2}\cos2\theta + \tau_{zx}\sin2\theta$$

$$\sigma_{\theta\theta} = \sin2\theta \sigma_{xx} + \cos^2\theta \sigma_{zz} - \sin2\theta \tau_{zx} = \frac{\sigma_{xx} + \sigma_{zz}}{2} - \frac{\sigma_{xx} - \sigma_{zz}}{2}\cos2\theta - \tau_{zx}\sin2\theta \tag{4.25}$$

$$\tau_{r\theta} = -\frac{\sin2\theta}{2}\sigma_{xx} - \frac{\sin2\theta}{2}\sigma_{zz} + \cos2\theta \tau_{zx} = -\frac{\sigma_{xx} - \sigma_{zz}}{2}\sin2\theta + \tau_{zx}\cos2\theta$$

B. 원통좌표계 응력을 직교좌표계 응력으로 변환

$$\sigma_{xx} = \frac{\sigma_{rr} + \sigma_{\theta\theta}}{2} + \frac{\sigma_{rr} - \sigma_{\theta\theta}}{2}\cos2\theta + \tau_{r\theta}\sin2\theta$$

$$\sigma_{yy} = \frac{\sigma_{rr} + \sigma_{\theta\theta}}{2} - \frac{\sigma_{rr} - \sigma_{\theta\theta}}{2}\cos2\theta - \tau_{r\theta}\sin2\theta \tag{4.26}$$

$$\tau_{zx} = -\frac{\sigma_{rr} - \sigma_{\theta\theta}}{2}\sin2\theta + \tau_{r\theta}\cos2\theta$$

자연지반(green field)의 초기응력의 설정

① 수평지표면下 수직 정지지중응력(geostatic stress). 지표면이 수평이고 흙의 특성이 수평방향으로 거의 변하지 않는 경우의 지반 응력조건을 **정지지중 응력상태**(geostatic condition)라 하며 단위중량이 γ_t 이고 심도가 z 인 경우 다음과 같이 산정한다.

$$\sigma_{vo} = \gamma_t \cdot z$$
$$\sigma_{ho} = K_o \sigma_{vo}$$

(4.27)

여기서, K_o 는 횡방향 수평정지응력계수이다.

수평응력(측압)계수는 터널 해석 결과에 상당한 영향을 미친다. 암반의 초기응력은 지질구조작용(tectonic action)의 영향으로 수평응력계수 K_o 가 1보다 현저히 큰 경우도 많다. 지형구조 및 상태로부터 통상적인 초기응력상태와 상당한 편차가 예상되는 경우는 현장 응력측정시험을 실시하여 K_o 를 결정하는 것이 바람직하다(현장 정보가 부족하여 간혹 K_o =0.5~1.5 등의 범위를 설정하여 파라미터 해석을 실시는 경우가 있으나 이는 올바른 접근법이 아니다).

② 단일 경사 지표면을 갖는 지반의 지중응력. 지표면이 수평이 아닌 경우 연직 미소요소는 그림 M4.24와 같이 초기응력상태에서 전단응력이 존재한다. 이는 굴착 경계력 산정 시 영향을 미친다.

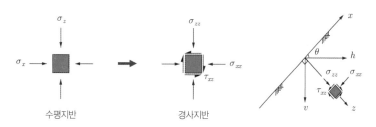

그림 M4.24 지반경사에 따른 초기응력(경사지반 요소에 전단응력 존재)

축변환(axis transformation) 개념을 이용하면 경사지반 응력을 다음과 같이 산정할 수 있다.

$$\begin{Bmatrix} \sigma_{vv} \\ \sigma_{hh} \\ \tau_{vh} \end{Bmatrix} = \begin{bmatrix} \cos^2\theta & \sin^2\theta & \sin2\theta \\ \sin^2\theta & \cos^2\theta & -\sin2\theta \\ -\dfrac{\sin2\theta}{2} & \dfrac{\sin2\theta}{2} & \cos2\theta \end{bmatrix} \begin{Bmatrix} \sigma_{xx} \\ \sigma_{zz} \\ \tau_{xz} \end{Bmatrix}$$

(4.28)

임의 지반형상 지반의 초기응력

경사가 심하거나 불규칙한 지형을 갖는 지반의 초기응력은 쉽게 설정할 수 없다. 이 경우 그림 M4.25와 같이 본 해석에 앞서 초기응력설정을 위한 전 단계 수치해석을 수행하여 그 결과를 터널 해석의 초기응력조건으로 설정할 수 있다. 즉, 당초 수평 자유지반을 가정하고 현재 지형 이외의 부분을 제거하는 수치해석을 수행하면, 이때 산정된 응력이 현재지반의 초기응력에 부합한다(이때 해석과정에서 발생한 변형은 '0'으로 초기화하여야 한다). 상부 영역제거는 당초 수평지반이 침식 등 지질구조적 작용에 의해 현재의 지형으로 변형되는 과정을 모사하는 것이다.

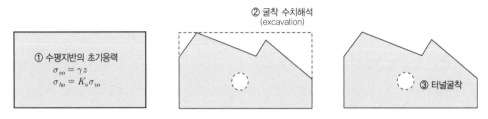

그림 M4.25 수치해석에 의한 복합경사지반의 초기응력 재현 개념

건설이력에 따른 상속응력(inherited stress)에 대한 고려

터널을 건설하기 전 많은 건설행위가 이루어진 도심지의 하부를 터널이 통과하는 경우, 터널 통과 예정 지반의 응력상태는 그간의 건설이력이 반영되어 있을 것이다. 따라서 기존 건물, 매설물 등이 위치하는 지반 하부에 터널을 계획하는 경우, 당초 자연지반의 초기응력상태로부터 이후의 건설행위를 모두 포함하는 해석을 순차적으로 수행하여야 과거로부터 현재까지의 **상속응력상태**(inherited stresses)로 초기응력을 재현할 수 있다. 그림 M4.26에 이 과정을 예시한 것이다.

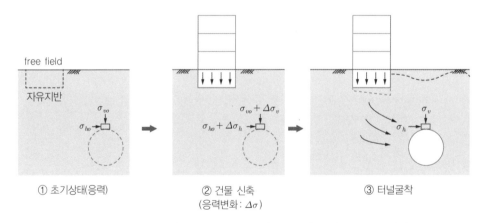

그림 M4.26 상속초기응력(inherited stress)의 산정을 위한 단계별 모델링

4.3.2 지반거동의 모델링 : 구성방정식과 물성선정

4.3.2.1 지반거동의 모델링

구성방정식은 해석 결과에 가장 큰 영향을 미치는 요소 중의 하나로서 실제지반거동에 부합하는 모델을 선택하여야 한다. 그림 M4.27(a)와 같이 터널 주변 지반거동은 다른 구조물에 비해 비교적 큰 중, 대 변형률 변형거동을 야기하며, 그림 M4.27(b)와 같이 비선형탄성 및 탄소성거동의 비선형성을 나타낸다.

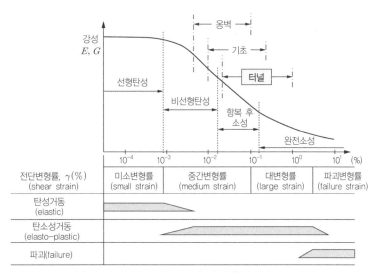

(a) 지반 재료의 변형거동과 터널의 거동범위

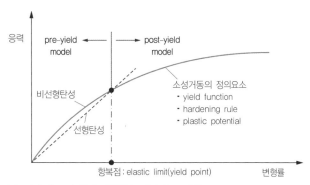

(b) 지반재료의 응력-변형률 거동과 모델링

그림 M4.27 지반거동과 터널 구성 모델의 선정

터널해석에서 지반 모델의 조합은 적어도 '**비선형탄성＋완전소성**' 또는 '**선형탄성＋탄소성**'의 결합 모델을 검토할 수 있다(지반의 경우 비선형탄성＋Mohr Coulomb(MC) 모델, 또는 선형탄성＋경화소성 모델이 바람직하며, 암반의 경우 '선형탄성＋MC 모델', 또는 '선형탄성＋Hoek-Brown 모델'을 많이 사용한다).

구성 모델의 선택은 사용입력 파라미터를 결정한다(예, MC 모델은 c, ϕ, Hoek-Brown 모델은 s, m, σ_c, a). 구성 모델의 파라미터는 지반조사와 시험을 통해 적절히 제공되어야 하며, 요구되는 **지반파라미터는 예상 응력경로와 일치하는 시험법으로 평가**하여야 한다. 터널의 경우 굴착면 주변의 응력경로는 위치마다 다르다. 일례로, 터널 천정부의 지반요소는 삼축인장시험 결과와 유사하며, 스프링라인 근처의 요소는 수평하중이 감소하므로 삼축압축시험의 응력경로와 유사하다. 위치마다 다른 응력경로를 모두 고려하기는 어려우므로 터널에 지배적인 영향을 미치는 대표적 응력경로와 유사한 응력경로의 시험을 고려한다.

4.3.2.2 구성 모델과 지반파라미터(물성)

Pre-yield 모델 : 탄성 모델

지반의 탄성거동은 응력-변형률 거동의 초기에 일어난다. 탄성 모델은 선형탄성 모델과 비선형탄성 모델로 구분된다. 선형탄성 모델은 통상 등방선형탄성을 가정하나, 수직 및 수평방향의 물성이 현저하게 차이가 나는 경우 직교 이방성 모델을 사용할 수 있다. 비선형탄성 모델은 초기 미소변형률 구간의 모사 혹은 탄소성거동을 근사적으로 모사할 때 사용한다. 그림 M4.28에 탄성 모델의 유형을 예시하였다.

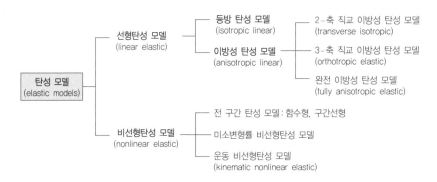

그림 M4.28 탄성 모델(pre-yield model)의 구분 예

NB : **선형탄성거동**은 단지 2개의 파라미터로 정의된다. 비선형조건과 이방조건을 결합할 경우 모델이 복잡해지고, 입력 파라미터의 수도 크게 증가하므로 대부분의 비선형탄성 모델은 등방거동을 가정한다.

2차원 **평면변형 요소**의 **탄성구성행렬** $[D]$ 는 다음과 같다($\{\Delta\sigma\} = [D]\{\Delta\epsilon\}$).

$$[D] = \frac{E}{(1+\nu)(1-2\nu)} \begin{bmatrix} (1-\nu) & \nu & \nu & 0 & 0 & 0 \\ \nu & (1-\nu) & \nu & 0 & 0 & 0 \\ \nu & \nu & (1-\nu) & 0 & 0 & 0 \\ 0 & 0 & 0 & (1-2\nu)/2 & 0 & 0 \\ 0 & 0 & 0 & 0 & (1-2\nu)/2 & 0 \\ 0 & 0 & 0 & 0 & 0 & (1-2\nu)/2 \end{bmatrix} \tag{4.29}$$

비배수조건의 문제를 탄성해석하는 경우 물성 선택에 주의가 필요하다. 비배수조건의 경우 물의 비압축성을 감안하여 **비압축탄성 재료**로 고려한다. 이 경우 체적변화를 무시할 수 있으므로 $\epsilon_v \rightarrow 0$이다. 즉, $K \rightarrow \infty$이다. 이 조건에서는 $\nu \rightarrow \nu_u \approx 0.5$ 및 $E \rightarrow E_u \approx 3G$이 성립한다(탄성상수는 별도의 언급이 없는 한 모두 유효응력파라미터이다). 따라서 비압축성(비배수)지반의 물성은 $\nu_u \approx 0.5$ 및 $E_u \approx 3G$이므로, E_u 또는 G 중 하나만 알면 된다. 즉, 비배수 탄성거동은 단 1개의 파라미터로 정의할 수 있다.

Post-yield 모델 : 탄소성 모델

소성이론은 항복함수, 파괴규준(failure criteria), 경화법칙, 소성포텐셜함수, 파괴규준에 대한 정의가 필요하고, 각 모델에 따라 이를 정의하기 위한 입력변수가 필요하다. 그림 M4.29는 주요 파괴규준과 소성 모델을 예시한 것이다(지반역공학 I. 제5장 지반모델 참조).

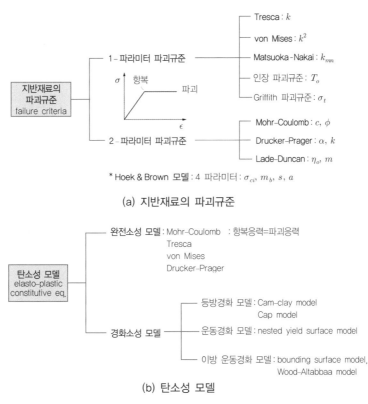

(a) 지반재료의 파괴규준

(b) 탄소성 모델

그림 M4.29 파괴규준과 탄소성 구성방정식

연계 소성유동규칙($F = Q$)의 Mohr-Coulomb 모델을 사용하는 경우, 소성거동 중 다일러턴시(체적팽창, dilatancy)를 야기하는 문제가 발생한다. 하지만 MC 모델은 단순성과 편의성, 물성 선정의 용이성 등으로 인해 널리 사용되어왔다. 암반의 경우 Hoek-Brown 파괴규준을 많이 사용한다. 고급 모델은 지반의 다양한 거동특성을 표현할 수 있는 반면 비교적 많은 수의 입력 파라미터를 요구하므로 실무적으로는 많이 사용되지 않는다(부록 A4 참조).

지반파라미터(물성)

지반파라미터는 부지 종속적이므로 조사에 기초하여 평가하여야 한다. 현장에서 주로 사용하는 모델 조합인 '선형탄성 모델＋Mohr Coulomb 모델'의 지반파라미터를 표 M4.2에 예시하였다. 아래 지반물성은 예비검토용으로만 활용할 수 있다(H-B 모델 파라미터는 부록 A4 참조).

표 M4.2 지반의 지층구성과 물성분포 예 : 선형탄성＋Mohr-Coulomb 모델

지층조건		초기응력 파라미터	탄성 파라미터 (선형탄성 모델)		강도 파라미터 (Mohr-Coulomb)	
		γ_t(tonf/m³)	E(tonf/m²)	ν	c(tonf/m²)	ϕ
	잔류토	1.7	4.8×10^2	0.3	2.2	15.7
	풍화토A	1.8	1.51×10^3	0.28	0.0	33.0
	풍화토B	1.9	2.92×10^3	0.28	3.0	35.0
	풍화암	2.0	4.7×10^4	0.25	5.0	37.0
	연암·경암	2.5	2.09×10^5	0.20	300.0	40.0
	그라우트 존	2.3	8.5×10^4	0.20	25.0	원지반

4.3.3 굴착 및 지보 설치 과정의 모사

터널공사는 굴착뿐만 아니라, 라이닝 타설과 같은 설치(installation, construction)공사도 포함한다. 이러한 건설과정은 유한요소 방정식의 경계조건의 변화로 고려할 수 있다.

4.3.3.1 굴착과정의 모델링

굴착작업(excavation)은 요소를 제거함으로써 모사할 수 있다. 그림 M4.30은 터널 굴착을 예시한 것이다. 요소의 제거와 동시에 굴착경계면에 굴착 유발응력을 작용시킴으로써 굴착과정을 모사한다. 굴착 유발응력은 굴착전 요소망(mesh) 구성에 따라 설정된 굴착면의 초기응력에 의해 절점력으로 산정된다. 이때 **절점력은 굴착경계면에 접한 절점에만 부과된다.** 굴착과정을 적절하게 고려하기 위하여 실제 굴착작업에 상응하는 순차적인 하중 증분해석이 필요하며, 각 증분해석 단계는 일반적으로 다음과 같다.

① 전체 굴착경계력 하중을 충분한 수의 단계로 나누고, 특정 증분단계에서 제거될 요소를 지정한다.
② 굴착경계면에 가할 등가 절점력을 구한다. 굴착요소를 비활성화시키고 전체 유한요소방정식에서 관련된 요소와 절점 강성행렬 성분을 제거 또는 조정한다.

③ 나머지 경계조건을 고려하여 전체유한요소 방정식을 구성하고, 전체하중을 구간(증분)하중에 대한 방정식을 풀어 각 단계의 증분 변위, 변형률, 응력을 구한다.

④ 변위, 응력, 변형률증분을 이전 단계의 값에 더하여 누적(accumulations) 결과를 얻는다.

⑤ 다음 하중 단계의 증분해석을 수행한다.

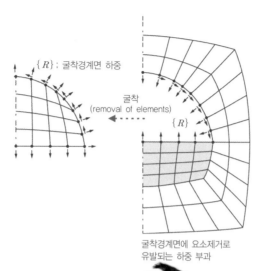

그림 M4.30 터널굴착(excavation)의 요소의 제거

4.3.3.2 지보재 설치과정의 모델링

숏크리트, 록볼트 등의 건설과정을 모사(simulation)하는 방법은 설치될 구조물이나 작업과정을 미리 요소화하여 전체 모델에 포함하고, 증분(단계)해석(incremental analysis) 과정에서 시공 상황에 부합하게 요소를 추가(활성화, activation)하거나 제거(비활성화, de-activation)하는 방법을 사용할 수 있다. 다음은 건설과정의 모델링을 예시한 것이다(그림 M4.31).

① 건설시점을 정할 수 있도록 해석의 全과정을 여러 단계로 나누는 증분해석이어야 하며, 건설될 요소는 미리 유한요소 메쉬 내에 포함되어 있어야 한다. 건설이 시작되기 전까지는 역학적 기능이 없는 비활성(deactivated)상태로 둔다. 통상 아주 작은 강성 값을 부여함으로써 비활성상태를 유지할 수 있다. 수치해석적 비활성화(deactivation) 방법은 일반적으로 전체 유한요소 방정식을 구성할 때 비활성요소를 포함하지 않거나, 넘버링 시 시스템에 변화가 없도록 비활성 요소를 활성화된 메쉬에 포함시키되, 활성화 전까지 그로인한 역학적 영향이 나타나지 않도록 하는 2가지 방법이 있다.

② 설치(건설)로 추가될 요소는 건설과정에 부합하도록 특정 증분해석단계에서 활성화시켜야 한다. 활성화는 설치 재료에 부합하는 응력-변형률 거동을 나타내도록 물성파라미터를 변경하는 것이다.

③ 활성화 시 설치되는 요소의 자중에 따른 절점력은 우변 하중벡터에 더해진다.

④ 비활성화 유지를 위해 무시할 만큼 작았던 강성 값은 활성화와 함께 재료의 원래 강성을 갖게 되어 강성행렬구성에 영향을 미친다.

⑤ 전체 강성행렬과 모든 경계조건들은 반영한 방정식을 풀어 절점변위와 요소변형률 및 응력을 구한다.

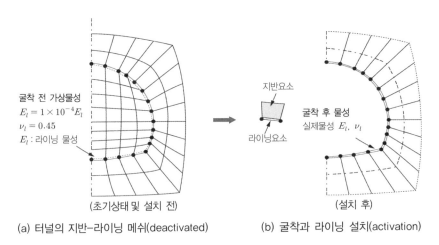

굴착 전 가상물성
$E_l = 1 \times 10^{-4} E_l$
$\nu_l = 0.45$
E_l : 라이닝 물성

지반요소

라이닝요소

굴착 후 물성
실제물성 E_l, ν_l

(초기상태 및 설치 전)

(설치 후)

(a) 터널의 지반-라이닝 메쉬(deactivated)   (b) 굴착과 라이닝 설치(activation)

그림 M4.31 터널 라이닝 설치(건설)의 모델링 예

숏크리트 타설의 모델링

숏크리트의 타설을 모델링하고자 하는 경우, 굴착 전부터 유한요소 메쉬에 라이닝 요소(보요소)를 포함하여야 하며, 해당 굴착 증분해석단계에서 보요소를 활성화시킴으로써 라이닝 설치효과를 구현할 수 있다. 일례로, 굴착하중을 단계별로 증분해석하되, 특정 해석단계(예, 전체굴착하중의 40%를 재하한 시점)에서 라이닝을 활성화시키면, 잔여하중은 라이닝과 지반이 함께 분담하는 것으로 모사할 수 있다. 그림 M4.32는 라이닝 설치과정을 모사한 예를 보인 것이다. 일단 라이닝이 설치되면 그림 M4.32(b)와 같이 지반은 추가 변형이 거의 없이 구속된다.

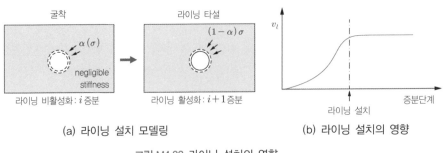

굴착

$\alpha(\sigma)$

negligible stiffness

라이닝 비활성화: i증분

라이닝 타설

$(1-\alpha)\sigma$

라이닝 활성화: $i+1$증분

v_l

라이닝 설치

증분단계

(a) 라이닝 설치 모델링   (b) 라이닝 설치의 영향

그림 M4.32 라이닝 설치의 영향

숏크리트 요소는 가급적 실제에 부합하게 모델링하여야 하나 상대적으로 **두께가 지반요소에 비하여 현저히 작으므로 유의가 필요**하다. 숏크리트(shotcrete)는 2D의 경우 보(beam) 요소로 3D 해석의 경우, 쉘(shell) 요소로 모델링할 수 있다. 만일 숏크리트를 비구조 개념에 가깝게 고려하고자 한다면 2D의 경우 바(bar) 요소, 3D의 경우 멤브레인(membrane) 요소로 모델링할 수 있다. 숏크리트(shotcrete＝sprayed concrete) 라이닝을 3D로 해석을 하는 경우 20절점의 얇은 브릭(brick) 요소를 사용할 수도 있다. 실제 터널의 규모, 숏크리트 두께 등을 종합하여 거동을 판단하고, 그에 부합하는 거동 모사가 가능한 요소로 모델링하여야 한다.

(a) 보강된 두꺼운 숏크리트(고체/빔 요소)   (b) 얇은 숏크리트(멤브레인 요소)

그림 M4.33 Shotcrete 모델링 예

록볼트 설치의 모델링

록볼트를 모델링하고자 하는 경우, 굴착 전부터 유한요소(바(bar) 요소로) 요소망에 포함하여야 하며, 해당 굴착 증분해석단계에서 요소를 활성화시킴으로써 록볼트 설치효과를 모사할 수 있다. 록볼트는 정착방식에 따라 **전면접착형과 선단정착형**이 있다. 터널의 지보효과와 관련되는 정착형식은 암반지지링 형성이 가능한 선단정착형이지만 실무적으로 전면접착형(주로 지반 보강기술)이 보다 광범위하게 사용되고 있다. 그림 M4.34는 록볼트 유형에 따른 작용거동과 모델링 개념을 보인 것이다.

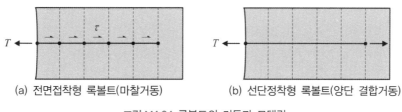

(a) 전면접착형 록볼트(마찰거동)   (b) 선단정착형 록볼트(양단 결합거동)

그림 M4.34 록볼트의 거동과 모델링

전면접착형 록볼트(fully grouted rock bolts)는 록볼트 주변을 그라우팅하므로, 록볼트가 통과하는 요소가 록볼트 그라우트로 보강되었다고 가정하여, 주변 지반 요소의 노드(node) 변위를 보간하여 통과요소 내 록볼트 변위를 구할 수 있다. 이를 **임베디드 요소**(embedded element)라 하며(그림 M4.35), 지반과 록볼트가 완전히 일체화되어 미끄러짐이 발생하지 않는 것으로 가정한다.

그림 M4.35 임베디드 요소(after Zhou et al., 2009)

반면, 선단정착형 록볼트(point anchored rock bolts)는 정착부와 볼트 선단의 두 점 간 상대변위에 따라 록볼트의 거동이 결정되기 때문에 수치해석에서는 **스프링 요소**를 이용하여 모사할 수 있다(Bobet, 2005). 표 M4.3은 현장에서 흔히 사용하는 관용터널공법에 사용되는 지보재의 물성치를 예시한 것이다.

표 M4.3 지보재 물성치 예(관용터널공법)

구분		규격 단면적(m^2)	탄성계수 (tonf/m^2)	단면 2차 모멘트(m^4)	단위중량 (tonf/m^3)	설계강도
숏크리트	Soft	0.20	0.5×10^6	6.67×10^{-4}	2.30	$f_{ck} = 100kgf/cm^2$
	Hard	0.20	1.5×10^6	6.67×10^{-4}	2.30	$f_{ck} = 210kgf/cm^2$
록볼트		5.0×10^{-4}	2.1×10^7	—	—	$f_y = 3,500kgf/cm^2$
강관($\Phi 114, t = 8.5$)		2.8×10^{-3}	2.1×10^7	3.98×10^{-6}	7.85	—
콘크리트라이닝		—	2.6×10^6	—	2.50	$f_{ck} = 240kgf/cm^2$

4.3.4 터널의 3차원 굴착과정의 2차원 모델링

4.3.4.1 터널 굴착과정의 모델링 방법

터널문제는 지반성상, 터널의 기하학적 형태, 하중재하 특성 등의 조건과 상황에 따라 3D, 축대칭 및 평면변형 2D 해석으로 모델링할 수 있다(그림 M4.36).

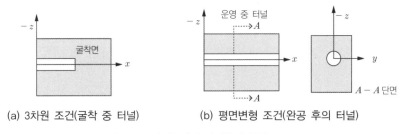

(a) 3차원 조건(굴착 중 터널)　　　(b) 평면변형 조건(완공 후의 터널)

그림 M4.36 터널문제의 기하학적 특성

2D 평면변형 해석

완성된 터널은 축방향 변형률을 '0'으로 가정할 수 있으므로 평면변형조건으로 가정할 수 있다. 건설 중 터널도 굴착에 따른 3차원 영향을 고려하는 경험 파라미터를 도입함으로써 2차원 모델링이 가능하다. 하지만 2D-평면변형해석으로 터널굴착면의 안정, 터널 축방향 거동이 내공변위나 지보재 압력에 미치는 영향 등은 고려할 수 없다.

2D 축대칭 해석

터널의 축대칭해석은 2D 해석 수준의 노력과 자원으로 굴착면의 종횡방향 하중전이를 3차원적으로 파악할 수 있게 한다. 2D축대칭해석은 지표영향을 배제할 수 있고, 물성, 하중, 터널 형상이 모두 축대칭인 경우 적용할 수 있다. 따라서 깊은 심도의 균질지반에 건설되는, 심도에 비해 직경이 충분히 작은 원형 터널의 거동조사에 한해 유용하다. **2D 평면변형해석은 터널 전연장을 동시에(한 번에) 굴착하는 개념**과 같다.

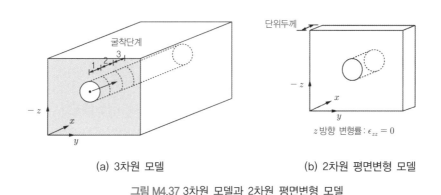

(a) 3차원 모델   (b) 2차원 평면변형 모델

그림 M4.37 3차원 모델과 2차원 평면변형 모델

3차원(3D) 해석

3D 해석법을 적용하면, 터널 주변 지반의 공간적 변화, 다양한 경계조건, 건설과정 등을 비교적 사실적으로 모델링할 수 있어, 2D 해석과 같은 경험파라미터가 필요 없다. 하지만 해석 소요시간이 크고, 많은 노력이 소요되므로 2D 모델링을 적용하기 어려운 터널문제나 2D 해석 결과를 검증하고자 하는 경우에 주로 적용한다. 다음과 같은 조건에서는 3D 해석을 고려하는 것이 바람직하다.

- 층리면, 불연속면과 같은 지질학적 조건이 터널 축과 평행하지 않은 경우
- 초기 지중응력의 회전(주응력 방향이 터널축 및 중심 방향과 불일치)
- 굴착변 주변의 3차원 응력조건
- 앵커나 마이크로파일 같은 외부 영향과 간섭되는 터널문제

4.3.4.2 3D 굴착영향의 2D 모델링 기법

3차원 시간의존적 문제인 터널의 굴착과정을 2차원으로 모사하기 위한 여러 가지 방법들이 제안되었다. 일반적으로 3차원 효과를 2차원적으로 고려하기 위하여, 라이닝 설치 과정을 하중, 변위, 지반강성 등의 변

수로 제어하는 다수의 기법들이 제안되었다. 그림 M4.38은 굴착면 3D 거동을 2D로 모델링하는 개념을 예시한 것이다. 굴착하중을 라이닝 설치 전과 설치 후로 구분하여 굴착과정을 2D 조건으로 모사할 수 있다

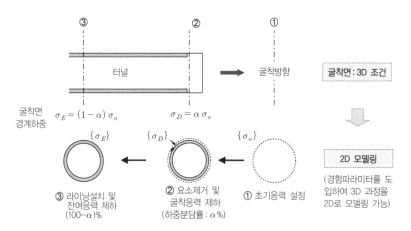

그림 M4.38 터널굴착과 2D 모델링 3차원 굴착영향의 2차원 모델링

3D 건설과정을 2D 조건으로 모사하는 방법은 굴착하중 재하와 라이닝 강성의 활성화 단계를 정해주는 것으로 이를 표 M4.4에 비교하였다. 어떤 모델링법을 사용할 것인가는 관련되는 파라미터 선정의 용이성과 신뢰성에 의존한다. 일례로 런던 점토의 경우 많은 터널 계측 결과 분석을 통해 지반손실률이 잘 정리되어 있다. 따라서 지반 손실률법을 주로 적용한다. 우리나라의 경우, 계측 및 3차원 해석 결과에서 유추한 경험파라미터를 이용하는 **하중분담률법**을 많이 사용한다.

표 M4.4 3차원 터널거동의 2차원 모델링 방법

모델링 방법		제어 파라미터	라이닝 타설 전 상태 정의	References
하중제어법(하중분담률법)		굴착 상당력	$\{R_i\} = \alpha\{R\}$	Panet and Guanot(1982)
강성제어법(강성감소법)		굴착단면의 강성	$E_i = \beta E_o$	Swoboda(1979)
변위제어법	Gap 파라미터법	천단변형(주변변형)	G_{ap} : 천단변형	Rowe et al.(1983)
	지반 손실율법	지표침하체적	V_l : 지반손실	Addenbrooke(1996)
시간제어법[주)](TM6장)		시간 파라미터	$t^* = \eta T$	Shin and Potts(2001)

주) 변위 – 수압 결합거동 해석(TM6장 '터널수리' 참조)

하중제어법 : 하중분담률법

그림 M4.39는 굴착으로 유발되는 굴착경계면에서의 경계력과 건설과정을 고려하는 하중분담률법의 개념을 예시한 것이다. 이 방법은 터널 경계면에서 산정한 굴착 상당력 $\{\sigma_o\}$을 단계별 증분제하하는 과정에서

전체하중의 $\alpha\{\sigma_o\}$만큼 제한한 후 라이닝을 설치(활성화)하고, 이후 잔여 하중$(1-\alpha)\{\sigma_o\}$을 재하하여 라이닝과 지반이 함께 분담토록 한다(실제 대부분 하중을 라이닝이 분담하게 된다).

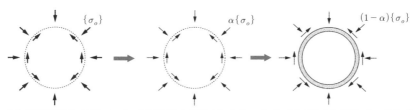

(a) 굴착상당력 산정: $\{\sigma_o\}$ (b) 라이닝 설치 전 재하: $\alpha\{\sigma_o\}$ (c) 라이닝 설치 후 재하: $(1-\alpha)\{\sigma_o\}$

그림 M4.39 터널굴착 시 굴착면 작용응력-2D 모델링 예($0<\alpha<1$)

그림 M4.40은 하중 분담률 개념과 지반반응곡선을 보인 것이다. α를 적절히 선택함으로써 3D 터널 진행과정을 2D로 모사할 수 있다. α는 경험파라미터로서 논리적으로 결정되어야 하며, 유사지반대표해석, 3차원 해석 등의 방법들이 사용될 수 있다.

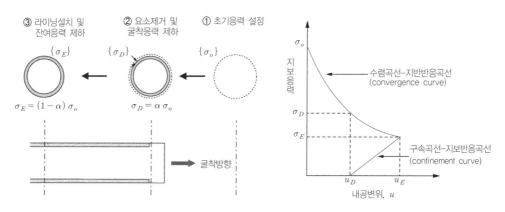

그림 M4.40 3차원 터널거동의 2차원 모델링-하중분담률법

유사지반의 대표해석(representative analysis)을 활용한 α 결정법. 지반의 비선형 거동으로 인해 계측 결과만으로 경험 파라미터를 산정하기는 어렵다. 따라서 이 경우, 계측 결과를 아는 유사지반에 대한 수치해석을 시행착오적(trial and error method)으로 시행함으로써 추정할 수 있다.

즉, 계측 결과를 아는 지반에 대한 역해석을 수행하여 계측 결과(지표침하, 지표손실 등)와 가장 잘 일치하는 경험파라미터를 얻어 이를 해석 대상지반의 경험파라미터로 사용하는 것이다. 이 파라미터는 결국 프로그램의 특성과 구성 모델 등의 영향을 모두 포함하여 결정된 것이므로, 같은 프로그램을 사용하여 새로 해석하고자 하는 지반에 적용함으로써 부분적으로 오차의 자연소거를 유도할 수 있다(그림 M4.41).

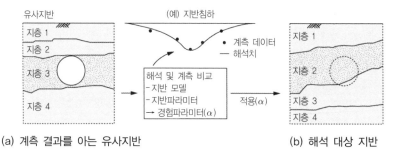

(a) 계측 결과를 아는 유사지반   (b) 해석 대상 지반

그림 M4.41 유사지반 계측 결과 활용법

3차원 대표해석 결과를 활용한 α의 결정. 대표단면에 대한 3차원 해석을 수행하고, 이를 다시 2차원으로 모델링하여 두 해석 결과(지표침하, 내공변위 또는 지반손실)가 같아지도록 2차원 해석의 경험파라미터 α를 시행착오적으로 산정할 수 있다. 비선형, 소성변형이 지배적인 경우 2개 이상의 관찰변수를 선정하여 이를 최적 만족하는 파라미터를 찾는 것이 바람직하다.

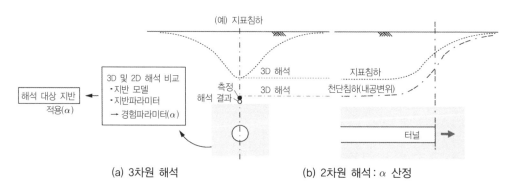

(a) 3차원 해석   (b) 2차원 해석 : α 산정

그림 M4.42 3차원 대표 해석 결과 활용법

NB : 관용터널공법(NATM)의 하중분담률

하중분담률은 지반, 지보재 조건과 상호작용, 건설 및 현장조건에 따라 달라질 수 있으므로, 이를 일반화하기가 쉽지 않다. 수치해석 모델러는 사용한 경험파라미터 α가 논리적으로 타당함을 설명할 수 있어야 한다. 실무의 예비설계에서 일반적으로 적용되는 하중분담률의 경험적 범위는 다음과 같다.

- 굴착 단계 : 굴착 상당력의 30~50%
- 굳지 않은 숏크리트(soft shotcrete) 단계 : 굴착 상당력의 25~35%
- 굳은 숏크리트(hard shotcrete) 단계 : 굴착 상당력의 25~35%

여기서, 굴착 상당력은 굴착으로 인해 발생하는 불균형 하중의 크기로 터널 굴착면 초기응력을 기준으로 굴착경계면의 각 노드에서 계산되는 하중이다. 각 단계별 하중분담률의 합은 100%이어야 한다. 관용터널의 지보재 중 숏크리트가 지반하중을 분담하는 비율이 가장 크며, 따라서 지표변형과 라이닝 거동에도 가장 큰 영향을 미친다. 일단 라이닝이 타설되면 추가 지반 변형은 상당 부분 억제된다.

변위제어법 : Volume loss법

점성토 지반에서 터널굴착으로 인한 천단변위(gap)나 **지반손실**(volume loss 지표침하면적)을 아는 경우 유용한 방법이다(그림 M4.43). 이 방법은 비배수거동의 점토지반 내 터널해석에 가장 잘 부합되는 모델링 방식으로, 비배수전단의 경우 체적변화가 없으므로, 터널 굴착 시 지표침하면적이 터널 내부 굴착계획선 안 쪽으로 밀려들어 온 변형면적과 같다고 가정하는 것이다. 증분해석을 수행하는 중에 설정한 지반손실 (target volume loss), V_e 에 도달한 바로 다음 해석단계에서 라이닝을 설치(활성화)한다.

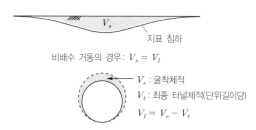

지표 침하

비배수 거동의 경우 : $V_s = V_l$

V_e : 굴착체적
V_t : 최종 터널체적(단위길이당)
$V_l = V_e - V_t$

그림 M4.43 3차원 터널거동의 2차원 모델링-변위제어법(volume loss법)

변위제어법-Gap 파라미터법(쉴드 TBM 터널)

쉴드터널의 경우 굴착반경과 강체 세그먼트 라이닝 외경간의 간격을 **Gap Parameter**, G_{AP}라 한다. 갭 파 라미터를 알고 있다면, 이에 근거하여 변위제어 해석을 실시함으로써 터널굴착을 시뮬레이션할 수 있다. Lee & Rowe(1991)는 쉴드터널의 Gap 발생 메커니즘을 그림 M4.44와 같이 설명하였다.

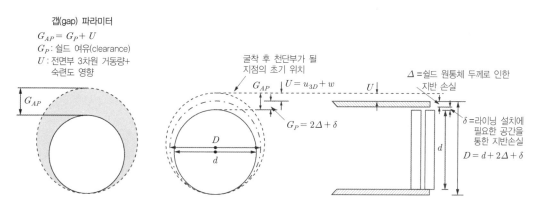

갭(gap) 파라미터
$G_{AP} = G_P + U$
G_P : 쉴드 여유(clearance)
U : 전면부 3차원 거동량+ 숙련도 영향

굴착 후 천단부가 될 지점의 초기 위치

G_{AP} $U = u_{3D} + w$ U

Δ =쉴드 원통체 두께로 인한 지반 손실

$G_P = 2\Delta + \delta$

δ =라이닝 설치에 필요한 공간을 통한 지반손실
$D = d + 2\Delta + \delta$

D
d

그림 M4.44 3차원 터널거동의 2차원 모델링 - 변위제어법(Gap parameter 법)

만일, 쉴드 원통(skin plate)과 최종 세그먼트 라이닝 간 공극을 그림 M4.45와 같이 전 주면에 대하여 설정 할 수 있다면, 수렴점에 대하여 굴착면의 전반변위를 제어하는 방식으로도 굴착영향을 모사할 수 있다.

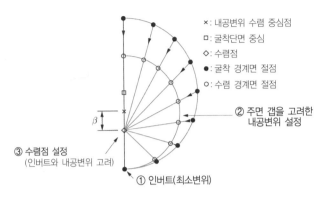

×: 내공변위 수렴 중심점
□: 굴착단면 중심
◇: 수렴점
●: 굴착 경계면 절점
○: 수렴 경계면 절점

② 주면 갭을 고려한 내공변위 설정

③ 수렴점 설정
(인버트와 내공변위 고려)

① 인버트(최소변위)

β

그림 M4.45 쉴드 원통 주면 Gap을 이용한 변위제어법(β : 터널 중심과 변위 수렴점 간 이격거리)

4.3.5 터널의 3차원 모델링

2D 해석의 한계는 터널 굴착면의 거동을 알아낼 수 없다는 것이다. 따라서 굴착부의 3차원 거동을 조사하거나 터널의 기하학적형상이 아주 복잡한 경우, 지층구성이 심하게 변화하는 등의 경우는 **3차원 해석**이 필요하다. 3차원 해석에서는 요소의 수, 절점 수, 가우스 포인트의 수가 2차원 해석과 비교할 수 없을 정도로 증가하여 상당한 컴퓨터 자원이 필요하고 시간소요가 증가한다. 다행히 최근 들어 컴퓨터시스템 비용 영향은 점점 더 작아지고 있다.

관용터널의 3차원 해석

관용터널의 경우 단면분할, 굴착보조공법 적용 등 수치해석적 고려 요소가 많고 기하학적으로도 매우 복잡한 형상이다. 그림 M4.46은 링컷굴착과 강관다단그라우팅 및 가인버트를 적용하는 NATM 굴착부의 3차원 모델링을 예시한 것이다. 굴착시공단계를 '상반 링컷 굴착(터널 막장의 안정성 확보를 위해 3막장(1회 굴진장 0.8m) 유지 → 코어굴착 후 가인버트 숏크리트 타설(숏크리트는 1막장 후방부터 타설) → 코어굴착 후 록볼트 설치' 등의 순서로 모델링하였다.

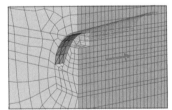
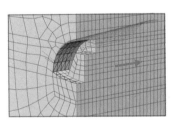
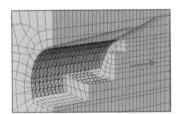

(a) 상반굴착, 연성 숏크리트, 강관 다단

(b) 코어굴착, 록볼트, 숏크리트, 연성 및 경성 숏크리트

(c) 상반굴착, 강관다단, 하반굴착, 록볼트, 숏크리트

그림 M4.46 관용터널공법의 굴착면 3차원 모델링 예

그림 M4.47은 3차원 해석 결과의 한 예로서 굴착부의 지표침하 형상을 보인 것이다.

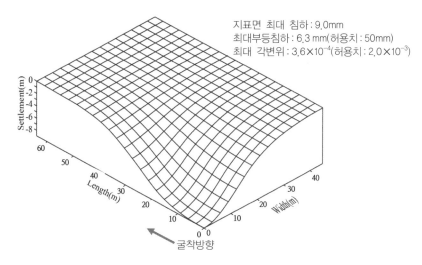

그림 M4.47 3차원 해석 결과 예 : 지표변위

쉴드터널의 3차원 해석

쉴드터널의 경우 2차원 해석의 Gap 변형거동을 3차원적으로 고려하는 방법을 사용할 수 있다. 즉, 쉴드의 전진에 따라 굴착경계와 쉴드 원통(skin-plate) 사이의 Gap이 라이닝에 접하도록 단계별로 변위를 제어한다. 즉, 강체원통 굴착경계까지의 요소를 제거하고, 그림 M4.48과 같이 지반이 쉴드 원통에 접하도록 Gap 만큼의 변형을 **단계별로 내공변위로 유발**시키는 방법으로 모사할 수 있다.

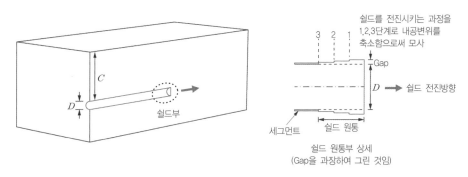

'강체원통 굴착단면에 해당하는 요소를 제거하고, 쉴드 전진에 따라 발생하는 침하량(eg, Gap)을 굴착 - 라이닝 설치위에 연하여 순차적으로 내공 변위를 작용시킨다'

그림 M4.48 변위제어법에 의한 쉴드터널의 3차원 모델링

4.4 터널 수치해석의 활용과 오류 검토

4.4.1 수치해석법의 활용 일반

터널 수치해석은 모델러의 아이디어에 따라 다양하게 활용할 수 있다. 특히, 터널의 특정 거동을 수치해석적으로 모사하는 데는 **터널공학 지식에 근거한 창발적 아이디어가 필요**한 경우가 많다. 터널 수치해석의 용도는 크게 정성적 이용과 정량적 이용으로 구분할 수 있다. 정성이용은 수치적 결과보다는 개념적 이해, 또는 대안의 비교를 위한 해석이며, 정량적 접근은 해석의 결과를 수치적으로 얻고자 하는 해석이다.

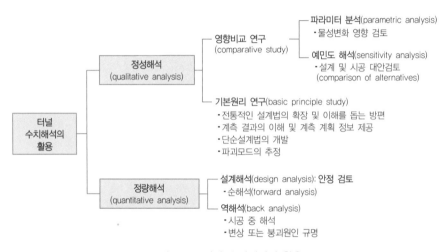

그림 M4.49 터널 수치해석의 활용

4.4.1.1 정성해석

정성해석(qualitative study)은 숫자적 정보보다는 **공학원리의 개념적 이해**를 위해 수행하는 해석이다. 예를 들면 터널을 설계하는 데 있어서 특정 파라미터의 변화가 미치는 영향(impact)을 조사하는 해석은 정성해석에 해당한다. 정성해석은 **비교해석(comparative studies)**과 **기초원리해석(basic principle studies)**으로 구분할 수 있다.

파라미터 스터디와 예민도 분석

'**파라미터 스터디**'의 일반적 의미는 결과 영향인자의 영향특성을 조사하는 것이나, 터널 해석의 경우 주로 지반물성의 가능한 변화범위가 터널거동에 미치는 영향을 조사하는 해석을 말한다.

이에 비해, **예민도 분석(sensitivity study)**은 지반물성을 고정하고, 영향을 알고자하는 요인(예, 시공방법)을 파라미터로 하는 해석을 말한다. 그림 M4.50과 같이 하중분담률(예, 지보 설치 시기)을 달리하여 지표침하특성을 평가해보는 해석을 예로 들 수 있다. 예민도 해석 목적은 토목구조물(또는 시공법 등)의 설계 파라미터를 주어진 지반조건에 맞도록 최적화(optimize)하기 위한 것이다.

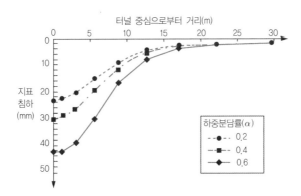

그림 M4.50 예민도 해석의 예(터널 라이닝 설치 시점에 따른 지표침하)

설계대안의 검토

터널의 형상(shape)이나 단면(cross section)구성을 확정하는 경우 여러 대안을 정하여 수치해석을 시행함으로써 역학적으로 유리한 대안을 미리 검토해볼 수 있다. 미리 모사(simulation)해볼 수 있다는 것은 수치해석의 가장 유용한 이점 중의 하나이다. 일례로 터널 단면을 계획 시, 그림 M4.51과 같은 가능한 대안단면에 대하여 해석을 수행함으로써 초기 응력조건에 따라 역학적으로 안정한 터널 단면을 결정할 수 있다.

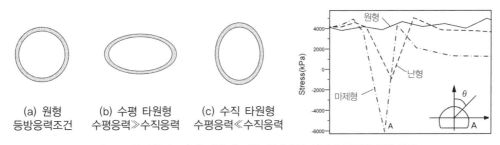

(a) 원형	(b) 수평 타원형	(c) 수직 타원형
등방응력조건	수평응력≫수직응력	수평응력≪수직응력

그림 4.51 초기응력조건에 따른 유리한 설계대안 선정과 단면형상의 영향

터널의 공학적 원리 조사

수치해석을 통해 설계요구조건(허용응력, 허용변형)의 만족 여부를 판정할 수 있다. 일례로, 수치해석으로 인접터널 간 이격거리(pillar width)에 따른 응력과 변형의 크기를 확인할 수 있다.

수치해석으로 한계평형해석이나 한계상한이론에 필요한 파괴모드를 파악하는 것도 이러한 활용 예의 하나라 할 수 있다(터널의 파괴모드 추정 예를 BOX-TM4-3에 예시하였다).

수치해석에 의한 터널의 파괴메커니즘 추정

수치해석으로 파괴메커니즘을 파악하기 위해서는 증분해석이 필요하며, 해석 결과를 증분변위벡터, 속도 특성치 그리고 소성 전단변형률 등고선으로 나타낼 수 있어야 한다. 아래에 보인 바와 같이 하중증분별 증분벡터는 지반의 현재 이동상태를 나타내며, 속도 특성치는 지반의 활동(slip)면을 나타낸다. 이들 정보와 소성 전단변형률의 전파방향으로부터 파괴모드를 추정할 수 있다.

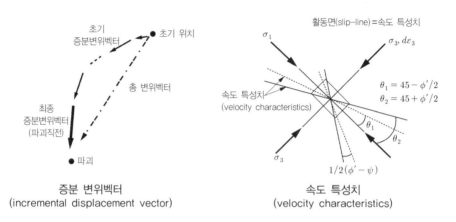

증분 변위벡터
(incremental displacement vector)

속도 특성치
(velocity characteristics)

아래는 이러한 개념에 의거하여 화강 풍화토 지반의 터널파괴모드를 예측하고, 실제 파괴모드와 비교한 것이다. 해석치와 실측치 모두 터널 어깨부로 전단변형률이 집중되며, 파괴가 진행됨을 보였다. 하중 증분 진전에 따라 소성 전단변형률이 터널 어깨에 집중되고 상향으로 전파하는 경향을 보이는데, 이때 주된 변형률의 집중과 이동방향을 따라 파괴면(그림의 점선)이 형성됨을 알 수 있다.

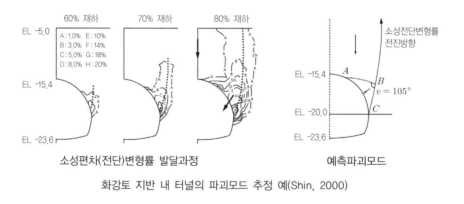

소성편차(전단)변형률 발달과정

예측파괴모드

화강토 지반 내 터널의 파괴모드 추정 예(Shin, 2000)

4.4.1.2 정량해석 : 터널(지반) 안정성 해석

이론해석은 복잡한 문제를 해석 가능한 단순 모델로 문제를 이상화할 필요가 있었으나 오늘날 수치해석은 아무리 복잡한 재료 및 경계조건의 문제라도 고려가 가능하다. 하지만 수치해석이 갖는 이러한 장점에도 불구하고 이를 터널의 설계해석에 적용하는 경우 상당한 '조심성'이 요구된다. 수치해석은 구성방정식, 입력자료, 초기 및 경계조건 등 요소 간 상호영향과 간섭을 발견하기 어렵고, 무엇보다도 계산과정이 컴퓨터라는 블랙박스 내에서 이루어지므로 충분한 경험자라도 오류 여부를 확인하기가 용이치 않기 때문이다. 따라서 모델링, 지반구성방정식, 입력파라미터, 초기 및 경계조건 등 해석에 요구되는 모든 요소가 받아들일 만한 수준의 신뢰도를 가질 때만 정량해석(quantitative analysis)의 타당성을 부여할 수 있다.

수치해석은 최근에 확대되고 있는 **한계상태 설계 수단**으로 유용하다. 이 경우 안정성 및 사용성에 대한 요구조건이 '능력 > 영향'을 판단하는 것이 수치해석 결과를 활용할 수 있다. 굴착안정 해석 시 영향은 지반 침하, 숏크리트 응력 등으로 설정할 수 있다. 일례로, 가정한 터널 단면 해석 결과 숏크리트 응력이 8.4MPa을 초과하면 안정하지 않으므로 가정단면 두께를 증가시켜야 한다. 일반적인 설계프로세스에서 수치해석의 위치는 그림 M4.52와 같다.

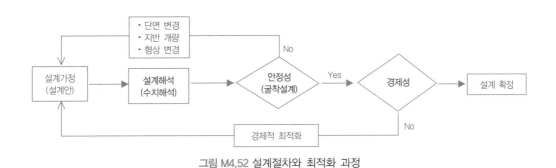

그림 M4.52 설계절차와 최적화 과정

4.4.2 터널 수치해석의 오류 검토

수치해석의 단점 중의 하나는 오류 파악이 용이하지 않다는 것이다. 많은 경우, 오류는 바로 확인되지 않고 해석 결과의 상호연관 분석을 통해 발견된다.

4.4.2.1 프로그램 벤치마킹 Bench marking

대부분의 상업용 프로그램들은 개발과정에서 검증을 거친 것이므로 통상적인 문제에 적용하는 데 문제가 없을 것이다. 하지만 오류가 발생할 가능성을 완전히 배제할 수 없으며, 터널 수치해석 모델러(numerical modeller) 자신도 해석 결과에 확신을 가지기 위해 최소한의 검정을 수행할 수 있다. 일반적으로 다음과 같은 방법으로 **프로그램의 적정성을 검토**할 수 있다.

- 코드가 공개된 경우 코드를 직접 읽어서 확인(코딩에 대한 전문적 지식이 있는 경우)
- 답을 아는 특정 문제에 대한 시험해석을 수행하여 결과를 비교
- 이론해(closed form solution)를 이용한 결과 비교
- 결과가 옳다고 알려진 다른 컴퓨터프로그램의 결과 또는 다른 해법으로 산정한 결과와 비교
- 같은 프로그램 및 문제를 다른 컴퓨터(H/W)에서 산정한 결과와 비교함으로써 H/W와 S/W의 충돌 여부를 검토

4.4.2.2 터널 수치해석 결과의 오류 분석

수치해석 **모델링에 관련된 모든 요소가 오류의 가능성을 내포**할 수 있다. 그림 M4.53은 터널 수치해석의 오류의 잠재적 원인들을 정리한 것이다.

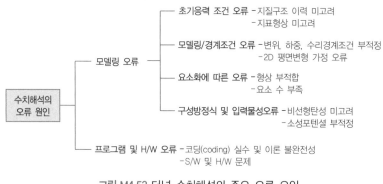

그림 M4.53 터널 수치해석의 주요 오류 요인

초기(응력)조건의 오류

지반거동은 응력의존성이므로 초기응력의 적절한 구현 여부는 해석 결과에 상당한 영향을 미칠 수 있다. 특히, 터널해석의 경우 굴착 경계력은 초기응력에 의해 결정되므로 초기응력의 적절한 재현은 해석의 신뢰 확보에 매우 중요하다.

기하학적 모델링 및 경계조건의 오류

경제성 추구는 공학목적의 중요한 부분이므로 어느 정도 모델의 단순화와 이상화를 지향할 수밖에 없다. 터널 및 인접 건물의 중요도 혹은 예상되는 문제의 중요도로 판단하여 모델링 수준을 결정하여야 한다.

①**3차원 구조부재의 2차원 평면변형 모델링.** 하중분배법 등 3차원 영향의 2차원적 고려는 경험파라미터의 도입을 필요로 한다. 경험파라미터는 계측이나 이론 등의 방법으로 검증되어야 한다.

②**대칭성 오류.** 대칭을 고려하는 경우, 기하학적 대칭뿐 아니라 하중과 재료물성에 대하여도 성립하여야 한다.

③**차원단순화의 오류.** 실무에서는 모델링이 용이하고, 계산이 신속한 2D 해석이 선호된다. 많은 문제가 3차원적이지만 이를 2D로 모델링하는 경우 모델링에 따른 논리적 정당성이 확보되어야 한다.

요소화에 따른 오류

응력변화가 심할 것으로 예상되는 경우, 더 작고 많은 요소로 요소망을 구성하여야 정확한 해를 얻을 수 있다. 같은 모델에 대하여 무조건 요소가 많다고 해서 정확한 결과를 주는 것이 아니므로, 응력 집중이 일어나는 곳과 같은 부분의 요소를 세밀화 하는 것이 훨씬 더 좋은 결과를 준다.

구성방정식의 부적정 오류

터널 해석의 **많은 오류가 구성 모델**에서 **비롯**된다. 그 대표적인 예가 등방선형탄성을 사용하는 경우와 연계 소성유동법칙을 사용하는 경우 파괴 시 체적변형률이 크게 계산되는 것이다. 또한 비선형탄성, 경화거동 및 팽창성거동의 고려 여부에 따라서도 소성 후 거동양상이 매우 다르게 나타날 수 있다.

①**비선형탄성의 미고려.** 지반은 비선형탄성 거동을 한다. 그러나 많은 경우 여전히 선형탄성으로 가정하게 되는데, 경우에 따라 이는 실제거동과 상이한 결과를 주기도 한다. 일례로 그림 M4.54와 같이 선형탄성 모델을 이용한 지표침하 결과는 넓고 완만하여 실제 계측 결과와 큰 차이를 보일 수 있다.

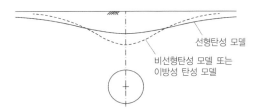

그림 M4.54 구성방정식(탄성 모델)에 따른 지표침하 영향

이런 경우 그림 M4.55(a)와 같이 지반의 실제거동 특성인 '**비선형탄성**'을 사용하거나 그림 M4.55(b)와 같이 **종방향 구속효과**를 고려하면, 개선된(폭이 좁고, 깊은) 침하형상을 얻을 수 있다. 이러한 문제는 지반물성의 이방성 특성을 고려함으로써 훨씬 더 개선할 수 있다.

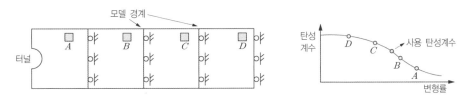

(a) 위치별 유동된(mobilized) 탄성계수(비선형탄성 터널해석)

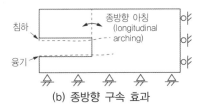

(b) 종방향 구속 효과

그림 4.55 비선형탄성과 종방향 구속효과를 고려한 터널해석

②**소성포텐셜함수의 오류.** 연계 소성유동규칙인 $F = Q$ 조건은 한계상태에서 체적이 팽창하게 되므로 실제 거동과 맞지 않다. 이런 모델링은 배수조건(체적변화가 허용되는)의 지반해석의 경우 심각한 영향을 미치지 않는다. 하지만 체적변화가 거의 없는 비배수 지반해석 시 예상 밖의 오류를 야기할 수 있다.

MC 모델에 연계 소성유동규칙을 채용하면 그림 M4.56(a)와 같이 소성체적변형률을 실제보다 훨씬 크게 예측하고, 항복에 도달한 이후에도 계속해서 체적팽창이 진행되는 문제가 있다. 이 문제는 그림 M4.56(b)와 같이 $Q \neq F$인 비연계 소성유동규칙을 도입함으로써 어느 정도 해소할 수 있다.

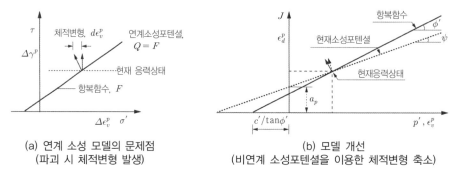

(a) 연계 소성 모델의 문제점
(파괴 시 체적변형 발생)

(b) 모델 개선
(비연계 소성포텐셜을 이용한 체적변형 축소)

그림 M4.56 소성포텐셜의 문제와 개선 예

MC 모델을 사용하는 경우, 항복함수의 물성 파라미터를 다르게 하여 소성유동함수를 취하는 방식, 즉 항복함수의 ϕ 대신, 다일레이션 각 ψ를 사용한 항복함수를 소성포텐셜함수로 취하는 것이다. 이러한 Mohr-Coulomb 모델의 한계를 보완하기 위하여 다일레이션각을 $\psi \approx 0 \sim \phi/2$ 범위로 채택하는 소성포텐셜 $Q(\psi)$를 도입하면, $\psi < \phi$이므로 소성포텐셜 함수의 기울기가 항복함수보다 완만해져, 원치 않는 체적 변형률 감소효과를 얻을 수 있다(하지만 이 경우 비연계 소성포텐셜을 사용하면 강성행렬, $[K]$는 비대칭이 되어, 연산에 필요한 컴퓨터 자원과 시간소요가 크게 늘어난다).

③ **선형탄성 모델의 한계.** 터널에 대한 선형탄성해석을 수행하면 바닥부 **응력해방에 따른 융기** 효과가 천단 재하 효과보다 커서 지표 융기가 일어날 수 있다. 이는 근본적으로 2D 모델링에 따른 굴착부에서 **종방향 지지효과**가 적절히 반영되지 못하고, 지반의 **소성 및 비선형탄성**을 적절히 고려하지 못한 탓이다.

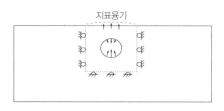

그림 M4.57 탄성해석의 오류

④ **입력물성의 오류.** 물성은 모델에 의해 결정되는 파라미터이다. 따라서 물성의 오류는 모델 선택이 정당함을 전제로 논의되어야 한다. 물성 선택에 있어 적어도 핵심거동을 정의하는 파라미터의 선정은 신중한 검토가 필요하다.

4.4.3 터널 수치해석 결과의 정리

수치해석 결과 정리 시 해석의 모든 과정이 적절한 공학적 논리에 따라 이루어졌음이 기술되어야 한다. 따라서 해석에 고려된 모든 요소와 이를 도출하기 위한 근거들이 일목요연하게 정리, 제시되어야 한다.

사용프로그램. 프로그램은 통상 해석자가 접근 가능한 가용성(availability)과 대상 문제의 특성을 고려하여 선정된다. 모델러는 대상문제에 사용할 프로그램에 대하여 필요시 다음 사항을 확인할 필요가 있다.

- 프로그램의 지배방정식 개요
- 솔버(solver)와 주요 컨트롤 변수(특히 non-linear Solver)
- 구성방정식 라이브러리(library)—구성식의 종류와 입력변수의 정의
- 비선형 문제의 풀이 방식

모델링 절차 및 근거에 대한 설명. 모델링은 해석영역을 시하학적으로 정의하고, 사용요소의 종류를 정하는 일이다. 구성 모델에 기초한 설계단계의 정량해석과 경제적인 최적단면 선정에 있어 모델링은 매우 중요하다. 또한 대상문제의 단순화, 이상화와 관련하여 기하학적 형상 및 공사과정 모델링에 대한 설명이 기술되어야 한다. 모델링과 관련하여 기술하여야 할 주요사항들은 다음과 같다.

- 해석대상 문제의 기하학적 형상
- 지층구성 및 지층별 거동 특성
- 시공방법 및 이의 모델링 방법
- 지반구성 모델 및 입력 파라미터 평가
- 모델링 상세—요소의 재료와 종류
- 대칭성 고려 : 하중, 재료, 기하학적 특성
- 재료의 거동분석과 모델링 요소의 선정 : 보 요소, 고체 요소, 인터페이스 요소
- 굴착(요소 제거, deactivation), 설치(요소 도입, activation)
- 초기 및 경계조건

구성 모델과 입력파라미터 설명. 해석 대상 문제에 포함되는 재료의 거동을 표현한 구성방정식을 설명하여야 한다. 특히, 지반은 모델의 대부분을 구성하는 재료로서 해석 결과에 미치는 영향이 가장 크다. 사용 모델 및 입력파라미터에 대하여 다음과 같은 사항들이 기술되어야 한다.

- 선형 vs 비선형탄성
- 등방 vs 이방성
- 연계 vs 비연계 소성유동법칙
- 완전소성 vs 경화소성거동
- 입력파라미터 구득 및 평가

수치해석 결과의 표현방법. 수치해석 결과는 절점 혹은 가우스 포인트에 대하여 얻어지므로 요소가 많은 경우 이를 숫자로 관리하기란 거의 불가능하다. 따라서 결과를 벡터, 그래프, 등고선(색상), 분포도 등으로 시각화(visualization)하는 후처리(post processing)도 필요하다. 터널해석 결과는 지반, 터널 구조물, 인접구조물 각각에 대하여 다음의 거동변수로 나타낼 수 있다.

- 변위(침하) : 벡터, 등고선
- 소성영역 : 등고선
- 소성전단변형률 : 등고선
- 간극수압(과잉간극수압)
- 응력 경로
- 구조요소 : 변형, 응력 등

BOX-TM4-4　　　　　　　　　　　**Numerical Modeller**

　수치해석법은 경험이 있고 신중한 해석자에게는 어떤 해석법으로도 알아낼 수 없는 터널의 거동정보를 파악하는 유용한 수단이지만, 수치해석적 지식이 없는 상업용 프로그램 단순 사용자는 검증능력 부족으로 오용의 가능성이 높다.

　터널 수치해석은 구성방정식을 비롯한 지반거동에 대한 가정과 단순화, 정식화 이론 등의 이해가 필요하며, 초기·경계조건, 모델링 방법의 선택 등 상당한 경험을 요구하고 있어 모델러의 역할이 매우 중요하다. 모델러는 프로그램의 선정, 모델링, 물성평가, 결과 분석에 이르기까지 해석도구는 물론 대상 문제의 거동과 설계 내용에 대한 구체적인 이해가 있어야 한다. 해석 결과에 공학적 의미를 담아 기술(description)할 수 있어야 하며, 간단한 이론식을 활용하여 해석 결과의 오류 가능성을 체크할 수도 있어야 한다.

　수치해석 모델러는 수치해석의 가정과 전제의 불충분, 모델링의 제약과 한계 등에 대해 이해하고 있어야 하며, 입력 물성의 정도가 요구되는 수준에 못 미친다면 해석 결과의 활용 수준을 제한할 수 있어야 한다. 또한 해석의 한계, 신뢰 수준, 활용범위와 제약조건 등에 대하여 해석자의 책임한계와 결과의 활용 수준을 기술적으로 정의할 수 있어야 한다(터널 붕괴 사례 조사에서 수치해석의 오류가 사고 원인의 하나로 지적된 경우도 있었다).

　수치해석이 상당한 수준으로 발전을 거듭해왔지만, 지반의 비균질, 이방성, 비선형 특성을 고려할 때 아무리 비용을 들여 수학적 모델링 기법과 시험법을 개선하여도 해결되지 않는 부분이 남을 수밖에 없다. 수학적 모델링은 정교하게 발달해온 반면, 지층구성의 불확실성에 따른 입력 파라미터의 결정 수준은 크게 개선되지 못하였다. 이런 문제 때문에 터널 수치해석 모델러는, 때로 게재되는 모든 **불확실성에 대한 공학적 타협**(engineering compromise)을 하여야 하는 경우도 있다. 이론만으로 해결이 용이하지 않은 터널문제에 경험적 판단이 요구되듯 수치해석도 경우에 따라서 결과적 활용에 대한 공학적 판단(engineering judgement)이 요구된다.

NB : 터널 설계 실습

　부록 A5에 터널 수치해석을 포함한 실습예제를 수록하였다. 터널 작도, 굴착안정수치해석, 라이닝 구조 해석 실습에 참고할 수 있다.

CHAPTER 05

Structural Analysis of Tunnel Linings
라이닝 구조해석

Structural Analysis of Tunnel Linings
라이닝 구조해석

터널 라이닝은 설계 수명기간 동안 발생 가능한 외부(하중)영향을 안전하게 지지하고(안정성), 운영 중 요구기능(사용성)을 만족하여야 한다. 라이닝은 대부분 (철근)콘크리트 구조물로 계획되는 터널의 목적물로서 외부하중을 적정 안전율로 지지하여야 하며, 지진하중에 대하여도 붕괴에 안전하고, 기능수행에 지장이 없어야 한다. 라이닝(관용터널의 경우 콘크리트 라이닝, 쉴드터널의 경우 세그먼트 라이닝)은 터널의 설계수명 기간 중 작용하중에 대하여 충분한지지 저항을 가져야 한다.

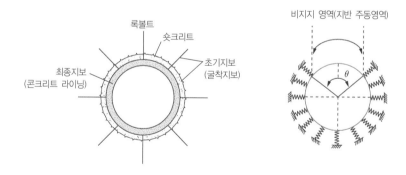

이 장에서 다룰 주요 내용은 다음과 같다.

• 라이닝 해석 개념과 절차
• 라이닝 작용 지반하중
• 라이닝 해석법과 단면 결정 : 이론해석, 수치구조해석
• 터널 라이닝 내진해석

5.1 터널 라이닝 해석 개요

Peck(1969)은 터널건설의 요구조건으로서 굴착 중 안정성확보와 **설계 수명 기간 동안 작용 가능한 최대 하중을 라이닝이 안전하게 지지하여야 함**을 들었다. 굴착 중 안정성 확보는 지반 또는 지반-지보(1차)시스템의 붕괴에 대한 저항성을 검토하는 것으로, 지상구조물에서는 고려하지 않아도 되는 터널에서만 발생하는 유형의 안정문제라 할 수 있다. 이에 대한 안정문제는 TM3장에서 다루었다. 반면, 라이닝 구조 안정 검토는 교량 등 일반 지상구조물과 마찬가지로 설계 수명 기간 동안 작용 가능한 최대 외부영향에 대하여 안정을 유지토록, 라이닝의 단면을 결정하는 것이다. 그림 M5.1에 터널안정 검토 체계를 정리하였다.

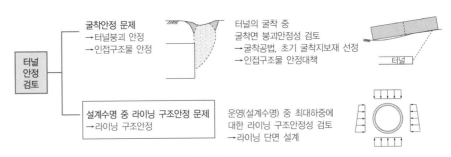

그림 M5.1 터널의 굴착 중 안정 검토와 라이닝 구조해석

그림 M5.1에 보인 바와 같이 **굴착안정 해석과 라이닝 구조해석은 대체로 서로 연관이 없이 별개의 개념**으로 다루어진다. 전자가 주로 굴착안정성을 판단하기 위한 지반 및 초기지보의 안정문제라면, 후자는 터널의 목적구조물인 (철근)콘크리트 라이닝의 구조안정문제라 할 수 있다.

NB : 전통적으로 굴착안정문제는 지반 공학적 문제인 반면, 라이닝 단면검토는 구조 공학적 문제로 구분되어 왔다. 하지만 터널에 지반과 라이닝의 상호작용에 의해 평형을 이루는 지지링 개념이 도입되면서 터널 엔지니어도 학문적 분류를 떠나 관련 분야 모두에 정통할 필요가 있다.

터널공법과 라이닝의 구조 개념

1960년 이전까지는 굴착으로 이완되는 지반하중(이후 '이완하중')을 지보가 지지하는 **수동지지**(passive support) 개념(ASSM 공법)으로서 터널 라이닝을 지상구조물과 같은 방식으로 설계하였다. 이 방법은 지반 하중을 모두 지보(라이닝)가 부담한다는 매우 보수적인 설계로서, 지반의 자립능력을 고려하지 않았다.

한편, 1970년대 이후에 도입된 지반의 자립능력을 감안한 터널의 **지지링**(bearing ring) **개념**(NATM, NMT)은 토사지반 등 굴착지보로 영구적 지지링 개념을 확보하기 어려운 경우에는, 지반하중과 수압을 고려한 라이닝이 계획되지만, 양호한 암반의 경우 구조적 지지재는 필요하지 않으며, 방수층 고정 및 보호, 내부미관, 내부시설물 설치위치 제공 및 시설물 지지 등의 기능상 필요에 따른 경우에만 비구조재 라이닝이 계획득된다. 이 경우 단지, 자중과 잔류수압만 지지하도록 설계한다. 한편, 쉴드 TBM 세그먼트 라이닝은 하중산정에 있어 이완 토압을 고려하는 수동지지 개념에 가깝다. 따라서 터널공법에 따라 라이닝 설계 개념과 안정검토 방법에 차이가 있음을 이해하여야 한다.

(a) ASSM
(붕괴 방지 개념)

(b) NATM공법
(변형 제어 개념)

(c) 쉴드 TBM
(수동지지 개념)

그림 M5.2 터널공법에 따른 지지 개념

터널 라이닝은 그림 M5.3과 같이 라이닝 설치구조에 따라 **이중 구조 라이닝**(two-pass lining, double shell tunnel, dual lining)과 **단일 구조 라이닝**(single-pass lining, single shell tunnel)으로도 구분할 수 있다. 관용터널공법 중 NATM은 1차 지보(굴착지보, 또는 초기지보)와 복공라이닝으로 구성되는 이중 구조 라이닝이며, NMT 공법의 Single Shell과 쉴드 TBM 공법의 세그먼트 라이닝은 단일 구조 라이닝에 해당한다.

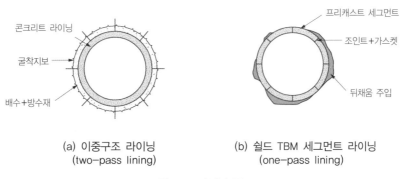

(a) 이중구조 라이닝
(two-pass lining)

(b) 쉴드 TBM 세그먼트 라이닝
(one-pass lining)

그림 M5.3 라이닝 구조

여기서 다루는 구조 안정 검토 대상 라이닝은 관용터널공법(NATM)의 구조재인 **콘크리트(2차) 복공라이닝**(cast-in-place lining), 또는 쉴드 TBM 터널의 **세그먼트 라이닝**(segment lining)이다. NMT의 경우 대부분 굴착지보(숏크리트, 록볼트)가 굴착안정성 확보는 물론, 영구지보재로서의 안정성과 사용성을 확보하도록 계획한다. 그림 M5.4에 터널공법에 따른 라이닝 설계 개념과 라이닝지지 개념, 그리고 구조안정해석 대상을 예시하였다.

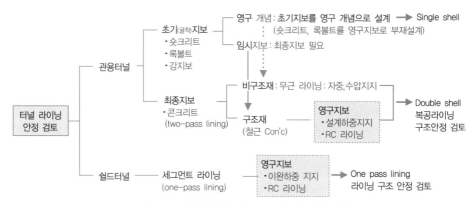

그림 M5.4 관용터널의 지보요소와 지보설계 개념

라이닝 구조해석 및 단면 결정 절차

터널의 최종 목적물이라 할 수 있는 콘크리트 라이닝은 설계수명기간 동안 작용 가능한 지반하중, 수압 등의 외부영향을 안전하게 지지하여야 한다. 따라서 터널 라이닝 설계는 전통적인 (철근) 콘크리트 구조물 설계와 마찬가지로 '**하중의 평가 → 라이닝 단면가정 → 라이닝 구조해석**' 절차를 통해 적절한 라이닝 단면 (두께, 철근량 등)을 결정하게 된다. 그림 M5.5에 라이닝 구조안정 검토절차를 예시하였다.

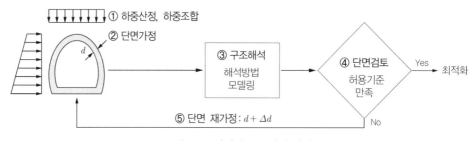

그림 M5.5 라이닝 구조해석 절차

라이닝 구조해석법

라이닝 구조해석은 이론 또는 수치해석법을 이용할 수 있다. 이론해는 실제 터널형상을 지나치게 단순화 하고, 경계조건도 적절하게 고려할 수 없어 터널의 응력을 실제와 다르게 평가할 수 있지만, 간편법으로서 여러 국가에서 여전히 라이닝 해석에 사용하고 있다. 이론해석법은 지반과의 상호작용을 고려하지 않는 라이닝 골조 모델인 원형 보이론과 지반-라이닝 상호작용 모델링 방법이 있다. 상호작용 모델링법은 **연속체 모델**(continuum model)과 **빔-스프링 모델**(beam-spring model)로 구분된다. 그림 M5.6에 라이닝 해석법을 예시하였다. 실제 터널은 원형이 아닌 경우가 많고, 하중과 지층구성 등이 비대칭 및 불균질인 경우가 대부분이어서 실무의 라이닝 구조해석은 (일반적인 지반 구조해석과 마찬가지로) 주로 수치해석법을 사용한다.

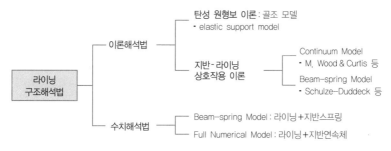

그림 M5.6 터널 라이닝 구조해석법

지중의 터널의 범위는 어디까지?

　터널공법과 상관없이 터널은 지반 없이 존재할 수 없다. 특히, NATM과 같이 터널이 지반 지지링(bearing ring)으로 형성되는 경우, '지반을 완성된 터널의 일부'로 보아야 하는 것인지, 또 그렇다면 '그 범위는 또 어디까지'일까 하는 의문을 낳게 된다. 실무에서는 흔히 '록볼트+1m'까지의 범위를 터널의 절대적 보호영역으로 다루는 경우가 많다. 일반적으로 터널 운영기관들은 라이닝으로부터 일정 구간을 보호영역으로 설정하는 자체 기준을 두고 있으며, 근접한 굴착 또는 시설물 설치에 대해서는 상세 안정 검토를 수행하여 협의토록 하고 있다(TE6장 참조).

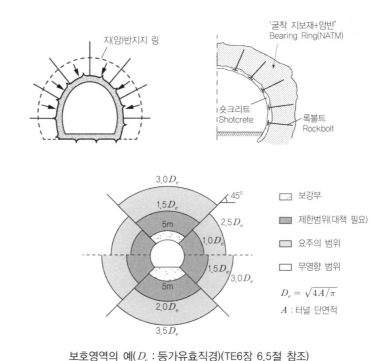

보호영역의 예(D_e : 등가유효직경)(TE6장 6.5절 참조)

5.2 터널 라이닝 작용하중

　터널 라이닝은 설계수명 기간 동안 작용 가능한 모든 하중에 대하여 안정하여야 한다. 수동지지 개념에서 터널 라이닝에 작용하는 하중은 지반 이완하중, 수압, 자중 등을 포함한다. 이중 지반 이완하중은 지반 유형과 시공법, 그리고 지반-라이닝 상대강성에 따라 달라지며, 불확실성이 큰, 라이닝이 지지하여야 할 가장 중요한 하중이다. 그림 M5.7은 터널 라이닝 작용하중을 예시한 것이다.

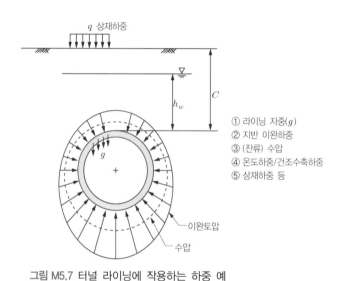

그림 M5.7 터널 라이닝에 작용하는 하중 예

　지반 이완하중의 크기에 가장 큰 영향을 미치는 요인은 지반 유형과 터널의 심도이다. 그림 M5.8에 보인 바와 같이 토사지반의 얕은 터널의 경우 전 토피가 하중으로 작용할 수 있다. 하지만 심도가 깊어질수록 지반-구조물 상호작용과 지반아칭에 의해 이완영역은 터널 주변에 한정된다.

　터널 굴착에 따른 주변 지반의 이완범위는 굴착공법에 따라서도 다르다. 일반적으로 재래식 ASSM 공법의 경우, 터널 폭의 절반 또는 1회 굴진장의 범위로 지반이 이완되고, 록볼트를 적용하는 NATM 공법은 1회 굴진장의 절반정도 범위로 지반이 이완되는 것으로 알려져 있다. 기계(TBM) 굴착의 경우 굴착면이 원형이므로 응력집중이 일어나지 않고 진동도 거의 없어 발파굴착보다 주변 지반의 이완이 현저히 작다. 터널공법별 이완영역의 크기는 TBM이 NATM의 절반, ASSM은 NATM의 2배 정도로 알려져 있다.

NB : 터널 라이닝 자체는 대부분 (철근) 콘크리트 구조물이지만, 지반에 접하는 구조물로서 지반-구조물 상호작용이 거동의 크기를 지배한다. 따라서 터널 라이닝 구조해석은 콘크리트 구조 모델링뿐 아니라, 지반거동과 모델링에 대한 충분한 고찰이 필요하다.

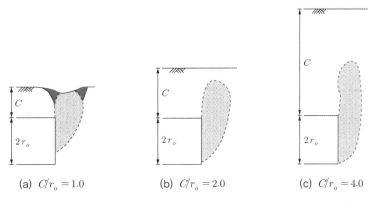

(a) $C/r_o = 1.0$　　　(b) $C/r_o = 2.0$　　　(c) $C/r_o = 4.0$

그림 M5.8 토피고에 따른 이완 영역의 범위 예(터널 심도, $H = C + r_o$)

5.2.1 연약지반 터널의 지반이완하중

터널을 굴착하면 터널 주변 지반에 응력의 재배치가 일어나면서 균열이 발생하거나 불연속면들이 벌어져 느슨해지는데, 이를 **지반이완**이라 한다. 지반이완은 체적 증가와 함께 강도와 강성의 저하, 그리고 투수성 증가를 야기하게 된다. 이완된 영역의 지반자중(이완하중)은 라이닝에 직접 작용하는 하중으로 고려한다.

5.2.1.1 얕은 토사터널 Shallow Soft-ground Tunnels

터널을 굴착하면 작용하는 하중이 주변 지반으로 전이되어 연직응력이 터널 양측에서는 토피압보다 더 크고, 천단 위쪽에서는 토피압력보다 더 작아진다(횡방향 아치).

Terzaghi(1943)는 Trapdoor 실험을 통해 **터널 하중이 연직방향으로만 작용한다고 가정**하여 그림 M5.9의 터널 상부의 미소요소에 작용하는 연직방향 힘의 평형을 고려하였다. 폭 B는 양 측벽하단에서 시작한 활동선의 터널 천장 위치의 폭이고, 천장 상부에서는 폭이 B로 일정하다. 얕은 터널에서는 터널굴착의 영향이 지표까지 미친다고 가정할 수 있다.

터널 천장 상부 미소요소(폭 B, 두께 dz)의 연직방향 힘의 평형조건은 다음과 같다.

$$B\gamma dz = B(\sigma_v + d\sigma_v) - B\sigma_v + 2\tau dz \tag{5.1}$$

측면 마찰응력 τ는 지반요소 측면에서 상향으로 작용하며, K_o는 측압계수이다(굴착 중 토압계수는 정지토압보다 작을 것이나, 토압의 장기거동을 고려하여 정지토압을 사용할 수 있다).

$$\tau = c + \sigma_h \tan\phi = c + K_o \sigma_v \tan\phi \tag{5.2}$$

이를 식(5.1)에 대입하여 정리하면

$$\frac{d\sigma_v}{dz} = \gamma - \frac{2c}{B} - 2K_o\sigma_v\frac{\tan\phi}{B} = -2K_o\frac{\tan\phi}{B}\left(\sigma_v + \frac{c}{K_o\tan\phi} - \frac{\gamma B}{2K_o\tan\phi}\right) \tag{5.3}$$

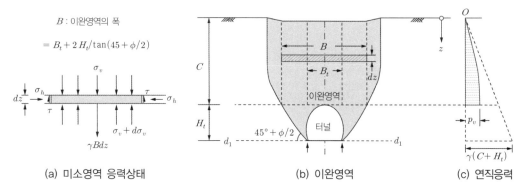

그림 M5.9 얕은 터널의 이완영역과 수직 이완압(Terzaghi, 1943)

(a) 미소영역 응력상태　　　　(b) 이완영역　　　　(c) 연직응력

식(5.3)을 적분하면

$$\log\left[\sigma_v + \frac{2c - \gamma B}{2K_o\tan\phi}\right] = \frac{-2K_o z\tan\phi}{B} + c_1$$

c_1은 적분상수이며, 지표면($z=0$)에서 상재하중이 $\sigma_v = q$인 경계조건으로 결정할 수 있다. 응력의 전이로 터널 양측의 수직응력은 토피압 γC보다 크고, 터널천장 상부에서는 토피압보다 작다. 수직응력 σ_v를 터널 천장부에서 단위폭당 지반이완압 $p_v(=\sigma_{z=C})$로 대체하여 정리하면

$$p_v = \frac{B(\gamma - 2c/B)}{2K_o\tan\phi}\left\{1 - \exp\left(-\frac{2CK_o\tan\phi}{B}\right)\right\} + q\exp\left(-\frac{2CK_o\tan\phi}{B}\right) \tag{5.4}$$

B는 이완영역 폭이며, C는 토피고이다. 단위폭당 이완압은 다음과 같이 산정할 수 있다.

$$p_h = Kp_v \tag{5.5}$$

수평토압계수는 K는 $K_a < K < K_o$.근사(보수)적으로 $K \approx K_o$를 사용할 수 있다.

얕은 토사터널에 작용하는 지반하중을 정리하면 그림 M5.10과 같다. 터널바닥 수직토압은 $z = C + H_t$로 산정할 수 있고, 수평토압은 천장부토압 크기에서 바닥부 토압 크기까지 선형적으로 변화한다.

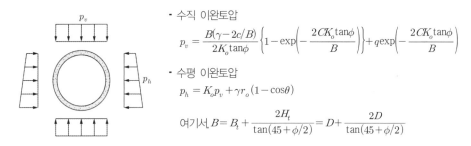

- 수직 이완토압

$$p_v = \frac{B(\gamma - 2c/B)}{2K_o \tan\phi}\left\{1 - \exp\left(-\frac{2CK_o\tan\phi}{B}\right)\right\} + q\exp\left(-\frac{2CK_o\tan\phi}{B}\right)$$

- 수평 이완토압

$$p_h = K_o p_v + \gamma r_o (1 - \cos\theta)$$

여기서, $B = B_t + \dfrac{2H_t}{\tan(45+\phi/2)} = D + \dfrac{2D}{\tan(45+\phi/2)}$

그림 M5.10 얕은 터널에 작용하는 지반하중

5.2.1.2 깊은 토사터널 Deep Soft-ground Tunnels

터널이 충분히 깊게 위치하는 경우, 터널굴착의 영향은 지표에까지 미치지 않는다. 터널이 깊으면($C \geq 2.5B_t$), 터널굴착의 영향이 천장 상부에서 이완 높이 H_1까지만 미치고, 굴착 이완 높이의 상부토체(높이 H_2) 자중이 이완부 상단에 하중으로 작용한다고 가정할 수 있다(Terzaghi, 1943). 계산 이완하중의 높이 H_1은 지반이 변형하거나 지보재가 침하하면 증가할 수 있다.

터널굴착으로 인한 이완영역은 대체로 아치형상을 이루며, 아치 상부 지반의 무게 γH_2가 하부의 지반아치에 상재하중(다음 식의 제2항)으로 작용하는 것으로 가정하여 $z = H_1$이고 $q = \gamma H_2$임을 고려하면, 단위폭당 수직 이완압, p_v는 다음과 같이 산정된다.

$$p_v = \frac{\gamma B}{2K_o \tan\phi}\left\{1 - \exp\left(-\frac{2H_1 K_o \tan\phi}{B}\right)\right\} + \gamma H_2 \exp\left(-\frac{2H_1 K_o \tan\phi}{B}\right) \tag{5.6}$$

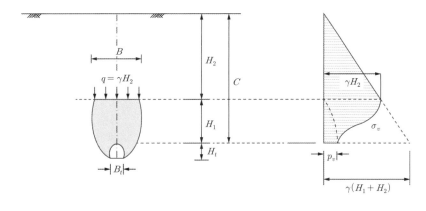

(a) 이완영역   (b) 터널 중심선상 연직응력

그림 M5.11 깊은 터널의 이완영역과 수직 이완압(Terzaghi, 1948)

단순 이완하중 모델

지반 이완하중을 집중하중으로 평가하는 단순법으로 Kommerell, Protodyakonov의 방법이 있다. 이들 하중 모델은 지반-구조물 상호작용을 고려하지 않아 지반하중을 과대평가하는 경향이 있지만 간단하므로, 신속을 요하는 역학적 예비검토에 활용할 수 있다.

A. Kommerell의 이완하중

지반이 하중전이를 수용할 수 없을 정도로 취약한 경우, 중간 이상의 조밀한 지반에서는 천단의 상부 지반이 터널의 폭만큼 이완되고, 느슨한 지반에서는 터널 측벽 하단에서 $45° + \phi/2$를 이루는 선이 터널의 천단을 지나는 수평선과 만나는 폭으로, 타원형 $\{x^2/(B_t/2)^2 + y^2/h^2 = 1\}$ 형태로 이완된다고 가정한다.

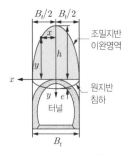

Kommerell 모델

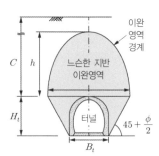

Protodyakonov 모델

터널 굴착으로 인하여 발생된 상부 지반의 침하량이 s_v, 지반의 이완 높이가 h이면, 지반 변형률 ε_s는 $s_v = h(\varepsilon_s/100)$이며, $h = (s_v/\varepsilon_s) \times 100$이다.

터널에 작용하는 총 수직 이완하중 P_v는 이완된 지반의 무게(지반의 단위중량 γ에 이완영역의 면적 $S = (\pi/2)(B_t h/2)$를 곱한 값)이므로 다음과 같다.

$$P_v = \gamma S = \gamma \frac{\pi}{2} \frac{B_t}{2} h = \gamma \frac{\pi}{2} \frac{B_t}{2} \frac{100 s_v}{\varepsilon_s} = 25\pi B_t \gamma \frac{s_v}{\varepsilon_s}$$

총 이완하중은 지반침하량 s_v에 비례하며, 이완된 지반은 강도가 무시되므로 그 자중 전부가 라이닝 하중으로 작용한다고 가정한다. 지반의 변형률 ε_s는 느슨한 입상체의 흙(모래) 1~3%, 중간 정도 점성토(마른 점토), 점성토, 이회토, 섞인 점토 3~8%, 연암(사암, 석회암) 8~12%, 경암 10~15%로 제안하였다.

B. Protodyakonov의 이완하중

Protodyakonov는 터널 굴착 후 지반이완이 일어나 지반 내 포물선형 지반아치가 형성되고 지반아치의 외측은 지반 스스로 자립하고 내측 지반은 이완되어 그 무게가 지보공에 하중으로 작용한다고 가정하였다. 또한 지반아치에는 압축력만 작용하고 천장에 수평력(T_h)이 작용한다고 보았다. 이완영역의 경계는 $y = 2x^2/(B_t \tan\phi)$이며, 이 포물선에 둘러싸인 이완영역의 면적은 $S = (2/3)/B_t h = B_t^2/(3\tan\phi)$이다. 따라서 수직 이완하중 P_v는 이완영역의 면적 S에 지반의 단위중량 γ를 곱한 값으로 다음과 같다.

$$P_v = \gamma S = \frac{\gamma}{3} \frac{B_t^2}{\tan\phi}$$

대심도 토사터널

터널 심도가 매우 깊어지면($H_1 < C/5$), 식(5.6)의 제2항은 무시할 수 있을 만큼 작아지고, 제1항의 중괄호 안은 1에 가까워지므로 라이닝에 작용하는 최대 연직압력 $p_{v\max}$는 다음이 된다.

$$p_{v\max} = \frac{\gamma B}{2K_o \tan\phi} \tag{5.7}$$

만일, $K_o = 1.0$이면 (이완영역 폭은 $B = B_t + 2H_t$이므로) 단위폭당 수직하중 p_v는 이완경계 상부 지반의 자중 γH_2가 되어 터널 폭 B_t에 비례하고 높이 H_t에 무관해진다.

$$p_v = \gamma H_2 = \frac{\gamma B}{2K_o \tan\phi} \simeq \frac{\gamma B_t}{\tan\phi} \tag{5.8}$$

5.2.1.3 토사터널 이완하중의 경험적 고찰

토사터널 시공 사례로부터 확인된 다음 사항들은 토사터널 지반하중 산정 시 참고할 만하다.

- 터널천장부터 지표까지의 거리가 터널 굴착 폭의 2배 이내인 경우, 터널 상부 전체토압하중을 수직지반하중으로 취한다(일반적으로 토피가 6~20m 정도인 얕은 토사터널의 경우, 전체 토피 하중을 적용).
- 터널천단부터 지표까지의 거리가 터널 굴착 폭의 2배를 초과하는 경우, 라이닝에 작용하는 최소 수직지반하중은 터널굴착 폭의 2배로 본다.
- 굴착 직후 토압은 완공 후 장기적으로 복원되는 정지토압보다 작을 것이나, 장기 영향을 고려하여 수평지반하중은 정지토압을 취한다. 즉, $p_h = K_o p_v$

5.2.2 암반터널의 이완하중

암반의 경우 강성이 크므로 굴착영향은 터널 주변에 국한된다. 하지만 불연속 절리 등으로 인해 암반 이완범위를 이론적으로 유도하기는 쉽지 않다. Terzaghi가 **Rock Load에 대한 경험법**을 최초 제안한 이래 다수의 경험식이 제안되었다.

5.2.2.1 Terzaghi의 Rock Load

Terzaghi(1946)는 터널굴착 경험을 토대로 암반성상에 따른 암반 터널의 이완 높이 H_p를 결정하여 Rock Load를 산정하는 방법을 제안하였다. 이후 Deere and Miler(1970) 등은 Terzaghi 이완하중을 **굴착 중 하중 산정을 위한 '초기 이완 높이'(initial rock load)**, 영구지보 라이닝 안정 검토를 위한 **'최종 이완 높이'(final rock load)'**로 구분한 수정 H_p 산정법을 제안하였다.

그림 M5.12는 Terzaghi의 Rock Load의 터널 라이닝 작용 개념을 나타낸 것이다. 터널 상부 이완영역의 폭은 터널 하반에서 $(45° - \phi/2)$으로 그은 선이 터널 천장부를 지나는 수평선과 만나는 양측의 점을 잇는 구간이다. H_p를 정하였다면 터널에 작용하는 하중은

- 터널 천장부에서 단위면적당 수직하중, $p_v = \gamma_t H_p$
- 터널 측벽부에서 단위면적당 수평하중, $p_h = K\gamma_t\{H_p + r_o(1 - \cos\theta)\}$. 여기서 K는 $K_a < K < K_o$.
- 터널 인버트부에서, $p_{vi} = \gamma_t(H_p + 2r_o) + \pi g$. 여기서 g는 라이닝 단위길이당 중량

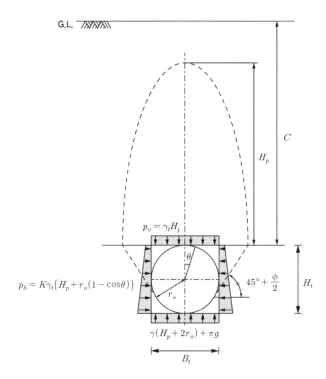

그림 M5.12 Terzaghi의 Rock Load Parameters

이 방법은 현재까지도 라이닝에 작용하는 지반 이완하중 산정에 널리 사용되고 있지만, **지반-구조물 상호작용 및 암반의 자립능력을 고려하지 못하는 한계**가 있다. 또한 굴착 교란 효과가 적은 TBM 공법 혹은 굴착 직후 숏크리트와 록볼트 보강이 이루어지는 관용터널공법의 경우에는 이완하중이 과대하게 산정된다. 표 M5.1에 Terzaghi Rock Load와 이의 수정법(Deere)에 의한 암반하중 산정법을 제시하였다.

예제(그림 M5.13)를 통해 설계 이완영역의 분포특성을 살펴본 결과, 심도 20m 직경 5m의 터널을 RQD > 75인 지반에 건설하는 경우, 이완되는 영역은 터널토피의 10~15% 수준 정도로 나타난다. 암반이 견고할수록 이완영역의 범위는 크게 감소하며, 반대로 토사에 가까워지면 거의 전 토피하중이 이완영역으로 산정된다.

표 M5.1 Rock Load Classification(USACE, 1997)

(H_p : rock load, B_t : tunne width, $P_t = B_t + H_t$)

RQD(%) Fracture spacing (cm)		Rock condition 암반상태	Rock load(H_p) 암반 하중고(Deree 등)		Remark 지보 및 단면	Terzaghi's original rock load	
			Initial(굴착)	Final(최종)		H_p	ϕ
—50		1. Hard and intact 무결한 경암	0	0	Generally no side pressure erratic load changes from point to point — Lining only if spalling or popping 암파열 시 지보	0	–
	98 95	2. Hard Stratified or schistose 층상/편암상 경암	0	$0.25B_t$	Spalling common 암파열 흔하게 발생	$0\sim0.5B_t$	$45\sim90°$
	90	3. Massive moderately jointed 대괴상, 보통 절리	0	$0.5B_t$	Side pressure. 측압 if strata inclined, some spalling	$0\sim0.25B_t$	$63\sim90°$
—20	75	4. Moderately blocky and seamy 보통 괴상, 균열성	0	$0.25B_t$ or $0.35P_t$		$0.25B_t\sim 0.35(B_t+H_t)$	$45\sim90°$
—10	50	5. Very blocky, seamy and shattered 현저히 소괴, 균열 많음	0.0 or $0.6P_t$	$0.35B_t$ or $1.10P_t$	Little or no side pressure 측압 거의 없거나 없음	$(0.35\sim1.10) (B_t+H_t)$	$24\sim55°$
—5	25 10 2	6. Completely crushed 완전파쇄암반		$1.10P_t$	Considerable side pressure. If seepage, continuous support 상당측압, 누수 시 연속 지보	$1.10(B_t+H_t)$	
—2		7. Gravel and sand 자갈과 모래	$0.54P_t\sim 1.20P_t$	$0.62P_t\sim 1.38P_t$	Dense Side pressure 측압 $P_h = 0.3\gamma(0.5H_t+H_p)$ Loose	–	–
			$0.94P_t\sim 1.20P_t$	$1.08P_t\sim 1.38P_t$			
	Weak and Coherent	8. Squeezing, 압출성 moderate depth		$1.0P_t\sim 2.1P_t$	Heavy side pressure, continuous support required 큰 측압, 역아치 지보, 폐합 필요	$(1.10\sim2.10) (B_t+H_t)$	$13\sim24°$
		9. Squeezing, 압출성 great depth		$2.1P_t\sim 4.5P_t$		$(2.10\sim4.50) (B_t+H_t)$	$6\sim13°$
		10. Swelling 팽창성 암반		75m까지 (250 ft)	Use circular support. In extreme cases : yielding support 원형	(B_t+H_t)에 관계없이 75m까지	

※참고사항

• 암반의 평균단위중량≒2.7t/m³=27kN/m³=0.027MN/m³

• 초기 지중 연직응력

$\sigma_{vo} = \gamma_t z = 0.027z$(MPa), z는 심도(m)

• 초기 지중 수평응력

$\sigma_{ho} = K_o\sigma_{vo}$

여기서 $\left(\dfrac{100}{z}+0.3\right) < K_o < \left(\dfrac{1500}{z}+0.5\right)$

예제 심도(H) 20m, 직경(B_t) 5m인 원형 터널을 $RQD=0 \sim 100$인 지반에 건설한다고 가정하여 천장부 수직 암반하중 높이 H_p를 산정해보고, 이를 정규화하여 이완범위의 상대적 규모를 검토해보자.

풀이

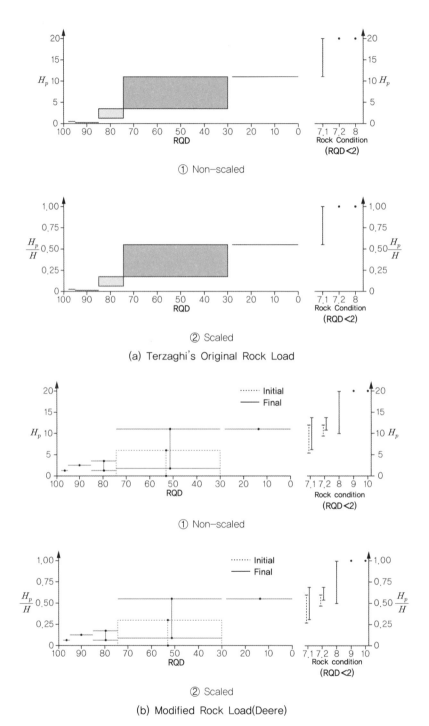

(a) Terzaghi's Original Rock Load

(b) Modified Rock Load(Deere)

그림 M5.13 암반터널의 이완 높이 산정 예(rock condition : 표 M5.3의 2번째 칼럼 일련번호)

5.2.2.2 암반분류를 이용한 방법

RMR 이용법

Bieniawski(1974)는 암반의 RMR 분류에 근거하여 **단위면적당 지반 이완하중**을 다음과 같이 제안하였다(γ는 암반의 단위중량, B_t는 터널의 폭).

$$p_v = \frac{100 - RMR}{100} \gamma_t B_t (\mathrm{kg/cm^2}) \tag{5.9}$$

Q-값 이용법

Barton(1974) 등은 암반분류법인 Q-System에 근거하여 터널 천장부에 작용하는 **단위면적당 지반이완하중**을 아래와 같이 제안하였다.

$$p_{roof} = p_v = \left[\frac{2.0}{J_r} \right] Q^{-\frac{1}{3}} (\mathrm{kg/cm^2}) \tag{5.10}$$

절리군(set)의 수가 2개 이하일 경우

$$p_{roof} = p_v = \frac{2.0 J_n^{\frac{1}{2}} Q^{-\frac{1}{3}}}{3.0 J_r} (\mathrm{kg/cm^2}) \tag{5.11}$$

J_r은 절리면의 거칠기 계수, J_n은 절리군의 수로 결정되는 상수이다.

예제 터널 폭 10m, 높이 8m, RMR=40~60, γ_t=2.1t/m²인 경우에 대하여 천장부 암반하중을 산정해보자.

풀이 ① B_t=10m, H_t=8m인 터널에 대하여 RMR 평균치 50으로 가정하면
　　　　Terzaghi Original 암반이완하중, $p_v = 0.4(B_t + H_t)\gamma_t = 15 \sim 23\mathrm{t/m^2}$
　　　　Deree 수정암반분류에 의한 암반하중은,
　　　　　• 초기하중, $p_v = (0.0 \sim 0.6 H_t)\gamma_t = 0 \sim 4.8\mathrm{t/m^2}$,
　　　　　• 최종하중, $p_v = (0.35 B_t \sim 1.1 H_t)\gamma_t = 7.35 \sim 13.8\mathrm{t/m^2}$
　　　② RMR=50에 대하여 RMR 경험식으로 산정한 암반하중
　　　　천장에서, $p_v = \gamma_t B_t (100 - RMR/100) = 10\mathrm{t/m^2}$
　　　③ Q 경험식으로 산정한 암반하중, $RMR-Q$ 관계식에서 $RMR = 9\ln Q + 44$이고, $Q=2$, $J_n = 2$,
　　　　$J_r = 0.162$이다. 따라서 천장에서,

　　　　$p_v = 2\,Q^{-1/3} J_n^2 J_r^{-1} = 9.9\mathrm{t/m^2}$

5.3 터널 라이닝 이론 구조해석법 Theoretical Methods

라이닝은 휨 거동으로 지반이완하중에 저항하는 곡선보이다. 라이닝 전 주면이 지반과 닿아 있어, 마치 탄성기초(Beam on elastic foundation)를 동그랗게 말아놓은 것과 같다(기초가 'Beam on elastic ground'라면 터널 라이닝은 '**Circular beam in elastic ground**'라 할 수 있다). 하지만 두 구조의 하중작용 방향은 전혀 다르다. 기초의 경우 건물에서 전달되는 하중을 지반이 지지토록 하는 것인 반면, 터널은 이와 반대로 라이닝이 지반하중을 지지하는 구조이다.

이론해석법에는 지반스프링을 고려하지 않고, 라이닝을 단순히 원형보로 가정하여 해석하는 **원형보 이론**과 지반-라이닝 상호작용을 고려하는 해석법인 **연속체 모델링법**과 **빔-스프링 모델링법**이 있다. 이론해석은 균질지반 내 원형 라이닝을 가정한다(세그먼트 라이닝이 이에 부합).

5.3.1 원형보 이론 : 라이닝 골조 모델링 Circular Beam Model

5.3.1.1 폐합 라이닝 Closed(inverted) Lining

인버트를 설치하여 폐합하는 터널 라이닝은 터널 중심축에 대해 좌우대칭인 **원형 링(원형보)**으로 가정할 수 있다. 강체이동을 방지하기 위해 구속절점이 필요한데, 통상 인버트 중앙을 고정단으로 취한다. 지반의 영향은 그림 M5.14와 같이 수직 및 수평 토압(p_v, p_h)으로 고려할 수 있다.

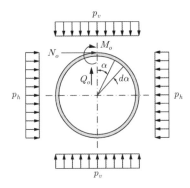

그림 M5.14 원형 터널의 폐합지보 모델링($0 \leq \alpha \leq \theta$)

부재력(휨모멘트 M, 축력 N, 전단력 Q)

그림 M5.15와 같이 바닥의 중앙 C점의 변위가 고정된 우측 절반의 지보링을 생각하자. 터널 중심에서 연직 축에 각도 θ인 임의 점 d에 작용하는 단면력(모멘트 M_θ, 축력 N_θ, 전단력 Q_θ)은 천장 A점의 단면력(M_o, N_o, Q_o)과 A점과 d점 사이 작용하중에 의해 d점에 생기는 휨모멘트 M_d와 축력 N_d로 타나낼 수 있다.

$$M_\theta = M_o + Q_o r_o \sin\theta + N_o r_o (1 - \cos\theta) + \int_0^\theta dM_d \, d\alpha \tag{5.12}$$

$$N_\theta = N_o \cos\theta - Q_o \sin\theta + \int_0^\theta dN_d \, d\alpha \tag{5.13}$$

$$Q_\theta = Q_o + \frac{1}{r_o} \frac{dM}{d\theta} \tag{5.14}$$

부호규약은 압축력과 터널 내측 변위를 양(+)으로 하며, 시계방향 휨모멘트(원통 외측이 압축)를 양(+)으로 한다.

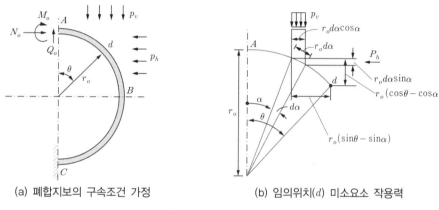

(a) 폐합지보의 구속조건 가정   (b) 임의위치(d) 미소요소 작용력

그림 M5.15 폐합지보 원형보 이론($0 \le \alpha \le \theta$)

임의 점 d의 모멘트 M_d과 축력 N_d. 토압하중 p_v 및 p_h를 받는 터널의 중심을 지나는 연직선에 대해 각도 α인 위치의 미소요소(길이 $r_o d\alpha$)에 작용하는 모멘트 dM_d는

$$dM_d = -p_v r_o d\alpha \cos\alpha r_o (\sin\theta - \sin\alpha) + p_h r_o d\alpha \sin\alpha r_o (\cos\theta - \cos\alpha) \tag{5.15}$$

위 식을 $0 \sim \theta$ 구간에 대하여 적분하면, d점의 모멘트 M_d는

$$M_d = \int_0^\theta dM_d d\alpha = -p_v r_o^2 \int_0^\theta \cos\alpha (\sin\theta + \sin\alpha) d\alpha + q_h r_o^2 \int_0^\theta \sin\alpha (\cos\theta - \cos\alpha) d\alpha$$

$$= -\frac{1}{2} p_h r_o \sin^2\theta - \frac{1}{2} p_h r_o^2 (1 - \cos\theta)^2 \tag{5.16}$$

같은 조건에서 미소요소의 축력 dN_d는

$$dN_d = p_v r_o d\alpha \cos\alpha \sin\theta - p_h r_o d\alpha \sin\alpha \cos\theta \tag{5.17}$$

식(5.17)을 $0 \sim \theta$ 구간에 대하여 적분하면 d점의 축력 N_d는

$$N_d = \int_0^\theta dN_d d\alpha = p_v r_o \sin\theta \int_0^\theta \cos\alpha d\alpha - p_h r_o \cos\theta \int_0^\theta \sin\alpha d\alpha \tag{5.18}$$
$$= p_v r_o \sin^2\theta + p_h r_o \cos^2\theta - p_h r_o \cos\theta$$

라이닝 임의위치(θ)의 모멘트 M_θ과 축력 N_θ. 식(5.14)~(5.18)을 식(5.12) 및 (5.13)에 대입하면, θ 위치의 단면력(휨모멘트 M_θ, 축력 N_θ)은 다음과 같다.

$$M_\theta = M_o + N_o r_o(1-\cos\theta) - \frac{1}{2} p_v r_o^2 \sin^2\theta - \frac{1}{2} p_h r_o^2 (1-\cos\theta)^2 \tag{5.19}$$
$$N_\theta = N_o \cos\theta - Q_o \sin\theta + p_v a \sin^2\theta + p_h a \cos^2\theta - p_h a \cos\theta \tag{5.20}$$

천장부의 부재력(휨모멘트, 축력, 전단력 M_o, N_o, Q_o). 천장부 A는 대칭점이므로 회전각과 수평변위가 0 ($\Delta\phi_A = 0$, $\Delta\delta_{hA} = 0$)이며, 좌우 대칭인 하중조건을 가정했을 때, 전단력은 '0'이다($Q_o = 0$). 이 경계조건을 이용하면 천장부 A점의 단면력(모멘트 M_o, 축력 N_o, 전단력 Q_o)은 다음과 같다.

$$M_o = \frac{1}{4}(p_v - p_h)r_o^2$$
$$N_o = p_h r_o \tag{5.21}$$
$$Q_o = 0$$

터널은 직경에 비해 두께가 얇으므로 전단력 Q_o의 영향을 무시하면($Q_o \approx 0$)

$$M_\theta = \frac{1}{4}(p_v - p_h)r_o^2 \cos2\theta \tag{5.22}$$
$$N_\theta = p_v r_o \sin^2\theta + p_h r_o \cos^2\theta \tag{5.23}$$

그림 M5.14는 원형보 이론에 의한 천장, 측벽, 인버트에서 폐합 터널의 단면력을 예시한 것이다. 식(5.22) 및 식(5.23)을 θ에 대하여 전개하면 그림 M5.16(b)와 같이 나타난다. 모멘트 극대점은 천장, 인버트 그리고 양 측벽부에서 나타난다.

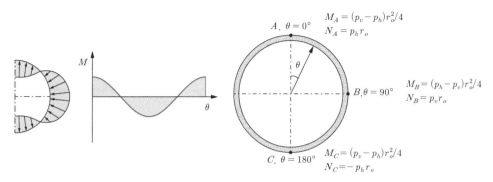

$$M_A = (p_v - p_h)r_o^2/4$$
$$N_A = p_h r_o$$

$$M_B = (p_h - p_v)r_o^2/4$$
$$N_B = p_v r_o$$

$$M_C = (p_v - p_h)r_o^2/4$$
$$N_C = -p_h r_o$$

그림 M5.16 폐합라이닝의 주요 위치별 모멘트와 축력 : 일반적으로 최대 단면력이 발생하는 위치

내공변위

라이닝의 임의 점의 반경변위(회전각과 축방향 변위 및 내공변위)는 각 점의 변형에너지를 그 점에 작용하는 힘으로 간주하고 Castigliano의 정리(가상일의 원리)를 적용하여 구할 수 있다.

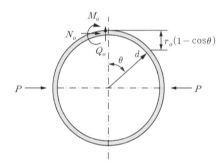

그림 M5.17 가상 하중(P)을 이용한 내공변위 산정

전체 내공변위 u_r은 모멘트에 의한 변위 u_{rM}, 축력에 의한 변위 u_{rN}, 그리고 전단력에 의한 변위 u_{rQ}의 합이다. 즉, $u_r = u_{rM} + u_{rN} + u_{rQ}$. 전단력의 영향은 상대적으로 크지 않으므로 $u_{rQ} \approx 0$으로 가정하면, 모멘트에 의한 변위는 다음과 같이 계산된다.

$$u_{rM} = \frac{r_o^4}{8EI}(p_v - p_h)\left[\frac{1}{6}\sin3\theta - \frac{1}{\pi}\sin2\theta + \frac{1}{2}\sin\theta\right]_0^{\theta\,(단,\,\theta \leq \pi/2)}$$
$$+ \frac{r_o^4}{8EI}(p_v - p_h)\left[\frac{1}{6}\sin3\theta + \frac{1}{\pi}\sin2\theta + \frac{1}{2}\sin\theta\right]_{\pi/2}^{\theta\,(단,\,\pi/2 < \theta \leq \pi)} \tag{5.24}$$

천장과 측벽($\theta = 0°$, $90°$)에서는 크기가 같고 부호가 반대이므로 천정과 측벽의 모멘트에 의한 변위 u_{rM}

은 다음과 같다.

$$u_{rM,\theta=0} = -\frac{r_o^4}{12EI}(p_v - p_h)$$

$$u_{rM,\theta=90} = \frac{r_o^4}{12EI}(p_v - p_h)$$

(5.25)

지보공의 축력에 의한 변위 u_{rN}은 얇은 원통 개념으로부터 구할수 있다. 숏크리트와 같이 두께(t)가 충분히 얇은 라이닝의 축력은 $N = \sigma_\theta t$으로 나타낼 수 있으며, 원형보의 평균축력은 $N_{ave} = r_o(p_v + p_h)/2$이다. 축력으로 인한 접선변형률 및 반경방향 변위는($\sigma_r \approx 0$),

$$\epsilon_\theta = \sigma_\theta \frac{1 - \nu^2}{E}$$

(5.26)

$$u_{rN} = \epsilon_\theta r_o = \sigma_\theta \frac{1 - \nu^2}{E} = \frac{N}{t}\frac{1 - \nu^2}{E} = \frac{1 - \nu^2}{E}\frac{r_o}{t}\frac{(p_v + p_h)}{2}$$

(5.27)

5.3.1.2 미폐합 라이닝 Unclosed Lining

인버트를 폐합하지 않은 경우, 지보라이닝은 **하단을 힌지로 가정**한다(이 가정은 힌지인 지보기초에 모멘트가 발생하는 문제가 있지만, 천장부에서 발생하는 최대모멘트에 미치는 영향은 무시할 만하다). $\theta = 180°$ (인버트 중앙 C점)에서 $M_c = 0$, $N_c = 0$인 가상조건을 도입하여 근사해를 구할 수 있다.

$$M_c = M_o - 2N_o r_o - 2p_h r_o^2 = 0$$

(5.28)

$$N_c = -N_o + 2p_h r_o = 0$$

(5.29)

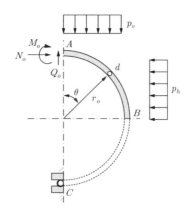

그림 M5.18 미폐합 라이닝 원형보 이론

위 조건으로부터, 천장부 A의 모멘트 M_o와 축력 N_o은 다음과 같이 구해진다.

$$M_o = 6p_h r_o^2 \tag{5.30}$$

$$N_o = 2p_h r_o \tag{5.31}$$

식(5.30) 및 (5.31)을 (5.12) 및 (5.13)에 대입하면, θ 위치의 단면력은

$$
\begin{aligned}
M_\theta &= M_o + N_o r_o (1-\cos\theta) - \frac{1}{2}p_v r_o^2 \sin^2\theta - \frac{1}{2}p_h r_o^2 (1-\cos\theta)^2 \\
&= -\frac{1}{2}p_v r_o^2 \sin^2\theta + \frac{1}{2}p_h r_o^2 (7+6\cos\theta - \cos^2\theta)
\end{aligned}
\tag{5.32}
$$

$$
\begin{aligned}
N_\theta &= N_o \cos\theta + p_v r_o \sin^2\theta + p_h r_o \cos^2\theta - p_h r_o \cos\theta \\
&= p_v r_o \sin^2\theta + p_h r_o \cos\theta (1+\cos\theta)
\end{aligned}
\tag{5.33}
$$

천장과 측벽, 바닥에서 모멘트와 축력은 그림 M5.17과 같다.

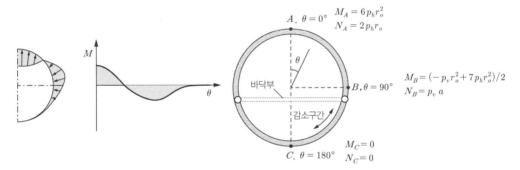

그림 M5.19 미폐합라이닝의 주요 위치별 모멘트와 축력(바닥부 하부는 가상조건)

실제 터널에서 미폐합라이닝의 지보의 기초에서 모멘트는 '0'이다. 위 모멘트식은 '0'이 아님을 유의하여야 한다. 하지만 단면설계 기준이 되는 최대모멘트가 발생하는 A점의 모멘트가 하부 경계조건으로부터 받는 영향은 미미하다.

5.3.1.3 원형보 이론을 이용한 하중영향의 중첩해

실제 터널 라이닝에 작용하는 하중은 그림 M5.20과 같이 토압 외에도 수압, 지반반력, 자중 등이 있다. 원형보 이론은 **탄성이론이므로 중첩법을 이용**하여 라이닝에 작용하는 다양한 하중영향을 고려할 수 있다.

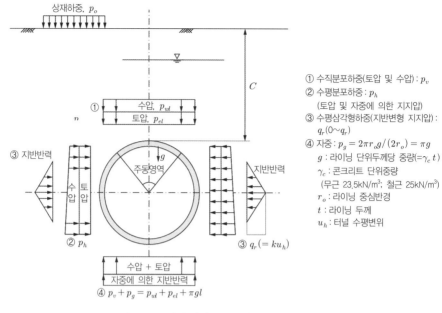

① 수직분포하중(토압 및 수압) : p_v
② 수평분포하중 : p_h
   (토압 및 자중에 의한 지지압)
③ 수평삼각형하중(지반변형 지지압) :
   $q_r(0 \sim q_r)$
④ 자중 : $p_g = 2\pi r_o g / (2r_o) = \pi g$
   g : 라이닝 단위두께당 중량$(= \gamma_c \, t)$
   γ_c : 콘크리트 단위중량
   (무근 23.5kN/m³; 철근 25kN/m³)
   r_o : 라이닝 중심반경
   t : 라이닝 두께
   u_h : 터널 수평변위

그림 M5.20 터널 라이닝에 작용하는 하중

각각의 하중에 대하여 폐합 원형보 이론을 이용하여 임의 θ(천장으로부터 반시계방향으로 잰 각) 위치에서 모멘트와 축력을 산정할 수 있다(전단력 Q_o의 영향).

① 수직분포하중(대칭 p_v)로 인한 모멘트 및 축력 : 수직 이완하중 및 수압

$$M_{p_v} = \frac{1}{4}(1 - 2\sin^2\theta)p_v r_o^2 \tag{5.34}$$

$$N_{p_v} = p_v r_o \sin^2\theta \tag{5.35}$$

② 수평분포하중(대칭 p_h)으로 인한 모멘트 및 축력 : 수평이완하중 및 수압

$$M_{p_h} = \frac{1}{4}(1 - 2\sin^2\theta)p_h r_o^2 \tag{5.36}$$

$$N_{p_h} = p_h r_o \sin^2\theta \tag{5.37}$$

③ 수평 삼각형 하중 : 지반반력 $q_r(0 \sim q_r)$

지반-라이닝 상호작용은 **지반반력**을 하중으로 다룸으로써 근사적으로 고려할 수 있다. 터널 외측의 확장변형에 따른 지반의 수동저항을 수평하중으로 고려하는 것이다. 탄성거동을 가정하면 지반반력 q_r 은 변위의 크기에 비례할 것이므로 이를 삼각형으로 단순 가정할 수 있다.

$K_o < 1.0$인 경우 수직하중이 수평하중보다 크므로 터널 천장부는 내공이 좁아지고, 측벽부는 폭이 확장되는 거동을 할 것이다. 따라서 터널 라이닝의 측벽은 지반에 압축거동을 야기한다. 이때 변위(터널 외곽방향)를 u_h라 하면, 이로 인하여 지반이 라이닝에 미치는 수평저항은 지반반력계수 k를 이용하여 다음과 같이 나타낼 수 있다. 만일, u_h가 터널 내측 거동이면 스프링 영향은 배제되어야 한다.

$$q_r = ku_h \tag{5.38}$$

여기서, 단위길이의 사각형요소를 가정하면, $k = E / \{1.12(1-\nu^2)\}$ 이다.

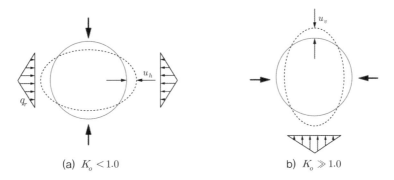

(a) $K_o < 1.0$ b) $K_o \gg 1.0$

그림 M5.21 휨성 라이닝의 변형 거동

원형보 이론을 적용하여, 수평변위 u_h을 구하면

$$u_h = \frac{\{2(p_{e1}+p_{w1})-(q_{e1}+q_{w1})-(q_{e2}+q_{w2})\}r_o^4}{24(EI+0.0454kr_o^2)} \tag{5.39}$$

식(5.39)를 (5.38)에 대입하여 q_r을 결정하면, q_r로 인한 모멘트와 축력은 다음과 같이 계산된다.

$$M_{u_hq_r} = \frac{1}{48}(6+3\sin\theta-12\sin^2\theta-4\sin^3\theta)q_rr_o^2 \tag{5.40}$$

$$N_{u_hq_r} = \frac{1}{16}(-\sin\theta+8\sin^2\theta+4\sin^3\theta)q_rr_o \tag{5.41}$$

④ 자중 : $p_g = \dfrac{2\pi r_o g}{2r_o} = \pi g$, $g = \gamma_c t$ (여기서 γ_c : 콘크리트 단위중량, t : 라이닝 두께)

$0 \le \theta \le 2/\pi$인 경우

$$M_{p_g} = \left(-\frac{1}{8}\pi + \theta\sin\theta + \frac{5}{6}\sin\theta - \frac{1}{2}\pi\sin^2\theta \right) gr_o^2 \tag{5.42}$$

$$N_{p_g} = \left[-\pi\sin\theta + (\pi - \theta)\sin\theta + \pi\sin^2\theta + \frac{1}{6}\sin\theta \right] gr_o \tag{5.43}$$

$\pi/2 \leq \theta \leq \pi$ 인 경우

$$M_{p_g} = \left[\frac{3}{8}\pi - (\pi - \theta)\sin\theta + \frac{5}{6}\sin\theta \right] gr_o^2 \tag{5.44}$$

$$N_{p_g} = \left[(\pi - \theta)\sin\theta + \frac{1}{6}\sin\theta \right] gr_o \tag{5.45}$$

총 모멘트 및 축력

라이닝에 작용하는 총 모멘트와 축력은 각 하중의 영향을 중첩하여 얻을 수 있다.

$$
\begin{aligned}
&\text{총 모멘트, } M_{\theta T} = M_{p_v} + M_{q_h} + M_{u_h p_h} + M_{p_g} \\
&\text{총 축력, } N_{\theta T} = N_{p_v} + N_{p_h} + N_{u_h p_h} + N_{p_g}
\end{aligned}
\tag{5.46}
$$

실제 터널 라이닝에 발생하는 부재력은 지반과 라이닝의 상대강성에 따른 지반-라이닝 상호작용의 결과로 결정된다. 원형보 이론은 이를 삼각형 하중으로 단순 가정하며, 실제 구조설계에 적용하는 경우는 많지 않지만 실무에서 모멘트나 축력을 간단히 체크하는 데 유용하다.

5.3.2 지반-라이닝 상호작용 이론 Ground-Lining Interaction Model

5.3.2.1 상호작용 이론해 개요

원형보 이론은 라이닝과 지반의 상호작용을 지반 저항력을 이용하여 근사적으로 고려하며, 1960년대까지 라이닝 설계에 주로 적용되었다. 하지만 이 방법은 지반과 라이닝 간 상호영향을 지나치게 단순화하며, 터널형상, 지반특성 및 하중조건에 따라서도 달라지는 상호작용 거동을 고려하기엔 미흡하다.

지반-라이닝 상호작용이론은 지반거동을 비교적 적절하게 고려할 수 있는데, 여기에는 **연속체 모델**(continuum model)과 **빔-스프링 모델**(beam-spring model, bedded beam(ring) model)이 있다. 연속체 모델은 1926년 Schmid가 처음으로 도입하였고, 이후 Norway의 Engelbreth(1957) 등 다수의 연구자들이 다양한 조건의 해를 제시하였다. 1975년 M. Wood는 터널의 변형모드를 타원형으로 가정하고, 라이닝 반경방향응력만을 고려하여 연속해를 유도하였고, 이후 Curtis(1976)가 접선응력도 고려(full bonding)하여 Wood 해를 보완하였다.

한편, 1944년 Bull이 얕은 터널의 천단부 **인장 변형부에 스프링을 배제**한 빔-스프링 모델을 이용한 해를 제시하였다(터널천장부에 스프링을 달면 터널이 내측으로 변형할 때, 스프링에 인장력이 발생하여 터널변형이 일어나지 못하게 잡아당기는 오류가 초래된다). 1964년 Schulze and Duddeck은 얕은 토사터널에 적용하기 위한 빔-스프링 모델에 대한 완전한 연속해를 유도하였고, Windels(1966)는 이를 비선형 거동해로 확장하였다. 그림 M5.22에 두 모델을 예시하였다.

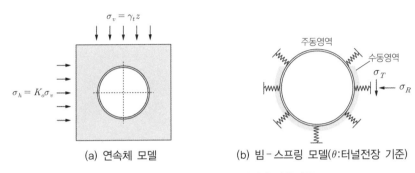

(a) 연속체 모델   (b) 빔 – 스프링 모델(θ:터널전장 기준)

그림 M5.22 이론 모델 및 라이닝 작용하중

지반-라이닝 상호작용 이론은 다음 조건을 가정한다.

- 지반과 라이닝 모두 탄성거동하며, 터널 횡단면 모델로서 평면변형조건이다.
- 지반이 충분히 연약하여 정지지중응력(또는 이의 일부)에 해당하는 지반하중을 라이닝이 부담한다.
- 라이닝과 지반은 완전한 결합(full bond), 또는 분리거동(tangential slip)으로 고려할 수 있다.
- 지반–라이닝 상호거동은 지반에 반력을 야기한다. 연속체 모델은 이를 연속 매질로 고려하나, 빔–스프링 모델은 지반 거동을 스프링 강성으로 모사한다(내공이 축소되는 거동은 인장 스프링이 되므로 무시한다).

작용하중

상호작용 모델의 작용하중은 5.2절의 하중을 참고할 수 있다. 얕은 토사터널의 경우 전 토피하중을 고려하나, 심도가 깊거나 사질토 지반의 경우, 이완영역은 터널 주변의 일정범위로 한정된다.

얕은 토사지반에서 터널 주변 지반의 정지 지중응력 조건을 다음과 같이 설정하면(H : 터널 심도),

$$\sigma_{vo} = \gamma H$$
$$\sigma_{ho} = K_o \sigma_{vo} = K_o \gamma H \tag{5.47}$$

식(5.47)의 지중응력조건으로부터 터널 라이닝 원주에 작용하는 반경 및 접선 지반하중 σ_R, σ_T을 다음과 같이 적용할 수 있다(제안자마다 다음 식을 단순화하여 적용).

$$\sigma_R = \frac{1}{2}\gamma H(3+K_o) + \frac{\gamma}{4}\left[-r_o(1+K_o)\cos\theta + 2H(1-K_o)\cos2\theta - r_o(1-K_o)\cos3\theta\right] \tag{5.48}$$

$$\sigma_T = \frac{1}{4}\gamma(1-K_o)\left[-r_o\sin\theta + 2H\sin2\theta - r_o\sin3\theta\right] \tag{5.49}$$

상호작용이론의 적용성

일반적으로 연속체 모델은 보통 수준의 심도를 갖는 터널에 주로 적용되고, 빔-스프링 모델은 천단부에서 지압의 감소가 일어나지 않는 얕은 터널에 선호되고 있다. 깊은 터널의 경우, 정지토압을 30~50% 감해 적용한다. ITA Working Group에서 제시한 이론해의 적용조건은 다음과 같다.

- 얕은 터널($H \leq 3D$)의 경우, 전 토압을 고려하는 빔-스프링 모델, 또는 등가의 연속체 모델 적용
- 보통 심도의 터널($3D \leq H \leq 5D$)의 경우, 지반강성, 장기거동 특성 등을 감안하되 전 토압을 고려하는 연속체 모델
- 깊은 심도의 연약지반 터널($H \geq 5D$)의 경우, 상부 토압을 저감(Wood, 50% 가정)한 연속체 모델

상호작용이론은 전통적으로 원형의 쉴드터널을 많이 건설해 온 국가를 중심으로 여전히 **실무에서 사용**되고 있다(특히, 원형 세그먼트 라이닝 설계). 연속체 모델은 미국과 일부 유럽국가, 빔-스프링 모델은 유럽국가들, 그리고 Wood와 Curtis의 해는 영국(UK)에서 예비단계의 터널설계에 활용되고 있다.

5.3.2.2 연속체 모델 이론해 Continuum Model

Muir Wood(1975) & Curtis(1976)의 해

Wood(1975)는 지반하중을 그림 M5.23과 같이 타원형 반경방향 하중으로 가정하고, Airy Stress Function, Φ를 이용하여 지반 응력에 대한 탄성이론해(closed form solution)를 유도하였다.

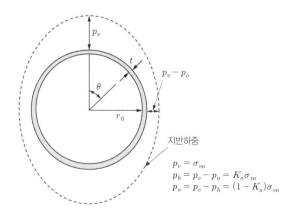

지반하중
$$p_v = \sigma_{vo}$$
$$p_h = p_v - p_o = K_o\sigma_{vo}$$
$$p_o = p_v - p_h = (1-K_o)\sigma_{vo}$$

그림 M5.23 원형 터널의 작용하중(M. Wood, 1975)

$$\phi = (ar^2 + br^4 + cr^{-2} + d)\cos2\theta \tag{5.50}$$

여기서, a, b, c, d는 상수이다. 식(2.49)의 Airy응력함수이론을 이용하면,

$$\sigma_r = \frac{1}{r}\frac{\partial\phi}{\partial r} + \frac{1}{r^2}\frac{\partial^2\phi}{\partial r^2} = -(2a + 6cr^{-4} + 4dr^{-2})\cos2\theta \tag{5.51}$$

$$\sigma_\theta = \frac{\partial^2\phi}{\partial r^2} = (2a + 12br^2 + 6cr^{-4})\cos2\theta \tag{5.52}$$

$$\sigma_{r\theta} = \frac{\partial}{\partial r}\left(\frac{1}{r}\frac{\partial\phi}{\partial\theta}\right) = -(6cr^{-4} + 2dr^{-2})\sin2\theta \tag{5.53}$$

$r = r_o$에서, $\sigma_{r\theta} = 0$이고, $r \to \infty$이면, $\sigma_\theta \to \infty$이므로, $a = b = 0$, $d = -3cr_o^{-2}$이다. 따라서 지반응력은

$$\sigma_r = -6c(r^{-4} - 2r_o^{-2}r^{-2})\cos2\theta \tag{5.54}$$

$$\sigma_\theta = 6cr^{-4}\cos2\theta \tag{5.55}$$

평면변형조건에서 지반탄성계수를 E_g라 하면, 평면에 수직한 응력은

$$\sigma_l = \nu(\sigma_\theta + \sigma_r) \tag{5.56}$$

$$\epsilon_r = \frac{1}{E_g}[\sigma_r - \nu(\sigma_\theta + \sigma_l)] \tag{5.57}$$

$\epsilon_r = \partial u_r/\partial r$이고, $r \to \infty$에서, $u_r \to 0$ 조건을 고려하면

$$u_r = -\frac{2c(1+\nu)}{E_g}[r^{-3} - 6(1-\nu)r_o^{-2}r^{-1}]\cos2\theta \tag{5.58}$$

위 식에서 c는 미지수인데, 지보압력을 도입함으로써 라이닝 거동과 연계하여 결정할 수 있다. 라이닝 작용 하중을 p라 하고, $p_o = p_v - p_h$라 하자.

$$p = p_v - \frac{p_o}{2}(1 - \cos2\theta) \tag{5.59}$$

$r = r_o$에서 $\theta = 0$이고, $\bar{p}$가 p의 평균값이면, $\pm\frac{1}{2}(p - \bar{p})_{\max} = \sigma_r = 6cr^{-4}$이므로, $c = \pm\frac{1}{6}c^4\frac{1}{2}(p - \bar{p})_{\max}$.

라이닝 거동은 그림 M5.23에 보인 라이닝에 하중 p를 가하는 해석을 통해 얻을 수 있다. Wood는 지반과 라이닝 간에 접선 방향 활동(tangential slip)이 일어나는 경우에 대하여 얇은 라이닝을 가정하여, 최대 휨모멘트를 다음과 같이 산정하였다.

$$M_{\max} = \frac{p_o r_o^2}{(10 - 12\nu)/(3 - 4\nu) + 2E_g r_o^3 / \left[3(1 + \nu)(3 - 4\nu)E_l I_l\right]} \tag{5.60}$$

Curtis(1976)는 지반과 라이닝이 완전 결합된 조건(fully bonding)에 대하여 반경하중과 접선하중을 모두 고려하여수정 최대휨모멘트를 다음과 같이 제안하였다.

$$M_{\max} = \frac{p_o r_o^2}{4 + (3 - 2\nu)E_g r_o^3 / \left[3(1 + \nu)(3 - 4\nu)E_l I_l\right]} \tag{5.61}$$

연속체 모델의 그래프 해

지반상호작용이론 적용 시, 설계에 필요한 최대모멘트 및 최대축력은 복잡한 상호작용 이론식을 전개하기보다는 지반과 라이닝의 **다양한 상대강성에 따른 최대단면력을 그래프로 정리**하여, 이로부터 손쉽게 최대 단면력을 구할 수 있도록 제시되어 있어 실무에서 편리하게 이용할 수 있다. 각 모델에 따른 최대 단면력식을 살펴보고, 이에 대한 그래프해를 차례로 살펴본다.

연속체 모델은 지반을 등방균질의2차원 평면요소로 고려하는 탄성이론에 기초한 여러 형태의 탄성해가 제시되었다. 각 탄성해는 등방 혹은 직교 이방성 단순하중조건을 가정한다.

지반-라이닝 연속체 모델에 대하여 $K_o < 1.0$인 경우, 하중 모델과 전형적인 해석 결과를 그림 M5.24에 보였다. 극대치는 천장과 인버트, 그리고 측벽에서 나타난다.

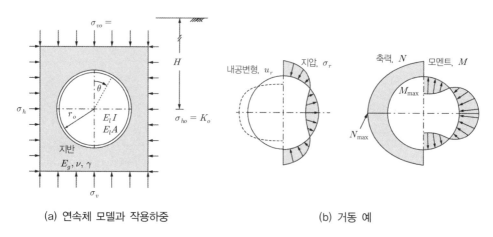

(a) 연속체 모델과 작용하중   (b) 거동 예

그림 M5.24 연속체 모델과 전형적인 해석 결과(σ_r : 반경방향 지반응력)

① 최대 모멘트

완전결합의 경우, $M_{\max} = \sigma_{vo}(1-K_o)r_o^2 \dfrac{1}{4+\dfrac{3-2\nu_g}{3(1+\nu_g)(3-4\nu_g)}\dfrac{E_g r_o^3}{E_l I_l}}$ (5.62)

접선활동의 경우, $M_{\max} = \sigma_{vo}r_o^2 \dfrac{(1-K_o)}{\dfrac{10-12\nu_g}{3-4\nu_g}+\dfrac{2}{3(1+\nu_g)(3-4\nu_g)}\dfrac{E_g r_o^3}{E_l I_l}}$ (5.63)

위 식을 지반과 라이닝 상대강성파라미터, $\alpha = E_g r_o^3/E_l I$ 를 도입하여 그래프로 나타내면 그림 M5.25와 같다. 그림 M5.25에서 m 을 읽으면 최대 모멘트는 다음과 같이 간단히 산정할 수 있다.

$\alpha = \dfrac{E_g r_o^3}{E_l I}$ 에 대하여 , $M_{\max} = m\sigma_{vo}r_o^2$ (5.64)

α 의 증가는 라이닝강성에 대한 지반강성의 증가를 의미한다. 즉, α 가 증가할수록 (지반강성이 증가할수록) 라이닝의 역학적 하중 분담은 감소한다.

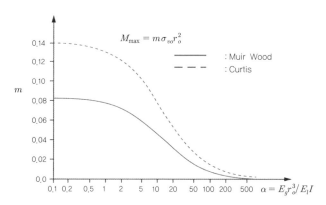

그림 M5.25 연속체 모델의 해 : 강성비에 따른 최대 모멘트($\nu = 0.3$, $K_o = 0.5$)

② 축력(hoop force)

등방하중 조건의 축력 N_o 는

$N_o = \sigma_{vo}(1-K_o)r_o \dfrac{1}{2+(1-K_o)\dfrac{2(1-\nu_g)}{(1-2\nu_g)(1+\nu_g)}\dfrac{E_g r_o}{E_l A}}$ (5.65)

완전결합의 경우,

$$N_{\max} = \sigma_{vo}(1-K_o)r_o \cfrac{1}{2+\cfrac{4\nu_g E_g r_o^3/(E_l I_l)}{(3-4\nu_g)\{12(1+\nu_g)+(E_g r_o)/(E_l I_l)\}}} + N_o \qquad (5.66)$$

접선활동의 경우,

$$N_{\max} = \sigma_{vo}(1-K_o)r_o \cfrac{1}{\cfrac{10-12\nu}{3-4\nu}+\cfrac{2}{3(1+\nu)(3-4\nu)}\cfrac{E_s r_o^3}{E_l I_l}} + N_o \qquad (5.67)$$

그림 M5.26은 축력결정을 위한 그래프로, n 값을 읽어, 축력을 결정할 수 있도록 계산되었다. β 값의 증가는 지반의 상대강성의 증가를 의미한다.

$\beta = \dfrac{E_g r_o}{E_l A}$ 에 대하여, 그림 M5.26을 이용하여 n을 구하면, $N = n\sigma_{vo}r_o$, 그리고 $N_{\max} \approx \sigma_{vo}r_o$

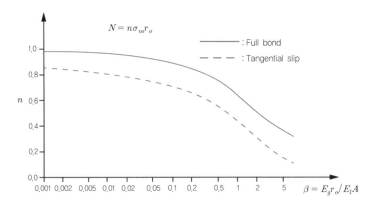

그림 M5.26 연속체 모델의 해 : 강성비에 따른 최대축력($\nu = 0.3,\ K_o = 0.5$)

③ 라이닝 내공변형

등방하중 조건(접선 활동무시 가능)에 대한 반경변형 u_o는

$$u_o = \sigma_{vo}(1-K_o)\cfrac{r_o^4/(2E_l I_l)}{\cfrac{1}{(1+\nu)}\cfrac{E_g r_o^3}{E_l I_l}+\cfrac{E_g A}{E_l I_l}r_o^2+1} \qquad (5.68)$$

완전결합(full bonding)의 경우, $u_{\max} = \sigma_{vo}(1-K_o)\cfrac{r_o^4/E_l I_l}{12+\cfrac{3-2\nu_g}{(1+\nu_g)(3-4\nu_g)}\cfrac{E_g r_o^3}{E_l I_l}}$ (5.69)

접선활동(tangential slip)의 경우, $u_{\max} = \sigma_{vo}(1-K_o)\cfrac{r_o^4/E_l I_l}{\cfrac{6(5-6\nu_g)}{(3-4\nu_g)}+\cfrac{2}{3(1+\nu_g)(3-4\nu_g)}\cfrac{E_g r_o^3}{E_l I_l}}$ (5.70)

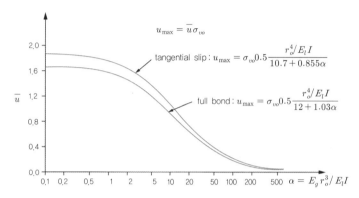

그림 M5.27 연속체 모델의 해 : 강성비에 따른 최대변형($\nu=0.3$, $K_o=0.5$, $u_o=\bar{u}\sigma_o=0.05$)

그림 M 5.27을 이용하면 최대변형을, $u_{\max}=\bar{u}\sigma_{vo}$로 구할 수 있다.

NB : 라이닝-지반과 접선방향 활동의 영향

같은 라이닝 강성에 대하여 최대 모멘트는 접선활동(tangential slip)의 경우가 완전결합(full bonding)의 경우 보다 크게 나타나며, 최대 변형도 완전결합조건보다 접선활동을 일으키는 경우, 더 크게 나타난다.

5.3.2.3 빔-스프링 모델 이론해 : Duddeck-Erdman(1982)의 해

빔-스프링 모델은 그림 M5.28(a)에 보인 바와 같이 지반거동을 스프링으로 모사한다. 이때 스프링은 요소의 절점에 두며, 스프링 상수는 **요소 단위길이(L=1)에 대하여** 다음과 같이 산정한다(식 5.74 참조).

$$k_r = \frac{E_g(1-\nu_g)}{(1+\nu_g)(1-2\nu_g)}\frac{1}{r_o} \approx \frac{E_g}{(1+\nu_g)}\cdot\frac{1}{r_o} \tag{5.71}$$

접선방향 접촉력을 고려하는 경우 접선방향 스프링을 둔다. 그림 M5.28(b)는 빔-스프링 모델의 전형적인 해석 결과를 예시한 것이다.

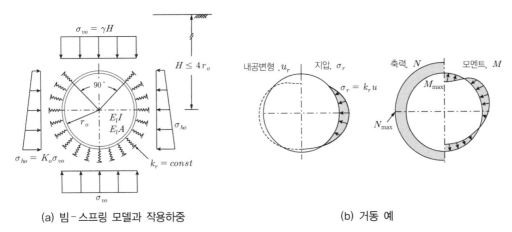

| (a) 빔-스프링 모델과 작용하중 | (b) 거동 예 |

그림 M5.28 빔-스프링 모델과 전형적인 해석 결과(σ_r : 반경방향 지반응력)

실제 지반하중은 지반-라이닝 상호작용에 의해 결정되지만 터널 심도가 깊어지는 경우, 토피하중의 50~70%를 이완하중으로 가정한다. 이러한 가정은 지반이 반무한체이므로 토피가 적어도 2D 이상인 경우에 타당하다. Duddeck-Erdman(1982)은 **지반-라이닝의 완전결합**(full bonding) 조건을 가정하여 강성비 E_g/E_l에 따른 원형 터널 라이닝의 축력과 최대 모멘트를 그림 M5.26과 같이 제시하였다.

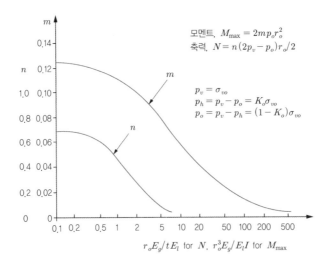

- 최대 모멘트 : ① $r_o^3 E_g / E_l$ 산정 → ② 그래프에서 m → ③ $M_{max} = 2m p_o r_o^2$
- 축력 : ① $r_o E_g / t E_l I$ 산정 → ② 그래프에서 n → ③ $N = n(2p_v - p_o)r_o/2$

  (t : 라이닝 두께, $\nu = 0.3$, $H/r_o \to \infty$, k_r : 지반반력계수, I : 라이닝 단면 2차 모멘트

  $k_r = 3(3 - 2\nu)E_g / [4(1 + \nu_g)(3 - 4\nu_g)r_o] = 0.76 E_g / r_o$)

그림 M5.29 빔-스프링 모델 해 : 축력 및 최대 휨모멘트(지반-라이닝 완전결합조건, $\nu_g = 0.3$)

5.4 터널 라이닝 수치 구조해석과 단면 결정

실제 터널 라이닝은 원형 단면이 아닌 경우가 많고, 지반 및 하중 조건도 단순하지 않으므로 실무의 **라이닝 해석은 이론해석보다는 주로 빔-스프링 모델을 이용한 수치해석**으로 이루어진다.

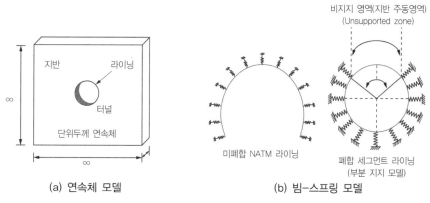

(a) 연속체 모델　　　　　　　　　　(b) 빔-스프링 모델

그림 M5.30 라이닝 수치해석 모델

5.4.1 라이닝의 구조해석 개요

수치해석의 전반내용은 TM3장에서 다루었다. 빔-스프링 모델의 수치해석은 라이닝을 보요소로, 지반은 스프링요소로 모델링 한다. 먼저, 보의 강성행렬에 대하여 살펴보자. 유한요소 정식화에서 강성은 다음의 적분식으로 표현된다(TM3장 참조).

$$[K^e] = \int_A [B]^T [D] [B] \, dA \tag{5.72}$$

강성행렬을 구하기 위해서는 구성행렬 $[D]$ 와 변형률-변위 연계행렬 $[B]$ 가 필요하며, 요소의 면적적분이 수행되어야 한다($[D]$는 구성행렬). 보 요소의 구성방정식은 3차원 셸(shell)요소로부터 평면변형조건과 축대칭응력조건에 따라 취할 수 있다. 평면변형조건의 변형률 성분은 $\{\epsilon\} = \{\epsilon_l, \chi_l, \gamma\}$ 이며, 구성방정식은 $[D] = [3 \times 3]$ 는 다음과 같다(ϵ_l : 축방향 변형률, χ_l : 휨 변형률, γ : 전단변형률, K는 전단보정계수).

$$[D] = \begin{bmatrix} \dfrac{EA}{1-\nu^2} & 0 & 0 \\[2mm] 0 & \dfrac{EI}{1-\nu^2} & 0 \\[2mm] 0 & 0 & KGA \end{bmatrix} \tag{5.73}$$

여기서 I는 라이닝의 단면 2차 모멘트, A는 단면적(평면변형률해석-단위단면적)이다. 휨모멘트를 받는 보에서 전단응력분포는 비선형이다. 편의상 1개의 대푯값으로 전단변형률을 나타내기 위해 보정계수 K를 도입한다. K는 단면형상에 따라 달라지며 사각형보의 경우 $K=5/6$이다. 라이닝 단면에 대한 입력 파라미터는 단면적(A)과 탄성물성(E, ν)이다. 한편, 지반은 스프링상수로 모사하므로 수직 및 접선 강성(지반반력계수) 파라미터가 요구된다.

빔-스프링 모델링 방법은 지반거동을 선형탄성으로 가정하므로 지반응력 이완에 따른 소성거동을 고려할 수 없다. 지반을 포함하는 지반-터널에 대한 전체 모델 해석(full numerical analysis)을 수행하면, 지반과 라이닝 거동정보를 함께 알 수도 있으나, 이러한 모델링은 일반적인 라이닝 구조해석보다는 설계가 완료된 구조물에 대하여, 특정 영향(예, 지진)이 부가될 때, 구조적 안정성을 확인하고자 하는 경우 주로 사용된다.

빔-스프링 모델의 경우, 터널이 지반을 외부로 미는 수동조건에서는 압축거동에 따른 스프링 작용이 활성화되나, 지반이 터널 안으로 밀려들어오는 경우 스프링은 인장이 되어 지반이 라이닝을 잡아당기는 비현실적인 거동을 유발하므로, 인장상태가 되면 스프링을 비활성화시켜야 한다.

5.4.1.1 하중과 하중조합

터널에 작용하는 하중은 그림 M5.28과 같이 지반이완하중(5.2절), 수압, 자중, 상재하중 등이 있다. 터널 설계하중은 영구하중, 일시하중 그리고 기타하중으로도 구분할 수 있다. 이 중 터널설계의 주요 고려 대상인 지반하중(earth pressure load)과 자중은 영구하중(사하중)에 속하며, 수압하중은 일시하중으로 분류된다. 콘크리트 구조물 설계지침에 따라 그림 M5.31과 같은 관련 **하중조합** 조건을 고려한다. 미연방도로국(FHWA)의 터널설계기준은 한계상태 및 하중의 영구 및 일시성 등을 고려하여 표 M5.2와 같이 **하중계수**를 제시하였다.

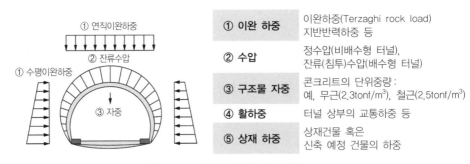

그림 M5.31 라이닝 작용하중의 유형

NB : Full Numerical Modelling과 하중조합 : 빔-스프링 모델 사용 이유
현재의 구조설계기준은 다양한 하중조합조건에 대한 최대 단면력을 고려하도록 되어 있다. 이는 지상구조물 해석 개념에 따른 것으로, 지반과 라이닝을 함께 모델링하는 Full Numerical Modelling에는 하중조합 개념을 적용하기 어렵다. 따라서 라이닝설계는 대부분 빔-스프링 모델로 이루어진다.

표 M5.2 하중계수(γ_i)(조합하중＝$\Sigma\gamma_{di}D_i + \Sigma\gamma_{ti}T_i$), D_i : 영구하중, T_i : 일시하중, FHWA)

하중조합조건 상태		하중계수(γ_i)				
		지반하중		수압하중	자중	
		최대	최소		최대	최소
강도한계상태 – 영구하중(D)	수직	1.35	0.75	1.0	1.25	0.9
	수평	1.35	0.9			
강도한계상태 – 일시하중(T)	수직	1.35	0.75	1.0	1.25	0.9
	수평	1.35	0.9			
사용한계상태 – 영구지반하중		1.0	1.0	1.0	1.25	0.9
사용한계상태 – 일시지반하중		1.0	1.0	1.0	1.0	1.0

지반하중의 크기는 지반조건, 토피, 터널 규모 등에 따라 달라진다. 얇은 터널의 경우 전토피, 깊은 터널의 경우, 천장으로부터 일정영역까지의 이완부가 하중으로 작용한다(5.2.3절 참조). 주로 **수정 Terzaghi 이완하중을 이용**한다.

수압하중은 터널의 배수조건과 설계수명기간(공용기간) 중 발생 가능한 최대수위를 검토하여 결정한다. 배수터널은 원칙적으로 수압작용을 무시할 수 있으나, 우기 시 지하수위 상승에 따른 통수능 한계 초과, 수리열화에 따른 배수재의 통수능 저하 등으로 복공라이닝에 잔류수압이 작용할 수 있다. 실무설계에서는 통상 터널 높이의 1/2~1/3 정도의 수두를 **잔류수압**으로 고려한다. 비배수터널의 경우 터널위치의 **정수압**이 고려되어야 한다. 즉, 천장부에서 최대수압은 $p_w = 0 \sim (1/2 \sim 1/3)H_t\gamma_w$.

(a) 지하수위 저하가 없는 경우

(b) 지하수위가 천장부에 위치하는 경우

그림 M5.32 배수터널의 잔류수압하중

수치해석 모델과 설계파라미터

그림 M5.33에 관용터널 라이닝의 구조해석 모델을 예시하였다. 표 M5.3은 라이닝 구조해석에 요구되는 관련 설계파라미터를 예시한 것이다.

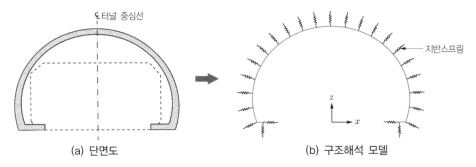

(a) 단면도　　　　　　　(b) 구조해석 모델

그림 M5.33 구조해석 모델링 예(관용터널 라이닝)

표 M5.3 관용터널 라이닝 설계 파라미터 예

재료	설계 조건		
콘크리트	설계기준 강도 : $f_{ck} = 24\text{MPa}$ 탄성계수　　　 : $E_c = 8500\sqrt[3]{f_{cu}} = 8500\sqrt[3]{f_{ck}+8} = 26,986\text{MPa}$ 단위중량　　　 : $\gamma_c = 25\text{kN/m}^3$		
철근(SD 300)	항복강도　　　 : $f_y = 300\text{MPa}$ 탄성계수　　　 : $E_s = 200,000\text{MPa}$		
지반	단위중량　　　 : $\gamma_t = 18\text{kN/m}^3$(토사),　 $\gamma_w = 10\text{kN/m}^3$(지하수) 탄성계수　　　 : $E_R = 280\text{MPa}$(터널 천단부 및 어깨부 : 풍화암) $E_R = 1,200\text{MPa}$(터널 측벽부 및 바닥부 : 연암)		

구조해석 및 단면력(M_u, P_u) 산정

각 하중 조합 Case에 따라 해석을 수행하고, 최대 단면력을 산정하여 설계단면의 적정성을 검토한다. 범용 구조해석 프로그램을 이용할 수 있다. 그림 M5.34는 해석 결과로서 모멘트의 일반적 분포형상과 최대 단면력을 나타낼 수 있는 터널 단면의 주요 위치를 보인 것이다.

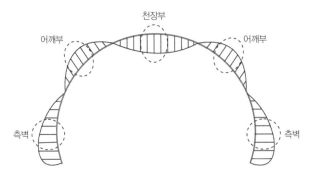

그림 M5.34 해석 결과 예 : 최대 모멘트 발생위치

5.4.2 수치해석을 위한 터널 라이닝 모델링

5.4.2.1 관용터널 라이닝의 수치해석 모델링

관용터널공법의 라이닝은 보통 현장 타설 콘크리트로 건설되며, 쉴드TBM은 프리캐스트 세그먼트 라이닝을 적용한다. 일반적인 콘크리트라이닝의 두께는 약 30~40cm이다.

라이닝 수치해석은 보-스프링 모델을 이용한다. 지반 스프링상수를 포함하는 라이닝 모델을 그림 M5.35에 예시하였다.

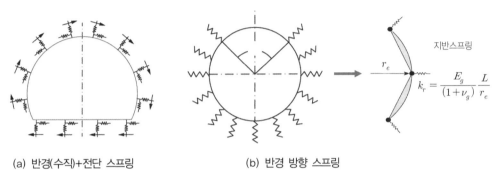

(a) 반경(수직)+전단 스프링   (b) 반경 방향 스프링

그림 M5.35 빔-스프링 모델의 지반반력계수의 산정(L : 절점 간 거리, E_s, ν_s : 지반물성)

반경방향 스프링계수

지반과 라이닝 접촉면의 수직거동은 반경방향 스프링으로 모사할 수 있다(Wölfer의 식).

$$k_r = \frac{E_g b \theta}{1 + \nu_g} = \frac{E_g \theta}{1 + \nu_g} \tag{5.74}$$

여기서, k_r : 단위길이당 반경방향 스프링계수, E_g : 주변 지반의 탄성계수, b : 터널 해석 요소의 길이, 단위길이인 경우 $b = 1$(쉴드터널에서는 세그먼트 라이닝 폭), θ : 보 요소로 지정된 호의 중심각(radian), ν_g : 주변 지반의 포아슨비이다. 식(5.74)에서 $\theta = L/r_e$(L : 스프링 요소 중심 간 거리(접선방향 거리), r_e : 라이닝 등가반경) 관계로부터,

$$k_r = \frac{E_g}{(1 + \nu_g)} \frac{L}{r_e} \tag{5.75}$$

NB : 라이닝 기초부에 수직·수평 스프링 상수가 필요한 경우, 기초의 지반반력계수 산정법을 이용한다. $k = k_o (B/30)^{-3/4}$ 여기서 k_o는 직경 30cm 강제원판 평판재하시험의 지반반력계수로서 $k_o = \alpha E_g / 30$이다. B는 방향에 따른 접촉면적이다(부록 A5 참조).

접선방향 스프링계수

접선방향 스프링을 두어 지반과 라이닝 접촉부의 전단거동을 모사할 수 있다. 접선방향 스프링은 반경방향 스프링의 일정비로 가정한다(첨자 g는 지반을 의미).

$$k_\theta = \frac{1}{2(1+\nu_g)} k_r = \frac{G_g}{E_g} k_r \tag{5.76}$$

여기서 G_g는 지반의 전단탄성계수이다. 스프링은 라이닝이 지반을 밀어내는 거동(지반의 수동저항)을 모사하는 것이므로 라이닝이 터널 내부로 변형되는 주동조건의 경우, 스프링 기능을 배제하여야 한다.

5.4.2.2 쉴드 TBM 세그먼트 라이닝의 수치해석 모델링

세그먼트 라이닝도 관용터널과 같이 빔-스프링으로 모델링할 수 있다. 여기에 추가적으로 세그먼트 볼트 체결부의 거동을 실제거동과 부합하게 고려하여야 한다. 조인트 체결부는 모멘트가 증가하면 그림 M5.36과 같이 내외측이 벌어져 모멘트 전달이 제약된다.

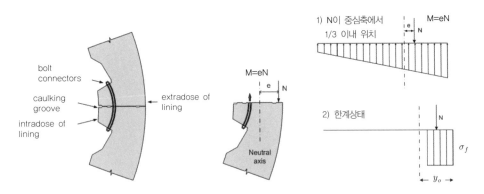

그림 M5.36 세그먼트 라이닝 조인트거동과 접촉 응력분포

세그먼트 조인트 체결부를 고려한 빔-스프링 모델링 방법에는 그림 M2.37과 같이 **일정 강성법**(constant stiffness model), **회전 스프링법**(rotating spring model), **힌지법**(hinge model)이 있다.

일정 강성법은 조인트 체결부의 휨강성 저하효과를 고려하지 않는 방법으로 라이닝 전단면을 일정하게 가정한다. 조인트의 모멘트 전달기능 감소를 고려하지 않으므로 모멘트가 실제보다 과다하게 산정된다. 힌지법은 조인트를 힌지로 고려하는 방법이다. 조인트의 모멘트 전달 기능을 무시하므로 모멘트가 과소하게 산정된다. 견고한 지반에 설치되는 세그먼트 라이닝을 모사하는 경우에만 고려할 만하다. 회전스프링 모델은 일정부분 모멘트 전달을 허용하는 모델링법으로 조인트 체결부의 모멘트 전달 능력을 비교적 사실적으로 모사한다.

(a) 일정 강성 모델
(Perfectly uniform rigidity ring)

(b) 회전 스프링 모델
(Shearing force of rotating spring
and ring joints model)

(c) 탄성 힌지 모델
(Elastic hinged ring)

그림 M5.37 세그먼트 라이닝 단순 구조 모델

2-Ring Beam Model

세그먼트의 연결을 3차원적으로 고찰하면 그림 M5.38과 같이 연속된 링이 볼트로 결합되어 반복되는 형상이며, 세그먼트는 격자형 지그재그로 연결되어 있다. 따라서 세그먼트 라이닝을 2-링으로 모델링하는 것은 논리적으로 보다 사실적인 모델이라 할 수 있다.

2-ring Beam-spring Model은 세그먼트의 부재 간 상호작용을 고려하기 위하여 제안되었다. 링의 접선방향 연결볼트는 회전스프링으로 모사하고, 축방향 연결볼트는 전단 및 반경방향 스프링으로 모사하며, 각 세그먼트(빔 요소)에 지반스프링을 고려한다. 이 모델을 이용하면 터널 천장부의 Key Segment로 인한 연결부 변형 증가로 천장부의 모멘트가 일정강성법보다 훨씬 작게 산정된다.

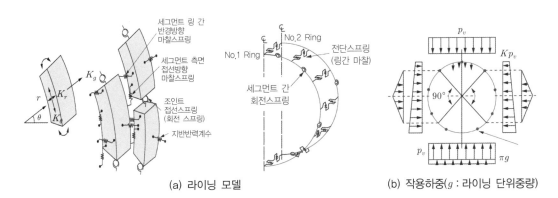

(a) 라이닝 모델

(b) 작용하중(g : 라이닝 단위중량)

그림 M5.38 2 Ring–Beam 모델과 설계하중

이 모델링법은 지반과 라이닝, 라이닝링 그리고 세그먼트 간 상호작용을 고려하기 위한 스프링상수의 평가가 필요하다.

지반스프링 계수. 단위길이당 반경방향 지반스프링 상수는 Wölfer식 또는 Wood의 식을 사용할 수 있다.

① **Wölfer의 반경방향 스프링계수**

$$k_r = \frac{E_g}{(1+\nu_g)} \frac{L}{r_c}$$ (5.77)

여기서, E_g : 터널 주변 지반 탄성계수, r_c : 세그먼트 라이닝의 중심반경, L : 스프링 요소 간 중심거리, ν_g : 주변 지반 포아슨비

② **Muir Wood의 반경방향 스프링계수**

터널 세그먼트 주변 채움재(annular grouting)를 포함한 이중구조 고려

$$k_r = \frac{3E_g}{(1+\nu_g)(5-6\nu_g)} \frac{L}{r_c}$$ (5.78)

여기서, k_r : 반경방향 지반 반력계수, E_g, ν_g : 뒤채움 효과를 반영한 주변 지반의 탄성계수 및 포아슨비, r_c : 세그먼트 라이닝의 중심 반경

세그먼트 간 스프링계수. 세그먼트 연결부 회전 및 전단거동을 모사하는 스프링상수를 고려하여야 한다.

① **세그먼트 연결부 회전 스프링계수**

$$k_m = \frac{M}{\theta} = \frac{x(3h-2x)bE_l}{24}$$ (5.79)

여기서, x : 세그먼트 내측에서 볼트 중심까지 거리, $x = \frac{nA_b}{b}\left(-1 + \sqrt{\frac{2bd}{nA_b}}\right)$ b : 세그먼트 폭, A_b : 볼트 단면적, θ : 회전각, h : 세그먼트 두께, d : 유효두께(내면-중립축 간 거리, n : 영 계수비($xbE_l = A_bE_b$, $n = E_b/E_l$), E_l : 라이닝탄성계수, E_b : 볼트탄성계수 이다.

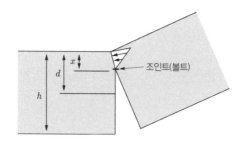

그림 M5.39 연결부(joint) 거동과 회전 스프링(x : 중립축 거리)

② 세그먼트 연결부 전단스프링

세그먼트 연결부 전단스프링 상수는 각각 반경방향, 접선방향에 대하여 다음과 같이 산정할 수 있다.

연결부 반경방향 전단스프링 계수(radial spring),

$$k_{rs} = \frac{192 E_l I_e}{(2b)^3} = \frac{24 E_l I_e}{b^3} \tag{5.80}$$

연결부 접선방향 전단스프링 계수(tangential spring),

$$k_{st} = \frac{b' h G_l}{b} = \frac{b' h E_l}{2b(1+\nu_l)} \tag{5.81}$$

여기서, E_l : 콘크리트 라이닝 탄성계수, I_l : 세그먼트 단면 2차 모멘트, b : 세그먼트 폭, b' : 세그먼트 간격, h : 세그먼트 두께, G_l : 세그먼트 전단 탄성계수, ν_l : 세그먼트 포아슨비이다.

Muir Wood(1975)는 세그먼트 라이닝의 조인트 감소효과를 고려한 유효 단면 2차 모멘트를 $I_e \leq 1$, $N > 4$인 경우에 대하여 다음과 같이 제안하였다.

$$I_e = I_b + I_l \left(\frac{4}{N}\right)^2 \tag{5.82}$$

여기서, I_e : 유효 단면 2차 모멘트, I_b : 연결부(joint)의 단면 2차 모멘트(조인트 접촉면적 고려), I_l : 세그먼트 단면의 총 단면 2차 모멘트(조인트 고려하지 않음), N : 링(ring)당 세그먼트의 수이다.

전단 스프링상수는 이음부의 전단키(groove)와 관련이 있으나 통상 40MN/m를 사용한다.

NB : 아래 그림은 $K_o = 0.5$인 지반에 설치된 세그먼트 라이닝을 2-ring Beam 모델링으로 해석하여 구한 전형적인 부재력 분포를 예시한 것이다. 모멘트, 전단력, 축력 분포현상은 하중형태에 따라 달라진다.

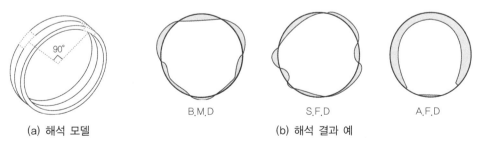

(a) 해석 모델　　　　B.M.D　　　S.F.D　　　A.F.D
　　　　　　　　　　(b) 해석 결과 예

그림 M5.40 2-링 빔 해석 모델과 해석 결과

세그먼트, 세그먼트 링의 단면 결정 시 검토사항

　세그먼트 라이닝은 공장 제작 부재로서, 관용터널 현장관리와 다른 방식의 구조 검토 활동이 요구된다. 무엇보다도 일단 설치되고 나면 보수와 재설치가 용이하지 않으므로 예방적 활동이 중요하다. 강도 미발현과정의 취급, 운반 및 적치 중 과다응력, 설치 및 추진 시 불균형 하중 등에 의해 손상을 받을 수 있으므로 전 제작, 설치과정에 대하여 구조검토가 이루어져야 한다. 아래에 세그먼트 제작 및 설치과정과 각 단계에서 구조적 검증이 필요한 사항을 예시하였다.

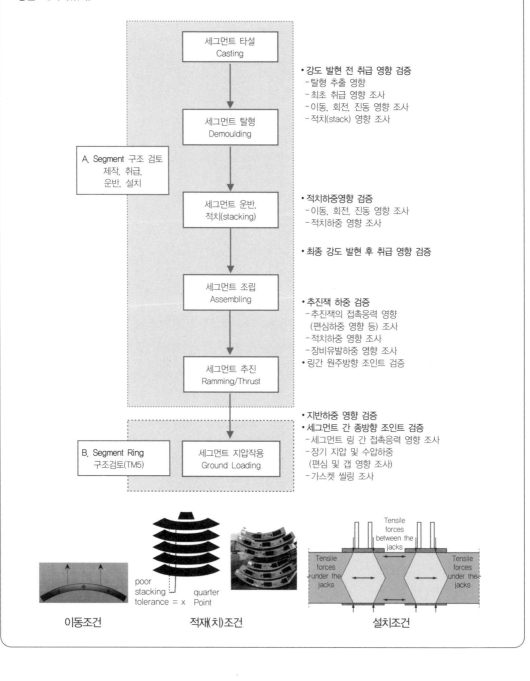

5.4.3 터널 라이닝 단면 결정

구조물 단면설계는 허용응력법과 강도설계법이 적용될 수 있으나, 터널 라이닝 설계는 대부분 **강도설계법**을 적용하고 있다(따라서 여기서는 강도설계법을 중심으로 다룬다).

5.4.3.1 강도설계법

건축한계를 만족하는 터널 단면을 계획하고, 라이닝 재료를 선정하여 단면두께를 가정한다. 규정된 하중조합 Case에 대하여 대표단면에 대한 구조해석을 실시하여 **최대 단면력**(M_{max}, N_{max})을 구하고 강도설계법에 따른 **공칭단면력**과 비교한다. 감소계수를 적용한 공칭 단면력이 해석으로 구한 단면력보다 큰 조건을 만족하도록 반복계산하여 최종단면(두께, 철근량)을 결정한다.

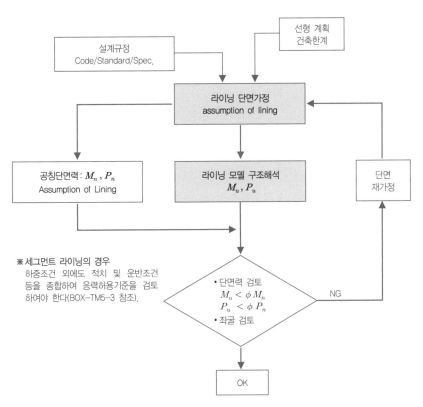

그림 M5.41 강도설계법에 의한 터널 라이닝 설계

NB : 터널 라이닝을 한계상태법에 따라 검토하고자 하는 경우 AASHTO의 LRFD 기준을 참고할 수 있다. 한계상태는 사용 한계상태(service limit state), 피로 및 파단한계상태(fatigue and fracture limit state), 강도 한계상태(strength limit state), 극한 한계상태(extreme event limit state) 등으로 규정되며, 각 한계상태에 대하여, 하중조합 등의 해석조건과 거동한계를 달리 정하고 있다.

좌굴조건의 고려

휨모멘트와 압축력을 받는 라이닝 부재의 경우 좌굴을 고려한 다음의 응력조건 또한 만족하여야 한다.

- 압축면 응력 검토, $\dfrac{P_u}{\phi P_n} + \dfrac{M_u}{\phi M_n} \leq 1$ (5.83)

- 인장면 응력 검토, $\dfrac{M_u}{S} - \dfrac{P_u}{A_s} \leq 0.42 \phi \lambda \sqrt{f_{ck}}$ (5.84)

- 전단응력 검토, $\phi V_n \geq V_u$ (5.85)

여기서 A_s : 전체단면적, S : 단면계수, ϕ : 강도감소계수(0.55), λ : 경량콘크리트 계수(=1.0)이다.

단면설계는 공칭 단면력이 가정 단면(두께, 철근량)에 대한 구조해석으로 구한 최대 작용력보다 큰 조건을 만족하여야 한다. 그림 M5.42는 **강도설계법**에 따른 단면 결정절차를 예시한 것이다.

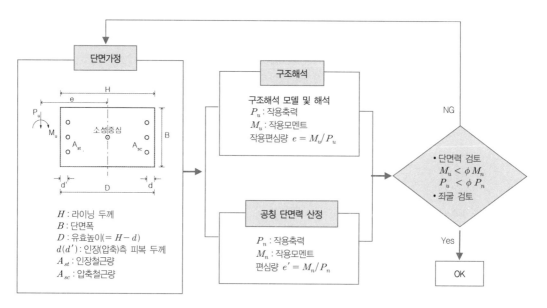

그림 M5.42 터널 라이닝 단면검토

5.4.3.2 RC 단면 공칭단면력(M_n, P_n) 산정

무근 콘크리트를 가정하여 산정한 발생응력이 공칭강도를 초과하게 되면 철근보강을 고려하여야 한다. 철근보강(RC) 콘크리트 라이닝에 대한 단면 검토 절차는 BOX-TM5-4에 예시하였다. 설계 단면력(ϕM_n, ϕP_n)이 작용 단면력(M_u, P_u)보다 작으면, 배근량을 증가시키거나 단면두께를 증가시켜서 공칭력을 증가시켜야 한다.

가정단면에 대한 평형(균형)편심 검토

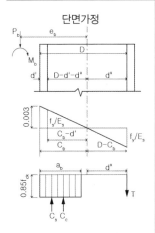

단면가정

① 콘크리트의 변형률이 0.003이 되고 동시에 모든 철근응력이 항복점 응력인 f_y에 도달, 중립축 위치(C_b) 산정 → $C_b : 0.003 = (D - C_b) : f_y/E_s$;

$$C_b = \frac{6000D}{6000 + f_y}, \quad a_b = k_1 C_b = 0.85 C_b$$

② 평형하중(P_b, M_b) 산정

압축철근 응력(f_s) 계산 → $C_b : 0.003 = (C_b - d') : f_s/E_s$

$$f_s = \frac{6000(C_b - d')}{C_b}$$

$$C_c = 0.85 f_{ck} a_b B, \quad C_s = (f_s - 0.85 f_{ck}) A_{sc}, \quad T = A_{st} f_y$$

$$\therefore P_b = C_c + C_s - T$$

소성중심에서 $\sum M$을 취하면

$$\therefore M_b = C_c \left(D - \frac{a_b}{2} - d''\right) + C_s (D - d' - d'') + T d''$$

$$\therefore 평형편심 \ e_b = M_b / P_b$$

부재의 공칭강도(P_n, M_n)의 산정과 단면검토

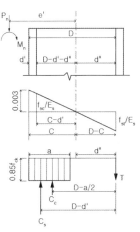

① $e > e_b$일 경우 : 라이닝의 강도가 철근의 인장응력에 지배를 받음
⇒ $C < C_b$(중립축 위치 C를 C_b보다 작게 가정)

② $e < e_b$일 경우 : 라이닝의 강도가 압축측 콘크리트 응력에 지배를 받음
⇒ $C > C_b$(중립축 위치 C를 C_b보다 크게 가정)

③ 압축철근 응력 f_{sc} 산정 → $C_b : 0.003 = (C - d') : f_{sc}/E_s$
$$\therefore f_{sc} = 6000(C - d')/C \le f_y$$

④ 인장철근 응력 f_{st} 산정 → $C_b : 0.003 = (D - C) : f_{st}/E_s$
$$\therefore f_{st} = 6000(D - C)/C \le f_y$$

⑤ 공칭강도(P_n, M_n) 산정
$$\therefore C_c = 0.85 f_{ck} aB, \quad C_s = (f_{sc} - 0.85 f_{ck}) A_{sc}, \quad T = A_{st} f_{st}$$
$$\therefore P_n = C_c + C_s - T$$

인장철근 도심에서 $\sum$을 취하면
$$\therefore M_n = C_c \left(D - \frac{a}{2}\right) + C_s (D - d'), \quad e' = M_n / P_n$$

⑥ 가정값 확인, $e' = e + d'' = \dfrac{M_n}{P_n} + d''$

$$\left| e' - \frac{M_n}{P_n} \right| < 0.01 \text{cm} \rightarrow \text{O.K} \qquad \left| e' - \frac{M_n}{P_n} \right| > 0.01 \text{cm} \rightarrow \text{N.G} \rightarrow C \ 값 \ 재지정$$

①~⑥ 과정을 $\left| e' - \dfrac{M_n}{P_n} \right| < 0.01 \text{cm}$ 만족 때까지 반복 계산하여, M_n, P_n 산정

⑦ 구조해석 결과인 M_u, P_u와 M_n, P_n을 비교하여 적정성 판정 : 강도감소계수(ϕ) 적용

$$\therefore \phi P_n > P_u \rightarrow OK, \qquad \phi M_n > M_u \rightarrow OK$$

$$\therefore \phi P_n < P_u \rightarrow NG, \qquad \phi M_n < M_u \rightarrow NG \rightarrow NG인 \ 경우 \ 단면수정하여 \ 반복 \ 재계산$$

BOX-TM5-5 터널 라이닝의 좌굴

터널의 좌굴(buckling)이란 터널 라이닝의 응력이 항복에 도달하지 않고, 과대변형으로 파괴되는 현상이다. 터널의 좌굴은 직경에 비해서 단면력 E^*I가 작을 경우 발생할 수 있다. 특히, 수로터널의 라이닝 또는 강관과 같은 매설관의 경우 내압에 비해 큰 외부압력(주로 수압)을 받을 때 좌굴이 야기될 수 있다.

Levy(1884)는 실린더형 강관에 대한 좌굴현상을 고찰하여 한계 좌굴압력을 제시하였다. 터널 라이닝의 좌굴 안정 검토에도 Levy 이론을 활용할 수 있다. u가 반경변위, $r = r_o + u$ 및 $E^* = E_l(1-\nu)$이고 I가 라이닝의 단면 2차 모멘트라 할 때, 원형 라이닝 보 거동의 평형방정식은 다음과 같다.

$$u'' + \frac{u}{r^2} = -\frac{M}{E^*I}$$

아래 그림과 같이 라이닝이 변형하고, 라이닝 외부 등방압력 p에 의하여 좌굴이 일어나는 상황을 가정하자.

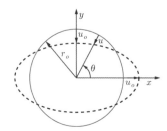 

등방하중 p에 대하여 $\theta=0$에서의 모멘트와 축력을 M_o 및 N_o라 하면, M_θ는 다음과 같이 쓸 수 있다.

$$M_\theta = M_o - N_o[r_o + u_o - (r_o + u_o)\cos\theta] - \frac{1}{2}p[r_o + u_o - (r_o + u_o)\cos\theta]^2 - \frac{1}{2}p(r_o + u)^2\sin\theta$$

값이 작은 항을 생략하고, $N_o = p(r_o + u_o)$를 대입하면, $M_\theta \approx M_o - pr_o(u_o - u)$이다.

모멘트 M_θ를 보의 평형방정식에 대입하고, 대칭성과 경계조건을 고려하여 미분방정식을 풀면 Sin 함수의 변형해가 얻어진다. 좌굴을 일으키는 최소하중 p_{cr}은 Sine 반파장의 경우로서(t는 라이닝 두께) 다음과 같다.

$$p_{cr} = 3\frac{E^*I}{r_o^3} \approx \frac{E^*}{4}\left(\frac{t}{r_o}\right)^3$$

실제 터널은 지중에 매입되어 구속상태에 있으므로 구속경계조건을 고려하여야 한다. 지반의 구속조건을 스프링 반력으로 모사하면, 반력계수가 k_r인 경우 최소 등방하중 p_{cr}은 $n=2$일 때로서 다음과 같이 나타난다(Nikolai).

$$p_{cr} = 3\frac{E^*I}{r_o^3} + k_r\frac{r_o}{n^2-1} \approx \frac{2}{r_o}\sqrt{k_r E^*I}$$

강관의 좌굴

원통형 지중 구조물의 좌굴은 주로 큰 수압을 받는 상수도 강관에서 발생한다. 한계응력이 σ_{cr}인 완전 무결한 원통(강관 라이닝)의 경우($t < r_o/10$), 얇은 원통이론으로부터, 좌굴을 야기하는 한계외압은 $p_{cr} = \sigma_{cr}t/r_o$로 산정할 수 있다. 하지만 실제 원통은 공장 제작의 오차, 설치에 따른 변형 등 초기결함이 존재하면 크게 감소한다. 일반적으로 초기결함(변형, 재료 손상, 두께 부족 등)의 증가에 따라 좌굴하중은 지수적으로 감소한다.

5.5 터널 라이닝 내진해석 Seismic Analysis of Tunnel

5.5.1 지진과 터널거동

터널은 지중에 위치하여 상대적으로 지진피해가 적은 것으로 보고되어왔다. 하지만 최근 일부 지역에서 지진에 따른 라이닝 피해가 보고되었고, 이에 따라 **터널의 목적물인 콘크리트 라이닝의 설계지진에 대한 안정성과 사용성 확보를 위한 내진검토의 필요성이 대두되어왔다.**

지진파는 지하 깊은 곳에서 생성되어 그림 M5.43과 같이 지반매질을 P파(primary wave, 종파, 압축파)와 S파(secondary wave, 횡파, 전단파)의 체적파 형태로 전파하며, 경계면인 지표에 도달함으로서 표면파를 생성시킨다(Park & Desai, 2006).

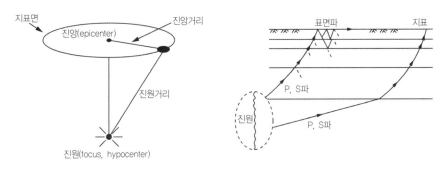

그림 M5.43 지반매질을 통한 지진파의 전파

만일 터널이 파동진행과 평행하게 위치한다면, 지진파는 그림 M5.44와 같이 터널에 파동의 입자운동과 같은 변형을 야기하려 할 것이다. 지진에 따른 지반거동과 터널 축방향의 관계에 따라 터널 단면은 다양한 거동을 나타낼 수 있으며, 일반적으로 타원거동(ovaling)을 가정한다(Park et al., 2009).

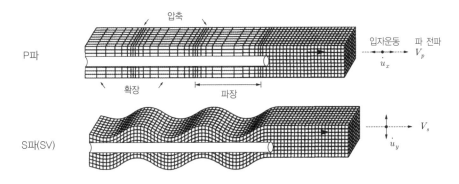

그림 M5.44 체적파(body waves)의 종류와 전파특성(SV : 수직진동 전단파, SH : 수평진동 전단파)

지진파는 기반암에서 지표 토사층으로 전파하며 변위가 증폭된다. 기반암의 경우 지반매질이 치밀하여 매질을 통한 파의 전파속도는 빠르지만 매질을 구성하고 있는 입자는 상대적으로 서로 단단히 엇물려 변형을 억제한다. 반면, 토사지반에서의 지진파는 전파속도는 줄어들지만, 매질의 입자속도는 증가하여 구조물에 영향을 미칠 수 있는 가능성은 커진다. 이런 특성 때문에 암반에 위치하는 터널보다 토사지반에 위치하는 터널의 지진 손상 가능성이 크고, 특히, 터널이 암반과 지반에 걸쳐 있거나 연약 파쇄대를 통과하는 경우에는 지진 시 입자속도의 차이에 따라 심각한 피해가 야기될 수 있다. S파의 전파특성으로부터 파전파속도와 입자속도의 관계를 고찰할 수 있다. 지진파의 전파 시 지반입자는 S파의 전파방향에 수직하게 진동한다.

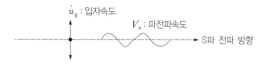

S파의 파 전파속도와 입자속도

- S파의 전파속도, $V_s = \dfrac{dy}{dt} = \sqrt{\dfrac{G}{\rho}}$, $\qquad \tau_{xy} = \gamma_{xy} G = \dfrac{\partial u_y}{\partial x} G$

- 지반입자의 속도, $\dot{u}_y = \dfrac{\partial u_y}{\partial t} = \dfrac{V_s \tau_{yx}}{G} = \dfrac{\tau_{xy}}{\rho V_s}$

위 식 들로부터 S파 전파속도는 전단강성의 제곱근($\sqrt{G}$)에 비례하며, S파가 야기하는 지반의 입자속도는 파 전파속도에 반비례함을 알 수 있다.

아래 그림은 지진 진앙(focus)에서 전파해 올라오는 지진파의 특성을 앞의 이론을 토대로 예시한 것이다. 지표에 접근할수록 지진파의 전파속도는 느려지나 강성이 작아지므로 진폭, 즉 지반변형은 크게 증가한다.

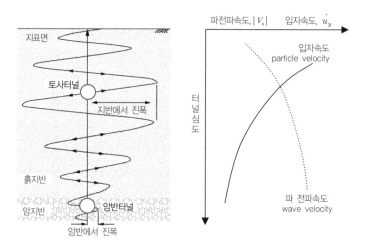

지진파가 수직으로 전파하는 경우, 강성감소와 함께 지진파의 진폭(변위)은 크게 증가한다. 따라서 연약지반 내의 터널은 암지반 내의 터널보다 훨씬 더 큰 지진영향을 받게 된다.

지진하중

지진하중은 실제측정기록인 **지진가속도 시간 이력곡선**을 이용할 수 있다. 그림 M5.45(a)는 1989년 캘리포니아 Loma Prieta Earthquake을 예시한 것이다(Epicentral Diatance : 21.8km). 그림 M5.45(b)는 시간이력곡선은 Fourier 변환하여 주파수 이력곡선으로 나타낸 것이다.

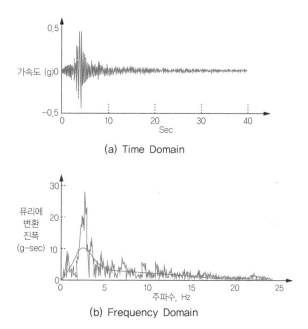

(a) Time Domain

(b) Frequency Domain

그림 M5.45 지지파의 예(1989년 캘리포니아 Loma Prieta Earthquake, Gilroy No.1(rock))

응답스펙트럼. 어떤 특정한 지진에 대하여 일정한 감쇠율과 고유진동수를 갖는 구조물의 동적응답을 고유진동수(T)와 최대 응답치 가속도(속도, 변위의 최대치)의 함수로 나타낸 그래프를 응답스펙트럼이라 한다(그림 M5.52 참조). 그림 M5.46은 그림 M5.45(a)의 지진기록에 대한 예를 보인 것이다.

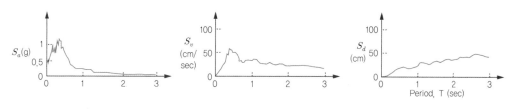

그림 M5.46 응답스펙트럼의 산정 예(Gilroy No.1)

설계 지진하중에 대하여 감쇠를 고려한 응답스펙트럼 곡선이 준비되어 있다면 이로부터 지진 시 거동을 쉽게 예측할 수 있다.

NB : SDOF(단자유도계)-시스템의 응답스펙트럼 산정 예. 지진가속도 $\ddot{u}_g$에 대한 지배운동 방정식은 $m\ddot{u}+c\dot{u}+ku=-m\ddot{u}_g$ 이다. 이를 Duhamel Integral법을 이용하여 구한 응답(response)변위는,

$$u(t) = \frac{1}{m\omega_D} \int_0^t -m\ddot{u}_g(\tau)e^{-\xi\omega(t-\tau)}\sin\omega_D(t-\tau)d\tau \tag{5.86}$$

위 식의 적분항은 지진하중에 대한 응답적분으로서, 물리적으로 속도의 의미를 갖는다.

$V(t) = \int_0^t \ddot{u}_g(\tau)e^{-\xi\omega(t-\tau)}\sin\omega(t-\tau)d\tau$라 할 때, $S_v(\xi,\omega) = \max|V(t)|$라 정의하고, $S_v(\xi,\omega)$를 속도스펙트럼 (spectral pseudo-velocity)이라 한다. $S_d(\xi,\omega)$를 변위스펙트럼(spectral displacement)이라 하면, 다음의 관계가 성립한다.

$$u_{\max} = S_d(\xi,\omega) = \frac{1}{\omega}S_v(\xi,\omega)$$

$$\dot{u}(t)_{\max} \doteq S_v(\xi,\omega) \tag{5.87}$$

$$\ddot{u}(t)_{\max} = \left[-2\xi\omega\dot{u}(t) - \omega^2 u(t)\right]_{\max} \approx \left[\omega^2 u(t)\right]_{\max} = \omega^2 S_d(\xi,\omega) = w S_v(\xi,w) = S_a(\xi,\omega) \tag{5.88}$$

만일 설계 입력지진($\ddot{u}_g$)에 대하여 S_a, S_v, S_d이 미리 산정되어 있다면, 고유주기 해석을 수행하여 ω를 구하면 $\omega - S_a, S_v, S_d$ 관계를 이용하여 바로 응답거동을 산정할 수 있다.

5.5.2 터널의 내진해석

5.5.2.1 터널의 지진피해 특성과 내진해석법

Dowding & Rozen(1978), Owen & Scholl(1981), Sharma & Judd(1991), Tao et al.(2011)은 지진 발생 지역에서 300여 개 터널의 피해 사례를 조사하였다. 조사 결과에 따르면, 진앙(focus) 거리가 가까울수록 피해가 증가하였으며, 터널의 토피고가 증가할수록, 그리고 터널 주변 지반이 암반에 가까울수록 피해는 감소하는 것으로 나타났다. 특히, 다음 조건의 터널은 지진 안정성 검토가 필요한 것으로 보고되었다.

• 터널 갱구부, 또는 노출구간
• 지층이 현저히 변화하는 구간
• 터널 상부 토층이 얇은 저토피 구간

그림 M5.47 지진에 의한 터널 라이닝 손상 예(Tao et al., 2011)

BOX-TM6-6 터널 라이닝의 예비 내진검토법(Wang, 1985)

Wang(1985)은 터널 라이닝이 자유지반(free field)과 동일하게 거동한다는 가정하에 지진에 따른 터널의 거동을 간단히 검토해볼 수 있는 방법을 제안하였다. 지진파의 입사각에 따라 지진영향이 달라지며, 지진파에 의한 터널(반경 R)의 대표적인 변형모드는 아래 그림과 같은 타원형 변형(ovaling) 거동이다.

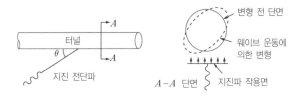

A. 터널 축(longitudinal)방향 인장 및 압축 변형률

지진기록 분석을 통해 지진입력 파라미터인 V_s(지진 전단파에 의한 최대입자속도)와 A_s(지진 전단파에 의한 최대입자가속도)를 결정하고, 지반조사 결과로부터 전단파 속도, $C_s = \sqrt{G/\rho}$를 산정한다. 여기서 $G = E_r/\{2(1+\nu_r)\}$이다. 터널의 휨성이 충분하여 자유지반과 동일하게 거동하다고 가정하면 축방향 최대(압축) 및 최소(인장) 변형률은

$$\epsilon_{\max/\min} = \pm(V_s/C_s)\sin\theta\cos\theta \pm (A_s R/C_s^2)\cos^3\theta$$

여기서 θ : 전단파의 입사각, R : 중립축에서 최대변형 반경, 근사적으로 $R \approx r_o$이다. 터널 축방향 최대 및 최소 변형률은 $\theta = 45°$에서 발생하므로

$$\epsilon_{\max/\min} = \pm 0.5 V_s/C_s \pm 0.35 A_s R/C_s^2$$

B. 터널 단면의 타원형 변형(ovaling)

원형 터널에 직각으로 전파해온 지진 전단파는 터널에 Oval(박스구조물은 Racking) 변형을 야기한다. 한쪽으로 터널 직경 D를 ΔD만큼 감소시키고, 이에 수직한 방향으로 같은 크기만큼 변형을 증가시켰다면, 자유 지반에서, 전단변형률은 다음과 같다.

$$\gamma_{\max} = V_s/C_s$$

무지보 원형 터널의 Oval 변형의 크기는

$$\Delta D/D = \pm \gamma_{\max}(1-\nu_r)$$

이로 인해 터널 라이닝에 야기되는 최대 변형률은(E_c, ν_c는 각각 라이닝 탄성계수와 포아슨비)

$$\epsilon_{\max} = \frac{V_s}{C_s}\left[3(1-\nu_r)\frac{t}{R} + \frac{1}{2}\frac{R}{t}\frac{E_r}{E_c}\left(\frac{1-\nu_c^2}{1+\nu_r}\right)\right]$$

C. 내진 예비평가 예 : Los Angeles Metro, Ciruclar tunnel in San Fernando Formation

A_s=0.6g, V_s=3.2ft/sec, C_s=1360ft/sec, R=10ft, t=8in, $E_c/(1-\nu_c^2)$=662.400ksf, ν_r=0.33

① 종방향 변형 : $\epsilon_{\max/\min} = 0.5 \times 3.2/1360 0.35 \times 0.6 \times 32.2 \times 10/1360^2 = 0.001220.003$: OK

② 타원형 변형 : $\Delta D/D = +2 \times (3.2/1360)(1-0.33) = 0.0031$, $\epsilon_{\max/\min} = 0.000 \sim 60.003$: OK

위 결과는 터널이 지반과 동일하게 움직이는 연성지반을 가정한 것이므로, 만일 암반이라면 변형률은 위 계산치보다 작게 나타날 것이다.

터널 라이닝의 내진해석법

라이닝 설계단면에 대하여 설계지진하중에 대한 해석을 수행하여 얻은 라이닝의 응력과 변형이 허용한도를 넘지 않으면 터널은 설계지진에 대하여 안전하다고 평가할 수 있다. 만일 허용치를 초과한다면 단면 수정(단면 두께, 철근량 등 증가)을 통해 거동이 허용한도 이내가 되도록 하여야 한다.

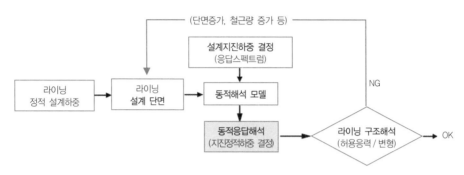

그림 M5.48 터널 라이닝 내진해석 흐름도

터널의 내진검토법에는 정적해석법인 **설계진도법**, 의사정적(pseudo static)해석인 **응답변위법**, 그리고 **동적해석법**이 있다. 진도법은 설계 최대지진가속도에 의한 관성력을 라이닝에 재하하는 정적해석법으로 예비검토나 지진영향의 개략 검토 시 활용하나, 터널 적용성은 낮다. 응답변위법은 자유지반에 대한 동적해석으로 최대 지반거동을 구하고, 이에 상응하는 정적하중을 구해 라이닝 구조 모델에 작용시켜 안정성을 검토한다. 동적해석은 지진의 가속도 시간이력하중을 지반과 구조물을 모사한 수치해석 모델(full numerical model)에 적용하여 터널 라이닝의 시간이력거동을 검토한다.

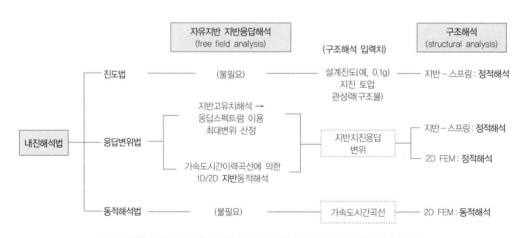

그림 M5.49 터널 라이닝 내진해석법

5.5.2.2 응답변위법 : 의사정적 내진해석

응답변위법은 먼저, **자유지반**(free field)에서의 지반동적해석을 수행하고, 이로부터 얻은 변위, 수평력 또는 전단력 등을 라이닝-스프링 골조 모델에 적용시켜 정적해석을 수행하는 두 단계로 구성된다. 동적영향을 정하중으로 변환하여 해석하므로 이를 **의사정적해석법**이라고도 한다.

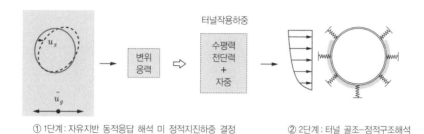

① 1단계 : 자유지반 동적응답 해석 미 정적지진하중 결정   ② 2단계 : 터널 골조–정적구조해석

그림 M5.50 응답변위법의 개념

1단계 : 자유지반(free field)에 대한 응답해석

지진 시 자유지반에 대한 동적해석을 통해, 터널위치의 지반변위, 지반강성, 전단응력, 가속도 등 정해석에 적용할 하중을 구하는 과정으로 파동방정식, 응답스펙트럼법, 1차원 동적해석법 등을 이용한다. 산정한 지반 변위 중 '**지진의 영향이 가장 큰 시간의 값**'을 터널 골조 모델에 작용시킬 영향으로 결정한다.

①**파동방정식 이용법.** Sine 지진파가 기반암에서 지표까지 증폭이 된다고 가정하여, 지반의 수평변위를 산정한다.

$$\text{수평변위} : u_x(z) = a_g \cos \frac{\pi z}{2H} \tag{5.89}$$

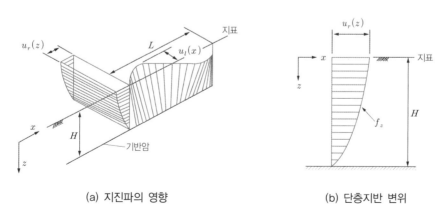

(a) 지진파의 영향   (b) 단층지반 변위

그림 M5.51 파동방정식에 의한 지반변위 산정 예

② 응답스펙트럼법

Duhamel Integration 해(식 5.86 및 5.88)에서 살펴보았듯이, **고유주기**를 알면 미리 정해놓은 설계지진의 응답스펙트럼 곡선에서 바로 설계 지진동에 대한 최대 응답치를 구할 수 있다($u_{max} = S_v(\omega)/\omega$). 응답스펙트럼은 동일 지진동하에서 동일 감쇠비를 갖는 SDOF(Single Degree of Freedom, 단자유도계)의 최대응답을 고유진동수에 대하여 나타낸 것으로 그 개념을 그림 M.5.52에 설명하였다.

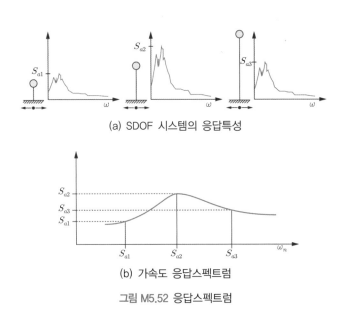

(a) SDOF 시스템의 응답특성

(b) 가속도 응답스펙트럼

그림 M5.52 응답스펙트럼

MDOF(multi-degree of freedom)의 경우, **고유치해석을 수행하여 고유진동수를 산정**하고, 응답스펙트럼을 이용, 각 고유주기에 해당하는 동적응답의 최대치를 근사적으로 구할 수 있다. 응답스펙트럼은 SDOF를 기준으로 한 것이므로, 다자유도계의 경우 각 진동모드에 따라 응답스펙트럼 곡선에서 최대치를 읽어 각각의 기여율을 고려하여 산정한다. 각 진동모드의 최대응답발생시간이 다르므로 단순 중첩법은 과대한 결과를 줄 수 있어 SRSS(Square Root of Sum of Square), 또는 RMS(Root Mean Sqare) 방법을 이용한다.

다자유도계에 대한 고유진동수는 자유진동해석(undamped free vibration)을 통해 얻을 수 있는데, N개의 자유도를 갖는 시스템은 N개의 고유진동수가 구해진다. MDOF 동적시스템 방정식에서 변위를 형상모드 ϕ_n와 진폭 y_n으로 나타내면, 변위는 $u_n = \phi_n y_n$로 표현된다. 따라서 동적시스템 방정식은

$$M_n \ddot{y}_n + C_n \dot{y}_n + K_n y_n = Q_n(t) \tag{5.90}$$

여기서 $M_n = \phi_n^T m \phi_n$, $C_n = \phi_n^T c \phi_n$, $K_n = \phi_n^T k \phi_n$, 그리고 $Q_n(t) = \phi_n^T q(t)$ 이다. 위 식은 N개의 연립방정식으로서 $y_n(t)$ 에 대하여 풀 수 있다. 위의 해석법을 **모드 중첩법**(model superposition method)이라 한다.

$$u(t) = \phi_1 y_1 + \phi_2 y_2 + \cdots + \phi_N y_N$$
$$f(t) = k\phi_1 y_1 + k\phi_2 y_2 + \cdots + k\phi_N y_N \tag{5.91}$$

모드 중첩법은 전체 시간이력을 고려하는 해석이나, 실제 설계목적으로는 최대 응답만 구하면 충분하다. 따라서 구조물진동을 N개의 독립된 SDOF 시스템으로 가정하여 응답스펙트럼으로부터 최대 응답을 구하여 조합하는 방법을 사용할 수 있으면 이를 응답스펙트럼법이라 한다. MDOF 시스템에 대한 자유진동($c=0$인 비감쇠진동)해석을 실시하여 ω_n을 구한다. 이를 **고유치해석**이라 한다.

$$[K]\,\underline{\Phi}_n = \omega_n [M]\,\underline{\Phi}_n \ \ \text{또는} \ ([K] - \omega_n [M])\,\underline{\Phi}_n = 0 \tag{5.92}$$

M_n, 그리고 응답스펙트럼(S_a, S_v, S_d)을 이용하면, 최대 모달변위, 최대 변위 그리고 최대 작용력이 각각 $y_{n,\max} \equiv (L_n/M_n) S_{an}$, 최대변위 $u_{jn,\max} = (L_n/M_n) S_{dn} \phi_{jn}$, 최대작용력 $f_{jn,\max} = (L_n/M_n) m_j \phi_{jn} S_{an}$로 구해진다. $L_n (= \sum m_j \phi_{jn})$, M_n 여기서 n은 n번째 모드, j는 절점을 의미한다. 라이닝 부재내력은 위의 응답변위법의 해석으로 얻은 힘(또는 변위를)을 다른 하중과 조합하는 정해석을 통해 구해진다(2단계 해석).

내진설계를 위하여 우리나라는 BOX-TM5-7과 같이 지반을 구분하고, 암반과 흙지반으로 구분된 표준응답 가속도 스펙트럼을 제시하고 있다.

③ (1차원) 동적해석법

SHAKE 등 프로그램을 이용하여 지진 가속도 시간이력곡선을 적용한 자유지반의 1차원 동적 지반해석을 수행하거나, 자유지반(free field)에 대한 FEM 모델 등을 이용하여 2D 동적해석을 수행함으로써 지반 최대변형과 전단력 등 구조물에 적용할 등가 절점력을 구하고, 터널 라이닝 모델에 이를 가하는 정적구조해석을 실시하는 방법이다(구조해석 시 같은 해석 모델을 사용할 수 있다).

2단계 : 라이닝 구조해석

1단계의 터널 위치의 자유지반변위(응력 등)를 동적해석으로 구한 후, 최대 작용력 및 거동을 하중으로 변환하여 라이닝 모델 터널에 가하는 정적해석을 수행한다. 정적 구조해석은 구조물 설계규정에 따른 하중조합에 대하여 수행한다.

우리나라 내진설계규정에 따르면 내진성능 수준은 기능수행, 즉시복구, 장기복구/인명보호, 붕괴 방지로 구분한다. 인프라의 경우 보통 기능수행 수준(조물이나 시설물에 발생한 손상이 경미하여 그 구조물이나 시설물의 기능이 유지될 수 있는 성능 수준)과 붕괴 방지 수준(시설물에 매우 큰 손상이 발생할 수 있지만 구조물이나 시설물의 붕괴로 인한 대규모 피해를 방지하고 인명피해를 최소화하는 성능 수준)을 요건을 하며 각각의 지진 재현주기는 내진1등급시설의 경우 200년과 1,000년이다.

우리나라의 표준설계응답스펙트럼(5% 감쇠의 지표 자유장 운동)은 구조물이 위치하는 지반구분에 따라 암반, 토사의 2가지 유형으로 제시되어 있다. 지반의 유형은 다음과 같이 기반암 깊이와 전단파속도로 구분한다.

지반 종류	지반종류의 호칭	분류 기준	
		기반암 깊이, H(m)	토층, 평균전단파속도, $V_{s,soil}$(m/s)
S_1	암반 지반	1 미만	(기반암 : 전단파 속도 ≥ 760m/sec)
S_2	얕고 단단한 지반	1~20m 이하	260m/s 이상
S_3	얕고 연약한 지반		260m/s 미만
S_4	깊고 단단한 지반	20m 초과	180m/s 이상
S_5	깊고 연약한 지반		180m/s 미만
S_6	부지 고유의 특성 평가 및 지반응답해석이 요구되는 지반		

A. 암반지반

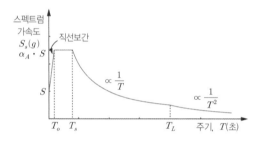

구분	α_A	전이주기(sec)		
		T_o	T_S	T_L
수평	2.8	0.06	0.3	3

α_A : 단주기 스펙트럼 증폭계수

감쇠비가 5% 이상인 경우 표준 스펙트럼에 다음의 감쇠보정계수를 곱하여 보정한다. $S_{a,C_D} = C_D \times S_a$.

$T=0$에서 $C_D = 1.0$

$0 \leq T \leq T_o$ 구간에서 $T=T_o$일 때, $C_D = \left(\dfrac{6.42}{1.42+\xi_f}\right)^{0.48}$ 사이는 직선보간. (예, $\xi_f = 0.1$일 때, $C_D = 0.758$)

$T \geq T_o$, $C_D = \left(\dfrac{6.42}{1.42+\xi_c}\right)^{0.48}$ (예, $\xi_f = 0.2$일 때, $C_D = 0.561$)

B. 토사지반

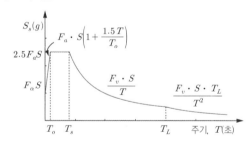

지반 분류	단주기 증폭계수, F_a			장주기 증폭계수, F_v		
	S≤0.1	S=0.2	S=0.3	S≤0.1	S=0.2	S=0.3
S_2	1.4	1.4	1.3	1.5	1.4	1.3
S_3	1.7	1.5	1.3	1.7	1.6	1.5
S_4	1.6	1.4	1.2	2.2	2.0	1.8
S_5	1.8	1.3	1.3	3.0	2.7	2.4

감쇠비가 5% 이하인 경우 시간이력해석이 바람직하다. 시간이력해석을 위한 지진가속도 이력은 프로젝트에서 규정한 지진을 사용하던가, S_1-응답스펙트럼에 부합하는 시간가속도 이력곡선을 인공적으로 합성하여 사용한다.

(ref : 내진설계일반, 국토교통부, 2018, http://www.kcsc.re.kr)

1단계에서 성능 수준에 따른 지진에 대하여 기능수행 수준 지진하중 E_f, 붕괴 방지 수준 E_c로 산정되었다면, 구조물 설계규정에 따라 이 지진 하중을 포함한 하중조합 Case에 대하여 정해석을 실시한다.

NB : 하중조합 (도심 지하철 터널의 예)

기능수행 수준의 하중조합 예, $U = 1.2(D+H_v) + 1.4E_f + 1.0L + (1.0H_h$ 또는 $0.5H_h)$

$$U = 0.9(D+H_v) + 1.4E_f + (1.0H_h \text{ 또는 } 0.5H_h)$$

붕괴 방지 수준의 하중조합 예, $U = 1.2(D+H_v) + 1.0E_c + 1.0L + (1.0H_h$ 또는 $0.5H_h)$

$$U = 0.9(D+H_v) + 1.0E_c + (1.0H_h \text{ 또는 } 0.5H_h)$$

여기서, D : Dead load, E : Earthquake load, L : Live load, H_v : 연직토압, H_h : 수평토압이다.

정적 라이닝 구조해석은 지반을 스프링으로 모델링하는 빔-스프링 모델링법을 사용하며, 그림 M5.53에 이를 예시하였다.

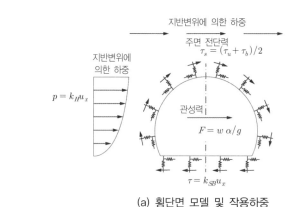

(a) 횡단면 모델 및 작용하중

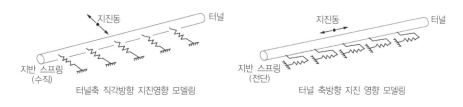

(b) 종 방향 모델

그림 M5.53 지반-터널 골조 모델 및 정적 지반하중 예

내진해석은 통상 터널 횡단면에 대한 2차원 해석으로 이루어지나, 터널 축을 따라 지층변화가 상당한 경우, 종방향 검토도 필요하며, 특히 지진파 전파방향 등과 관련하여 종방향 안정성이 우려되는 경우, 그림 M5.54(b)와 같이 종방향 보-스프링 해석을 고려할 수 있다.

5.5.2.3 동적 내진해석

동적 지배방정식

연속된 지반을 수치해석적으로 다루기 위해 동적 거동요소를 다자유도계의 다(多)절점 요소로 모델링하게 된다. 동적 유한요소방정식은 정적방정식에 질량 항과 감쇠 항이 추가되는 형태로 나타났다. 요소의 동적 평형방정식은 다음과 같이 나타낼 수 있다.

$$[m_e]\{\ddot{u}\} + [c_e]\{\dot{u}\} + [k_e]\{u\} = \{R(t)_e\} \tag{5.93}$$

여기서 $[m_e]$: 요소 질량행렬(mass matrix), $[c_e]$: 요소감쇠행렬(damping matrix), $[k_e]$: 요소강성행렬(stiffness matrix), $R(t)_e$: 설계지진 가속도 시간이력곡선, $u(t)$, $\dot{u}(t)$, $\ddot{u}(t)$는 각각 변위, 속도, 가속도이다 (동적지반해석은 지반역공학 Vol.II 3장 수치해석을 참조).

터널의 동적해석 모델링

동적 수치해석은 지진이력하중을 지반-라이닝 해석 모델에 적용하는 것으로 빔-스프링 모델링법과 완전 수치해석 모델링법이 사용될 수 있다. 빔-스프링 모델은 그림 M5.54(a)와 같이 반무한 탄성체(elastic half space)의 지반을 **스프링과 감쇠기**(dash pot)로 모델링한다.

완전수치해석 모델의 경우, 지반매질을 모두 요소로 고려할 수 있다. 이 경우에도 모델 경계에서 외부로 전파하여 돌아오지 않는 지진파의 특성을 고려하여 그림 M5.54(b)와 같이 모델 경계에 전달 경계를 둔다. 일반적으로 점성 감쇠경계를 사용하며, 이로써 **진동파가 해석경계를 전파하여 돌아오지 않음으로써 발생하는 에너지 손실**을 고려하는 것이다. 이를 고려할 수 있다.

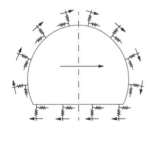

(a) 빔-스프링 모델

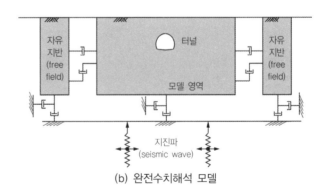

(b) 완전수치해석 모델

그림 M5.54 동적 모델링 예

지진 입력하중

해당 부지 및 지역기준의 지표면 표준설계응답스펙트럼으로부터 설계지진가속도 계수를 파악하고, 지진모사 프로그램을 이용하여 지진 시간이력곡선(time series)을 작성한다. 1차원 지진전파해석 프로그램(SHAKE 등)을 이용하면, 해석대상부지의 지층분포를 고려한 지진 기반면에서의 가속도 지진 이력곡선을 얻을 수 있다. 이 가속도 이력곡선을 지진하중으로 모델의 기반면에 작용시켜 해석을 수행한다.

동적 방정식의 풀이

요소방정식을 해석대상 전체 시스템에 대한 $[M]$, $[C]$, $[K]$를 각각 조합질량, 감쇠, 강성행렬이라 하면, 시스템지배방정식은 다음과 같이 나타난다.

$$[M]\{\ddot{u}\} + [C]\{\dot{u}\} + [K]\{u\} = \{R(t)\} \tag{5.94}$$

위 방정식은 다양한 방법으로 풀 수 있다. 주로 가속도 시간이력곡선을 입력치로 하는 시간이력해석법을 많이 사용한다. 시간 이력해석은 구조물에 동적하중이 작용할 경우에 구조물의 동적특성과 가해지는 하중을 사용하여 임의의 시간에 대한 구조물의 거동(변위, 부재력 등)을 동적 평형방정식의 해를 이용해 계산하는 것으로 직접적분법과 모드중첩법이 있다(지반역공학 Vol.II 3장 참조).

해석 예 그림 M5.55는 지하철(서울) 터널의 단면 예이다. 응답스펙트럼을 산정하고 지진거동 및 라이닝 내진 안정 검토 예를 살펴보자.

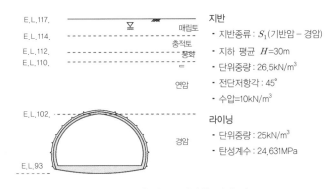

E.L.117. 매립토
E.L.114. 충적토
E.L.112. 풍화
E.L.110.

연암

E.L.102.

경암

E.L.93

지반
· 지반종류 : S_1(기반암 – 경암)
· 지하 평균 H=30m
· 단위중량 : 26.5kN/m³
· 전단저항각 : 45°
· 수압=10kN/m³

라이닝
· 단위중량 : 25kN/m³
· 탄성계수 : 24,631MPa

그림 M5.55 운영 중 지하철 터널 예

다절점 고유주기를 산정한 후 응답스펙트럼 그래프를 이용하여 각 고유주기에 해당하는 동적응답의 최대치를 근사적으로 구할 수 있다. 응답스펙트라는 SDOF를 기준으로 한 것이므로, 다자유도계의 경우 진동모드에 따라 응답스펙트럼 곡선에서 최대치를 읽어 각각의 기여율을 고려하여 중첩하여 산정한다. 각 진동

모드의 최대응답발생시간이 다르므로 단순 중첩법은 과대한 결과를 줄 수 있어 SRSS(Square Root of Sum of Square), 또는 RMS(Root Mean Sqare) 방법 등을 이용한다. 설계스펙트럼을 시간영역으로 변환하여 이력곡선을 작성하면 지반 동적수치해석의 지진하중으로 사용할 수 있다.

① 응답스펙트럼

주어진 지반파라미터를 이용하여, BOX-TM5-7에 따라 암반지반에 대한 응답스펙트럼을 산정하면 그림 M5.56과 같다(구 기준 적용).

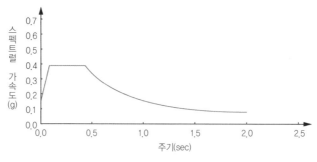

그림 M5.56 응답스펙트럼(암반지반)

② 응답변위해석

아래의 라이닝 구조해석 모델에 대한 고유치해석을 실시하여, 고유진동수를 구하고 위 스펙트럼을 이용하여 최대 응답(변위 또는 작용력)을 얻는다. 이를 정적 모델에 적용하여 최대단면력을 구한다.

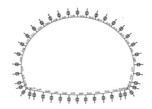

그림 M5.57 라이닝 구조해석 모델 자유지반해석 모델

③ 해석 결과 및 단면 안정 검토

라이닝 구조물의 최대 축력, 전단력, 및 모멘트는 라이닝의 좌 하단부에서 발생(붕괴 방지 수준)

$$P_{u,\max} = 93.5\text{kN} < \phi P_n = 3,858.55\text{kN}$$
$$M_{u,\max} = 18.9\text{kN m} < \phi M_n = 490.23\text{kN m}$$

(시간이력해석을 하고자 할 경우, 응답 스펙트럼 주파수-응답관계로 변환하여, 이에 대한 Inverse FFT를 수행하면, 시간이력하중곡선을 얻을 수 있다. 시간이력곡선을 이용한 Full Numerical Model 동적해석을 수행할 수 있지만, 이 경우 설계에서 정하는 하중조합조건을 고려할 수 없다).

CHAPTER 06

Tunnel Hydraulics
터널의 수리

Tunnel Hydraulics
터널의 수리

터널은 대부분 지하수위 아래 건설된다. 터널 굴착은 평형상태에 있던 지하수 영역에 수리적 불평형(수두차)을 야기하여 지하수의 이동을 초래하고, 굴착 중 터널안정에 영향을 미칠 수 있다. 운영 중 터널은 유입수와 수압에 대한 대응을 필요로 하며 누수, 잔류수압 증가 등의 수리열화 거동을 나타낼 수 있다.

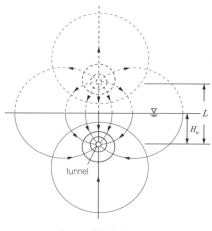

Image Method

이 장에서 살펴볼 주요 내용은 다음과 같다.

- 터널굴착과 수리문제
- 터널유입량과 수압 : 이론 및 수치해석
- 터널–지하수 수리상호작용과 수리열화
- 터널의 수리적 안정문제

6.1 터널 건설과 지하수 거동

터널굴착은 평형상태에 있던 수리영역에 경계조건 변화를 야기한다. 수리경계조건의 변화에 따른 수두차에 의해 지하수의 이동이 발생한다. 대부분의 터널수리문제는 지하수가 터널 내로 유입되는 배수형 터널에 관련된다. 터널과 관련한 지하수 거동은 유입량 q와 수압 p의 관계로 설명할 수 있다.

6.1.1 터널의 수리경계조건 Hydraulic Boundary Conditions

6.1.1.1 굴착 중 터널

굴착 중 터널의 수리경계조건은 터널굴착공법에 따라 달라진다. **관용터널공법**의 경우 굴착경계면을 따른 수리경계조건은 그림 M6.1과 같이 수압이 '0'인 상태가 되어, 터널 내부로 흐름이 일어난다.

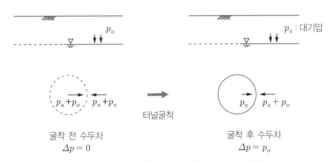

그림 M6.1 터널 굴착과 수리경계조건의 변화

굴착이 순간적으로 이루어졌다면, 굴착 직후 그림 M6.2와 같이 터널 천단에서 평균 동수경사는 '0.0 → 1.0'로 변화된다. 동수경사가 '0'이 되지 않는 한 터널을 향한 지하수 흐름은 지속될 것이다.

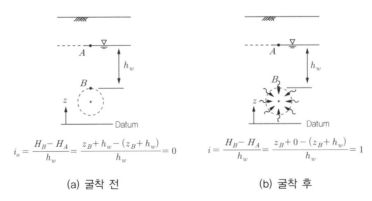

(a) 굴착 전   (b) 굴착 후

그림 M6.2 관용터널공법에서 수리경계조건의 변화와 지하수 흐름

터널의 안전한 굴착과 운영 중 편의를 위해 건설 중 수리경계조건을 인위적으로 제어할 수도 있다(그림 M6.3). 일례로 터널 주변 **그라우팅**은 그라우트존을 통과하는 유량을 줄여 터널 내 유입량을 감소시킨다. 터널 주변에 **배수파이프**(pin-drain, pipe-drain)를 설치하면, 터널 외측에서 지하수를 집수하여 배수하게 되므로 터널 주변수압을 낮출 수 있다.

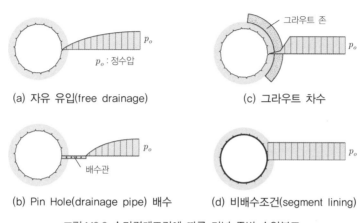

그림 M6.3 수리경계조건에 따른 터널 주변 수압분포

압력식 쉴드터널의 경우 그림 M6.4와 같이 유동토를 이용한 이토압 또는 슬러리압과 같은 내압(막장압)을 굴착면에 가하여 지반압력(토압+수압)과 평형을 유지하므로 이론적으로는 지하수의 유입이 발생하지 않고 굴착면은 정수압 조건을 유지할 수 있다(그림 M6.3 e).

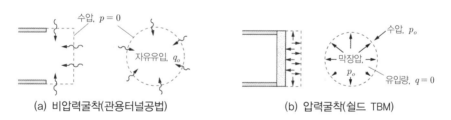

그림 M6.4 터널공법에 따른 굴착 중 굴착경계면 수리경계조건(q_o : 자유유입량, p_o : 정수압)

6.1.1.2 운영 중 터널 During Operation

완공 후 운영 중 터널의 수리경계조건은 채택된 방배수 형식에 따라 결정된다. 터널의 방배수형식은 크게 지하수의 자유유입을 허용하는 **배수형**(free drainage type)과 유입을 허용하지 않는 **비배수형**(watertight type)으로 구분된다(BOX-TM6-1 참조). 이론적으로 배수형 터널의 경우 터널 라이닝 주면을 따라 설계수명기간 중 '수압=0' 개념이 유지되며, 반면, 세그먼트 라이닝과 같은 비배수터널은 '유입량=0' 조건을 유지한다.

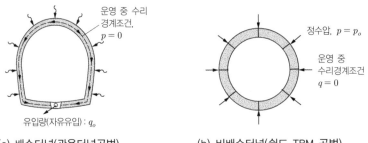

(a) 배수터널(관용터널공법) (b) 비배수터널(쉴드 TBM 공법)

그림 M6.5 운영 중 터널의 방배수 개념에 따른 이상적 수리경계조건

6.1.1.3 터널의 설계수명과 수리거동

배수터널은 $p = 0$, $q = q_o$(자유유입량) 조건으로 설계되나 운영 중 시간 경과에 따라 배수기능이 저하되어 유입량이 줄어들고 수압이 증가하는 **수리열화**(hydraulic deterioration)가 일어날 수 있다. 반면, 비배수터널은 $q = 0$, $p = p_o$(정수압) 조건으로 설계되나 시간 경과에 따른 방수기능 저하로 누수가 일어날 수 있다. 터널 굴착에서 운영까지 터널공법 및 방배수 개념에 따른 수리경계조건의 변화와 수리열화에 따른 유입량 및 수위 변화 개념을 그림 M6.6에 예시하였다.

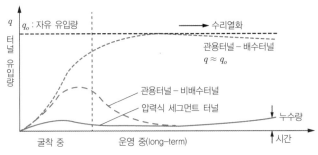

(a) 배수, 비배수터널의 유입량 변화

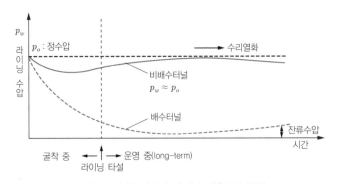

(b) 배수, 비배수터널의 라이닝 작용수압 변화

그림 M6.6 터널공법 및 방배수 개념에 따른 터널의 수리거동

배수터널과 비배수터널에 대한 방배수 개념, 적용성 그리고 구조적 특성을 아래에 비교하였다. 비배수터널의 경우, 고도의 시공기술이 필요하고, 구조물의 두께가 증가하여 건설비가 증가하나, 지하수 환경 유지에 유리하고, 유지관리 비용이 적게 든다. 도심지에서는 비배수터널이 일반적이다.

배수형 터널과 비배수형 터널 비교(일정수위, 정상류 조건)

	배수형 터널(관용터널공법)	비배수형 터널(쉴드+세그먼트 공법)
수리경계 조건	유입량 : q_o(자유유입) 라이닝 작용 수압 : 0	유입량 : 0 라이닝 작용 수압 : p_0(정수압)
특징 (장단점)	• 수압을 고려하지 않으므로 구조적으로 얇은 무근 콘크리트라이닝도 가능 • 비원형, 대단면의 시공이 가능 • 누수 시 보수 용이 • 초기 시공비가 적어 경제성 양호 • 터널구배로 자연배수가 불가능한 경우에 배수 비용 증가로 유지비가 과다 소요 • 지하수위의 저하로 인해 주변 지반침하와 지하수 이용에 문제 발생 가능	• 유입수 처리비용 감소로 유지비가 적음 • 터널 내부가 청결하며 관리가 용이 • 지하수위에 영향주지 않으므로 지하수환경 유지에 유리 • 터널 구조체 및 내부시설 내구연한 증가 • 초기 건설비 고가, 완전한 방수기능 구현 어려움 • 대형, 대단면에 적용이 곤란 • 누수 발생 시 보수비가 많이 들고 완전보수 곤란 • 콘크리트라이닝 보강 필요
적용 여건	• 지하수위 저하가 문제되지 않는 지반 • 지하수두가 높고, 유입수량이 적은 지반조건(일반적으로 수두>60m)	• 지하수위 저하가 문제가 되는 지반 • 지하수두가 비교적 낮고(일반적으로 수두<60m) 지하수의 유입이 과다할 것으로 예상되는 경우
대표적 단면형상	마제형(horse shoe-shaped)	원형(circular tunnel)
방배수 공법	방수막과 부직포를 천장부와 측벽부에 설치하고 유입수를 터널 내로 유도하여 집수정에 집수하고, 펌프를 이용하여 지상 배수처리	터널 전단면에 방수막과 부직포에 의한 방수막(membrane)을 설치하여 지하수의 유입을 완전 차단
장기 수리열화	배수재 폐색 및 압착 ➡ 배수성능 저하 ➡ 유입량 감소➡ 라이닝에 잔류수압 작용	구조물균열, 방수막 손상 ➡ 방수성능 저하 ➡ 누수(유입 발생), 작용수압 저하

6.1.2 터널의 수리거동과 영향인자 Hydraulic Design Factors

지하수는 굴착 중 터널의 안정에 지대한 영향을 미치는 중요한 요인이며, 운영 중 터널의 사용성 확보에도 반드시 고려해야 할 문제이다. 지하수의 존재와 영향은 터널의 계획, 설계 및 시공에 중요한 고려 사항이다. 따라서 **터널의 굴착에서 운영에 이르기까지 지하수가 터널의 안정 및 사용성에 미치는 영향에 대하여 충분히 검토되어야 한다**(Moon & Fernandez, 2010; Moon & Jeong, 2011).

터널 수리 설계의 대부분은 지하수 유입을 허용하는 배수터널과 관련되나, 장기적으로 터널 수리열화에 따른 사용성 문제는 배수형식에 관계없이 발생할 수 있다. 터널 수리문제는 굴착 중 문제와 운영 중 문제로 구분할 수 있다. 굴착 중 터널의 수리문제는 굴착공법에 따라 수리경계조건이 달라지며 압력식 굴착과 비압력식 굴착의 수리문제로 구분된다. 운영 중 터널수리대책은 터널의 방배수 계획 단계에서 결정한다(TE1장 1.3절 방배수 계획 참조). 그림 M6.7에 터널의 수리문제를 굴착방식에 따라 굴착 중과 운영 중으로 구분 예시하였다.

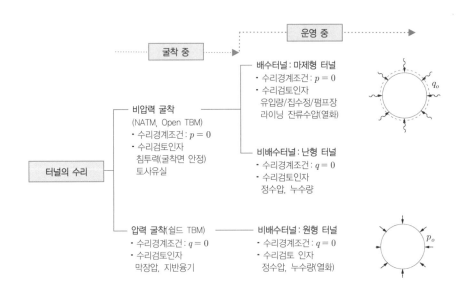

그림 M6.7 터널의 굴착 및 운영 중 수리경계조건과 수리영향 검토인자(p_o: 정수압, q_o: 자유유입량)

터널은 기반시설의 일부를 구성하는 주요 구조물로서 그 **설계수명은 100~120년**으로 설정된다. 따라서 오랜 시간이 경과하면서 터널 구성 재료의 열화와 배수시스템의 노후화로 인해 불가피하게 방수 또는 배수 성능이 저하된다. 배수터널은 배수가 원활하지 못하면 라이닝에 수압이 유발되고, 비배수터널은 라이닝 균열 또는 방수 체계손상으로 누수가 발생하는데, 설계 시 목표한 방배수 성능의 저하를 **수리열화**라 한다.

따라서 터널의 수리설계는 굴착 중 터널붕괴에 대한 안정 검토, 운영 중 배수량 혹은 수압의 관리, 그리고 장기적 수리열화에 따른 부가적 잔류수압과 누수량 검토 등을 포함한다.

6.2 터널 수리거동의 이론적 고찰

6.2.1 터널 굴착에 따른 지하수 유입량 이론해

터널 굴착경계에 흐름의 방해가 없는 상태에서 터널을 향한 흐름을 **자유유입**(free drainage)이라 한다. 원형 터널의 자유유입량은 굴착의 영향이 수리적으로 평형상태에 도달한 '**정상류상태의 자유유입조건을 가정**'하여 이론적으로 구할 수 있다. 이론해는 실제 터널을 극히 단순화한 조건의 해이지만 터널 유입량을 신속하고 간단하게 검토할 수 있는 도구로서 유용하다.

NB : 최근 도심지 지하수환경의 중요성이 대두하면서 비배수형 터널의 건설 추세가 뚜렷해지고 있다. 여기서 다루는 지하수의 터널 유입이론은 주로 배수형 터널을 대상으로 한 것이다. 하지만 압력굴착이라도 굴착 중 자유유입조건 발생 시, 이론해를 이용하여 터널 유입량을 보수적으로 검토할 수 있다.

흐름은 수두차에 의해 발생하며, 터널수리의 이론적 접근은 기준 수두의 설정이 중요하다. 이 책에서는 터널 수리 관련 파라미터를 그림 M6.8과 같이 설정한다.

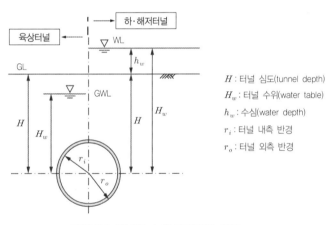

H : 터널 심도(tunnel depth)
H_w : 터널 수위(water table)
h_w : 수심(water depth)
r_i : 터널 내측 반경
r_o : 터널 외측 반경

그림 M6.8 터널의 수리 파라미터 정의

6.2.1.1 터널 굴착에 따른 지하수 흐름특성

비압력 관용터널공법의 터널 막장면에서는 수압이 '0'인 완전배수조건을 가정할 수 있다. 굴착주(측)면과 전면(tunnel face)을 통해 3차원적 유입이 발생하나, 통상 터널 횡단면의 2차원 정상류 흐름을 가정하여 유입량을 산정한다.

밀폐식(closed) 압력 굴착공법과 비배수 개념으로 설계된 터널의 경우 유입량 검토는 큰 의미가 없어 보인다(하지만 압력터널이라 하더라도 수리경계조건의 관리 미흡에 따라 굴착 중 일시적으로 배수경계조건, 배토량 평가 등 유입영향을 검토할 상황이 발생할 수 있다).

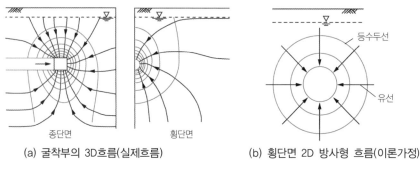

(a) 굴착부의 3D흐름(실제흐름)   (b) 횡단면 2D 방사형 흐름(이론가정)

그림 M6.9 터널 굴착부의 실제흐름과 이론해를 위한 방사형 흐름(radial flow)가정

터널굴착이 야기하는 흐름은 주변으로부터 지하수 공급이 충분하여 흐름의 경계조건 및 경로가 일정하게 유지되는 **구속흐름**(confined flow)과 경계조건 및 유로가 일정하게 유지되지 않는 **비구속흐름**(unconfined flow)으로 구분할 수 있다(그림 M6.10). 비구속상태에서는 수위저하로 유입량이 감소하는 부정류 흐름(transient flow)이 일어나며, 구속흐름은 정상류흐름(steady state flow)이다.

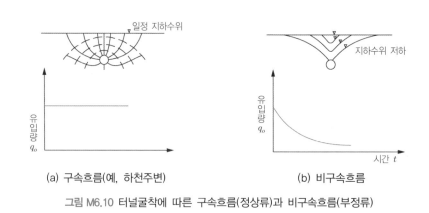

(a) 구속흐름(예, 하천주변)   (b) 비구속흐름

그림 M6.10 터널굴착에 따른 구속흐름(정상류)과 비구속흐름(부정류)

6.2.1.2 구속 정상류흐름의 일반해

Goodman(1962)

지반투수성이 크고, 하천이 인접한 경우 지하수 공급이 풍부하여 터널을 굴착하여도 지하수위가 거의 변하지 않는다. 이러한 구속흐름조건에서 터널로 유입되는 자유유입량에 대한 다양한 이론해가 제시되었다.

토피와 수위가 터널 직경의 5배 이상인 깊은 터널(deep tunnel)에서는 지하수 흐름을 **축대칭 반경방향 흐름**(radial flow)으로 가정할 수 있다. Goodman(1965) 등은 등방성 균질 지반의 자유유입 조건(방사형 흐름, radial flow)을 가정하여 영상법(image method)으로 원형 터널로 유입되는 자유유입량 식을 유도하였다.

심도 H에 위치하는 토피 h, 반경 r_o인 원형 터널의 수심이 H_w라 하자. 가상 수원(imaginary source)의 유출량과 가상 유입원(imaginary sink)의 유량이 같다고 가정하는 영상법의 흐름곡선을 그림 M6.11에 보였다.

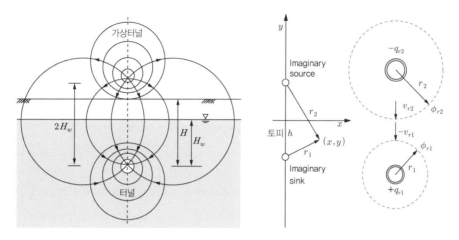

그림 M6.11 구속정상류조건의 자유 유입(image method)

흐름의 에너지 수두(총 수두, total potential)가 ϕ라면

$$i = \frac{d\phi}{dr} \tag{6.1}$$

운동방정식은 $v = -ki$, $i = -\frac{1}{k}v$이므로, 흐름방향 r에 대하여 다음이 성립한다.

$$\frac{d\phi_r}{dr} = -\frac{1}{k}\left(-\frac{q_r}{2\pi r}\right) \tag{6.2}$$

식(6.2)를 적분하고, 그림 M6.11의 경계조건 $r_1 \rightarrow \phi_{r1}$, q_{r1} 및 $r_2 \rightarrow \phi_{r2}$, q_{r2}을 이용하면

$$\phi_{r1} = +\frac{q_{r1}}{2\pi k}\ln r_1 + c_1 \ \text{및} \ \phi_{r2} = -\frac{q_{r2}}{2\pi k}\ln r_2 + c_2$$

해의 중첩원리에 따라, $\phi = \phi_{r1} + \phi_{r2} = \frac{1}{2\pi k}(q_{r1}\ln r_1 - q_{r2}\ln r_2) + c_1 + c_2$이다. 터널토피가 h일 때, $h \geq r_o$이면 터널 굴착면($x = r_o$, $y = -h$)에서, $r_1 = \sqrt{x^2 + (y+h)^2} = r_o$, $r_2 = \sqrt{x^2 + (y-h)^2} = \sqrt{r_o^2 + (2h)^2} \approx 2h$이된다.

$$\phi = \frac{1}{2\pi k}\left[q_{r1}\ln\sqrt{x^2+(y+h)^2} - q_{r2}\ln\sqrt{x^2+(y-h)^2} \right] \tag{6.3}$$

자유유입(유출)조건이라면 $q_{r1}=q_{r2}=q_o$ 이고, 지반 내 흐름(침투)거리를 S라 하면, $\phi=-S$, $\phi_o=h_w$, $H_w=h+h_w$(하저터널의 경우)이므로, $-h=\frac{1}{2\pi k}\ln\frac{r_o}{2h}q_o+h_w$ 및 $-H_w=\frac{1}{2\pi k}\ln\frac{r_o}{2S}q_o$ 이 된다. 따라서 자유유입량 q_o 는 다음과 같이 산정된다.

$$q_o = 2\pi k\frac{H_w}{\ln(2S/r_o)} \tag{6.4}$$

여기서, q : 단위길이당 유량($\text{m}^3/\text{sec/m}$), k : 투수계수(m/sec), r_o : 터널반경(m), H_w : 터널 중심으로부터 지하수위(m). S : 지하수의 지반 내 침투거리이다.

육상터널의 경우 $H_w \le H$이므로, $S=H_w$이며, **하저 및 해저터널**의 경우 $H_w > H$이므로 $S=H$ 이다. 따라서

육상 터널, $q_o = 2\pi k\dfrac{H_w}{\ln(2H_w/r_o)}$ \hfill (6.5)

하저 및 해저 터널, $q_o = 2\pi k\dfrac{H_w}{\ln(2H/r_o)}$ \hfill (6.6)

이론해의 적용성과 정확도

배수터널의 자유유입량에 대한 이론해는 여러 연구자들이 제안하였다. 주로 사용되는 이론식은 다음과 같다(S는 지하수의 지반 침투거리로서 육상터널은 '$S=H_w=$수위', 하저 및 해저터널의 경우, '$S=H=H_w-h_w$(터널 중심에서 해(하)저면까지의 거리)', $q(\text{m}^3/\text{sec/m})$는 단위길이당 유입량이다).

$$q_{oG} = 2\pi k\frac{H_w}{\ln\left(\dfrac{2S}{r_o}\right)} \quad \text{Goodman et al.}(1965) \tag{6.7}$$

$$q_{oL} = 2\pi k\frac{H_w}{\left\{1+0.4\left(\dfrac{r_o}{S}\right)^2\right\}\ln\left(\dfrac{2S}{r_o}\right)} \quad \text{Lombardi}(2002) \tag{6.8}$$

$$q_{oT} = 2\pi k\frac{H_w\left\{1-3\left(\dfrac{r_o}{2S}\right)^2\right\}}{\left\{1-\left(\dfrac{r_o}{2S}\right)^2\right\}\ln\left(\dfrac{2S}{r_o}\right)-\left(\dfrac{r_o}{2S}\right)^2} \quad \text{El Tani}(1999) \tag{6.9}$$

이론식은 대부분 **축대칭 반경방향 흐름(radial flow)**을 가정하므로 이 가정이 성립하지 않는 얕은 터널에는 잘 맞지 않는다. EI Tani(2003)는 터널의 깊이를 달리하는 조건의 터널 수리 모형시험을 수행하여 위 이론들 식의 정확도를 평가하였다. 이론유입량 q_o와 실측유량 q_m에 대하여, 오차 Δ를 다음과 같이 정의하였다.

$$\Delta = \frac{q_o - q_m}{q_m} \times 100 \, (\%)$$

(6.10)

실험 결과로부터 얻은 수위와 터널 크기에 따른 이론식의 정확도는 그림 M6.12와 같다.

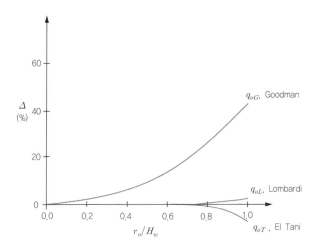

그림 M6.12 이론식의 정확성 평가(after EI Tani, 2003)

수심에 비해 반경이 큰 천층터널(shallow tunnel)일수록, 오차가 증가한다. 적어도 **수심이 터널 직경($2r_o$) 이상이어야 오차가 10% 이내**가 된다. 수심이 터널반경의 5배 이하가 되면($r_o / H_w > 0.2$), EI Tani(1999) 식과 Lombardi(2002) 식만 신뢰할 만한 결과를 준다. 다만, EI Tani 식은 유입량을 과소평가할 수 있음을 유의하여야 한다.

그라우트 주입지반의 유입량

Karlsrud(2001)는 그라우팅을 실시한 지반에 대한 그라우팅영역의 투수계수, k_g(m/day)와 그라우팅 두께 t_g를 이용하여, 다음과 같은 유입량 산출식을 제안하였다.

$$q_g = 2\pi k_g \frac{H_w}{\ln \dfrac{(r_o + t_g)}{r_o}}$$

(6.11)

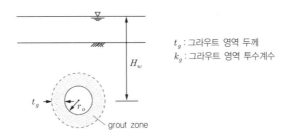

그림 M6.13 터널 그라우트 영역

6.2.1.3 비구속 흐름에 대한 이론해

터널 주변에서 터널로 지하수 공급이 충분히 이루어지지 않는다면, 터널 상부에서 지하수위의 저하가 발생할 수 있다. 이 경우 자유유입량 공식을 적용하면 유입량이 과다하게 산정된다.

지하수위가 일정구간 저하한 경우

근사적으로 정상류를 가정할 수 있는 경우에는 저하된 평균 지하수위(예, $H_m = (H_w + h_u)/2$)를 정상류 이론식에 적용하여 유입량의 근사치를 구할 수 있다. 평균지하수위가 H_m 이라면, 식(6.5)를 이용하여

$$q = 2\pi k \frac{H_m}{\ln(2H_m/r_o)} \tag{6.12}$$

지하수위가 더욱 강하하여, 그림 M6.14와 같이 터널 천단보다 낮아지면 다음 식을 이용할 수 있다.

$$q = \frac{k}{R} \frac{H_w^2 - h_u^2}{\left(\dfrac{h_u}{d + r_o/2}\right)^{1/2} \left(\dfrac{h_u}{2h_u - d}\right)^{1/4}} \tag{6.13}$$

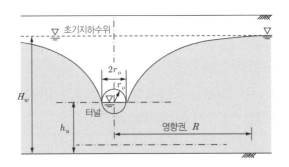

그림 M6.14 저하한 지하수위가 터널 천장부 아래 위치하는 경우(r_o : 터널반경, R : 지하수 영향 반경)

불투수층에 접하는 터널

터널 저면이 불투수층에 가깝고 지하수위가 저하한 경우 Dupuit(1863) 식을 적용할 수 있다. 그림 M6.15에서 배수영향구간 x에서, 수위가 h인 경우, 운동방정식(Darcy's law)은 $v = ki = k(dh/ds)$이다. Dupuit의 가정에 따라 $dh/ds \simeq dh/dx$이므로, 운동방정식은 $q = kiA = k(dh/dx)h$이 된다.

$$hdh = \frac{q}{k}dx \tag{6.14}$$

위 식을 적분하여 경계조건 $x = 0$, $h \to D$ 및 $x = L$, $h \to H_w$를 적용하면, 전체(좌우측고려) 유입량은

$$q = 2 \times \frac{k}{2L}\left(H_w^2 - D^2\right) = \frac{k}{L}\left(H_w^2 - 4r_o^2\right) \tag{6.15}$$

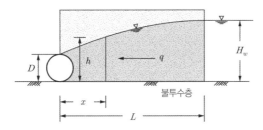

그림 M6.15 불투수층에 접하는 터널로서 터널 천장까지 지하수위가 저하하는 경우

6.2.2 터널의 수압-유입량 관계와 구조-수리 상호작용

앞에서 살펴 본 유입량에 대한 이론해는 **배수터널의 자유유입 조건을 가정**한 것이다. 터널 건설은 굴착과 지보재(라이닝) 설치를 포함하므로, 배수터널에서 터널로 유입되는 지하수의 흐름 경로는 그림 M6.16과 같이 2개 이상의 매질을 통과하게 된다.

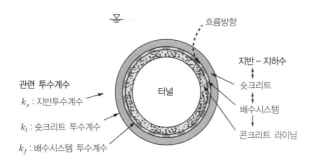

그림 M6.16 터널의 수리거동 영향요소와 구조-수리 상호작용

완전배수와 비배수는 터널 수리경계조건의 두 극단적인 경우에 해당한다. 만일 굴착면에 지반보다 투수성이 작은 숏크리트가 타설된다면 흐름은 일어나지만 흐름저항이 발생하여 유입(q)이 줄고, 그에 상응하여 숏크리트에는 수압(p)이 작용하게 될 것이다. 수압-유입량(p-q)관계의 일반화에 대해 고찰해보자.

6.2.2.1 터널 수압(p)-유입량(q) 관계

그림 M6.17(a)는 배수터널의 자유유입조건을 예시한 것이다. 만일 라이닝 투수성이 지반보다 작다면, 흐름저항이 발생하여 유입이 줄고, 그림 M6.17(b)와 같이 라이닝 배면에 수두 h_l이 유발된다.

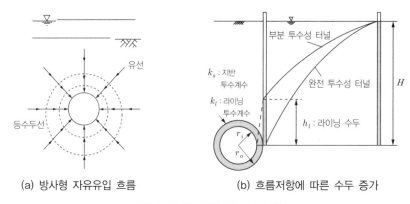

(a) 방사형 자유유입 흐름   (b) 흐름저항에 따른 수두 증가

그림 M6.17 터널 주변의 흐름거동

등방균질지반의 구속흐름을 가정하고, El Tani(1999) 식을 이용하면, 육상 배수터널의 유입유량 q_o는 다음과 같다(어떤 이론식을 사용해도 되지만, 여기서는 천층터널에도 잘 맞는 El Tani 식을 사용, $S = H_w$).

$$q_o = \frac{2\pi k_s H_w \left\{ 1 - 3\left(\frac{r_o}{2H_w}\right)^2 \right\}}{\left\{ 1 - \left(\frac{r_o}{2H_w}\right)^2 \right\} \ln \frac{2H_w}{r_o} - \left(\frac{r_o}{2H_w}\right)^2} \tag{6.16}$$

만일, 어떤 원인에 의해 흐름저항이 발생하면, 유입량 q_s는 터널 중심에서의 수두(H_w)와 라이닝 배면수두(h_l)의 차에 비례할 것이므로 식(6.16)의 첫 번째 H_w는 ($H_w - h_l$)이 되어, 아래와 같이 나타낼 수 있다.

$$q_s = \frac{2\pi k_s (H_w - h_l) \left\{ 1 - 3\left(\frac{r_o}{2H_w}\right)^2 \right\}}{\left\{ 1 - \left(\frac{r_o}{2H_w}\right)^2 \right\} \ln \frac{2H_w}{r_o} - \left(\frac{r_o}{2H_w}\right)^2} \tag{6.17}$$

이때 라이닝 통과유량(집수정 측정유량) q_l은 Goodman식을 이용하여 다음과 같이 산정할 수 있다 (Fernandez, 1994).

$$q_l = \frac{2\pi k_l h_l}{\ln(r_o/r_i)} \tag{6.18}$$

여기서 r_i와 r_o는 각각 터널의 내경과 외경이다. q_l은 터널 내에서 측정 가능한 유입량이므로 아는 값이다. $q_l = q_s$이므로, 식(6.16), (6.17) 및 (6.18)을 조합하면

$$q_l = q_o \left\{ 1 - \frac{1}{1 + C(k_l/k_s)} \right\} \tag{6.19}$$

여기서, $C = \dfrac{\left\{ 1 - \left(\dfrac{r_o}{2H_w} \right)^2 \right\} \ln \dfrac{2H_w}{r_o} - \left(\dfrac{r_o}{2H_w} \right)^2}{\ln(r_o/r_i)}$ 이다.

수두를 수압으로 나타내기 위하여 다음 조건을 이용하면,

정수압, $p_o = \gamma_w H_w$

라이닝 작용수압, $p_l = \gamma_w h_l$

식(6.19)는 다음과 같이 상대투수성에 따른 수압의 식으로 나타낼 수 있다.

$$p_l = p_o \frac{1}{1 + C(k_l/k_s)} \tag{6.20}$$

식(6.20)으로부터 흐름저항으로 인하여 라이닝에 유발된 작용수압 p_l의 크기는 지반과 라이닝의 상대 투수성(k_s/k_l)에 의존함을 알 수 있다. 즉, **라이닝 투수성이 지반보다 작아질수록 라이닝 작용수압은 증가**한다. 식(6.19) 및 (6.20)을 조합하여 투수계수항을 소거하면, **터널 유입량과 라이닝 작용 수압의 관계**는 다음과 같이 얻어진다.

$$p_l = p_o \frac{q_o - q_l}{q_o} \tag{6.21}$$

여기서, p_o는 정수압, q_o는 자유유입량으로서 지반투수계수와 수위 그리고 터널 직경으로부터 결정할 수 있고, q_l은 측정 유입량이다. 따라서 p_o, q_o, q_l을 알 수 있으므로 식(6.21)을 이용하여 라이닝 작용수압을 산정할 수 있다. 그림 M6.18에 식(6.21)의 $p - q$ 관계를 나타내었다.

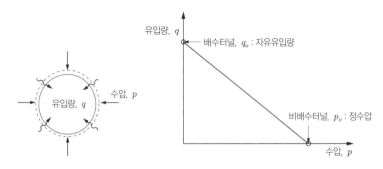

그림 M6.18 터널의 수압(p)-유입량(q)관계(층류(laminar flow) 조건)

6.2.2.2 터널의 구조-수리 상호작용

투수계수가 작은 재료에서 큰 재료로 흐름이 일어나는 경우, 재료 경계에서 흐름저항은 거의 발생하지 않는다. 하지만 흐름이 투수성이 큰 재료에서 작은 재료로 형성될 때, 투수계수가 큰 재료를 통과한 유량이 투수계수가 작은 재료를 모두 통과하지 못하므로, 흐름저항이 유발되며, 이는 수압상승으로 나타난다. 터널 내 유입량의 변화는 라이닝 작용 수압의 변화를 야기하고, 수압변화는 라이닝에 구조(역학)거동을 야기하게 된다. 이를 **구조-수리 상호작용**(mechanical and hydraulic interaction)이라 한다.

라이닝 작용수압의 크기는 지반에 대한 라이닝의 상대투수성 k_l/k_s에 의존한다. 식(6.20)의 수압-상대투수성관계를 그림 M6.19에 보였다. 라이닝 작용수압은 상대투수성 k_l/k_s에 반비례한다. 이 관계의 극단적인 경우로서, 비배수 조건은 상대투수성이 '0'에 해당되므로 유입량은 '0', 수압은 정수압 p_o가 된다.

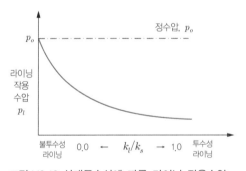

그림 M6.19 상대투수성에 따른 라이닝 작용수압

NB : 상대강성과 상대투수성

터널-지반의 역학적 상호작용에 따른 변형거동이 터널과 지반의 상대강성(relativeness stiffness)에 지배되는데 비해, 지반과 터널(혹은 배수시스템)의 수리학적 상호작용은 유입경로의 상대투수성(relative permeability)에 지배된다. 터널을 향한 지하수의 흐름경로가 '지반-숏크리트-배수층'에 이르는 다수의 재료를 통과하며 경계조건도 불특정하기 때문에 수리적 상호작용은 역학적 상호작용보다 훨씬 더 복잡한 양상을 나타낸다.

6.3 터널 수리거동의 수치해석법

터널굴착문제의 수리학적 경계조건은 매우 복잡하며, 시간의존적이다. 이론해는 원형 터널의 방사형 흐름을 가정한 단순해로서 수리평형조건의 수리거동에 대한 예비적 검토에 유용하나, 복잡한 수리영향을 고려하는 데 한계가 있어, 실무에서는 주로 수치해석법을 이용한다.

수치해석을 이용하면 복잡한 수리 경계조건, 이방성 비균질 비선형 투수성도 고려할 수 있다. 특히 변위와 수압의 상호작용을 고려하는 **구조-수리 연계해석**(mechanical and hydraulic coupled analysis)을 통해 시간의존성 거동도 파악할 수 있다. 터널 수리문제의 특성, 또는 구하고자 하는 수리거동에 따라 다양한 형태의 수치해석법을 사용할 수 있다. 그림 M6.20은 터널 수리문제에 대한 수치해석 유형을 보인 것이다.

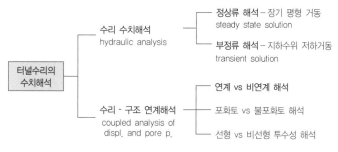

그림 M6.20 터널 수리거동의 수치해석법

6.3.1 터널 수리의 수치해석

6.3.1.1 흐름거동의 지배방정식과 유한요소 방정식

지하수 흐름의 지배 미분방정식(연속방정식)은 다음과 같이 나타낼 수 있다.

$$\frac{\partial}{\partial x}\left(k_x \frac{\partial h}{\partial x}\right) + \frac{\partial}{\partial y}\left(k_y \frac{\partial h}{\partial y}\right) + \frac{\partial}{\partial z}\left(k_z \frac{\partial h}{\partial z}\right) + q = \frac{\partial \theta}{\partial t} \tag{6.22}$$

여기서, h는 전수두, k_x, k_y, k_z는 x, y, z방향의 투수계수, q는 외부유량, t는 시간, θ는 체적 함수비다.

흐름거동 변수는 수압(p_w) 또는 수두(h)로 나타낼 수 있으며, 절점수압 p_w는 요소 내 절점수압 p_{wi}와 수압형상함수 N_w를 이용하여 다음과 같이 표현할 수 있다(i는 요소 내 절점 수).

$$p_w = \sum N_{wi} p_{wi} \tag{6.23}$$

요소 내 간극수압의 분포는 간극수압 형상함수 $[N_w]$에 의해 결정된다. 삼각형 또는 사각형 모서리 절점요소의 경우, 변위형상함수 $[N]$(TM4장 터널 수치해석 참조)과 간극수압 형상함수 $[N_w]$가 같다면, 간극수압은 변위와 같은 분포로 요소 내에서 변화할 것이다.

NB : 변위 형상함수와 수압 형상함수의 적합성

변위 형상함수와 동일한 수압 형상함수를 사용하는 경우, 거동의 적합성을 검토하여야 한다. 일례로, 8절점 사각형 요소를 사용하는 경우라면 변위와 간극수압 모두 요소 내에서 2차함수로 변화할 것이다. 변위가 2차함수로 변화한다면 변형률과 유효응력(적어도 선형거동재료에 대하여)은 선형적으로 변화한다. 유효응력원리는 간극수압과 유효응력의 선형적 관계를 정의하므로 불일치가 발생한다. 유효응력과 간극수압은 같은 차수(order)로 변화한다고 보는 것이 타당하므로 그림 M6.21과 같이 간극수압 자유도를 사각형 요소의 모서리 절점에만 부여하는 방법을 고려할 수 있다.

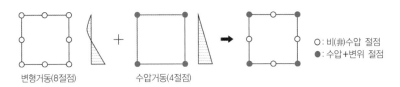

O : 비(非)수압 절점
● : 수압+변위 절점

변형거동(8절점)   수압거동(4절점)

그림 M6.21 변위-수압 결합거동 모사를 위한 절점 배치 예

식(6.22)의 지하수의 흐름지배방정식을 Galerkin의 **가중잔차법**(weighed residual)을 이용하여 정식화한 **유한요소 방정식**은 다음과 같다.

$$\int_v ([E]^T[k][E])dV\{h\} + \int_v (\lambda[N_w]^T[N_w])dV\left\{\frac{\partial h}{\partial t}\right\} = q\int_A ([N_w]^T)dA \tag{6.24}$$

여기서, $[E]$: 동수경사 행렬, $[k]$: 투수계수행렬, $\{h\}$: 절점수두 벡터, $h = p_w/\gamma_w$, $[N_w]$: 간극수압 형상함수 벡터, q : 요소변의 단위유량, $\lambda = \gamma_w m_w$: 비정상상태 침투에 대한 저류 항이다. 위 식을 수두를 미지수로 하는 유한요소 방정식으로 표기하면 다음과 같다.

$$[\varPhi]\{h\} + [M]\{h\}t = \{Q\} \tag{6.25}$$

여기서, $[\varPhi] = t\int_A ([E]^T[k][E])dA$, $\quad [E] = \left[\frac{\partial N_w}{\partial x_i}\right]^T$

$$[M] = t\int_A (\lambda[N_w]^T[N_w])dA$$

$$\{Q\} = qt\int_A ([N_w]^T)dA$$

$[\varPhi]$는 요소 투수행렬, $\{h\}$는 전수두 벡터, $[M]$은 질량행렬, t는 시간 그리고 $\{Q\}$는 유입량 벡터이다. $\{p_w\} = \gamma_w\{h\}$를 이용하면, 식(6.25)를 간극수압의 형태로 표현할 수 있다.

정상류 침투흐름의 경우 수두는 시간에 따라 일정하므로, 식(6.25)의 시간관련 항을 제거하면, 다음 형태의 구속 정상류에 대한 유한요소 방정식이 된다.

$$[\varPhi]\{p_w\} = \gamma_w\{Q\} \tag{6.26}$$

6.3.1.2 터널 수리거동의 수치해석 모델링

모델링 범위

일반적으로 수리거동의 영향범위는 투수계수(지반조건)에 따라 달라지나, 변형거동의 영향범위보다 훨씬 크다. 따라서 모델 영역의 범위도 굴착이 지하수위 변화를 초래하지 않는 범위까지 충분하게 설정하여야 한다. 만일, 주변에 하천, 우물 등이 있다면, 이를 포함한 수리경계조건이 설정되어야 한다.

투수계수 모델 permeability models

지하수 흐름경로에 위치하는 모든 재료의 투수성을 실제거동에 부합하게 모델링하여야 한다. 배수터널에서 지하수는 '**지반 → 숏크리트 → 배수재**'의 경로를 따라 흐르므로, 숏크리트와 배수재의 투수성도 고려하여야 한다.

① **지반 투수성.** 투수계수는 유입량과 선형비례하며, 지반물성 중 변동 폭이 가장 큰 파라미터로서(약 10^{-6} 범위), 해석 결과에 미치는 영향이 지대하므로 투수성 모델 선정과 투수계수 파라미터 결정에 유의하여야 한다. 투수계수 모델의 유형은 그림 M6.22와 같다. 투수계수 모델은 크게 일정(상수) 투수계수 모델과 비선형 투수계수 모델로 구분하며, 대부분 공간적인 변화만 고려하는 일정 투수계수 모델을 사용하며, 지반 변형률에 따른 **비선형투수계수는 주로 연계(결합)수치해석에 적용**한다(6.2.2절 참조).

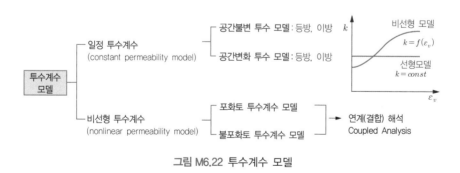

그림 M6.22 투수계수 모델

공간적으로 변화하는 이방성 조건의 3차원 일정(constant) 투수계수 모델은 $k_x \neq k_y \neq k_z$ 조건에 대하여 다음과 같이 정의할 수 있다.

$$k_x = k_{xo} + G_{x1}\Delta x + G_{y1}\Delta y + G_{z1}\Delta z$$
$$k_y = k_{yo} + G_{x2}\Delta x + G_{y2}\Delta y + G_{z2}\Delta z \qquad (6.27)$$
$$k_z = k_{zo} + G_{x3}\Delta x + G_{u3}\Delta y + G_{z3}\Delta z$$

여기서 k_{xo}는 기준 위치의 투수계수이며, G는 각 방향에 따른 투수계수 변화율이다.

② **숏크리트 및 배수재의 투수성.** 터널로 유입되는 지하수는 (관용터널의 경우) 숏크리트와 배수재를 통과한다. 일반적으로 잘 타설된 숏크리트의 투수성은 일반 콘크리트와 크게 다르지 않은 것으로 알려져 있다. 치밀하게 타설된 콘크리트의 경우 대략 $10^{-9} \sim 10^{-10}$m/sec의 투수성을 갖는다. 하지만 숏크리트는 타설 시 공극발생 등 불균일 요인이 많아 투수성을 특정하기 쉽지 않으며, 굴착안정을 위한 임시지보재로서 장기적으로 열화한다고 보아 숏크리트의 투수성을 지반과 같은 수준으로 고려하는 경우도 많다. 터널 배수재로 많이 사용되는 **부직포**(nonwoven geotextile)의 투수성은 0.008m/sec 정도로 매우 크다. 그러나 라이닝 콘크리트 타설 시 유동성 콘크리트의 횡압에 따른 압착 또는 토립자 침적 등에 따른 폐색(clogging)으로 투수성이 현저하게 감소될 수 있다(따라서 실제, 숏크리트는 배면에 상당한 수압이 걸릴 수 있다. 그림 M6.38 참조).

수리경계조건 hydraulic boundary conditions

그림 M6.23에 터널 굴착해석 시 주로 도입되는 수리경계조건을 예시하였다. 비압력굴착의 경우 굴착경계면의 수압은 '0'이며, 모델 경계에서의 수리경계조건은 주변의 지하수 공급조건과 터널과의 거리를 고려하여 설정할 수 있다. 모델 범위가 충분히 크고 주변에서 지하수 공급이 원활하여 수위변동이 크지 않은 경우라면 모델 경계에 정수압을 가정할 수 있다. 대부분의 유한요소 프로그램은 사용자가 경계조건을 적용하지 않는 경우 '$q = 0$' 흐름조건이 자동적(default)으로 취해지는 데 유의할 필요가 있다.

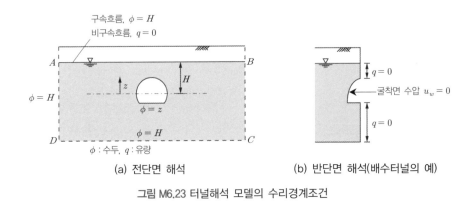

(a) 전단면 해석   (b) 반단면 해석(배수터널의 예)

그림 M6.23 터널해석 모델의 수리경계조건

구속 흐름조건(식 6.26)의 해는 시간 독립적 정상흐름을 가정하므로, 이때의 해는 수리적 평형상태에 도달한 후의 **장기안정조건의 해**(steady state solurions)라 할 수 있다.

6.3.2 변위-수압 결합거동의 수치해석 Coupled Numerical Analysis

지반은 지하수와 지반재료의 복합 매질로서 굴착에 따른 응력해제는 지반의 **체적변화**를 야기하며, 체적변화는 투수계수 변화를 초래한다. 따라서 변형(특히, 체적변화)과 간극수압은 상호 영향관계에 있는데, 변형-수리 거동을 결합한 지배방정식에 근거한 수치해석을 변위-수압 **연계(결합)수치해석**이라 한다.

6.3.2.1 결합거동의 기초방정식과 유한요소 정식화

Biot는 유효응력의 원리를 이용하여 힘의 평형방정식과 흐름의 연속방정식을 다음과 같이 결합하였다.

- 힘의 평형방정식, $\dfrac{\partial \sigma_{ij}}{\partial x_i} - f_i = 0$

- 흐름의 연속방정식, $-\dfrac{\partial v_i}{\partial x_i} + \dfrac{\partial \epsilon_v}{\partial t} = 0$, Darcy의 법칙, $v_i = -k\dfrac{\partial h}{\partial x_i}$, $h = \dfrac{u_w}{\gamma_w} + x_i i_g$

- 유효응력원리, $\sigma' = \sigma - p\delta_{ij} = D_{ijkl}\epsilon_{kl}$ $(\sigma' = \sigma - p\delta_{ij} = D_{ijkl}\epsilon_{kl})$

여기서, σ_{ij} : 전응력, f_i : 체적력(body force), $\sigma_{ij}{}'$: 유효응력, u_w : 간극수압, δ_{ij} : Kronecker delta($i = j$이면 1, $i \neq j$이면 0) u_k : 변위벡터, D_{ijkl} : 응력-변형률 관계텐서(구성방정식), v_i : 겉보기 침투 속도, ϵ : 변형률, ϵ_v : 체적 변형률, t : 시간, γ_w : 간극수 단위중량, k : 투수계수, h : 전 수두, i_g : 중력과 방향이 반대인 단위벡터.

결합거동의 유한요소 정식화

Biot의 평형 및 연속방정식을 최소 일의 원리로 정식화한 시스템 유한요소 방정식은 다음과 같다. 이 식은 **시간 전개법**(time marching process)을 이용하여 풀 수 있다(Booker and Small, 1975).

$$\begin{bmatrix} [K_G] & [L_G] \\ [L_G]^T & -\beta\Delta t \cdot [\Phi_G] \end{bmatrix} = \begin{Bmatrix} \{\Delta d\}_{nG} \\ \{\Delta u\}_{nG} \end{Bmatrix} \begin{Bmatrix} \{\Delta R_G\} \\ ([n_G] + q + [\Phi_G]\{u\}_{nG}^t) \cdot t\,\Delta t \end{Bmatrix} \tag{6.28}$$

여기서, $[K_G]$: 전체강성행렬, $[L_G]$: 변위와 간극수압의 연계행렬, $[\Delta R_G]$: 하중 벡터, $[B]$: 요소 변형률-변위관계 행렬, $[D]$: 구성행렬, $[N_p]$: 간극수압 요소 형상함수, $[N]$: 요소 형상함수, $\{\Delta F\}$: 체력적(body force) 벡터, $\{\Delta T\}$: 표면력 벡터, β: 수치파라미터, $[\Phi_G]$: 투수성 행렬, $\{n_G\}$ 및 $\{q\}$: 유량 벡터이며,

$$[K_G] = \sum_{i=1}^{N}\left(\int_V [B]^T[D'][B]\,dV\right)_i, \ [L_G] = \sum_{i=1}^{N}\left(\int_V \{m\}[B]^T[N_P]\,dV\right)_i$$

$$\{\Delta R_G\} = \sum_{i=1}^{N}\left[\left(\int_V [N]^T\{\Delta F\}\,dV\right)_i + \left(\int_S [N]^T\{\Delta T\}\,dS\right)_i\right], \ \{m\}^T = \{1,1,1,0,0,0\}\text{이다.}$$

비압밀층의 고려 consideration of non-consolidating layers

결합이론은 흐름의 체적변화와 체적변형을 등치시키므로 **압밀이론과 유사**하다. 따라서 결합해석 모델에 압밀이 일어나지 않는 지층이 포함되는 경우, 비압밀 조건(non-consolidating)을 설정하여야 한다. 그렇지 않으면 **과대변형의 오류가 발생**한다. 따라서 결합해석에 사용할 프로그램은 비압밀(non-consolidating layer) 조건을 다룰 수 있는 Option을 포함하고 있어야 한다.

일례로, 그림 M6.24와 같이 점토지반 위에 모래가 위치하는 경우 점토지반 요소는 압밀 절점으로, 모래요소는 비압밀(non-consolidating) 절점으로 다루어질 수 있어야 한다.

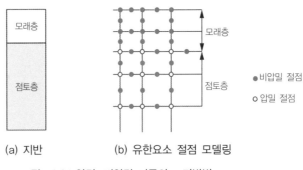

(a) 지반　　　　　　(b) 유한요소 절점 모델링

그림 M6.24 압밀, 비압밀 거동의 고려방법

연계해석의 경계조건

Biot의 식은 변형과 간극수압의 결합방정식이므로 모델 및 굴착 경계에 대하여 변형 및 흐름 경계조건을 모두 설정하여야 한다. 결합 지반문제의 경계조건으로는 역학적 거동의 변위와 힘, 그리고 흐름거동의 간극수압과 유속(유량)이다. 그림 M6.25에 경계조건의 유형을 보였다.

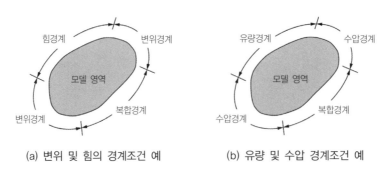

(a) 변위 및 힘의 경계조건 예　　　　(b) 유량 및 수압 경계조건 예

그림 M6.25 연계해석의 경계조건

비구속 흐름(unconfined flow)의 경우 터널굴착 시 지하수위저하가 일어난다. 지하수위 저하문제는 수치해석상 다음 2가지 거동을 고려하여야 한다.

- 자유수면(phreatic surface, '수압=0'인 면)의 변화
- 수위가 저하한 영역(불포화지반)의 지반거동

HSi and Small(1992)은 자유수면의 조건을 전수두(h)와 위치수두(h_E)가 같다는 에너지 보존법칙과 자유수면에 수직한 침투속도 벡터의 기하학적 조건을 이용하여 시행착오적으로 자유 수면을 결정하는 알고리즘을 개발하였다(이 외에도 다양한 알고리즘이 존재한다).

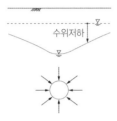

비구속 흐름

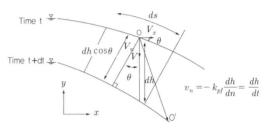

$$v_n = -k_{pf}\frac{dh}{dn} = \frac{dh}{dt}$$

자유수면 문제(침투속도벡터의 기하학적 조건)

비구속 흐름의 자유수면 변화과정의 파라미터는 다음과 같다(k_{pf} : 불포화영역의 투수계수, n : 지하수면 수직벡터, h' : 자유면에 수직한 방향으로 유효 침투거리, 따라서 $dh' = n_e dh\cos\theta$, n_e : 유효간극률).

지하수위가 저하된 영역은 불포화 영역이 되며, 불포화 영역의 투수성은 포화도 감소와 함께 감소한다. 불포화 영역에서는 부압이 발생하므로 이를 고려하여야 한다.

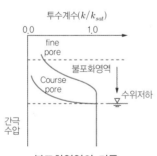

불포화영역의 거동

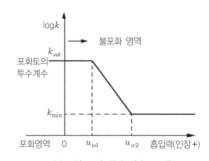

불포화토의 투수계수 모델

불포화 영역의 수리 특성

불포화지반의 투수계수는 흡입력(suction)의 함수로 나타나는데, 간극수압-$\log k$ 관계를 선형으로 근사화하여 다음과 같이 나타낼 수 있다.

$$\log k = \log k_{sat} - \frac{(u_w - u_{w1})}{(u_{w2} - u_{w_1})}\log\frac{k_{sat}}{k_{\min}}$$

6.3.2.2 변위-간극수압의 결합거동과 비선형 투수성 모델

터널굴착은 주변 지반에 비선형 탄소성거동을 야기하여 강성저하와 체적변화를 초래한다. 지반의 체적변화는 투수성에도 영향을 미쳐 강성변화와 마찬가지로 **비선형 투수성 거동**을 나타나게 한다. 시험 결과에 따르면 간극비의 변화는 투수계수와 대수선형(logarithmic linear)관계를 나타낸다(A는 상관계수로서 상수).

$$\Delta e = A \cdot \Delta \log k \tag{6.29}$$

따라서 터널굴착에 따른 변위-수압 결합해석에서 변형거동을 비선형(탄소성)으로 모델링하려면, 이에 부합하도록 투수성도 비선형으로 고려하는 것이 논리적으로 타당할 것이다. 그림 M6.26에 체적변형률에 따른 투수계수와 응력(평균유효응력, $p' = (\sigma_x + \sigma_y + \sigma_z)/3$)의 변화 개념을 예시하였다. 즉, **체적변형률 진전에 따라 강성과 투수성이 유일관계로 적합성을 유지하면서 변화**한다.

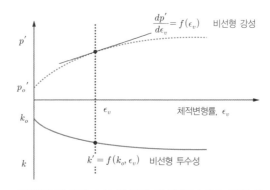

그림 M6.26 강성-투수성 적합 비선형투수계수 모델 예

그림 M6.26의 비선형투수계수는 체적변형률의 함수로 나타낼 수 있다. 즉, $k = f(\epsilon_v)$. 일반적으로 변형률보다는 응력관점으로 표현하는 것이 적용에 편리하므로, 평균유효응력($\epsilon_v = p'/K$)을 이용하여 $k = f(p')$로 나타낼 수 있다. 식(6.29)와 평균유효응력을 이용하면 다음과 같이 나타낼 수 있다.

$$k = k_o p'^{-\alpha} \tag{6.30}$$

여기서 k_o는 $p' = 1$일 때의 투수계수이다. 현장의 측정 투수계수가 k_i이고 이에 상응하는 초기 유효응력이 p_i'라면 $k_i = k_o p_i'^{-\alpha}$도 성립할 것이다. 지반조사를 통해 초기조건 p_i', k_i가 이미 파악되었다면, 응력 p'에서의 투수계수 k는

$$k = k_o p'^{-\alpha} = k_i \left(\frac{p'}{p_i'} \right)^{-\alpha} \tag{6.31}$$

식(6.31)의 비선형 투수 모델은 단지 파라미터 α 값만 파악하면 되는데, α는 구속압축(압밀)시험의 $\log p'$ 와 $\log k$의 관계의 기울기와 같다. $\sigma_h' = K_o \sigma_v'$ 이므로, $p_i' = (\sigma_v' + 2\sigma_h')/3$로 산정할 수 있다. 그림 M6.27은 선형, 비선형 투수계수 모델에 따른 해석 결과를 비교한 것이다.

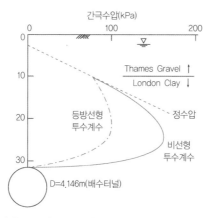

그림 M6.27 연계해석에서 투수계수 모델의 영향(런던 지하철 터널, Addenbrooke, 1997)

6.3.2.3 결합거동의 2차원 모델링 : 시간제어법 Time-based Approach

터널 굴착 시 흐름거동은 지반투수성에 지배된다. 풍화토(암)과 같이 투수성이 큰 지반에서는 굴착면이 접근해오면서 이미 배수가 시작된다. 결합거동해석은 역학거동과 수리거동을 포함하므로 3차원 거동을 2차원으로 다루고자하는 경우, 변위거동뿐 아니라 **수리거동에 대해서도 3차원 영향을 2차원적으로 고려**하여야 한다.

Shin et al.(2002)은 굴착(관용터널) 중 흐름거동과 변위거동이 결합되어 나타나는 경우 시간의존적 3차원 영향의 2D 결합해석을 위하여 시간파라미터(Time factor)를 제어변수로 하는 **시간제어법**(time-based approach)을 제안하였다. 이 방법은 그림 M6.28과 같이 굴착으로 인한 응력이완이 오차함수(error function)의 형상을 따르고, 굴착응력이 시간 T에 걸쳐 이완되는 것으로 가정한다. 계획굴진속도(V_c)와 계측 결과로부터, 일반적으로 $T = (2 \sim 4)D \times V_c$ 관계가 성립한다.

$$\sigma(t) = \frac{\sigma_o}{2}\{1 + erf(t)\} \tag{6.32}$$

시간제어법은 '시간'을 제어변수로 하여 **하중분담 개념을 시간분담 개념과 연계**하여 터널굴착의 라이닝이 설치 시간을 $t^* = \alpha T$로 제안한 것이다. T는 총 굴착영향시간 α는 굴착 전 영향시간을 배분하는 경험 파라미터이다. 시간 파라미터는 3차원적 흐름문제를 2차원으로 고려할 수 있게 해주며, 증분해석으로 이를 고려할 수 있으므로 하중증분과 연계하면 편리하다.

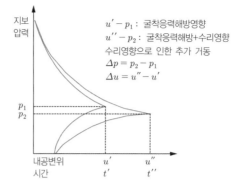

(a) 시간기반(time-based)의 지반반응곡선

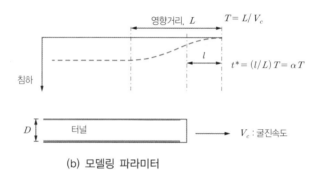

(b) 모델링 파라미터

그림 M6.28 시간파라미터법(time-based method)에 의한 터널의 2D 모델링

시간 파라미터법으로 건설과정을 해석한 후, 이어 장기 압밀거동해석을 수행하면 터널건설로 인한 시간 의존적 장기거동을 파악할 수 있다. **건설 중 흐름거동이 변위거동과 결합되는 정도는 지반의 투수성과 굴착 속도에 관계**된다. 굴착 중 결합거동의 발생 여부 및 결합해석의 필요성 여부는 무차원(압밀이론의) 시간파 라미터 $T_v (= kT/(\gamma_w H_d^2 m_v))$를 참고하여 결정할 수 있다. $0.01 < T_v < 1.0$이면 결합거동이 일어난다.

NB : **굴착 중 결합거동의 발생 가능성 검토법.** 지반의 투수성, 굴진속도에 따라 지하수의 흐름거동 영향이 굴 착거동과 결합되어 나타날 수도 있고(고투수성지반), 터널 굴착 이후 장기간에 걸쳐 나타날 수도 있다(저 투수성 지반). 굴착 중 결합거동 발생 여부는 압밀거동의 무차원 변수 T_v를 도입하여 검토할 수 있다.

$$T_v = \frac{kT}{\gamma_w H_d^2 m_v} \tag{6.33}$$

여기서, T: 굴착영향을 받는 건설기간, k: 지반투수계수, H_d: 배수층의 두께이다. 굴착 중 결합거동 여부 판정을 위해 T_v를 변화시키며 지표손실 V_i을 구하는 파라미터 스터디를 수행하여, 그 결과를 그림 M6.29에 나타내었다. $T_v > 1$인 경우 굴착 즉시 지하수위가 저하하는 완전배수조건, $T_v < 0.01$인 경우는 투수성이 작아서 굴착 중에 지하수의 영향이 거의 나타나지 않는 비배수 조건이다. 이들 조건에서는 간 극수압을 고려하지 않는 전응력 해석이 가능하다. 따라서 굴착 중 변형과 수리작용이 복합되어 나타나, 연계해석을 통해 시간의존적 거동을 파악하는 것이 바람직한 조건은 $0.01 < T_v < 1.0$이다.

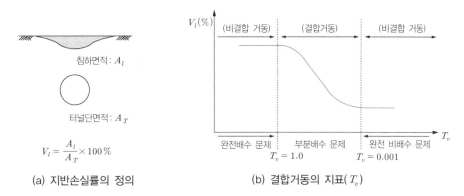

(a) 지반손실률의 정의

$$V_l = \frac{A_l}{A_T} \times 100\,\%$$

(b) 결합거동의 지표(T_v)

그림 M6.29 터널의 시간의존성 거동과 해석구분(굴진 영향기간, T=2주)

6.3.2.4 터널 라이닝의 구조-수리 결합거동의 모델링

연계유한요소 해석으로 숏크리트, 배수재 등의 구조거동과 수리거동을 모사하기 위해서는 모델에 포함되는 재료의 구조, 수리 거동을 모두 고려하는 모델링 기법이 필요하다. 숏크리트와 배수재의 역학적 거동과 수리적 거동을 표현하기 위하여 그림 M6.30에 보인 '빔＋고체 요소' 복합 모델링 기법(combined element method)을 도입할 수 있다. 이 경우 구조적 거동은 보 요소로 수리거동은 고체 요소로 모사하면, 고체 요소를 이용하여 라이닝 투수성을 모사할 수 있다.

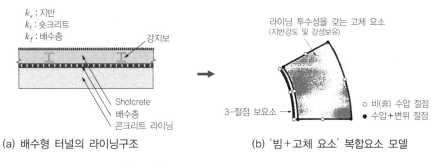

(a) 배수형 터널의 라이닝구조

(b) '빔＋고체 요소' 복합요소 모델

그림 M6.30 구조-수리 상호작용 해석을 위한 숏크리트의 복합요소 모델링(Shin et al., 2002)

해석 예 화강 풍화토(decomposed granite) 지반에 그림 M6.31과 같은 높이 8.2m인 마제형 터널에 대하여 터널 라이닝의 배수조건과 지반과 라이닝의 상대 투수성에 따른 라이닝 수압과 터널 주변 지반거동을 연계(결합)수치해석으로 조사해보자.

해석 결과 복합 모델링 기법으로 라이닝을 모델링하고, 굴착의 영향이 미치는 기간을 2주로 가정하여 Time-based Modelling Method로 굴착과정을 모사하였다. 터널수리경계조건은 완전배수, 불투수(비배수), 상대투수성(k_l/k_s)이 각각 0.1 및 0.01인 부분배수 조건으로 선정하였다.

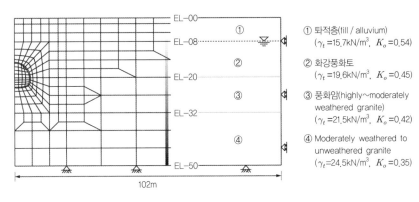

그림 M6.31 지반조건과 해석 모델(H_t=8.2m)

해석 결과, 숏크리트 작용수압은 그림 M6.32(a)와 같이 완전 배수조건일 때 가장 작고, 투수성이 감소할수록 증가하여, 불투수 조건에서 최대가 된다. 지반 손실률은 그림 M6.32(b)와 같이 불투수 조건의 경우 지반의 과잉간극수압이 시간에 따라 소산되며 융기가 일어나 침하가 회복되는 경향을 나타내며, 완전배수조건의 경우 장기 압밀침하가 일어나 시간경과와 함께 지반손실이 증가하였다.

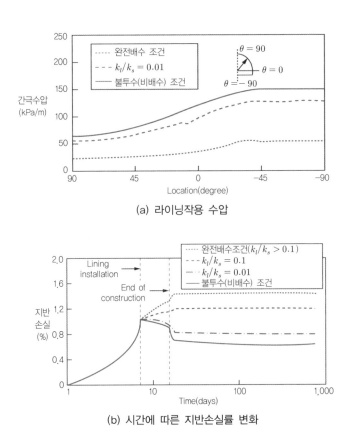

(a) 라이닝작용 수압

(b) 시간에 따른 지반손실률 변화

그림 M6.32 해석 결과 : 라이닝 작용수압 및 지반거동

NB : 위 예제는 단순 수리경계조건이 장기적으로 지속됨을 가정한 것으로 실제 지반의 경우 계절적 강우 등으로 앞의 예제와 같은 단순한 수리경계조건이 지속되지 않을 것이다.

6.3.2.5 지하수 영향에 따른 터널의 장기거동 Long-term Behavior

투수성이 큰 지반의 경우 터널굴착에 따른 시간의존성 거동은 굴착 중 거의 대부분이 종료되지만, 투수계수가 매우 작은 **점토지반 내 터널의 경우 지반거동은 운영 중 장기간에 걸쳐 일어날 수 있다.**

건설 이후의 거동은 굴착해석 후 하중변화 없이 장기 연계(압밀)수치해석을 통해 조사할 수 있다. 이러한 해석을 수행하면 굴착으로 인한 불평형 수압이 장기간에 걸쳐 새로운 평형조건에 도달하는 과정을 파악할 수 있다. Shin et al.(2002)은 Barratt et al.(1994)이 발표한 심도 20m, 직경 4m인 런던점토($k_s = 10^{-11}$m/sec) 내 터널거동을 모사하는 연계해석을 실시하여, 건설 후 30년 동안의 라이닝 작용토압 변화를 조사하였다. 다양한 수리경계조건으로 해석한 결과, 런던점토 내 쉴드터널에 작용하는 토압은 비배수조건의 거동과 유사한 것으로 확인되었다. 그림 M6.33은 Barrette et al.(1994)의 계측 결과와 비배수조건을 가정한 수치해석 결과를 비교한 것이다.

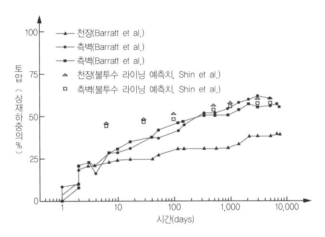

그림 M6.33 연계유한요소해석에 의한 London Clay 지반 내 터널의 장기거동 모사 결과
(after Barratt et al., 1994; Shin et al., 2002)

터널굴착 영향에 대한 장기거동 해석 결과는 배수 및 비배수 경계에 따라 다음과 같이 요약할 수 있다. 투수성이 낮은 압밀성 지반에 배수터널을 건설하면, 배수경계조건에 부합하는 수위저하 및 수압저하의 압밀 과정이 일어나 새로운 수리 평형에 도달하게 되므로 장기침하가 일어난다. 반면, **압밀성 지반에 유입을 허용하지 않는 비배수터널을 건설하면, 굴착에 따른 불평형 수압이 정수압으로 회복되는 수리 거동이 일어나며, 이 과정에서 지반의 융기와 함께 라이닝에 작용하는 전토압이 증가**한다.

6.4 터널의 방배수 원리와 수리열화

터널의 방배수형식은 배수터널 혹은 비배수터널의 두 극단적 수리경계조건 중 하나에 해당한다. 하지만 이 두 수리경계조건은 터널수명기간 동안 배수시스템 또는 구조물의 열화(deterioration)에 따라 일부 변화가 초래될 수 있다(TE1장 배수 계획 참조).

6.4.1 배수터널의 수리와 방배수

터널 주변의 흐름거동은 배수형 터널에서만 발생한다. 라이닝 주변 침투수는 터널주면흐름 후 배수관으로 유입되어 집수정을 거쳐 배출된다. 그림 M6.34는 배수터널의 배수체계와 흐름특성을 보인 것이다.

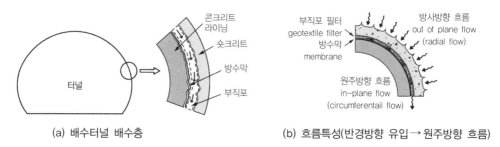

(a) 배수터널 배수층   (b) 흐름특성(반경방향 유입 → 원주방향 흐름)

그림 M6.34 배수터널의 배수체계와 흐름특성

배수터널의 방배수 관련 수리설계요소는 유입량 및 집수정(펌핑시스템) 규모 산정, 침투력 및 침투력이 터널에 미치는 영향 검토, 라이닝 잔류수압 및 복공라이닝 구조안정성, 배수시스템열화와 수압증가 등이다.

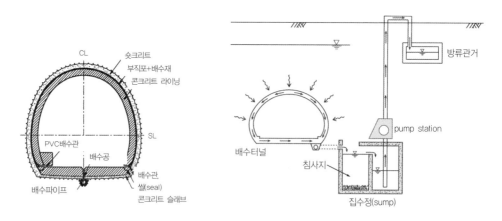

그림 M6.35 배수터널의 배수체계와 집수정(sump)

6.4.1.1 유입량과 배수시스템

배수터널은 지하수위 저하에 따른 환경문제의 대응이 필요하고, 또한 운영 중 지속적인 배수를 위한 집수정, 펌프 등의 시설운영이 필요하다(그림 M3.35, TE1장 방배수 계획 참고). 배수터널의 배수시스템의 규모를 결정하기 위해서는 유입량을 산정하여야 한다. 배수터널의 유입량은 자유유입조건을 가정하여 6.1절의 이론 또는 6.2절의 수치해석으로 산정한다.

6.4.1.2 침투력의 영향

터널을 향한 흐름은 유선의 접선방향으로 침투력을 야기하며, **침투력은 터널 주변 지반의 유효응력을 증가시킨다.** 증가된 유효응력은 지반변형을 유발하여 라이닝에 2차 영향을 줄 수 있다. 지중 흐름속도가 작아 대부분 침투 영향은 지반의 아칭(arching)저항으로 지지 가능하므로 무시할 수 있다. 하지만 투수성이 큰 지반의 경우 침투력이 터널안정에 영향을 미칠 수 있다.

그림 M6.36(a)는 배수터널 주변의 유선과 침투력 벡터를 보인 것이다. 흐름이 일어나면, 반경방향으로 $i\gamma_w$의 침투력(seepage force)이 발생하며, **유선의 접선방향으로 작용**한다. 침투력은 유효응력 증가로 이어져 지반하중 증가($\Delta\sigma_z = i\gamma_w$)를 야기한다. 그림 M6.36(b)는 자유유입 조건에 대하여 터널 스프링 라인에서 수치해석으로 산정한 침투력의 반경거리에 따른 분포양상을 보인 것이다.

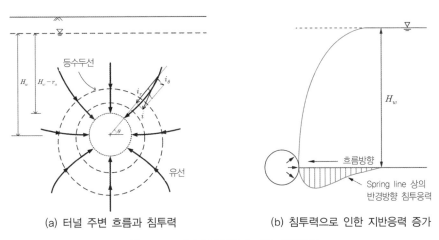

(a) 터널 주변 흐름과 침투력   (b) 침투력으로 인한 지반응력 증가

그림 M6.36 터널 유입흐름에 따른 침투응력

침투력은 지반에 분포하지만, 라이닝 설계 시 이를 보수적으로 고려하여, 라이닝에 직접 작용하는 하중으로 가정하기도 한다. 그림 M6.37에 라이닝 작용에 작용하는 침투력하중 산정 예를 보였다. 정수압이 굴착부를 향해 급격히 줄어드는 위치와 굴착면간 수두 차이(Δh)를 두 위치 간 거리로 나눈 값을 평균동수경사($i_{ave} = \Delta h/L$)라 할 수 있으며, 침투력은 $p_i = \gamma_w \Delta h/L$로 산정할 수 있다(Shin et al., 2011).

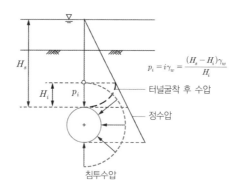

$$p_i = i\gamma_w = \frac{(H_s - H_i)\gamma_w}{H_i}$$

터널굴착 후 수압

정수압

침투수압

그림 M6.37 침투력을 고려한 배수성 터널의 수압산정 개념

6.4.1.3 이중구조 라이닝의 수압작용 특성

관용터널공법의 배수터널은 숏크리트와 콘크리트 라이닝 사이에 배수재 및 방수막이 위치하는 이중 라이닝 구조(two pass lining)로서, '지반→숏크리트→배수재→배수공'의 경로로 지하수가 유입된다.

투수성이 큰 재료에서 작은 재료로 흐를 때 수리저항, 즉 수압이 발생하므로 '**지반-숏크리트-배수재**'의 **상대 투수성에 따라 다양한 수압조건이 형성**될 수 있다. 그림 M6.38과 같이 숏크리트의 투수계수가 지반투수계수보다 작다면 숏크리트 라이닝에 흐름저항에 따른 수압이 발생한다. 만일, 배수층이 폐색되어 배수층의 투수성이 숏크리트 라이닝보다 작아지면, 배수층의 흐름저항이 수압증가로 나타나며, 이 수압은 방수막에 작용하므로 **콘크리트 라이닝의 수압하중**이 된다.

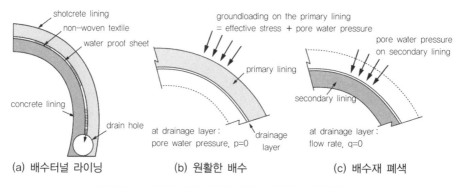

그림 M6.38 배수재 기능저하에 따른 수압작용 메커니즘

이중구조 라이닝(NATM)의 경우 라이닝에 작용하는 수압은 '지반(k_s)-1차(숏크리트) 라이닝(k_l)-배수층(k_f)' 간 상대투수성에 따라 표 M6.1과 같은 경우의 수가 가능하다. $k_s > k_l$이면서, $k_l > k_f$인 경우, 또는 $k_s < k_l$이면서 $k_l > k_f$인 경우 콘크리트 라이닝에 수압이 작용할 수 있다(배수터널이라 해서 무조건 '수압=0'인 조건이 성립하는 것이 아님을 유의할 필요가 있다).

표 M6.1 관용터널의 이중구조 라이닝 수압작용 특성(○ : 수압작용, × : 수압작용 없음)

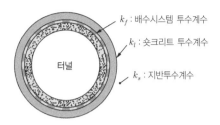

지반-숏크리트 투수성 상관관계	숏크리트-배수재 투수성 상관관계	작용수압	
		숏크리트	콘크리트 라이닝
$k_s > k_l$	$k_l > k_f$	○	○
	$k_l < k_f$	○	×
$k_s < k_l$	$k_l > k_f$	×	○
	$k_l < k_f$	×	×

k_f : 배수시스템 투수계수
k_l : 숏크리트 투수계수
k_s : 지반투수계수

터널

숏크리트 배면 수압

숏크리트 두께는 20~50cm 정도이며, 흔히 숏크리트 배면수압을 무시한다. 하지만 일반적으로 잘 타설된 숏크리트는 절리 암반보다 투수성이 훨씬 작아 상당한 침투압이 걸릴 수 있다. 그림 M6.39는 샤먼해저 터널 (중국)에 대한 숏크리트의 수리해석 사례를 보인 것이다. 숏크리트에 정수압의 약 30%에 달하는 수압이 걸릴 수 있는 것으로 예측되었다.

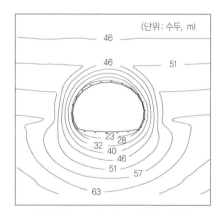

(단위 : 수두, m)

그림 M6.39 샤먼(하문) 해저터널 숏크리트 작용수압 평가 예

콘크리트 라이닝 배면 잔류수압

배수터널의 설계 개념이 지속 가능하다면 콘크리트 라이닝 작용수압은 언제나 '0'이지만 배수층의 투수성 저하, 배수공 막힘 등의 **수리열화 현상**이 일어나거나, 지하수위가 상승하여 **배수재의 통수능 한계를 초과**하면 흐름저항이 일어나고, 이는 콘크리트 라이닝에 수압하중으로 작용한다. 이를 '**잔류수압**(residual water pressure)'이라고 하며, 방수막에 작용하므로 콘크리트 라이닝이 지지하여야 할 하중이 된다.

잔류수압의 크기는 배수층의 상대적 투수성과 주변 경계조건에 따라 달라질 것이다. 실무적으로 수리경계 및 수위조건에 따라 그림 M6.40의 수압분포하중을 고려하며, 육상터널의 경우, 경험적으로 터널 높이 (H_t)의 1/2~1/3을 적용한다.

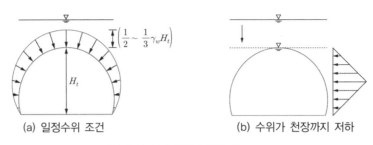

| (a) 일정수위 조건 | (b) 수위가 천장까지 저하 |

그림 M6.40 설계 잔류수압의 예

6.4.1.4 배수터널의 유입량 제어 : 그라우팅 Grouting

고수압 조건에서는 과대한 수압을 지지하기 어려우므로 배수터널로 설계하되, 경제적 운영을 위해 일반적으로 **유입량 저감대책을 채택**한다. 유입량 저감은 터널 주변 지반의 **그라우팅**을 통해 가능하다(그림 E2.58 Seikan Subsea Tunnel 그라우팅 참조).

그림 M6.41과 같이 내경 r_i, 외경 r_o이며, 평균수두 $H_w(=H+h_w)$를 받고 있는 해저터널에 대하여 터널 중심으로부터 반경 r_g까지 그라우팅을 실시한 경우를 고찰해보자.

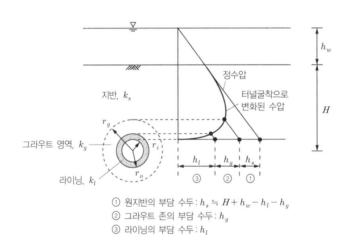

① 원지반의 부담 수두 : $h_s = H + h_w - h_l - h_g$
② 그라우트 존의 부담 수두 : h_g
③ 라이닝의 부담 수두 : h_l

그림 M6.41 그라우팅 및 라이닝 설치에 따른 수두변화

흐름은 '지반 → 그라우트 존 → 라이닝'의 경로로 일어난다. 그라우트 존 외곽에 작용하는 수두를 h_g, 라이닝 외곽에 작용하는 수두를 h_l이라 하면, 원지반에서는 $H-h_g$만큼의 수두손실이 일어난다. 그라우트 존에서는 $h_g - h_l$의 수두손실이 일어나며, 이는 침투력으로서 그라우트 존이 부담(지지)하게 된다. 유입경로별 수두손실은 다음과 같다.

원지반 통과 시(Goodman 식 이용),

$$h_s = \frac{q_s}{2\pi} \frac{\ln(2H/r_g)}{k_s}$$

그라우트 존 통과 시(Fernandez 식 이용),

$$h_g = \frac{q_g}{2\pi} \frac{\ln(r_g/r_o)}{k_g} \tag{6.34}$$

라이닝 통과 시(Fernandez 식 이용),

$$h_l = \frac{q_l}{2\pi} \frac{\ln(r_o/r_i)}{k_l}$$

총 수두손실,

$$h_T = H_w = h_s + h_g + h_l = \frac{q_s}{2\pi} \frac{\ln(2H/r_g)}{k_s} + \frac{q_g}{2\pi} \frac{\ln(r_g/r_o)}{k_g} + \frac{q_l}{2\pi} \frac{\ln(r_o/r_i)}{k_l} \tag{6.35}$$

흐름의 연속조건에 따라 각 통과 층별 유입량은 동일할 것이다. 즉,

$$q_s = q_g = q_l = q_T \tag{6.36}$$

총수두를 다시 쓰면,

$$h_T = \frac{q_T}{2\pi} \left(\frac{\ln(2H/r_g)}{k_s} + \frac{\ln(r_g/r_o)}{k_g} + \frac{\ln(r_o/r_i)}{k_l} \right) \tag{6.37}$$

식(6.37)을 고찰하면 그라우트존의 투수계수가 작을수록 수두는 증가하고 유입량은 감소함을 알 수 있다.

$h_T = H_w = H + h_w$ 이므로, 유입량은 다음과 같이 산정된다.

$$q_T = 2\pi \frac{H + h_w}{\frac{\ln(2H/r_g)}{k_s} + \frac{\ln(r_g/r_o)}{k_g} + \frac{\ln(r_o/r_i)}{k_l}} \tag{6.38}$$

각 층에 걸리는 수두는 각각 식(6.34), (6.35), (6.36)에 유입량 q_T를 적용하여 구할 수 있다. 유량을 제어하고자 하는 경우 k_g, r_g을 적절히 설계함으로써 가능하다. 식(6.38)을 고찰하면, k_g는 유량과 대체로 직접비례 관계에 있는 반면, r_g의 영향은 직접 도출해내기가 용이하지 않지만, r_g가 증가는 유입량의 저감에 기여할 것임을 추정할 수 있다. 목표유량을 설정하고, 주입재(k_g)를 선정하였다면, 이로부터 적정 r_g를 결정할 수 있다.

예제 직경 5m 배수터널의 그림과 같은 지반 및 수리조건에 대하여 ($k_s = 1.0 \times 10^{-8}$m/sec) 다음을 산정해보자.

1) 터널 중심으로부터 지하수위가 15m인 육상터널의 유입량?

2) 수심이 40m인 하저터널의 유입량?

3) 하저터널의 유입량이 과다하여 그라우팅을 통해 유입량을 10분의 1로 줄이고자 한다. 그라우트 존의 투수계수를 $k_g = 5.0 \times 10^{-10}$m/sec으로 계획하였다면 그라우트 존의 두께는 얼마로 하여야 하는가? (라이닝 영향은 무시한다)

4) 하저터널의 경우, 그라우트를 하지 않고, 숏크리트를 타설하였을 때, 숏크리트의 투수계수가 $k_{sc} = 5.0 \times 10^{-9}$m/sec라면 숏크리트($t = 20$cm)의 배면에 작용하는 수압?

육상터널   하저터널

5) 하저터널의 경우, 위 배수터널 터널을 건설한 후(그라우팅 숏크리트 무시) 약 30년이 경과하였다. 수위가 그대로인 상태에서 유입량이 2)에서 산정한 배수량이 3분의 1로 줄었다면 열화로 인한 콘크리트라이닝에 작용하는 수압의 크기는 얼마인가?

풀이 1) Goodman의 구속정상류 이론식으로부터

$$q = 2\pi k_s \frac{h_w}{\ln(2h_w/r_o)} = 2\pi \times 1 \times 10^{-8} \frac{15}{\ln(2 \times 15/2.5)} = 3.80 \times 10^{-7} \text{m}^3/\text{sec/m}$$

2) $q = 2\pi k_s \dfrac{H_w}{\ln(2H/r_o)} = 2\pi \times 1 \times 10^{-8} \dfrac{60}{\ln(2 \times 20/2.5)} = 1.36 \times 10^{-6} \text{m}^3/\text{sec/m}$

3) 터널의 목표유량, $q_{og} = 0.1 q_o$
그라우팅한 터널의 유량,

$$q_{og} = 2\pi \frac{H + h_w}{\dfrac{\ln(2H/r_g)}{k_s} + \dfrac{\ln(r_g/r_o)}{k_g} + \dfrac{\ln(r_o/r_i)}{k_l}} = 2\pi \frac{H + h_w}{\dfrac{\ln(2H/r_g)}{k_s} + \dfrac{\ln(r_g/r_o)}{k_g}} = 0.1 q_o$$

위 식에, $k_s = 1.0 \times 10^{-8}$m/sec, $k_g = 5.0 \times 10^{-10}$m/sec, $H = 20$m, $r_o = 2.5$m, $q_o = 1.36 \times 10^{-6}$m^3/sec를 대입하여 r_g를 구하면, $r_g = 9.29$m

4) 숏크리트 두께 20cm이므로 $r_i = 2.3$m, $k_{sc} = 5.0 \times 10^{-9}$m/sec, $q_{sc} = q_o$. Ferdenanz 식을 이용하면, 수리저항 h_l인 경우, 유입량은 $q_l = \dfrac{2\pi k_l h_l}{\ln(r_o/r_i)}$

라이닝 작용수두, $h_l = \dfrac{q_{sc}}{2\pi} \dfrac{\ln(r_o/r_i)}{k_{sc}} = \dfrac{1.36 \times 10^{-6}}{2\pi \times 5.0 \times 10^{-9}} \ln(2.5/2.3) = 18.1$m,

수압 $= 18.1 \text{m} \times 1 \text{t/m}^3 = 18.1 \text{t/m}^2$

5) 유입량 수압관계를 이용하면, $q_o = 1.36 \times 10^{-6}$m^3/sec/m, $q_l = 0.453 \times 10^{-6}$m^3/sec/m, $p_o = 60$m $\times 1.0$t/m^3

$$p_l = p_o \frac{q_o - q_l}{q_o} = 60 \times \frac{1.36 - 0.453}{1.36} = 40.01 \text{t/m}^2$$

6.4.1.5 단일구조 라이닝 터널의 배수공 배수시스템

수발공의 원리를 터널에 적용한 배수시스템을 배수공배수시스템(pin-hole drainage system)이라 하며, 주로 단일구조 라이닝(single shell) 터널(예, NMT)에서 채용된다. 여기서 Pin-hole은 다공성 배수관을 의미한다.

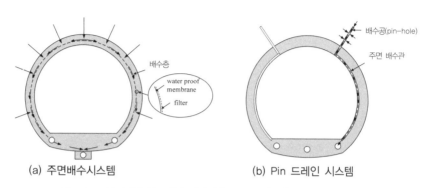

(a) 주면배수시스템   (b) Pin 드레인 시스템

그림 M6.42 주면배수시스템과 배수공(Pin-drain) 배수시스템

배수공배수시스템을 수압대응 배수시스템으로 적용하기 위해서는 먼저 터널 주변에 허용 가능한 수압의 크기를 설정하고, 배수파이프(Pin-hole)의 개수, 길이, 방향 등을 최적 계획하여 터널 주변 수압이 설정한 수압 이하가 되도록 하여야 한다.

해석 예 그림 M6.43의 토피 20m, 직경 10m인 터널에 대한 2차원 수리해석을 수행하여 흐름 벡터를 비교해보고, 터널 라이닝에 작용하는 최대수압을 53kPa 이내로 제어하기 위한 직경 0.1m, 길이 4m의 최적 Pin-drain 설치방안을 찾아보자.

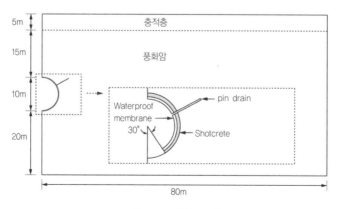

그림 M6.43 해석 모델

해석 결과 Pin-drain이 설치되는 Single Shell라이닝은 침투를 허용하지 않는다고 가정하였다. 그림 M6.44에 주면배수와 핀홀 드레인의 유속벡터를 비교하였다. 주면배수시스템은 전주면에서 터널을 향한 흐름이 일어나지만, Pin-drain에서는 흐름이 Pin-hole로 집중 유도된다.

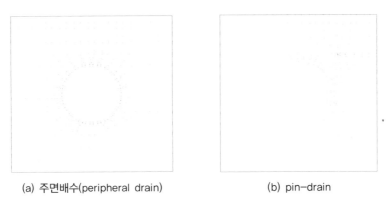

(a) 주면배수(peripheral drain)   (b) pin-drain

그림 M6.44 주면배수시스템과 Pin-drain 비수시스템 흐름벡터 비교

Pin-drain 배수의 경우, Pin-hole에서 멀리 떨어진 위치일수록 수압이 높으므로 이를 적정 수준 이하로 제어하기 위하여 Pin-drain의 길이, 각도, 설치 간격 등을 최적화하는 방안을 검토해볼 수 있다. 제어(control)수압은 라이닝 침투 또는 구조적 영향을 배제할 수 있는 수준을 고려하여 설정한다.

그림 M6.45는 이들 각 설계요소에 대한 파라미터 해석 결과 중의 하나로서, 터널 반단면에 길이 4.0m의 Pin-drain 2개를 설치하는 경우에 대하여 배치 위치에 따른 해석 결과를 보인 것이다. 핀홀을 각각 천장으로부터 40°, 110°에 설치하는 경우 라이닝 작용수압을 목표수압 이내로 관리할 수 있다.

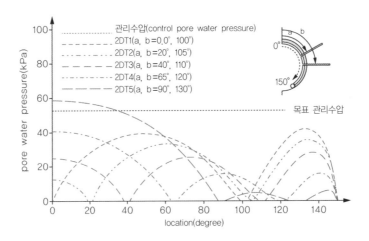

그림 M6.45 수압 저감을 위한 Pin-drain 설치위치에 대한 파라미터 스터디 결과

BOX-TM6-3   샤먼(하문) 해저 터널

샤먼은 중국의 푸젠성 남동부에 위치한, 타이완 해협을 사이에 두고 타이완과 마주보고 있는 항구도시이다. 중국 본토와 샤먼을 연결하는 2개의 기존 교량이 운영되는 가운데, 3번째 연륙로를 해저터널로 건설한 사례를 소개한다(우리나라 영종도와 유사한 지형에 3번째 연륙로를 터널로 건설한 예이므로, 비교하여 살펴보자).

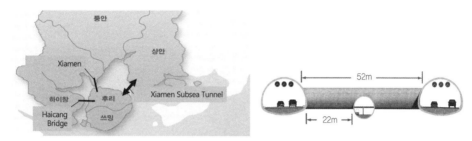

샤먼 해저터널(Xiaomen Subsea Tunnel)

계획 당시, 사장교, 현수교, 아치교, NATM 터널, TBM 터널, 침매터널 등 다양한 건설 대안이 검토되었다. 해양 생태계보존, 항만 이용성 고려, 전쟁 대비, 운영 안정성, 지진안정성, 태풍 등 기상조건, 그리고 경제성을 종합 검토하여 NATM 터널로 최종 결정하였다. 해저길이 5.95km, 폭 13.5m(굴착폭 14.6m)의 3차로 터널을 단선병렬의 배수터널로 계획하고 중앙에 폭 7.0m의 서비스터널을 반영하였다.

저심도 연약암반과 고함수 사질토, 해저 고투수성 단층대(10^{-6}~10^{-7}m/sec) 극복이 기술적 난제였다. 터널 내 자유 유입량이 50,000~10,000m³/day로 예측되어, 불량한 지반의 경우 완전지수, 일반지반은 부분배수, 양호한 지반은 완전배수 개념을 채용하였다. 차수구간에는 그라우팅 및 숏크리트 라이닝의 유입량 제어 계획을 반영하여 유입량을 1,500~2,000m³/day로 저감하였다. 한편, 배수구간에는 흐름저항에 따른 수압상승을 막기 위하여 직경 5cm의 유도맹관(blind canal)을 10m 간격으로 설치하여 원활한 유입을 유도하였다.

| 그라우팅(지수구간) | 유도맹관(적극 배수구간) | 라이닝 병행시공 |

샤먼터널의 차구수간의 그라우팅과 배수구간의 유도맹관

NATM을 적용하여, D & B 공법으로 굴착하였으며, 굴착과 동시에 콘크리트 라이닝 타설을 병행하였다. 진도7의 지진을 견디는 100년 설계수명의 해저터널을 총 6조 원을 들여 2009년 말에 개통하였다. 개통 당시 중국 건설역사상 최장, 최대 단면적의 해저터널로서, 자체기술로 건설했다는 중국토목기술의 자부심이었다. 이 프로젝트를 수행하며 중국의 터널 기술자들은 **"주로 막고, 푼다"**는 나름의 고수압 조건의 해저터널의 건설원리를 정립하였다.

하·해저터널은 작용수압이 상당하므로 수압의 대응은 개념이 설계 핵심사안이다. 현재까지 건설된 주요 해저터널(Channel tunnel, Seikan Tunnel, 서울지하철 5호선 한강하저터널)로부터 다음과 같은 하·해저터널의 주요 설계착안 사항을 확인할 수 있다.

① 터널 노선, 심도를 선정함에 있어 지반의 투수성이 최소화가 되는 위치 및 지층을 선정하여, 유입량 및 구조적 부담 최소화를 추구한다.

② 유입량이 적거나(Channel Tunnel UK side), 유입량의 통제가 가능할 경우 배수터널로 설계하며, 유입량이 많거나(Channel Tunnel French Side, 한강하저터널) 통제가 불가능할 때는 비배수터널로 설계한다.

③ Seikan Tunnel의 경우와 같이 고수압 조건에 놓이게 되어 라이닝의 구조적 한계를 초과하게 될 때에는 (유입량에 관계없이) 배수형 터널로 설계한다.

④ 고수압조건의 배수터널의 경우, 지반개량(그라우팅)을 통해 유입량을 감소시키고, 수압을 침투압으로 전환하여 유입 부담 및 수압하중 저감시키는 부분 배수형 대책을 반영한다.

⑤ 단기적으로 배수상태나 배수시스템의 장기적 열화가능성이 우려되는 경우 비배수 개념으로 설계(Channel Tunnel의 UK 해저교차로)한다.

아래의 표는 위에서 살펴본 대표적 해저터널의 설계조건과 개념으로 대표단면을 비교한 것이다. 단면의 형상은 원형 또는 원형에 가깝게 건설되고 있다

비교 항목	Channel Tunnel	Seikan Tunnel	한강하저터널
터널 직경 (본선)	직경 7.6m(단선병렬)	유효직경 11m(복선)	직경 7.16m(단선병렬)
해(하)저 연장	37.9km(총 50.5km)	23.3km(총 53.8km)	1.3km
토피고	평균 40m	최저 100m	평균 23m
최대수심	60m	140m	21m(홍수 시)
지반조건	· 터널 주변 지반투수계수 (10^{-7}~10^{-8}m/s) UK side : 저투수성 French side : 고투수성	· Yoshioka side : 저투수성 · Tappi side : 고투수성 및 파쇄대지반	· 터널 주변 지반투수 계수(10^{-5}~10^{-7}m/s) · 여의도 side : 단층 파쇄대, 고투수성
방배수 개념	Segment lining+NATM · 비배수 개념+제한배수 개념	배수 개념	비배수 개념
수압하중 조건	3 조건의 수압하중 검토	그라우팅 외부 지반에 정수압 작용	콘크리트 라이닝에 정수압 작용
누수(유입량) 설계기준	약 0.4m³/min/km	· 본선 : 2m³/min/km · 서비스 터널 : 1m³/min/km	2m³/min/km
건설공법	쉴드 TBM+NATM	NATM	NATM

6.4.2 비배수터널의 수리와 방배수

비배수형 터널은 굴착 중 일시적인 지하수위의 저하는 발생할 수 있지만, 터널이 완공된 후 지하수위는 굴착 전 정수압상태로 복원된다. 따라서 비배수터널의 수리 검토사항은 방수성능 확보와 라이닝 단면을 이용한 정수압 대응이 핵심이 된다. 비배수터널의 수리열화는 라이닝 균열을 통한 **누수**(leaking)로 나타난다.

비배수터널 작용수압

그림 M6.46은 비배수터널 라이닝의 방수체계를 보인 것이다. 관용터널의 콘크리트 라이닝은 방수막 포설로 유입을 차단하며, 세그먼트 라이닝은 조인트에 **씰(seal)**재 또는 **가스켓(gasket)**을 설치하여 방수한다.

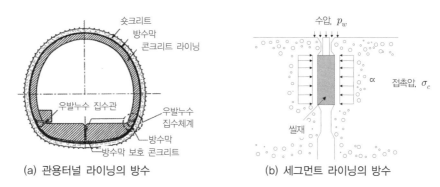

(a) 관용터널 라이닝의 방수   (b) 세그먼트 라이닝의 방수

그림 M6.46 비배수터널의 방수원리(우발누수 : 허용누수량처리)

Inokuma et al.(1995)는 실트질 지반에 건설된 $H/D > 2.5$ 이상인 쉴드터널의 토압계측자료로부터 비배수터널 라이닝에 작용하는 총 토압은 정수압 수준임을 보고하였다(그림 M6.47 a). 이는 터널 굴착 시 응력해제와 함께 지반변형이 대부분 진행되었기 때문일 것이다. 하지만 그림 M6.47(b)와 같이 상대적으로 토피가 낮은 경우 수압구성비는 현저히 감소하며, 지반하중이 포함된 압력이 라이닝에 작용한다.

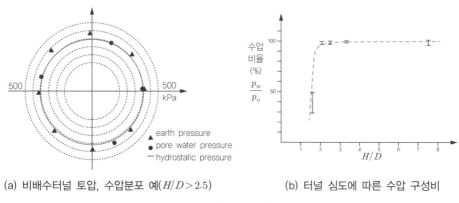

(a) 비배수터널 토압, 수압분포 예($H/D > 2.5$)   (b) 터널 심도에 따른 수압 구성비

그림 M6.47 비배수터널의 라이닝 작용수압 실측 예

이론적으로 전체 하중을 지지할 수 있는 라이닝을 시공할 수만 있다면 설계 수심에 대한 제한은 없다. 하지만 그러한 설계는 경제적이지 못하기 때문에 환경적인 고려나 시공성 등의 요인들을 종합 고려하여 방배수 형식을 결정한다. 비배수터널의 권장수심은 현재 60m 이하 수준이나, 고강도 콘크리트 사용, 방수기술 향상 등 터널 건설능력 향상에 따라 적용 수심이 크게 증가하고 있다.

비배수터널의 형상

비배수터널의 설계요체는 인장응력이 발생하지 않도록 정수압지지를 위한 터널 단면형상과 라이닝 두께를 결정하는 일이다. 등방 수압하중에 대하여 인장력이 발생하지 않는 원형 단면이 구조적으로 가장 바람직하므로, 쉴드터널의 원형 세그먼트 라이닝은 비배수조건에 잘 부합한다. 하지만 관용터널공법 적용 시 원형 터널은 시공성이 떨어지므로, 대안으로 계란형 또는 모서리가 둥근 마제형 단면을 주로 채택한다.

해석 예 고수압을 받는 터널은 대체로 원형 또는, 원형에 가까운 형태로 건설된다. 터널의 선형이 연약지반과 경암반을 연속해서 통과하는 경우 지반조건에 따라 터널 단면 형상을 달리 할 수 있다. 같은 건축한계를 갖는 다른 형상의 터널을 그림 M6.48과 같이 계획하였을 때 단면형상에 따른 수압영향을 조사해보자.

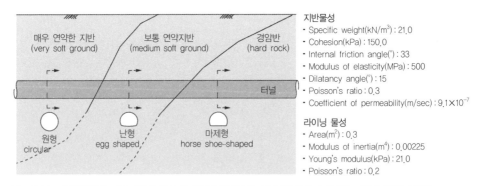

그림 M6.48 지반조건에 따른 단면 형상의 변화조건(같은 건축한계를 수용하는 터널 단면 형상)

해석 결과 지반거동을 선형탄성-Mohr Coulomb 모델로 고려하고, 라이닝을 복합요소 기법으로 결합 해석을 수행하였다. 지반물성치에 따른 영향을 배제하고, 단지 수압에 대한 단면영향을 조사하기 위하여 동일 지반물성, 동일 라이닝 조건을 가정하였다.

그림 M6.49는 터널형상에 따른 라이닝 응력을 비교한 것이다. 난형과 마제형의 경우 모서리에서 인장응력이 발생한다. 특히, 마제형의 경우 압축응력의 2배에 해당하는 인장응력이 발생하였으며, 원형 터널(예, 쉴드터널의 세그먼트 라이닝)은 전단면에 걸쳐 거의 일정한 압축응력이 발생하였다. 이러한 사실들은 수압영향에 대한 단면형상의 중요성을 의미한다.

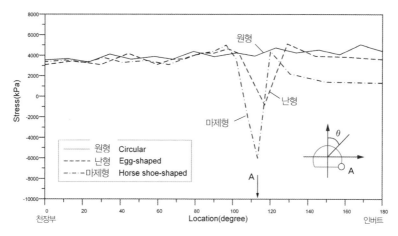

그림 M6.49 터널 형상별 라이닝 응력(effect of tunnel shape)

6.4.3 터널의 수리열화 거동 Hydraulic Deterioration

터널은 운영 중 라이닝 열화, 지반의 풍화, 그리우트재의 용탈 등으로 인해 설계 시 계획한 방배수 성능의 장애가 일어나는데, 이를 **수리열화**라 한다. 터널의 수리열화요인과 영향을 그림 M6.50에 예시하였다. 수리열화가 시공미흡(두께 부족, 공동, 균열)과 중첩되면 쉽게 터널변상이 야기될 수 있다.

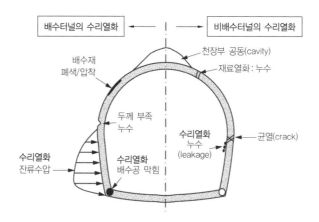

그림 M6.50 터널의 수리열화(hydraulic deterioration) 요인

6.4.3.1 배수터널의 수리열화

수리열화가 없는 배수터널은 그림 M6.51(a)와 같이 터널 주변에서 수두가 '0'에 가깝다. 배수시스템 열화에 따라 투수성이 저하되면, 수두선은 상승하며 라이닝에 h_l에 해당하는 수압이 작용한다. 배수터널의 수리열화 거동은 그림 M6.51(b)와 같이 유입량의 감소(Δq) 또는 라이닝 작용 수압의 증가(Δp)로 나타난다.

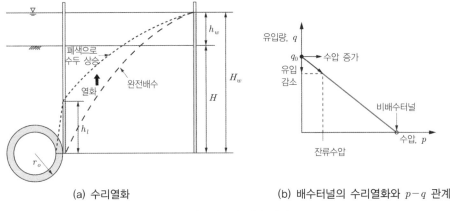

(a) 수리열화

(b) 배수터널의 수리열화와 $p-q$ 관계

그림 M6.51 배수터널의 열화 개념

수리열화 요인

배수터널의 열화는 '배수기능열화 → 유입량 감소 → 라이닝 하중의 증가(구조손상)'의 과정으로 진행된다. 배수기능열화는 외부로부터 압력이 가해져 배수재인 부직포(non-woven geotextile)가 **압착(squeezing)** 되거나 주변 지반에서 유출된 토립자가 부직포의 간극에 침적되는 **폐색(clogging)**에 기인한다.

압착거동은 라이닝 타설 시 유동성 콘크리트의 횡압력, 인접 건설공사, 지반의 풍화작용에 따른 배면하중 증가 등에 의해 발생될 수 있다. 배수재로 사용되는 부직포는 응력이 증가하면 두께가 감소하며, 그림 M6.52 와 같이 투수성이 현저히 감소한다.

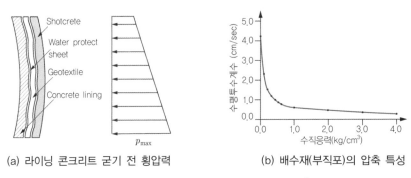

(a) 라이닝 콘크리트 굳기 전 횡압력

(b) 배수재(부직포)의 압축 특성

그림 M6.52 라이닝 수직압력 증가에 따른 압착영향(H_t =10m, γ_c =23kN/m³, $p_{max} = \gamma_c H$ =230kPa)

지속적인 지하수 유출은 그라우트재 용탈, 미립토사의 이동을 초래하고 이들을 배수층에 선형침적 (bridging)시켜 배수경로를 막는(blinding, clogging) 폐색현상을 야기할 수 있다. 터널 배수층 내 주요 침전 물은 산화칼슘(CaO), 점토(Bentonite), 탄산칼슘($CaCO_3$), 산화철(Fe_2O_3)로 알려져 있다(Woo, 2005). 그림 M6.53은 배수터널의 폐색메커니즘을 예시한 것이다.

수리열화 외에도 배수시스템의 통수능이 부족하면 잔류수압이 증가하여 라이닝에 구조적 부담을 주게 되고, 수압 상승으로 누수가 발생하기 쉽다. 터널의 유입량은 지하수위와 배수재 투수계수에 따라 결정되며, 여름철 우기에 지하수위가 올라가면 유입량이 증가하고 따라서 이를 수용할 만큼의 통수능이 요구된다. 통수능의 부족은 수리열화가 일어나지 않더라도 잔류수압을 상승시키는 요인이 된다.

배수터널에서 터널로 유입되는 흐름메커니즘은 터널을 향한 반경흐름이 일어나 배수층에 도달하고, 배수층을 따라 터널하부 배수공으로 유입된다. 터널로 유입되는 반경방향의 자유유입량이 정체되지 않고 배수공으로 흐르기 위해서는 배수재가 충분한 투수성을 가지고 있어야 한다. 즉, 배수재는 충분한 통수능을 가져야 한다. 터널 내로 유입되는 자유유입량의 수량은 지하수위와 투수계수가 지배한다.

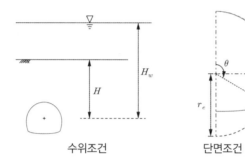

수위조건   단면조건

위와 같이 등가직경이 r_e인 마제형 배수터널이 투수성이 k_r인 지반에 위치하는 경우, 터널로 유입되는 자유 유입량은 Goodman(1965) 식을 이용하며, $Q_o = 2\pi k_r \dfrac{H_w}{\ln(2H/r_e)}$로 산정할 수 있다. 터널 천장부를 기준으로 흐름경로가 양측으로 구분되므로 배수재의 통수능은 터널 천장에서 배수공까지 반단면만 고려하면 된다. 따라서 배수공이 θ(radian)에 위치한다면, 유입량은

$$Q_s = \int_0^\theta \frac{Q_o}{2\pi r_e} d\theta = \frac{\theta}{2\pi r_e} \frac{H_w}{\ln(2H/r_e)} k_r$$

한편, 배수층의 원주방향 흐름에 대한 통수능(Q_p)은 다음과 같다.

$$Q_p = k_p^* i t_o$$

여기서 k_p^*는 배수층의 투수계수, i는 터널 원주흐름의 평균동수경사, 그리고 t_o는 배수층 두께이다. 단면조건으로부터, $i = h_d/S = \{1 + \sin(\theta + \pi/2)\}/\theta$, $h_d \approx r_e\{1 + \sin(\theta - \pi/2)\}$, $S = r_e \theta$이다.

흐름이 정체되지 않고 원활하게 일어나기 위해서는 통수능이 유입량보다 커야 한다. 즉, $Q_p > Q_s$ 조건이 만족되어야 한다. 이 조건을 위의 유입량식, Q_s와 통수능식 Q_p를 등치하여 투수계수 식으로 정리하면 다음이 성립한다.

$$k_p^* > \frac{\theta^2}{2\pi t_o r_e \{1 + \sin(\theta - \pi/2)\}} \frac{H_w}{\ln(2H/r_e)} k_r$$

수리열화가 일어나더라도 배수재가 위 조건을 만족하면 흐름정체는 일어나지 않는다.

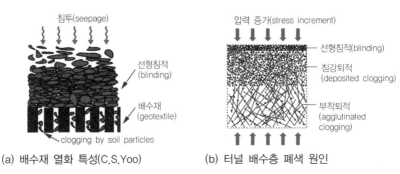

(a) 배수재 열화 특성(C.S.Yoo)   (b) 터널 배수층 폐색 원인

그림 M6.53 배수터널의 폐색 메커니즘

배수재의 투수성 저하의 영향

지반과 숏크리트간 상대투수성의 영향은 결합수치해석을 통해 조사할 수 있다. 그림 M6.54는 결합 수치해석을 이용하여 조사한 지반과 배수재간 상대투수성의 영향을 보인 것이다. 상대투수성(k_l/k_s)의 감소는 배수터널의 수리열화를 의미한다. 배수층의 투수성 저하(k_l/k_s 감소)에 따라 라이닝에 작용하는 하중이 증가함을 알 수 있다. 일례로, 상대투수성(k_l/k_s)이 0.1인 경우, 정수압의 약 20%에 해당하는 수압이 라이닝에 작용함을 알 수 있다.

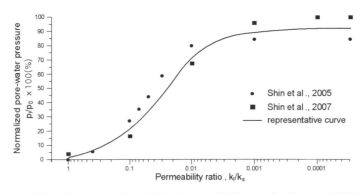

그림 M6.54 상대투수성에 따른 라이닝 작용수압(정수압으로 정규화, p_o : 정수압, p_l : 라이닝작용(배수층)수압)

6.4.3.2 비배수터널의 수리열화 특성 Hydraulic Deterioration of Watertight Tunnels

Ward and Pender(1981)는 오래된 터널들을 조사한 결과, 대부분의 터널이 궁극적으로 배수구와 같이 거동한다고 발표하였다. 이는 비배수터널도 장기적으로 열화하여 누수 등 문제를 야기함을 의미한다.

비배수터널의 수리열화는 일반적으로 '라이닝 균열(조인트 누수) → 수압하중 감소 → 유입량 증가(배수처리 용량 부족)'로 이어진다. 비배수터널의 열화 과정을 수두곡선으로 나타내면 그림 M6.55(a)와 같이 당초 비배수 조건의 정수압 수두선이 수리열화에 따라 하강하여 라이닝 작용수두가 $h_o \rightarrow h_l$로 변화한다.

배수터널의 배수층 폐색 영향

NATM 배수터널은 이중구조 라이닝의 주면을 따라 배수층이 설치된다. 간혹, 인근의 미립토사나 화학물질이 유입되어 터널 일부구간의 배수층의 투수성을 저하시키는 폐색(clogging)문제가 일어날 수 있다. 폭 9.59m, 높이 7.84m인 터널이 길이 L, 높이 S(= W) 범위로 폐색이 일어나, 투수성능이 k_l/k_s =0.001 수준으로 저하한 경우, 터널에 미치는 영향을 수치해석으로 조사하였다.

폐색구간이 터널축 방향으로 충분히 길게 형성(적어도 터널 높이의 1~2배 이상)되었다고 가정하여, 폐색원주길이 W_1, W_2, W_3에 대하여 터널 단면을 아래와 같이 2차원으로 모델링하였다. 지하수 영향범위를 터널 좌우 약 100m 이상으로 모델링하고, 폐색영향은 배수재의 투수성이 저하하는 것으로 모사하였다. 라이닝 거동을 파악하기 위해 수리–구조 복합 모델링 기법을 이용한 결합수치해석을 실시하였다.

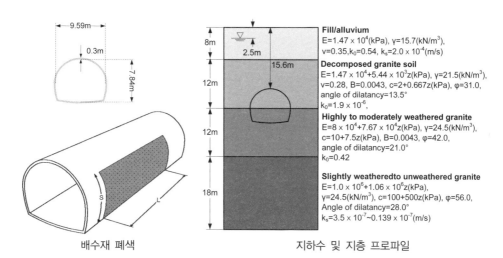

배수재 폐색　　　　　　　　지하수 및 지층 프로파일

터널 모델과 배수재 폐색 개념

아래에 해석 결과를 보였다. 폐색구간의 콘크리트 라이닝 작용수압이 현저히 상승하였고, 이로인해 터널 라이닝이 수압작용방향으로 변형되었다. 이러한 거동을 터널 종방향 관점에서 살펴보면, 폐색–미폐색 경계부에서 비틂거동을 야기하여 터널에 경사(사방향) 균열 등의 손상을 초래할 수 있음을 시사한다.

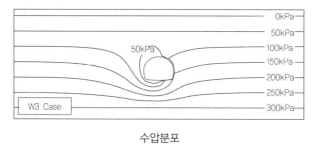

수압분포

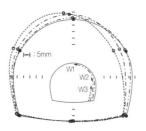

배수재 폐색에 따른 터널변형

배수재 부분폐색의 영향

비배수터널의 수리열화를 수압-유입량관계($p-q$)로 고찰하면, 그림 M6.55(b)와 같이 누수량이 ΔQ만큼 증가하고, 작용 수두가 Δh만큼 감소하는 것으로 이해할 수 있다.

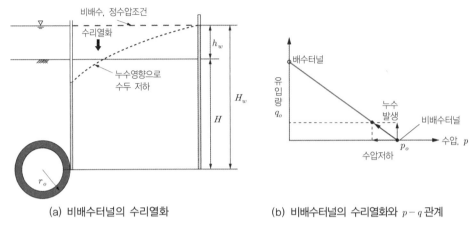

(a) 비배수터널의 수리열화　　　　　　(b) 비배수터널의 수리열화와 $p-q$관계

그림 M6.55 비배수터널의 열화 개념

해석 예 쉴드 TBM의 세그먼트 라이닝은 보통 비배수로 계획된다. 라이닝 세그먼트의 조인트에 실재(sealing material), 또는 가스켓(gasket)이 설치되어 축력이 수압에 저항하도록 방수설계가 이루어진다. 하지만 조인트는 시공상의 오차, 설치 시 충격 등으로 누수 취약부가 되기 쉽다. 토피 30m의 화강풍화토(decomposed granite soil)에 8개 세그먼트로 구성된 직경 8m 비배수터널 조인트의 수리열화 영향을 조사해보자.

해석 결과 세그먼트 부재는 불투수에 가까우므로 불투수에 가까운 작은 투수성의 재료로 모델링할 수 있다. 수리열화된 조인트는 조인트와 라이닝 간 상대투수성을 충분히 크게($100\sim1,000$배) 설정하여, 그림 M6.56의 모델에 대하여 복합 모델링 기법의 연계수치해석을 수행하였다.

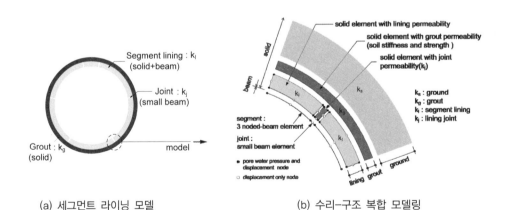

(a) 세그먼트 라이닝 모델　　　　　　(b) 수리-구조 복합 모델링

그림 M6.56 세그먼트라이닝 연계해석 모델

해석은 모든 조인트가 열화와 단일 조인트의 열화의 두 경우에 대하여 수행되었다. 비배수터널의 수리열화는 조인트의 상대투수성 k_j/k_l의 증가로 표현할 수 있다.

모든 조인트 수리열화 조건의 해석 결과 중 침투속도와 수압을 그림 M6.57에 보였다. 상대투수성 k_j/k_l 증가, 즉 비배수터널의 수리열화의 진행에 따라, 조인트에서 침투속도가 증가하고 수압이 감소하는 전형적인 비배수터널의 수리열화 거동이 확인되었다.

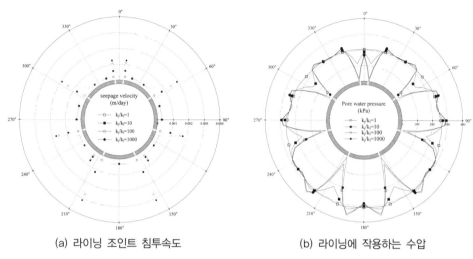

(a) 라이닝 조인트 침투속도   (b) 라이닝에 작용하는 수압

그림 M6.57 열화조인트의 지하수 거동(전체 조인트 열화)

그림 M6.58은 한 개 조인트의 수리열화(특정 조인트 누수)에 따른 라이닝 변형거동을 보인 것이다. 수리열화는 조인트의 열림 거동과 관련된다.

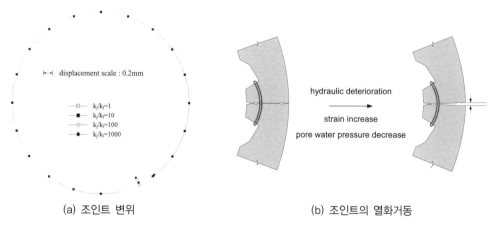

(a) 조인트 변위   (b) 조인트의 열화거동

그림 M6.58 라이닝 변형(단일 조인트 열화)

6.5 터널의 운영 중 수리 안정성 검토

6.5.1 터널의 수리안정 문제

지하수 영향은 터널의 건설과 운영의 전 기간에 걸쳐 적절히 제어하고, 관리되어야 한다. 굴착 중 토사터널의 붕괴는 대부분 지하수 유출과 연관된다. 따라서 터널 굴착 중에는 히빙(heaving), 파이핑, 토사유출, 공동생성, 지반함몰 등의 지하수와 관련된 안정문제가 검토되어야 한다.

한편, 터널의 운영 중 발생할 수 있는 수리적 안정문제는 **부력 융기**, 균열을 통한 **토사유출** 및 이로 인한 터널 주변 **공동 생성, 압력수로터널의 유출파괴** 등을 들 수 있다. 그림 M6.59는 터널굴착과 관련한 지하수 안정문제와 이 절에서 고찰할 운영 중 수리안정 문제를 구분하여 예시한 것이다.

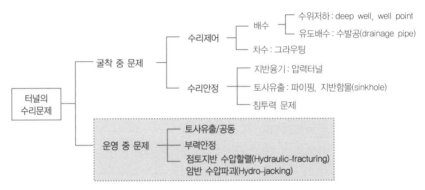

그림 M6.59 터널의 지하수 제어 및 수리 안정문제

6.5.2 터널 주변의 침식과 공동 발생 안정성

토사지반 내 터널에 균열이 있는 경우 토사의 입자 유출 가능성이 있다. 터널 구조물 안팎의 수두차로 인한 흐름이 라이닝 균열에 집중되어 유출수가 발생하는 경우, 토사를 유출시키고 인접지반에 **공동**(internal cavity)을 형성하여, **함몰**(sinkhole)로 이어질 수 있다.

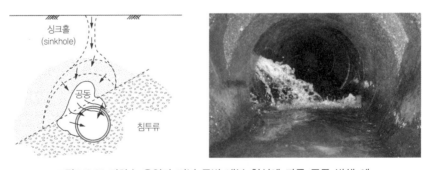

그림 M6.60 지하수 유입과 터널 주변 내부 침식에 따른 공동 발생 예

토사유출

토립자의 유출 가능성은 숏크리트 공극 또는 라이닝 균열의 크기와 지하수 침투속도(seepage velocity)에 의해 결정된다. 지반에서 토사 유출이 시작될 때의 침투유속을 **한계유속**(critical seepage velocity)이라 하며, Justin(1923)이 처음으로 다음과 같이 제안하였다.

$$v_c = \sqrt{\frac{Wg}{Ar_w}} = \sqrt{\frac{2}{3}(G_s - 1)dg} \tag{6.39}$$

여기서 v_c : 한계유속, W : 입자중량, A : 유수방향 투영단면적, G_s : 토립자 비중, g : 중력가속도, d : 토립자의 입경이다.

공동의 원인이 되는 침투력은 흐름 마찰 견인력으로서 한계유속조건에서 지반입자의 평형상태를 깨뜨려 토립자의 이동을 초래할 수 있다. Justin 식은 실제보다 유속을 과대평가하는 것으로 알려져 있다. 입경의 크기가 증가하면 한계유속은 지수적으로 증가한다. 공동의 원인이 되는 내부 침식 가능성은 침투해석을 실시하여 유속을 파악하고, 구성재료의 입경분석으로 산정한 한계유속을 비교함으로써 판단할 수 있다.

토사유출로 인한 지반함몰은 단시간에 일어나는 것이 아니라, 계절적 지하수위 변동과 맞물려 수년간 지속되면서, 점차 확대된다. 일단 초기 공동이 형성되면 건조상태에서도 입자분리(탈락)가 일어나고, 수위가 상승하면 지하수 작용으로 토사유출이 쉬워져 공동 확장과 입자유출이 가속 함몰로 이어질 수 있다(그림 M6.61).

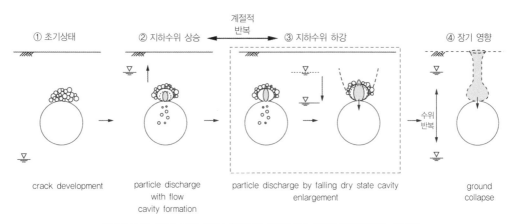

그림 M6.61 터널 주변 공동 발생 및 지반붕괴 메커니즘(김호종, 2018)

6.5.3 터널의 부력안정성 Flotation or Heave of Tunnels

터널이 부력으로 융기되는 사례는 드물지만, 관거 자중이 작은 관로 공사에서는 부력파괴가 흔히 발생한다. 수직구 및 개착부 등이 본선터널과 만나거나, 단면이 급변하는 구간에서는 구간별로 크기가 다른 부력으로 인해 균열 또는 단차가 발생할 수도 있다. 단면형상이 비대칭이거나 곡선구간의 터널에서는 불균형 부력에 의해 터널 라이닝에 비틂(torsion) 손상이 야기될 수 있다. 토사터널의 경우 일반적으로 토피(C)가 직경(D) 이상이면($C > D$), 부력에 대하여 안정한 것으로 알려져 있다.

연직 파괴모드 대한 부력안정성 : 점성토 지반

점성토 지반에서 지하수위 아래 터널의 부력에 의한 융기파괴 모드를 그림 M6.62와 같이 가정하면, 한계평형법을 이용하여 부력안정성을 검토할 수 있다.

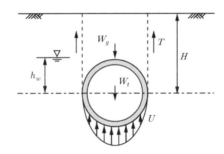

그림 M6.62 지하수위 아래 위치하는 터널의 부력 및 융기 안정성

$$\text{상향력(부력), } U = \gamma_w \frac{\pi D^2}{4} \tag{6.40}$$

여기서, γ_w : 물의 단위중량, D : 터널외경이다.

$$\text{저항력, } R = \gamma' D\left(h_w - \frac{\pi D}{8}\right) + \gamma_t D(H - h_w) + 2\tau_f H + W_t \tag{6.41}$$

여기서, γ' : 흙의 수중 단위중량, γ_t : 흙의 총 단위중량, W_t : 터널자중, τ_f : 파괴면(편측)의 전단저항력(비배수 점토의 경우 $\tau_f = s_u$, 사질토의 경우 $\tau_f \approx \tan\phi \{K_o \gamma' (H + D/2)\}$). 안전율($F = R/U$)은 적어도 1.2 이상이어야 한다.

경사 파괴모드의 부력안정 : 사질토 지반

터널 상부 지반이 사질토와 같이 팽창각(dilation)을 갖는 경우 파괴모드는 그림 M6.63(a)와 같이 터널 경계에서 팽창각 ψ만큼 외측으로 경사져 나타나는 것으로 가정할 수 있다.

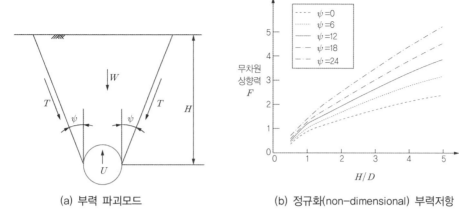

(a) 부력 파괴모드	(b) 정규화(non-dimensional) 부력저항

그림 M6.63 부력 파괴모드와 지반저항력(uplift resistance)(Liu and Yuan, 2015)

지반의 최대저항력 R, 파괴토체중량 W, 그리고 파괴면 전단저항이 T인 경우, 수동토압 파괴조건을 이용하면 다음과 같이 유도된다.

$$R = 2T + W = \frac{2K_o \gamma_t H^2}{\cos\phi \cdot \cos^2\psi} + \gamma_t H(D + H\tan\psi) - \gamma_t D^2 \frac{\pi}{8} \tag{6.42}$$

여기서 γ_t : 흙의 총 단위중량, H : 터널 깊이, D : 터널 직경, ψ : 팽창각, ϕ : 지반의 전단저항각, K_o : 정지토압계수이다. 저항력 R이 부력 U보다 작을 때($R < U$), 부력파괴가 발생한다.

일반적으로 토피가 터널 직경 이상이면 부력파괴는 일어나지 않는 것으로 알려져 있다. 따라서 지반저항력을 토피하중으로 정규화한 무차원 융기저항 파라미터를 이용하여 부력안전율을 다음과 같이 정의할 수 있다.

$$F = \frac{R}{\gamma_s HD} = 1 + \left(\tan\psi + \frac{K_0}{\tan\psi + \cot\phi}\right)\frac{H}{D} - \frac{\pi}{8}\frac{D}{H} \tag{6.43}$$

F는 실제 안전율의 의미를 가지며, 그림 6.63(b)에 H/D에 따른 안전율(F)을 보였다. $H/D > 1.5$이면 대체로 안전함을 알 수 있다.

NB : 개착터널의 부력대책

낮은 심도에 건설되는 개착식 터널에서는 구조물 주변 되메움토로서 투수성이 큰 양질의 토사를 사용하므로 지하수위 상승이 용이하다. 또한, 다짐 여건상 지반의 전단강도를 충분히 확보하기 어렵기 때문에 측벽의 전단저항력으로 부력에 저항하지 못할 수 있다. 이때는 전단키, 또는 돌출 바닥판을 설치하여 하중을 증가시키는 대책을 검토할 수 있다. 터널의 경우 라이닝 구조물의 바닥에 영구앵커나 인장말뚝을 설치하는 방법이 있으며, 터널 상부 성토 및 터널 심도 하향 조정 등의 방안을 검토할 수 있다.

6.5.4 압력 수로터널의 수압할렬 및 Hydro-Jacking 안정성

대부분의 터널 수리문제는 굴착으로 인하여 유입된 지하수를 처리하는 문제이거나 수압하중을 지지하는 문제이다. 하지만 발전소나 상수도 공급용 수로터널의 경우 터널 내부의 수압이 지하수압보다 커서, 흐름영향이 터널 내부에서 외부로 전파되는 형태의 문제가 발생할 수 있다.

무지보(uncased) 압력수로터널, 또는 지보가 설치되었더라도(cased) 균열부를 통해 누출된 압력이 지반 저항력을 초과하는 경우 터널주변 지반(암반)의 파괴를 유발할 수 있다. 모래지반의 경우 수두 증가에 따른 파이핑 현상으로 나타나지만 점토층의 경우 **수압할렬(hydraulic-fracturing)**, 암반의 경우 절리를 통한 유출과 함께 파괴가 일어나는 **수압파괴(hydro-jacking)**이 일어날 수 있다.

수압할렬 hydraulic-fracturing

균열 등을 통해 터널을 빠져나온 압력수는 지반을 찢어(fracturing), 틈을 만들고 이동하여 지상으로 용출될 수 있는데, 이를 수압할렬(割烈, hydraulic-fracturing)이라 한다. 수압할렬은 통상 절리가 발달한 불연속 매질이나, 불규칙적으로 산재한 점성이 작은 실트 또는 모래 심(seam) 등 취약경로를 따라 발생할 수 있다. 수압할렬은 그림 M6.64와 같이 터널의 내압(주입압, 수압 등)이 증가하여 수압이 지층의 최소주응력을 초과할 때 발생한다. 균열은 σ_3에 수직한 방향으로 발생하며, 따라서 용출은 σ_1과 평행한 방향으로 일어난다.

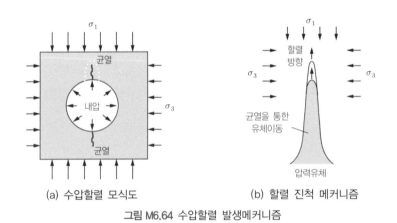

(a) 수압할렬 모식도　　　　(b) 할렬 진척 메커니즘

그림 M6.64 수압할렬 발생메커니즘

지반이 인장력이 있는 경우, **수압할렬은 지반의 최소유효주응력이 인장강도를 초과할 때 발생**한다.

$$\sigma'_3 = -\sigma'_t \tag{6.44}$$

식(6.43)은 비배수조건에 대하여 다음과 같이 표현할 수 있다.

$$\sigma_3 = u_o + \Delta u - \sigma'_t = u_o + [\Delta\sigma_3 + A(\Delta\sigma_1 - \Delta\sigma_3)] - \sigma'_t$$

$$\Delta\sigma_3 = -\frac{1}{A}(\sigma'_{3i} + \sigma'_t) + \Delta\sigma_1 \qquad (6.45)$$

여기서, σ'_{3i} : 인장강도가 발현되기 전의 초기 최소유효주응력($= \sigma_3 - \Delta\sigma - u_o$), u_o : 초기 간극수압, Δu : 과잉간극수압, A : Skemption 간극수압계수, $\Delta\sigma_1$: 최대주응력 변화량, $\Delta\sigma_3$: 최소주응력 변화량이다.

외부변형을 유발할 정도의 유출수압을 받는 터널 주변 지반의 거동은 그림 M6.55의 **공동확장이론**으로 이해할 수 있다. 일반적으로 터널을 굴착하면 원주방향응력이 최대주응력이 되지만, 공동(터널)이 확장되면 공동의 반경방향 응력이 최대주응력이 되고, 원주방향 응력은, 전단에 파괴되지 않는 한 감소하여 최소주응력상태가 된다. 터널에서 유출된 압력(등방성)의 크기가 지반 인장강도를 초과하면 반경방향(즉, 터널 천단에서 수직방향)으로 벌어지는 균열이 발생하고 압력수가 균열을 따라 분출하게 된다.

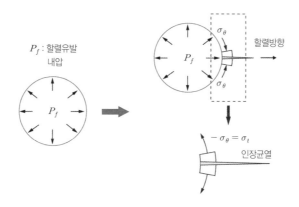

그림 M6.65 비배수 조건의 인장 할렬 메커니즘(after Michell, 2005)

비배수점토의 거동을 근사적으로 선형탄성 조건으로 가정하면 공동(즉, 터널주면)에서 반경방향(수직방향)의 전응력 변화 $\Delta\sigma_r(= \Delta\sigma_1)$는 원주방향(수평) 응력 $-\Delta\sigma_\theta(= \Delta\sigma_3)$의 변화량의 음의 값과 같다. 즉, $\Delta\sigma_r = -\Delta\sigma_\theta$. 평면변형조건에 대하여 $A = 1/2$로 가정하고, 할렬을 유발하는 수압을 $p_i = P_f$라 하면, 식 (6.45)는

$$\Delta\sigma_r = P_f - \sigma_{3i} = \sigma'_{3i} + \sigma'_t$$

$$P_f = 2\sigma_{3i} - u_o + \sigma'_t \qquad (6.46)$$

암반수압파괴 hydro-jacking

절리 암반 내 지하수에 수압을 가하여, 원지반의 지하수압을 초과하게 되면 절리가 확장되며 압력수의 유출이 일어나는데, 이 현상을 수압할렬(hydraulic fracturing)이라 한다. 이후에도 수압이 계속증가 하여 수압이 최소주응력을 초과하면 암반이 파괴되어 융기하는 현상이 발생하는데 이를 수압파괴(hydro-jacking)라 한다. Hydro-Jacking은 주로 **라이닝(케이싱)이 없는 압력수로터널에서 발생**한다. 그림 M6.66 수압파괴 사례를 예시하였다.

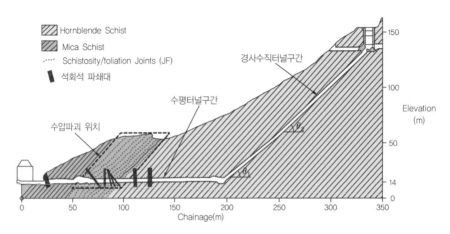

그림 M6.66 Hydro Jacking 파괴 예(Norway, Herlandsfoss project)

그림 M6.67(a)는 암반수압파괴를 예시한 것이며, 그림 M6.67(b)와 같이 압력관로가 경사지형을 통과하는 경우, 터널의 매입심도는 Hydro-jacking을 검토하여 이루어져야 한다.

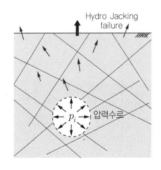

(a) 암반수압파괴 개념(내압에 의해 발생한 최소 주응력이 암반의 인장강도를 초과하면 파괴가 일어난다)

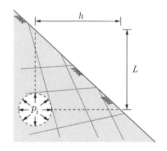

(b) 경사지반 내 압력관로

그림 M6.67 암반수압파괴 개념과 경사지 압력관로

Broch(1984)는 수압이 상재하중을 초과할 때, 터널 상부 지반의 융기파괴가 일어날 수 있다고 가정하여, Hydro Jacking 발생조건을 다음과 같이 제안하였다.

$$\frac{H_c}{p_i} \geq \frac{\gamma_w}{\gamma_r} \tag{6.47}$$

여기서, H_c는 암 피복두께, p_i는 수압, γ_w과 γ_r은 각각 지하수와 암반의 (수중)단위중량이다. 하지만 위 식은 지반(절리)경사, 암반 절리 성상 등을 적절히 고려하지 못하여 여러 보완한 식들이 제안된 바 있으나, 이들 또한 누수, 암반의 불연속면 영향 등을 고려하는 데 한계가 있다.

Fernandez(1994)는 암반을 균열이 존재하는 다공질 탄성체로 가정하여 터널 주변 지반 임의 위치(r, θ)에서 내압 $p_i = \gamma_w h_i$로 인하여 위치 r에서 발생하는 과잉간극수압 p_{ew}을 이론적으로 유도하였다.

$$p_{ew} = \gamma_w (h_i - h_o) \frac{\ln\left[1 + \dfrac{4h_o}{r}\left(\dfrac{h_o}{r} - \cos\theta\right)\right]}{\ln\left[1 + \dfrac{4h_o}{r_o}\left(\dfrac{h_o}{r_o} - \cos\theta\right)\right]} \tag{6.48}$$

여기서, p_i는 터널 내압, $p_o = \gamma_w h_o$는 터널에 작용하는 정수압, h_o는 터널 심도(지표에서 터널 중심까지 거리), h_i는 내압수두, r은 터널 중앙으로부터의 거리이다. 내압 p_i로 야기되는 유효응력은 다음과 같이 산정한다.

$$\sigma_r' = \frac{\Delta p_w}{2(1-\nu)}\left\{\left(\frac{r_o^2}{r^2}-1\right) + \frac{2\ln\dfrac{r}{r_o} + \left[(1-2\nu)\left(1+\dfrac{4h_o^2}{r^2}\right) - 2(1-\nu)\right]\ln\left[\left(\dfrac{r^2}{r_o^2}+\dfrac{4h_o^2}{r_o^2}\right)\Big/\left(1+\dfrac{4h_o^2}{r_o^2}\right)\right]}{\ln\left(1+\dfrac{4h_o^2}{r_o^2}\right)}\right\} \tag{6.49}$$

$$\sigma_\theta' = \frac{-\Delta p_w}{2(1-\nu)}\left\{\left(\frac{r_o^2}{r^2}+1\right) - \frac{2\ln\dfrac{r}{r_o} - \left[(1-2\nu)\left(1+\dfrac{4h_o^2}{r^2}\right) + 2\nu\right]\ln\left[\left(\dfrac{r^2}{r_o^2}+\dfrac{4h_o^2}{r_o^2}\right)\Big/\left(1+\dfrac{4h_o^2}{r_o^2}\right)\right]}{\ln\left(1+\dfrac{4h_o^2}{r_o^2}\right)}\right\} \tag{6.50}$$

여기서, $\Delta p_w = \gamma_w(h_i - h_o)$, h_i는 터널 내 수두, h_o는 지하수위, σ_r'은 Δp_w가 야기하는 반경방향 유효응력, σ_θ'는 Δp_w가 야기하는 접선방향 유효응력, 은터널 파괴면까지 거리$(= h_o/4)$이다.

Hydro-jacking 파괴는 수로터널의 내압으로 인하여 지반에 발생한 과잉수압이 최소주응력을 초과할 때 발생한다. 경사지반 내 압력관로에 대하여, 최소주응력(σ_3')은 일반적으로 경사면에 수직한 방향이므로, 방향에 따른 Hydro-jacking(지반을 들고 일어나는 파괴) 안전율은 다음과 같이 산정할 수 있다.

사면에 수직한 방향의 거리에 따른 Hydro-jacking 안전율, $F_{sv}(r) = \dfrac{\sigma_3'}{\sigma_r'}$ \hfill (6.51)

사면에 평행한 방향의 거리에 따른 Hydro-jacking 안전율, $F_{sh}(r) = \dfrac{\sigma_3'}{\sigma_\theta'}$ \hfill (6.52)

여기서 σ_r' 및 σ_θ'는 터널내압(p_i)이 r 위치에 야기하는 유효응력이다. 그림 M6.65(b)와 같은 사면상의 압력수로를 가정하면, σ_3'는 r 위치에서 원지반 최소 주응력이며, $\sigma_3' = k\gamma_t h_r$ 이다. 여기서 $k = \sigma_3'/\sigma_1'$ 이며, h_r은 위치 r에서 암반토피, γ_t는 암반의 단위중량이다. 상수 k는 측방향 토압 상수로서 토피 상부 3분의 2구간에서 0.3, 그 하부 구간에서 0.5를 사용한다. 위 조건에 따르면 수직방향 안전율이 1.0이 되는 조건이 압력터널의 최소 매입깊이가 된다.

예제 아래 조건에 대하여 사면과 평행한 방향, 수직인 방향으로 각각 수로터널로부터 20m, 65m, 110m 떨어진 위치에 대하여 Hydro-Jacking 안전율을 검토해보자.

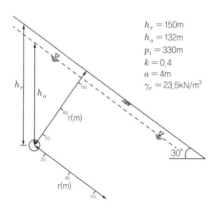

$h_r = 150\text{m}$
$h_o = 132\text{m}$
$p_i = 330\text{m}$
$k = 0.4$
$a = 4\text{m}$
$\gamma_r = 23.5\text{kN/m}^3$

그림 M6.68 Hydro jacking 안전율 검토 예

풀이 수압차 Δp_w 는 $\gamma_w(h_i - h_o)$로 구한 후, 식(6.49, (6.50)을 사용하여 각 방향에 대한 유효응력을 구한다. 사면의 수평방향의 σ_3는 일정하지만 수직방향은 깊이에 따라 σ_3가 변화한다. σ_3를 구할 때 지하수위 아래는 수중단위중량을 사용한다. 안전율 식(6.51), (6.52)를 이용하여 각 방향에 대한 Hydro-Jacking 안전율을 산정하면 다음과 같다.

거리(m)	사면 수직방향 안전율, σ_3'/σ_r'				사면 평행방향 안전율, σ_3'/σ_θ'			
	Δp_w	σ_3'	σ_r'	F_{sv}	Δp_w	σ_3'	σ_θ'	F_{sh}
20	1942.380	765.570	736.482	1.040	1942.380	892.032	974.256	0.916
65	1942.380	481.029	404.560	1.189	1942.380	892.032	543.165	1.642
110	1942.380	196.488	253.595	0.775	1942.380	892.032	379.227	2.352

부록

A1. 연속체 역학 Continuum Mechanics

A1.1 지반매질의 연속체 개념과 터널

이론역학은 대부분 연속체(continuous media)를 가정한다. **연속체란 대상 매질 내 공간의 모든 점을 물질이 점유하고 있는 물체**를 말한다. 그러나 모든 물질을 분해하면 광물분자, 더 나아가 원자로 나누어지므로 미시적(micro scale) 관점에서 보면 **간극**이 존재한다. 따라서 엄격한 의미의 연속체란 존재하지 않는다. 그럼에도 불구하고 연속체역학이 성립하는 이유는 우리가 다루는 터널역학의 범주 내에서 매질의 연속성을 가정할 수 있기 때문이다.

엄격한 의미의 '**연속체**'는 존재하지 않으므로, 지반재료를 연속체로 이상화하기 위해서는 어떤 **한계체적**개념의 도입이 필요하다. 흔히 연속체를 정의하는 유용한 한계 개념으로서 밀도(ρ)를 사용한다. 연속체에서 밀도, ρ는 무한 미소체적(V)에 대한 질량(M)으로 정의할 수 있다. $\rho = \lim\limits_{\Delta V \to 0}(\Delta M/\Delta V)$. 만일, 매체 중 일부가 물질로 채워지지 않은 부분이 있다면 그 부분의 밀도는 '0'이고 연속체 개념은 성립하지 않는다. 이런 경우 '0'이 아닌 밀도 값을 갖도록, 체적을 어느 제한된 크기까지만 줄여간다면 어떤 일정한 ρ 값을 얻을 수 있을 것이다. 즉, **제한된 체적(한계체적) 개념의 연속체를 가정할 수 있다.**

토사터널의 경우, 그 크기는 수 미터 이상인 반면 흙 입자의 크기는 2μm(점토)~50mm(자갈)에 불과하므로, 이 경우 흙은 개별입자가 아닌 터널주변의 연속된 매질로써 가정할 수 있다. 하지만 터널이 불연속 암반에 위치한 경우 불연속면이 구성하는 암반 블록의 크기는 터널 규모에 비하여 무시할 수준이 아니므로, 더 이상 연속체 개념은 성립하지 않는다.

연속체 내에서 어떤 **물리량의 변화는 Tayler 급수 전개를 이용**하여 그림 A1.1과 같이 나타낼 수 있다.

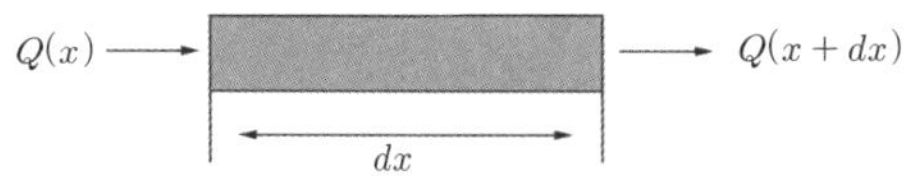

$$Q(x+dx) = Q(x) + Q'(x)dx + \frac{1}{2!}Q''(x)dx^2 + \frac{1}{3!}Q'''(x)dx^3 + \ldots \approx Q(x) + Q'(x)dx \approx Q(x) + \frac{\partial Q(x)}{\partial x}dx$$

그림 A1.1 연속체에서 물리량의 변화(Tayler 전개)

즉, 미소구간 dx에서 어떤 물리량의 변화량은 고차 미분항(2차 이상의)을 무시하면, 단위길이당 변화율, dQ/dx에 구간 길이 dx를 곱한 값으로 나타낼 수 있다. 연속체에 대한 대부분의 지배방정식은 이러한 연속성을 가정하여 유도되며, 고차 미분항을 무시하여 다음과 같이 표시한다.

$$Q(x+dx) \approx Q(x) + \frac{\partial Q(x)}{\partial x}dx \tag{a1.1}$$

A1.2 연속체의 응력과 변형률

응력

3차원 공간에서 한 점에서의 응력은 그림 A1.2와 같이 그 점을 포함하는 미소 입방체 요소(cubic element)에 작용하는 응력으로 정의한다. 응력의 대칭성을 고려하면($\tau_{xy} = \tau_{yx}$, $\tau_{yz} = \tau_{zy}$, $\tau_{zx} = \tau_{xz}$), 3차원 요소에 작용하는 9개 응력성분 중 σ_{xx}, σ_{yy}, σ_{zz}, τ_{xy}, τ_{yz}, τ_{zx} 의 6개 항만 서로 독립적이다.

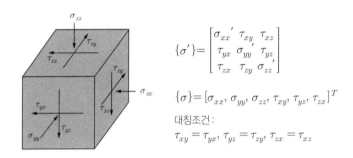

$$\{\sigma'\} = \begin{bmatrix} \sigma_{xx}' & \tau_{xy} & \tau_{xz} \\ \tau_{yx} & \sigma_{yy}' & \tau_{yz} \\ \tau_{zx} & \tau_{zy} & \sigma_{zz}' \end{bmatrix}$$

$$\{\sigma\} = [\sigma_{xx}, \sigma_{yy}, \sigma_{zz}, \tau_{xy}, \tau_{yz}, \tau_{zx}]^T$$

대칭조건:
$\tau_{xy} = \tau_{yx}$, $\tau_{yz} = \tau_{zy}$, $\tau_{zx} = \tau_{xz}$

그림 A1.2 3차원 요소의 응력상태

변형률

변형률은 응력에 대응하므로 다음과 같이 정의할 수 있다.

$$\{\epsilon\} = \begin{bmatrix} \epsilon_{xx} & \epsilon_{xy} & \epsilon_{xz} \\ \epsilon_{yx} & \epsilon_{yy} & \epsilon_{yz} \\ \epsilon_{zx} & \epsilon_{zy} & \epsilon_{zz} \end{bmatrix} \tag{a1.2}$$

각 변형률 성분은 다음과 같이 정의된다.

$$\epsilon_{xx} = \frac{\partial u_x}{\partial x}, \quad \epsilon_{yy} = \frac{\partial u_y}{\partial y}, \quad \epsilon_{zz} = \frac{\partial u_z}{\partial z} \tag{a1.3}$$

$$\epsilon_{xy} = \epsilon_{yx} = \frac{1}{2}\left(\frac{\partial u_x}{\partial y} + \frac{\partial u_y}{\partial x}\right) = \frac{1}{2}\gamma_{xy}$$

$$\epsilon_{xz} = \epsilon_{zx} = \frac{1}{2}\left(\frac{\partial u_x}{\partial z} + \frac{\partial u_z}{\partial x}\right) = \frac{1}{2}\gamma_{xz} \tag{a1.4}$$

$$\epsilon_{yz} = \epsilon_{zy} = \frac{1}{2}\left(\frac{\partial u_y}{\partial z} + \frac{\partial u_z}{\partial y}\right) = \frac{1}{2}\gamma_{yz}$$

여기서 ϵ_{xx}, ϵ_{yy}, ϵ_{zz} 는 **법선변형률**(normal, direct, 또는 axial strain)이며, ϵ_{xy}, ϵ_{xz}, ϵ_{yz} 는 **전단변형률**(shear strain)이라 한다.

식(a1.4)에서 $\epsilon_{xy} = \gamma_{xy}/2$ 관계임을 알 수 있다. γ_{xy}를 공학적(물리적) 전단변형률(engineering shear strain)이라 한다. 변형률 행렬에서 γ_{xy} 대신 ϵ_{xy}를 사용함으로써 좌표변환 시 '**수학적 적합성 유지**'가 가능하다. 변형률의 대칭성 등을 고려하면 3차원 공간의 점 변형률(point strains)은 3차원 점 응력(point stresses)에 상응하는 다음의 6개 성분으로 정의할 수 있다.

$$\{\epsilon\} = \left[\epsilon_{xx}, \ \epsilon_{yy}, \ \epsilon_{zz}, \ \epsilon_{xy}, \ \epsilon_{zy}, \ \epsilon_{xz} \right]^T \tag{a1.5}$$

A1.3 직교좌표계에서 평형방정식과 적합방정식

평형방정식 equilibrium equation

연속체의 일부인 3차원 미소 요소(dx, dy, dz)를 생각해보자. 요소에 작용하는 응력(전응력)의 변화는 Tayler 전개를 이용하면 $x - z$ 평면에 대하여 그림 A1.3과 같이 표시할 수 있다. 이 요소가 자유물체로서 정적 평형상태에 있다면 $\sum F_i = 0$의 평형조건을 만족해야 한다.

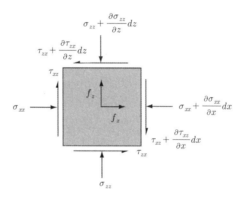

그림 A1.3 요소에 작용하는 힘($x - y$평면, z : 중력방향)

이 요소에 단위 체적력(body force, 통상 중력(gravity)이 이에 해당) f_x, f_y, f_z이 각각 x, y, z 방향으로 작용한다고 가정하자. 우선 $x -$ 방향의 평형조건을 고려해보면, $x -$ 방향의 체적력은 $f_x \cdot dx \cdot dy \cdot dz$이므로

$$\left(\sigma_{xx} + \frac{\partial \sigma_{xx}}{\partial x} dx \right) dy dz - (\sigma_{xx}) dy dz - \left(\tau_{xy} + \frac{\partial \tau_{xy}}{\partial y} dy \right) dx dz + (\tau_{xy}) dx dz +$$

$$\left(\tau_{xz} + \frac{\partial \tau_{xz}}{\partial z} dz \right) dx dy - (\tau_{xz}) dx dy + f_x dx dy dz = 0$$

이 식을 정리하면, $x -$ 방향의 평형조건과 마찬가지 방법으로 $y -$ 및 $z -$ 방향에 대하여 평형조건을 고려하면,

$$\frac{\partial \sigma_{xx}}{\partial x} + \frac{\partial \tau_{xy}}{\partial y} + \frac{\partial \tau_{xz}}{\partial z} + f_x = 0$$

$$\frac{\partial \tau_{yx}}{\partial x} + \frac{\partial \sigma_{yy}}{\partial y} + \frac{\partial \tau_{yz}}{\partial z} + f_y = 0 \tag{a1.6}$$

$$\frac{\partial \tau_{zx}}{\partial x} + \frac{\partial \tau_{zy}}{\partial y} + \frac{\partial \sigma_{zz}}{\partial z} + f_z = 0$$

식(a1.6)이 연속체의 평형방정식(equilibrium equation)이며, **연속체에서 응력이 변화하는 규칙을 정의한다.** f가 중력가속도인 경우, $f_x = f_y = 0$이고, $f_z = \rho g = \gamma$이다.

적합방정식 compatibility equation

연속체 역학의 물체거동은 물체의 변형이 찢어지거나, 중첩되지 않고 연속적으로 일어남을 전제로 하는데, 이를 만족하는 상태를 적합조건이라 한다. 적합조건을 표현하는 데는 다음 2가지 방법이 있다.

첫 번째 방법은 변위의 미분치, 즉 **변형률을 정의함으로써 적합조건을 표현**하는 방법이다. ϵ_{xx}, ϵ_{yy}, ϵ_{zz}는 직접(direct), 법선(normal) 또는 축변형률(axial strain), ϵ_{xy}, ϵ_{xz}, ϵ_{yz}는 전단변형률(shear strain)이다.

법선(직접) 변형률과 전단변형률은 각각 다음과 같이 정의된다.

$$\epsilon_{xx} = \frac{\partial u_x}{\partial x}, \quad \epsilon_{yy} = \frac{\partial u_y}{\partial y}, \quad \epsilon_{zz} = \frac{\partial u_z}{\partial z} \tag{a1.7}$$

$$\epsilon_{xy} = \epsilon_{yx} = \frac{1}{2}\left(\frac{\partial u_x}{\partial y} + \frac{\partial u_y}{\partial x}\right), \quad \epsilon_{xz} = \epsilon_{zx} = \frac{1}{2}\left(\frac{\partial u_x}{\partial z} + \frac{\partial u_z}{\partial x}\right), \quad \epsilon_{yz} = \epsilon_{zy} = \frac{1}{2}\left(\frac{\partial u_y}{\partial z} + \frac{\partial u_z}{\partial y}\right) \tag{a1.8}$$

변위 u_x, u_y, u_z가 각각 x, y, z 방향에 연속함수로 주어진다면 위의 식(a1.7), (a1.8)의 변형률의 정의는 변위함수의 연속성, 즉 적합조건을 만족한다.

두 번째 방법은 **Saint-Venant**(1860)이 제시하였다. 변형률이 주어지고 변위를 구하는 문제일 경우, 변위의 미지수는 3개이나 방정식은 6개가 되어 부정정(indeterminate) 문제가 되고, 적합성을 보장할 수 없다. 이 경우 적합성을 보장하기 위한 Saint-Venant의 변형률 적합조건은 다음과 같다.

$$\frac{\partial^2 \epsilon_{xx}}{\partial y^2} + \frac{\partial^2 \epsilon_{yy}}{\partial x^2} = 2\frac{\partial^2 \epsilon_{xy}}{\partial x \partial y}, \qquad \frac{\partial^2 \epsilon_{xx}}{\partial y \partial z} = -\frac{\partial^2 \epsilon_{yz}}{\partial x^2} + \frac{\partial^2 \epsilon_{zx}}{\partial x \partial y} + \frac{\partial^2 \epsilon_{xy}}{\partial x \partial z}$$

$$\frac{\partial^2 \epsilon_{yy}}{\partial z^2} + \frac{\partial^2 \epsilon_{zz}}{\partial y^2} = 2\frac{\partial^2 \epsilon_{yz}}{\partial y \partial z}, \qquad \frac{\partial^2 \epsilon_{yy}}{\partial z \partial x} = -\frac{\partial^2 \epsilon_{zx}}{\partial y^2} + \frac{\partial^2 \epsilon_{xy}}{\partial y \partial z} + \frac{\partial^2 \epsilon_{yz}}{\partial y \partial x} \tag{a1.9}$$

$$\frac{\partial^2 \epsilon_{zz}}{\partial x^2} + \frac{\partial^2 \epsilon_{xx}}{\partial z^2} = 2\frac{\partial^2 \epsilon_{zx}}{\partial x \partial z}, \qquad \frac{\partial^2 \epsilon_{zz}}{\partial x \partial y} = -\frac{\partial^2 \epsilon_{xy}}{\partial z^2} + \frac{\partial^2 \epsilon_{yz}}{\partial z \partial x} + \frac{\partial^2 \epsilon_{zx}}{\partial z \partial y} \tag{a1.10}$$

A1.4 극좌표계에서의 평형방정식과 적합방정식

평형방정식 equilibrium equation

터널이론의 경우 주로 축대칭 원형터널을 가정하므로 극좌표(polar coordinate)를 도입하는 것이 편리하다. 그림 A1.4에서 반경방향(r) 및 접선방향(θ)에 대한 요소의 힘의 평형조건은

$$\frac{\partial \sigma_r}{\partial r} + \frac{1}{r}\frac{\partial \tau_{r\theta}}{\partial \theta} + \frac{\sigma_r - \sigma_\theta}{r} + f_r = 0 \tag{a1.11}$$

$$\frac{1}{r}\frac{\partial \sigma_\theta}{\partial \theta} + \frac{\partial \tau_{r\theta}}{\partial r} + \frac{2\tau_{r\theta}}{r} + f_\theta = 0 \tag{a1.12}$$

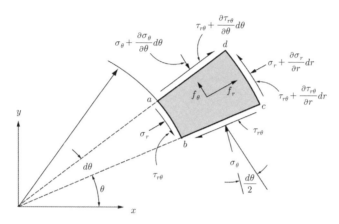

그림 A1.4 극좌표계 요소의 응력상태

적합방정식 compatibility equation

u가 반경방향(r) 변위이고 v는 접선방향(θ) 변위일 때, 극좌표계의 변형률은 다음과 같이 정의된다.

$$\epsilon_r = \frac{\partial u}{\partial r}$$

$$\epsilon_\theta = \frac{1}{r}\frac{\partial v}{\partial \theta} + \frac{u}{r} \tag{a1.13}$$

$$\gamma_{r\theta} = \frac{\partial v}{\partial r} + \frac{1}{r}\frac{\partial u}{\partial \theta} - \frac{v}{r}$$

Saint-Venant의 적합방정식은 다음과 같이 나타난다.

$$\frac{\partial^2 \epsilon_\theta}{\partial r^2} + \frac{1}{r^2}\frac{\partial^2 \epsilon_r}{\partial \theta^2} + \frac{2}{r}\frac{\partial \epsilon_\theta}{\partial \epsilon_r} - \frac{1}{r}\frac{\partial \epsilon_r}{\partial r} = \frac{1}{r}\frac{\partial^2 \gamma_{r\theta}}{\partial r \partial \theta} + \frac{1}{r^2}\frac{\partial \gamma_{r\theta}}{\partial \theta} \tag{a1.14}$$

A2. 탄성론 Theory of Elasticity

A2.1 연속체의 응력-변형률 관계

연속체역학의 응력, 변형률 거동은 재료 내부의 성상(즉, 구성)에 관계없이 성립한다. 연속체역학의 경계치 문제는 주어진 경계조건을 만족하는 적합방정식과 평형방정식을 이용해 풀 수 있다. 3차원 요소에 대하여 평형 및 적합방정식의 미지수와 방정식은 다음과 같다.

- 미지수 : 응력 6+변형률 6+변위 3=총 15개의 미지수
- 방정식 : 평형방정식 3+적합방정식 6=총 9개의 방정식

미지수는 15개인 데 비해 방정식은 9개이므로 해를 얻기 위해 6개의 추가적인 방정식이 필요하다. 평형방정식과 적합방정식만으로는 연속체 역학의 경계치 문제에 대한 유일해(unique solution)를 얻을 수 없다. 따라서 연속체이론을 완전하게 구성해주는 추가적인 방정식을 도입해야 한다.

새로운 미지수의 도입이 없이 6개의 추가적인 방정식을 마련하기 위해 재료의 물리적 성질을 매개로한 응력과 변형률관계식의 도입을 생각할 수 있다. 즉, $\{\sigma\} \leftrightarrow \{\epsilon\}$ 또는 $\{\Delta\sigma\} \leftrightarrow \{\Delta\epsilon\}$ 관계식을 고려할 수 있다. 이들 식은 **재료거동에 대한 원인과 결과의 관계를 구성하므로 구성관계**(constitutive relationship, constitutive law, constitutive equation, constitutive model), 또는 '**모델**(model)'이라고도 한다. 그림 A2.1은 이를 개념적으로 보인 것이다.

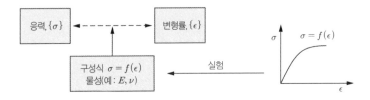

그림 A2.1 응력-변형률 관계(구성식)의 개념

A2.2 탄성 응력-변형률 관계 Hooke's Law

가장 단순한 응력-변형률 관계로서 응력과 변형률이 선형 비례하는 ($\sigma_{xx} \propto \epsilon_{xx}$) 1차원 문제를 생각해보자. 비례상수를 E라 하면, 1차원 등방선형탄성재료의 응력-변형률 관계는 그림 A2.2와 같이 나타난다(여기서 다루는 응력 σ는 변형을 야기하는 유효응력이다).

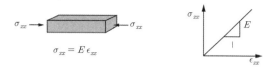

그림 A2.2 1차원 등방 탄성재료의 응력-변형률 관계

응력과 변형률이 직선 비례하는 선형탄성(linear elastic) 관계식을 후크의 법칙(Hooke's law)이라 하고, 1차원 등방탄성재료에 대한 변형률-응력 관계의 비례상수를 Young 계수, E라 하며 다음과 같이 정의한다.

$$\frac{\sigma_{xx}}{\epsilon_{xx}} = E_{xx} \tag{a2.1}$$

A2.3 후크범칙의 일반화 Generalized Hooke's Law

응력-변형률 관계를 3차원 응력공간으로 확장해보자. 3차원 응력 및 변형률 성분은 전단응력의 대칭성을 고려하면 다음과 같이 6개 응력 성분으로 나타낼 수 있다.

$$\{\sigma\} = \left[\sigma_{xx},\ \sigma_{yy},\ \sigma_{zz},\ \tau_{xy},\ \tau_{yz},\ \tau_{zx}\right]^T \tag{a2.2}$$

$$\{\epsilon\} = \left[\epsilon_{xx},\ \epsilon_{yy},\ \epsilon_{zz},\ \epsilon_{xy},\ \epsilon_{yz},\ \epsilon_{zx}\right]^T \tag{a2.3}$$

위 두 변수가 원인과 결과의 관계에 있고, 선형탄성 거동을 한다면, $\{\sigma\}_{6\times1} = [D]_{6\times6}\{\epsilon\}_{6\times1}$ 이다. 여기서 **행렬 $[D]$는 응력-변형률 관계를 구성해주는 구성행렬(constitutive matrix)**이다. 이 관계는 **응력의 변화가 변형률의 변화를 야기한다**는 관점에서 증분형태로 표현하는 것이 보다 타당할 것이다.

$$\begin{Bmatrix} \Delta\sigma_{xx} \\ \Delta\sigma_{yy} \\ \Delta\sigma_{zz} \\ \Delta\tau_{xy} \\ \Delta\tau_{yz} \\ \Delta\tau_{zx} \end{Bmatrix} = \begin{bmatrix} D_{11} & D_{12} & D_{13} & D_{14} & D_{15} & D_{16} \\ D_{21} & D_{22} & D_{23} & D_{24} & D_{25} & D_{26} \\ D_{31} & D_{32} & D_{33} & D_{34} & D_{35} & D_{36} \\ D_{41} & D_{42} & D_{43} & D_{44} & D_{45} & D_{46} \\ D_{51} & D_{52} & D_{53} & D_{54} & D_{55} & D_{56} \\ D_{61} & D_{62} & D_{63} & D_{64} & D_{65} & D_{66} \end{bmatrix} \cdot \begin{Bmatrix} \Delta\epsilon_{xx} \\ \Delta\epsilon_{yy} \\ \Delta\epsilon_{zz} \\ \Delta\epsilon_{xy} \\ \Delta\epsilon_{yz} \\ \Delta\epsilon_{zx} \end{Bmatrix} \tag{a2.4}$$

지반재료가 등방탄성(isotropic elastic) 조건임을 가정하여 구성행렬 $[D]$를 결정해보자. 먼저 1차원 등방 선형탄성요소에 응력, $\Delta\sigma_{xx}$을 가하여 변형률, $\Delta\epsilon_{xx}$가 발생하였다면 다음과 같이 선형 관계를 나타내며, 비례상수 E는 시험을 통해 결정할 수 있다.

$$\Delta\epsilon_{xx} = \frac{1}{E}\Delta\sigma_{xx} \tag{a2.5}$$

3차원 요소의 경우 x 방향 변위는 단면축소에 따라 y, z 방향으로도 변형을 수반하며, 이를 **포아슨 효과 (Poisson's effect)**라 한다. x 방향 변형률에 대한 y(또는 z) 방향 변형률의 비로 정의되는 **포아슨비**(Poisson's ratio), ν를 도입하면, $\Delta\epsilon_{xx}$로 인한 y, z 방향의 변형률은 ('$-$'는 인장을 고려)

$$\Delta\epsilon_{yy} = \Delta\epsilon_{zz} = -\nu\Delta\epsilon_{xx} = -\frac{\nu}{E}\Delta\sigma_{xx} \tag{a2.6}$$

식(a2.5) 및 (a2.7)을 더하면, 3차원 요소에 대한 전체 응력-변형률 관계는 다음과 같다.

$$\epsilon_{xx} = \frac{1}{E}[\sigma_{xx} - \nu(\sigma_{yy} + \sigma_{zz})]$$
$$\epsilon_{yy} = \frac{1}{E}[\sigma_{yy} - \nu(\sigma_{xx} + \sigma_{zz})] \tag{a2.7}$$
$$\epsilon_{zz} = \frac{1}{E}[\sigma_{zz} - \nu(\sigma_{xx} + \sigma_{yy})]$$

전단변형률(shear strain)은 등방조건에서 축 방향 변형률과 독립적으로 일어나므로 그림 A2.3과 같이 전단응력만을 받고 있는 요소를 고려하여 전단응력-전단변형률 관계를 유도할 수 있다.

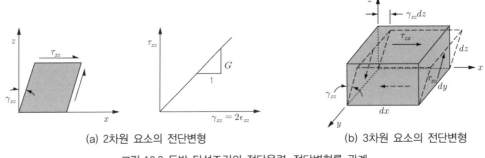

(a) 2차원 요소의 전단변형   (b) 3차원 요소의 전단변형
그림 A2.3 등방 탄성조건의 전단응력-전단변형률 관계

x-z 평면의 2차원 탄성요소에 대한 $\tau \sim \gamma$ 관계는 그림 A2.3(a)와 같이 직선으로 나타난다.

$$\Delta\gamma_{xz} = 2\Delta\epsilon_{xz} = \frac{1}{G}\Delta\tau_{xz} \tag{a2.8}$$

G를 **전단탄성계수**(shear modulus)라 하며, 이를 그림 A2.3(b)에 보인 등방선형탄성 재료의 3차원 요소에 적용하면, 각 방향의 변형률은 서로 독립적이므로 다음과 같은 응력-변형률 관계가 얻어진다.

$$\Delta\epsilon_{xy} = \frac{\Delta\tau_{xy}}{2G}, \quad \Delta\epsilon_{yz} = \frac{\Delta\tau_{yz}}{2G}, \quad \Delta\epsilon_{zx} = \frac{\Delta\tau_{zx}}{2G} \tag{a2.9}$$

그림 A2.3(a)의 요소전단 상태는 순수전단 응력상태를 약 45° 회전한 것과 같다. E와 G의 관계는 전단탄성 계수의 정의, 그리고 전단변형이 체적변형을 수반하지 않는다는 조건 및 변형의 기하학적 특성으로부터 다음과 같이 유도된다.

$$G = \frac{E}{2(1+\nu)} \tag{a2.10}$$

따라서 전단변형률 식은 다음과 같이 표현된다.

$$\Delta\epsilon_{xy} = \frac{(1+\nu)}{E}\Delta\tau_{xy}, \quad \Delta\epsilon_{yz} = \frac{(1+\nu)}{E}\Delta\tau_{yz}, \quad \Delta\epsilon_{zx} = \frac{(1+\nu)}{E}\Delta\tau_{zx} \tag{a2.11}$$

식(a2.7) 및 (a2.10)의 축 방향 및 전단응력-변형률 관계를 종합하면, 3차원 등방 선형탄성 응력-변형률 관계는 다음과 같다.

$$\begin{Bmatrix} \Delta\sigma_{xx} \\ \Delta\sigma_{yy} \\ \Delta\sigma_{zz} \\ \Delta\tau_{xy} \\ \Delta\tau_{yz} \\ \Delta\tau_{zx} \end{Bmatrix} = \frac{E}{(1+\nu)(1-2\nu)} \begin{bmatrix} (1-\nu) & \nu & \nu & 0 & 0 & 0 \\ \nu & (1-\nu) & \nu & 0 & 0 & 0 \\ \nu & \nu & (1-\nu) & 0 & 0 & 0 \\ 0 & 0 & 0 & (1-2\nu)/2 & 0 & 0 \\ 0 & 0 & 0 & 0 & (1-2\nu)/2 & 0 \\ 0 & 0 & 0 & 0 & 0 & (1-2\nu)/2 \end{bmatrix} \begin{Bmatrix} \Delta\epsilon_{xx} \\ \Delta\epsilon_{yy} \\ \Delta\epsilon_{zz} \\ \Delta\gamma_{xy} \\ \Delta\gamma_{yz} \\ \Delta\gamma_{zx} \end{Bmatrix} \tag{a2.12}$$

표 A2.1 등방 선형탄성 조건에서 탄성상수 간 관계

조합	E	ν	G	K
E, ν	–	–	$\dfrac{E}{2(1+\nu)}$	$\dfrac{E}{3(1-2\nu)}$
E, G	–	$\dfrac{E-2G}{2G}$	–	$\dfrac{G \cdot E}{3(3G-E)}$
E, K	–	$\dfrac{3K-E}{6K}$	$\dfrac{3K \cdot E}{9K-E}$	–
G, ν	$2G(1+\nu)$	–	–	$\dfrac{2G(1+\nu)}{3(1-2\nu)}$
G, K	$\dfrac{9K \cdot G}{3K+G}$	$\dfrac{3K-2G}{2(3K+G)}$	–	–
K, ν	$3K(1-2\nu)$	–	$\dfrac{3K(1-2\nu)}{2(1+\nu)}$	–

※ 여기서, K는 체적탄성계수, $K = \Delta p/\Delta\epsilon_v$. $p = (\sigma_x + \sigma_y + \sigma_z)/3$, ϵ_v : 체적변형률

A2.4 특수 응력-변형률 조건 : 평면변형 조건과 축대칭 조건

지반 거동을 3차원으로 다루는 것은 매우 복잡하다. 터널문제의 경우 3차원 거동을 2차원으로 다룰 수 있는 다음과 같은 특수한 응력 및 변형률 조건(special stress and strain conditions)으로 가정할 수 있다.

- 평면변형률 조건(plane strain condition)
- 축대칭응력 조건(axi-symmetric condition)

위 조건의 문제들은 2차원의 2자유도(2DOF) 조건이 된다. 이때 기하학적 조건뿐만 아니라 물성, 하중도 동일한 대칭조건을 만족하여야 한다.

평면변형률 조건 plain strain conditions

터널은 동일한 단면이 충분히 길게 연속되는 구조물이다. 만일, 터널 단면이 그림 A2.4와 같이 x-z 평면 상에 있다면, y-축을 따라 수직한 어떤 단면을 선택해도 터널 형상이 같을 것이다. 작용하는 하중, 그리고 재료의 물성도 y-축을 따라 일정하다면 변형은 x-z 평면에서만 일어나며, 이에 수직한 방향(y-축)의 변위는 구속되었다고 볼 수 있다. 즉, 변위(u, v)는 x-z 평면에서만 일어나고, y-축 방향의 변위(w)는 '0'이다. 이 조건을 **평면변형률 상태**라 한다.

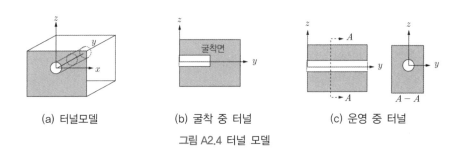

(a) 터널모델   (b) 굴착 중 터널   (c) 운영 중 터널

그림 A2.4 터널 모델

평면변형률 조건은 같은 터널 단면이 y-방향으로 충분히 길게 연속되고, 하중과 지반물성이 y-방향으로 변하지 않는 경우(예, 운영 중 터널 그림 A2.4(c)로서 터널 길이가 충분히 긴 경우이다. 평면변형률 문제는 x-z 평면(터널 횡단면)의 변형 문제와 y-축 방향(터널 축방향)의 응력을 구하는 문제로 나눠지며, 이 두 문제는 서로 독립적(uncoupled problem)이다.

평면변형 조건의 변형률 상태의 평면변형률 조건은 다음과 같이 나타낼 수 있다.

$$\epsilon_{yy} = \frac{\partial w}{\partial y} = 0, \quad \gamma_{zy} = \frac{\partial w}{\partial z} - \frac{\partial v}{\partial y} = 2\epsilon_{zy} = 0, \quad \gamma_{yx} = \frac{\partial w}{\partial x} - \frac{\partial u}{\partial y} = 2\epsilon_{yx} = 0 \tag{a2.13}$$

따라서 평면변형 조건에서 변형률 벡터는 $\{\epsilon\} = \{\epsilon_{xx}, \epsilon_{zz}, \gamma_{xz}\}^T$이며, $\gamma_{xz} = 2\epsilon_{xz}$이다.

$$\{\epsilon\} = \begin{bmatrix} \epsilon_{xx} & \epsilon_{xz} & 0 \\ \epsilon_{zx} & \epsilon_{zz} & 0 \\ 0 & 0 & 0 \end{bmatrix} \equiv \begin{bmatrix} \epsilon_{xx} & \gamma_{xz}/2 & 0 \\ \gamma_{zx}/2 & \epsilon_{zz} & 0 \\ 0 & 0 & 0 \end{bmatrix} \tag{a2.14}$$

평면변형률조건은 변형이 평면에서만 일어나므로 $\Delta\epsilon_{yy} = \Delta\epsilon_{zy} = \Delta\epsilon_{yx} = 0$이다. 평면변형률 조건의 구성식은 식(a2.12)에 이 조건을 고려하여, 다음 2개의 식으로 나타낼 수 있다.

$$\begin{Bmatrix} \Delta\sigma_{xx} \\ \Delta\sigma_{zz} \\ \Delta\tau_{xz} \end{Bmatrix} = \frac{E}{(1+\nu)(1-2\nu)} \begin{bmatrix} (1-\nu) & \nu & 0 \\ \nu & (1-\nu) & 0 \\ 0 & 0 & \dfrac{(1-2\nu)}{2} \end{bmatrix} \begin{Bmatrix} \Delta\epsilon_{xx} \\ \Delta\epsilon_{zz} \\ \Delta\gamma_{xz} \end{Bmatrix} \tag{a2.15}$$

$$\Delta\sigma_{yy} = \nu(\Delta\sigma_{xx} + \Delta\sigma_{zz}) \tag{a2.16}$$

축대칭변형률 조건 axi-symmetric conditions

터널문제에서(특히, 이론터널문제) 흔히 가정하는 또 다른 2자유도 응력문제는 축대칭 조건이다. 원통이론의 깊은 터널이 이에 해당한다. 이 경우 물성 및 하중도 축대칭 조건을 만족해야 한다.

축대칭 문제는 원통형 좌표계(cylindrical coordinate system)를 이용하여 u(반경 방향), v(연직 방향), w(원주 방향)로 거동변수를 정의한다. 축 대칭문제에서 θ 방향의 변위는 제로이며($\Delta w = 0$), r 및 z 방향의 변위는 θ와 무관하다. 따라서 축대칭 조건에서는 단지 반경방향 변위와 접선방향 변위 u, v로 거동을 정의할 수 있다.

$$\{\epsilon\} = \begin{bmatrix} \epsilon_{rr} & 0 & \epsilon_{rz} \\ 0 & 0 & 0 \\ \epsilon_{zr} & 0 & \epsilon_{zz} \end{bmatrix} = \begin{bmatrix} \epsilon_{rr} & 0 & \gamma_{rz}/2 \\ 0 & 0 & 0 \\ \gamma_{zr}/2 & 0 & \epsilon_{zz} \end{bmatrix} \tag{a2.17}$$

$$\epsilon_{rr} = \frac{\partial u}{\partial r}, \quad \epsilon_{zz} = \frac{\partial v}{\partial z}, \quad \epsilon_{\theta\theta} = \frac{\partial u}{\partial r}, \quad \gamma_{rz} = \frac{\partial v}{\partial r} - \frac{\partial u}{\partial z}, \quad \gamma_{r\theta} = \gamma_{z\theta} = 0 \tag{a2.18}$$

좌표계(r, θ, z)에서 기하학적 형상, 하중, 재료특성이 모두 축대칭일 경우, θ 방향의 변위는 제로이며, r 및 z(연직 방향) 방향의 변위는 θ와 무관하다. 즉, $\gamma_{r\theta} = \gamma_{z\theta} = 0$이므로 구성식은 다음과 같다.

$$\begin{Bmatrix} \Delta\sigma_{rr}' \\ \Delta\sigma_{\theta\theta}' \\ \Delta\sigma_{zz}' \\ \Delta\tau_{r\theta} \end{Bmatrix} = \frac{E}{(1+\nu)(1-2\nu)} \begin{bmatrix} (1-\nu) & \nu & \nu & 0 \\ \nu & (1-\nu) & \nu & 0 \\ \nu & \nu & (1-\nu) & 0 \\ 0 & 0 & 0 & \dfrac{(1-2\nu)}{2} \end{bmatrix} \begin{Bmatrix} \Delta\epsilon_{rr} \\ \Delta\epsilon_{\theta\theta} \\ \Delta\epsilon_{zz} \\ \Delta\gamma_{r\theta} \end{Bmatrix} \tag{a2.19}$$

A3. 소성론 Theory of Plasticity

A3.1 지반재료의 거동일반

터널 주변지반은 그림 A3.1과 같이 거동 초기의 작은 변형률 단계에서부터 소성변형(plastic behavior)이 시작된다. 터널 굴착 시 주변 지반의 변형은 상당하여 대부분의 터널 인접지반에서 소성거동이 나타난다.

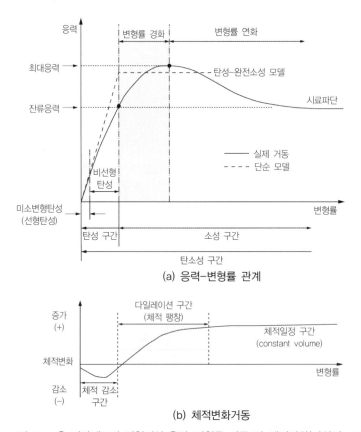

(a) 응력-변형률 관계

(b) 체적변화거동

그림 A3.1 흙 지반재료의 전형적인 응력-변형률 거동 및 체적변화(과압밀, 조밀지반의 예)

그림 A3.1의 변형률에 따른 지반재료 거동으로부터, **소성거동의 특징은** 다음과 같이 정리할 수 있다.

- 항복(yielding)
- 비회복성 소성거동(plastic behavior)
- 변형률 경화 및 연화(strain hardening and softening)

A3.2 소성거동의 특성과 정의 요소

지반은 낮은 응력수준에서는 탄성거동을 보이지만 일정 응력 수준, 즉 항복점에 도달한 이후부터는 탄성변형과 함께, 회복되지 않는 영구변형(소성변형)이 함께 발생한다. 그림 A3.2에서 응력점 b에서 재하를 멈추고 응력을 점차 제거하여 c에 이르면, 탄성변형은 회복되지만 소성변형은 영구변형으로 남는다. $b \rightarrow c$의 제하(unloading) 과정과 c에서 다시 재하하여 b에 도달하는 과정은 탄성거동을 하며, b에 도달한 이후부터는 다시 탄소성거동이 시작된다.

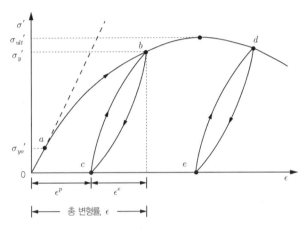

그림 A3.2 탄소성거동의 예

항복 후에는 소성변형과 함께 응력이 계속 증가하는 현상을 변형률경화(strain hardening)라 한다. 이는 누적 소성변형률의 증가와 관련지을 수 있다. 소성변형률 증가를 이용한 항복함수 확장원리를 도입할 수 있는데, 이를 경화규칙(hardening law)이라 한다.

위의 고찰에서 지반재료의 소성거동을 정의하는 데 필요한 요소, 즉 **소성론의 구성요소**와 이의 수학적 정의는 다음과 같다.

- 재료의 소성거동(항복)이 시작되는 응력상태(항복)의 규정→**항복함수**(yield function)
- 항복 후에도 소성변형률 증가에 따라 항복응력이 증가하는 현상→**변형률 경화법칙**(strain hardening law)
- 소성 변형률의 방향과 크기 등 진행 메커니즘→**소성유동규칙**(flow rule)
- 최대응력 이후 누적 소성 변형률의 증가에 따라 항복응력이 감소하는 현상→**변형률 연화법칙**(strain softening law)
- 파괴상태의 규정→**파괴규준**(failure criteria), **파괴변형률**

A3.3 항복 Yielding

항복은 **소성변형이 시작되는 응력점**으로, 응력-변형률 시험결과로부터 결정할 수 있다. 그림 A3.3과 같이 응력-변형률 관계에 따라 항복거동은 강체소성거동, 완전소성거동, 그리고 탄소성거동으로 구분할 수 있다. 이 책(TM2장)의 2.3.2절에서 다루는 탄소성거동 모델인 MC, H-B 모델은 탄성-완전소성을 가정한다.

(a) 강체소성거동 (b) 탄성–완전소성거동 (c) 탄소성거동

그림 A3.3 항복(yielding)

응력공간에서 항복상태를 규정하는 응력을 **항복점**(yield point), 이를 응력공간에서 응력의 함수로 나타낸 것을 **항복함수**(yield function)라 한다(그림 A3.4). 항복함수는 소성거동의 시작, 또는 소성상태 여부를 판단하는 기준이 된다. 현재 응력 σ에 대하여,

- $F(\sigma) < 0$: 완전탄성거동
- $F(\sigma) = 0$: 탄소성거동
- $F(\sigma) > 0$: 불가능한 응력상태(단, 경화법칙을 이용하여 항복면을 확장할 수 있다)

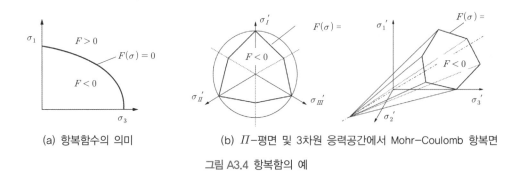

(a) 항복함수의 의미 (b) Π-평면 및 3차원 응력공간에서 Mohr–Coulomb 항복면

그림 A3.4 항복함의 예

파괴와 파괴규준 failure criteria

응력의 큰 증가 없이도 변형이 크게 진전되는 상태를 정성적으로 '파괴(failure)'라 한다. 파괴상태는 더 이상 응력 증가 없이도 상당한 변형이 진전되는 상태로서 안정성이 상실된다. 파괴는 구속조건과 재료물성에 따라 달라지므로 특정 상수로 정의할 수 없다. 일반적으로 구속응력과 재료 물성의 함수로 지반이 안정하

게 존재 가능한 영역과 불안정한 영역을 정의할 수 있는 데, 이 함수를 **파괴규준(failure criteria)**이라 한다.

파괴는 항복과 구분된다. 하지만 **탄성-완전소성(perfectly plastic)거동을 가정하면, 항복 후 응력 증가가 없으므로 응력상태로는 '항복=파괴'가 된다.** 즉, 완전소성을 가정하는 경우 항복함수(yield criteria)가 파괴규준(failure criteria)과 같다. 파괴는 기능을 상실할 만한 상당한 변형률의 진전을 의미하며 파괴상태는 파괴변형률 값으로도 정의할 수 있다.

본문에서 다룬 MC 파괴규준은 최대전단력 파괴이론이며 H-B 모델은 최대 주응력으로 규정한 파괴규준에 해당한다.

A3.4 경화거동 Hardening Rule

그림 A3.4(c)와 같이 지반재료는 최초 항복 이후에도 계속해서 응력이 증가하는데, 이를 **변형률 경화**라 한다. 완전소성상태를 가정하면 항복면을 넘어선 응력상태는 존재하지 않는다. 경화소성거동은 최초 항복면을 넘어선 응력상태가 존재함을 의미하는데, 최초항복응력을 초과한 응력상태를 수용하기 위해서는 현재 응력상태가 항복면에 위치하도록 항복면의 크기와 위치를 이동하거나 확장해주어야 한다.

경화거동을 고려하기 위해 항복면의 크기 및 이동을 정의하는 규칙을 **변형률 경화규칙(hardening rule)**이라 한다. 변형률 경화거동은 항복함수의 크기나 방향을 제어할 수 있는 변수를 도입함으로써 고려할 수 있다. 경화거동을 고려한 항복면의 일반적인 표현은 $F(\sigma, k) = 0$이며, 경화 파라미터 k를 통해 항복함수의 크기와 위치를 변화시킬 수 있다.

$$F(\sigma) = 0(완전소성) \rightarrow F(\sigma, k) = 0(경화소성)$$

그림 A3.1에서 항복 후 응력의 증가는 누적 소성변형률과 관련됨을 보았다. 따라서 경화파라미터 k를 통상 소성변형률의 함수로 정의한다. 변형률 경화법칙이란 결국 파라미터 k가 누적 소성변형률(또는 소성 일)에 따라 어떻게 변화하는가를 규정하는 식이다.

A3.5 소성포텐셜함수와 소성유동규칙

일축상태의 소성거동에서는 소성변형률이 재하와 같은 축방향으로 일어나는 것이 자명하다. 그러나 3축 응력상태의 경우 6개의 응력, 변형률 성분이 존재하므로 상황은 매우 복잡해진다. 따라서 매 응력상태마다 소성변형률의 진행을 정해주는 어떤 변형률 규칙의 도입이 필요하다.

소성포텐셜함수 plastic potential function

소성변형률의 진행 메커니즘을 좀 더 체계적으로 살펴보자. 마찰블록(블록중량=0)의 문제를 이제 소성변위 관점에서 살펴보자(그림 A3.5). 마찰블록의 거동은 강체소성거동에 가깝다. 이 경우 파괴규준과 항복함수를 동일하게 볼 수 있다. $P_f = \mu N$(또는 $\tau_f = \mu \sigma_n$)이다. 항복상태에서의 소성변위는 N 값의 크기에 관계없이 항상 P_f의 방향으로 일어난다. 앞에서 살펴본 축일치성 조건에 따라 항복응력(하중)과 소성변형률 증분을 같은 좌표계에 중첩하면 그림 A3.5(b)와 같이 나타난다.

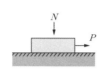

(a) 마찰블록의 소성거동

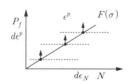

(b) 증분소성변위벡터와 항복함수

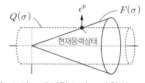

(c) 소성포텐셜함수의 3차원적 표현

그림 A3.5 마찰블록의 소성거동

완전소성상태에서는 전단변형만 일어나므로 변위벡터는 항복함수 상에서 모두 P 축에 평행한 방향으로 표시된다. 소성변형률의 상대적 크기를 정의하기 위해 그림 A3.5(c)와 같이 증분소성변위벡터와 수직을 유지하는 어떤 응력함수 $Q(\sigma)$가 존재한다고 가정할 수 있다(그림 A3.5 b 및 c의 점선). 이때 $Q(\sigma)$를 **소성포텐셜함수**(plastic potential function)라 한다. 증분 소성변형률 벡터가 함수에 $Q(\sigma)$ 수직하다는 것은 $Q(\sigma)$의 응력(σ)에 대한 그래디언트(gradient, $\partial Q / \partial \sigma$)와 증분소성변형률($d\epsilon^p$) 간 비례관계가 성립함을 의미한다.

$$d\epsilon_{ij}^p \propto \frac{\partial Q}{\partial \sigma_{ij}}$$

따라서 증분소성변형률($d\epsilon_{ij}^p$)의 크기는 비례상수 Λ를 도입하여 다음과 같이 정의할 수 있다.

$$d\epsilon_{ij}^p = \Lambda \frac{\partial Q}{\partial \sigma_{ij}'} \tag{a3.1}$$

위 식을 소성유동규칙(flow rule)이라 하며 소성거동의 크기와 방향을 결정한다. $d\epsilon_{ij}^p$는 3차원 공간에서 6개 증분 소성변형률 성분을 갖는다. 소성변형률 증분벡터가 소성포텐셜함수 $Q(\sigma)$에 수직하므로 위 식을 **수직성 규칙(normality rule)**이라고도 한다.

연계·비연계 소성유동규칙 associated, non-associated flow rule

모델의 단순화를 위해 $Q(\sigma, m) = F(\sigma, k)$로 가정하는 경우가 많은데, 항복함수가 소성포텐셜함수와 동일한 경우 소성유동(plastic flow)이 항복함수에 '**연계**(associated)'되었다고 한다. 이때의 소성유동규칙을 **연계소성 유동규칙(associated flow rule)**이라 한다.

연계소성 유동규칙이 적용될 수 있는 대표적인 경우는 비배수강도 모델을 사용하는 경우이다. 그림 A3.6(a)에서 보듯이 비배수조건의 항복함수는 $\phi = 0$조건이므로, $F(\sigma, k) = const$이다. 이 경우 $Q(\sigma, m) = F(\sigma, k)$로 가정할 경우 **수직성법칙**에 따라 변위벡터는 전단응력축과 평행하다. 따라서 파괴상태에서 전단변형률만 발생시키므로 연계소성 유동규칙 조건을 만족한다.

반면에 Mohr-Coulomb 모델과 같은 배수거동에 연계소성 유동규칙을 가정하여 수직조건(normality condition)을 적용하면 그림 A3.6(b)와 같이 변위 벡터가 항복면의 법선방향으로 정해지므로 파괴 시 상당한 체적변형을 유발하는 문제를 야기하게 된다. 이는 파괴 시 전단변형만 일어나는 실제 상황과 맞지 않다. 따라서 배수거동을 모사하는 경우 파괴 시 주로 전단변형률만 발생하도록 $Q(\sigma, m) \neq F(\sigma, k)$인 비연계 소성유동규칙을 채택하는 것이 타당할 것이다.

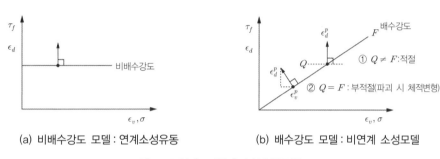

(a) 비배수강도 모델 : 연계소성유동   (b) 배수강도 모델 : 비연계 소성모델

그림 A3.6 연계, 비연계 소성유동규칙

A3.6 탄소성 구성행렬 Elasto-plastic Constitutive Equations

앞에서 소성론과 그 구성 요소를 살펴보았다. 이제 이들 요소를 이용하여 수치해석(TM4장 수치해석)의 기본이론인 소성상태의 응력-변형률 관계를 유도해보자. 그림 A3.7은 탄소성구간의 응력-변형률 관계를 보인 것이다.

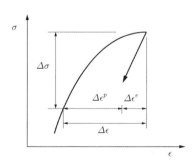

그림 A3.7 증분(incremental) 응력-변형률 관계

응력-변형관계는 비선형 상태에 있으므로 증분응력-변형률 범위에 대하여 다음과 같이 나타낼 수 있다.

$$\{\Delta\sigma\}=[D^{ep}]\{\Delta\epsilon\} \tag{a3.2}$$

여기서 $[D^{ep}]$를 탄소성구성행렬이라 한다. 총 증분변형률, $\{\Delta\epsilon\}$는 탄성성분 $\{\Delta\epsilon^e\}$, 그리고 소성성분 $\{\Delta\epsilon^p\}$로 구성된다.

$$\{\Delta\epsilon\}=\{\Delta\epsilon^e\}+\{\Delta\epsilon^p\} \tag{a3.3}$$

증분응력, $\{\Delta\sigma\}$는 증분탄성변형률, $\{\Delta\epsilon^e\}$와 탄성구성행렬 $[D]$를 이용하여

$$\{\Delta\sigma\}=[D]\{\Delta\epsilon^e\} \tag{a3.4}$$

식(a3.3)과 (a3.4)에서 다음을 도출할 수 있다.

$$\{\Delta\sigma\}=[D](\{\Delta\epsilon\}-\{\Delta\epsilon^p\}) \tag{a3.5}$$

증분소성변형률, $\{\Delta\epsilon^p\}$는 소성포텐셜함수, $Q(\sigma,m)$와 소성유동규칙을 이용하여 나타낼 수 있다.

$$\{\Delta\epsilon^p\}=\Lambda\left\{\frac{\partial Q(\sigma,m)}{\partial\sigma}\right\} \tag{a3.6}$$

식(a3.6)을 (a3.5)에 대입하면 다음과 같다.

$$\{\Delta\sigma\}=[D]\{\Delta\epsilon\}-\Lambda[D]\left\{\frac{\partial Q(\sigma,m)}{\partial\sigma}\right\} \tag{a3.7}$$

재료가 소성상태에 있다면 $F(\sigma,k)=0$이고, $dF(\sigma,k)=0$인 일치성 조건이 성립하므로 체인룰(chain rule)을 이용하여 미분하면

$$dF(\sigma,k)=\left\{\frac{\partial F(\sigma,k)}{\partial\sigma}\right\}^T\{\Delta\sigma\}+\left\{\frac{\partial F(\sigma,k)}{\partial k}\right\}^T\{\Delta k\}=0 \tag{a3.8}$$

식(a3.7)을 증분응력에 대하여 다시 정리하면 다음과 같다.

$$\{\Delta\sigma\} = -\frac{\left\{\dfrac{\partial F(\sigma,k)}{\partial k}\right\}^{T}\{\Delta k\}}{\left\{\dfrac{\partial F(\sigma,k)}{\partial \sigma}\right\}^{T}} \tag{a3.9}$$

식(a3.6)과 (a3.8)을 조합하면 다음과 같다.

$$\Lambda = \frac{\left\{\dfrac{\partial F(\sigma,k)}{\partial \sigma}\right\}^{T}[D]\{\Delta\sigma\}}{\left\{\dfrac{\partial F(\sigma,k)}{\partial \sigma}\right\}^{T}[D]\left\{\dfrac{\partial Q(\sigma,m)}{\partial \sigma}\right\}+A} \tag{a3.10}$$

여기서, $A = -\dfrac{1}{\Lambda}\left\{\dfrac{\partial F(\sigma',k)}{\partial k}\right\}^{T}\{\Delta k\}$ (a3.11)

$$\{\Delta\sigma\} = [D]\{\Delta\epsilon\} - \frac{[D]\left\{\dfrac{\partial Q(\sigma,m)}{\partial \sigma'}\right\}\left\{\dfrac{\partial F(\sigma,k)}{\partial \sigma'}\right\}^{T}[D]}{\left\{\dfrac{\partial F(\sigma,\ k)}{\partial \sigma}\right\}^{T}[D]\left\{\dfrac{\partial Q(\sigma,m)}{\partial \sigma}\right\}+A}\{\Delta\epsilon\} \tag{a3.12}$$

식(a3.11)과 (a3.12)에서 탄소성구성방정식 $[D^{ep}]$는 다음과 같이 나타낼 수 있다.

$$[D^{ep}] = [D] - \frac{[D]\left\{\dfrac{\partial Q(\sigma,m)}{\partial \sigma}\right\}\left\{\dfrac{\partial F(\sigma,k)}{\partial \sigma}\right\}^{T}[D]}{\left\{\dfrac{\partial F(\sigma,k)}{\partial \sigma}\right\}^{T}[D]\left\{\dfrac{\partial Q(\sigma,m)}{\partial \sigma}\right\}+A} \tag{a3.13}$$

수치해석의 탄소성구성행렬은 항복함수(F)와 소성포텐셜함수(Q)의 응력에 대한 그래디언트(gradient) $\partial F/\partial\sigma$와 $\partial Q/\partial\sigma$를 필요로 한다. 식(a3.11)에 의해 주어지는 파라미터 A의 형태는 완전소성($\partial F/\partial\kappa = 0$), 변형률경화 및 연화 등 소성거동의 형태에 따라 달라진다. $[D^{ep}]$를 정량화하기 위해서는 소성포텐셜의 Λ 값이 정의되거나 소거되어야 한다.

A4. GSI와 암반물성

A4.1 GSI

GSI는 암반 지질구조의 정량지표로서 암반구조와 표면상태를 기준으로 제안되었다.

GSI Geological Strength Index **지질강도지수** (사용 유의 사항 : 지질구조의 변동성을 고려하여 특정한 값을 찾는 것보다는 어떤 범위 값으로 인용하는 것이 바람직하다) $GSI = RMR - 5$ **구 조**	표면의 상태	매우 거친 표면으로 표면 신선 매우 좋음	거친 표면으로 약간 풍화 좋음	부드러운 표면으로 풍화도 중간 변질 보통	반들반들한 표면, 경면으로 각력암 등으로 완전 충진 불량	반들반들한 표면, 점토 등으로 경면으로 완전 풍화된 충진됨 매우 불량
				표면상태 불량해짐 →		
BLOCKY 3개 정도의 불연속면으로 형성, 블록은 신선암	암석의 블록 간에 작용력 저하 ↓	80 / 70				
VERY BLOCKY 4개 이상의 불연속면으로 형성, 블록은 부분적으로 교란됨			60 / 50			
BLOCKY/DISTURBED 많은 불연속면으로 형성, 교란된 상태				40	30	
DISINTEGRATED 완전히 깨진 상태					20	10
FOLIATED/LAMINATED/SHEARD 지질구조작용에 의한 얇은 엽리 및 편리가 지배적인 전단파쇄된 Weak Rock으로 블록이 형성되지 않는 구조		N/A	N/A			5

A4.2 GSI 범주와 암반물성 파라미터 평가

암반의 표면상태와 구조를 이용하여 Hoek-Brown Model Parameter 등 암반물성을 평가할 수 있다(Ref : Hoek, Kaiser and Bawden, 1997).

Generalized Hoek−Brown Criterion

$$\sigma_1 = \sigma_3 + \sigma_c\left(m_b\frac{\sigma_3}{\sigma_c}+s\right)^a$$

σ_c : uniaxial compressive strength of intact rocks(암석일축강도)

m_b, s, a : Hoek-Brown model parameters (H-B 모델파라미터)

구조 / 표면의 상태			매우 거친 표면으로 매우 좋음 (표면 신선)	거친 표면으로 좋음 (표면 약간 풍화)	부드러운 표면으로 보통 (표면 중간 변질)	반들반들한 경면으로 불량 (표면·각력암 등으로 완전 충진 풍화된)	반들반들한 경면으로 매우 불량 (표면·점토 등으로 충진됨 완전 풍화된)
BLOCKY 3개 정도의 불연속면으로 형성, 블록은 신선암		m_b/m_i	0.60	0.40	0.26	0.16	0.08
		s	0.190	0.062	0.015	0.003	0.0004
		a	0.5	0.5	0.5	0.5	0.5
		E_m	75,000	40,000	20,000	9,000	3,000
		ν	0.2	0.2	0.25	0.25	0.25
		GSI	85	75	62	48	34
VERY BLOCKY 4개 이상의 불연속면으로 형성, 블록은 부분적으로 교란됨		m_b/m_i	0.40	0.29	0.16	0.11	0.07
		s	0.062	0.021	0.003	0.001	0
		a	0.5	0.5	0.5	0.5	0.53
		E_m	40,000	24,000	9,000	5,000	2,500
		ν	0.2	0.25	0.25	0.25	0.3
		GSI	75	62	48	38	25
BLOCKY/DISTURBED 많은 불연속면으로 형성, 교란된 상태		m_b/m_i	0.24	0.17	0.12	0.08	0.06
		s	0.012	0.004	0.001	0	0
		a	0.5	0.5	0.5	0.5	0.55
		E_m	18,000	10,000	6,000	3,000	2,000
		ν	0.25	0.25	0.25	0.3	0.3
		GSI	60	50	40	30	20
DISINTEGRATED 완전히 깨진(균열로 분리된) 상태		m_b/m_i	0.17	0.12	0.08	0.06	0.04
		s	0.004	0.001	0	0	0
		a	0.5	0.5	0.5	0.55	0.60
		E_m	10,000	6,000	3,000	2,000	1,000
		ν	0.25	0.25	0.3	0.3	0.3
		GSI	50	40	30	20	10

A4.3 암반의 응력-변형률 거동과 물성

① 매우 양호한 암반(very good rock) : RMR>75

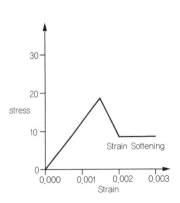

σ_{ci}	150MPa
m_i	25
GSI	75
ϕ	46°
c	13MPa
σ_{cm}	64.8MPa
σ_{tm}	−0.9MPa
E_m	42,000MPa
ν	0.2
α	$\phi_f/4 = 11.5°$
ϕ_f	38°
c_f	0
σ_{fcm}	−
E_{fm}	10,000MPa

② 보통 암반(average rock) : 75>RMR>50

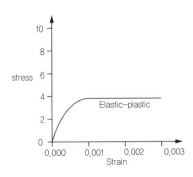

σ_{ci}	80MPa
m_i	12
GSI	50
ϕ	33°
c	3.5MPa
σ_{cm}	13MPa
σ_{tm}	−0.15
E_m	9,000MPa
ν	0.25
α	$\phi_f/8 = 4°$
ϕ_f	−
c_f	−
σ_{fcm}	8MPa
E_{fm}	5000MPa

③ 매우 불량한 암반(very poor rock) : 50>RMR>75

σ_{ci}	20MPa
m_i	8
GSI	30
ϕ	24°
c	0.55MPa
σ_{cm}	1.7MPa
σ_{tm}	−0.01MPa
E_m	1400MPa
ν	0.3
α	zero
ϕ_f	−
c_f	−
σ_{fcm}	1.7MPa
E_{fm}	1,400MPa

A4.4 경험 상관관계를 이용한 암반물성의 평가

　실험실에서 구할 수 있는 물성은 대부분 암석물성이다. 암반물성은 원위치 시험으로도 구하기가 용이하지 않아, 암석과 암반의 경험 상관관계를 이용하여 평가하는 경우가 많다.

강성 파라미터

$$E_m = 145 \times 10^{\left(\frac{\text{RMR}-10}{40}\right)}$$

(Serafim & Pereira, 1983)

$$E_m = E_i^{MRF}, \; MRF = 0.0028 \text{RMR}^2 + 0.9\, e^{(\text{RMR}/22.82)}$$

(Nicholson & Bienawski, 1988)

$$E_m = 2\text{RMR} - 100 (\text{GPa}), \; 단\, \text{RMR} > 50 인\, 경우$$

(Bieniawski, 1989)

$$E_m = \sqrt{\frac{\sigma_c (MPa)}{100}}\, 10^{\left(\frac{\text{GSI}-10}{40}\right)} (\text{GPa}), \; 단\, \text{GSI} > 25,\; \sigma_c < 100 \text{MPa}$$

(Hoek-Brown, 1997)

$$E_m = 14.5 \times \left(\frac{RMR}{10}\right)^3$$

(Reed et al., 1999)

$$E_m = 25 \log_{10} Q$$

(Barton et al., 1985)

RQD(%)	E_m/E_i	
	Closed joint(닫힌 절리)	Open joint(열린 절리)
100	1.00	0.60
70	0.70	0.10
50	0.15	0.10
20	0.05	0.05

(Neil and Reese, 1999)

강도파라미터

암반일축압축강도

$$\sigma_{cm} = (0.0034 m_i^{0.8}) \sigma_{ci} \left[1.029 + 0.025\, e^{(-0.1 m_i)}\right]^{GSI} \; : \; \sigma_{ci} : 암석의\, 일축압축강도$$

$$\sigma_{cm} = (0.0034 m_i^{0.8}) \sigma_{ci} \left[1.029 + 0.025\, e^{(-0.1 m_i)}\right]^{GSI}$$

RMR과 암반강도 상관관계

RMR	81~100	61~80	41~60	21~40	≤20
암반의 점착력(KPa)	>400	300~400	200~300	100~200	<100
암반의 내부마찰각(°)	>45	35~45	25~35	15~25	<15

Q값과 상관관계

$$c = \frac{RQD}{J_n} \frac{1}{SRF} \frac{\sigma_c}{100} \; ; \;\; \phi = \tan^{-1}\left[\left(\frac{J_r}{J_n}\right) J_w\right]$$

(Barton, 2002)

A5. 터널의 설계실습
: 터널의 작도, 수량산출, 굴착안정해석 및 라이닝 구조해석

실습개요

실습의 범위는 터널단면 작도와 수량산출, 굴착안정해석, 그리고 라이닝 구조해석으로 설정할 수 있다. 단면작도를 위한 CAD 프로그램과 터널굴착해석 및 라이닝 구조해석을 위한 S/W가 구비된 전산실을 확보하여야 한다. 라이닝 해석은 구조해석이므로 굴착해석과 다른 프로그램을 사용할 수도 있다. CAD나 수치해석에 대한 기본 소양을 갖춘 경우, 도면 작도 2시간, 굴착 안정해석 3시간, 구조해석 2시간이 확보되어야 한다(허용 시간여건에 맞게 실습의 양과 범위를 조정할 수 있다).

A5.1 터널의 단면 작도(CAD)

터널의 크기 결정 : 건축한계

터널의 크기는 설계대상 프로젝트에서 요구하는 건축한계와 안전여유를 포함하여 결정한다(여기서는 도로시설기준에 따른 2차선 도로터널의 건축한계).아래와 같이 기본 좌표를 설정하고, 배수구배가 없는(수평바닥) 3심원 터널단면의 작도를 예시한다.

- 차로폭 3.5m인 2차로 터널로서 좌우측으로 1.0m의 측방여유폭 적용
- 시설한계(도로시설기준) : 폭 9.0m, 높이 4.8m
- R1의 중심점 높이 1.0m 적용

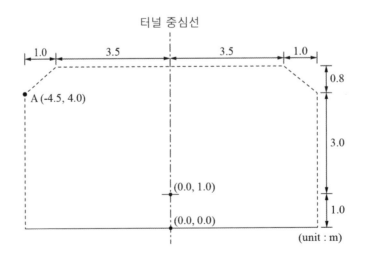

① R1의 작도 : 안전여유 고려

- 중심점에서 가장 길이가 긴 시설한계의 끝점을 기준으로 안전여유, 시공오차를 포함하여 R1을 결정한다.
- 중심점 높이 1.00m와 중심각 120°를 확보한다.
- 케이블, 대피로 등의 설치를 위한 하부 시설대를 작도한다.

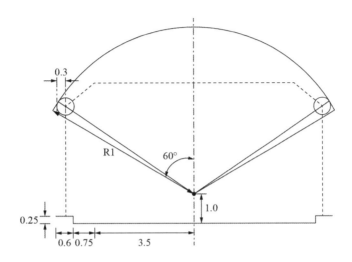

② 시설대 및 R2 작도

- R1의 끝점과 시설대의 끝점을 연결한 선분 BC의 수직 이등분선과 R1이 만나는 점 D를 구한다.
- D를 중심으로 하고 B점과 C점을 지나는 호와 R2를 작도한다.

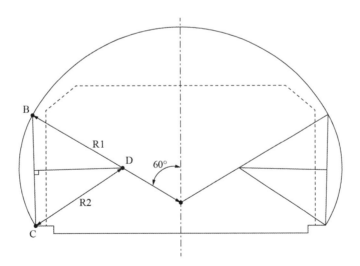

③ 라이닝 두께 결정 및 R3 작도

- 라이닝콘크리트 두께를 고려한 라이닝 외곽선을 작도한다(라이닝 두께 0.3m 가정).
- 라이닝 외곽선의 끝점을 E, 터널 하단 공동구 여유폭을 고려한 R2의 연장선의 끝점 F를 결정한다.
- 선분 EF의 수직 이등분선과 R1이 만나는 D′을 구한다.
- D′을 중심으로 하고 E점을 지나는 R3를 이용하여 F와 G를 결정한다.

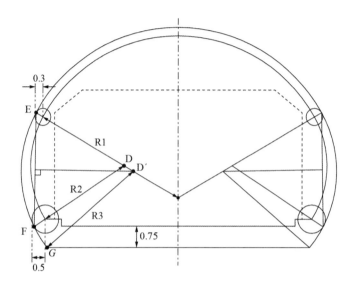

④ 록볼트 작도

- 록볼트 간격이 1.5m이므로, 부채꼴 길이 계산식을 이용해 θ와 $\theta′$을 구하여 반경방향으로 록볼트를 작도한다.
- R1을 이용한 원과 R3를 사용한 원의 길이가 다르므로 주의하여 길이를 계산한다.

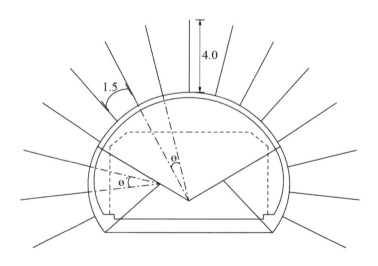

좌표(x, y)계산 : 단면 작성 후 좌표 확인

① **R1의 산정** : 라이닝과 건축한계 간 최소거리, 즉 안전여유는 0.3m로 설정한다.

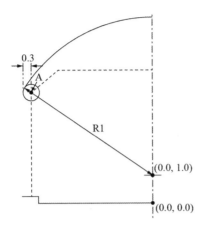

1) Calculation of $R1$

$$R1 = \sqrt{\left\{ x_A^2 + (y_A - 중심점\ y좌표)^2 \right\}} + 0.3 = 5.7083$$

② **R2의 산정**

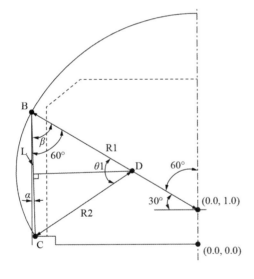

2) Calculation of $B(x, y)$

$$\begin{aligned} B(x, y) &= (-R1 \times \sin(60°),\ R1 \times \cos(60°) + 1.0) \\ &= (-4.9436, 3.8542) \end{aligned}$$

3) Calculation of C

$$C(x, y) = (-4.850, 0.250)$$

4) Calculation of $R2, \theta1$

$$\begin{aligned} L &= 0.5 \times \sqrt{\left\{ (x_C - x_B)^2 + (y_C - y_B)^2 \right\}} = 1.8027 \\ \alpha &= \operatorname{atan}\left\{ (x_C - x_B)/(y_C - y_B) \right\} = -1.4869 \\ \beta &= 60° + \alpha = 58.5131 \\ R2 &= L/\cos\beta = 3.4514 \\ \theta1 &= 180° - 2\beta = 62.9739 \end{aligned}$$

③ R3의 산정

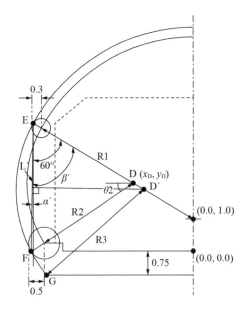

5) Calculation of E

$$E(x, y) = (-(R1+0.3) \times \sin(60°) \\ (R1+0.3) \times \cos(60°)+1) \\ = (-5.2034, 4.0042)$$

6) Calculation of F

$$D(x, y) = (-(R1-R2) \times \cos(30°), \\ ((R1-R2) \times \sin(30°)+1) \\ = (-1.9545, 2.1285)$$

$$\theta2 = \mathrm{asin}\{(y_D - 0.250)/R2\} = 32.9739$$
$$x_F = x_D - (R2+0.50) \times \cos(\theta2) = -5.2695$$
$$y_F = y_D - (R2+0.50) \times \sin(\theta2) = -0.0221$$

7) Calculation of $R3$

$$L' = 0.5 \times \sqrt{\{(x_F - x_E)^2 + (y_F - y_E)^2\}} = 2.0134$$
$$\alpha' = \mathrm{atan}\{(x_F - x_E)/(y_F - y_E)\} = 0.9405$$
$$\beta' = 60° + \alpha' = 60.9405$$
$$R3 = L'/\cos\beta' = 4.1452$$

A5.2 굴착 수량산출

단면 작성이 완료되면 작업물량(굴착량과 버력처리량)을 산정할 수 있다. 굴착총량은 여굴량을 적용하여 '설계굴착량+여굴량'으로 산정한다(품셈기준 15cm).

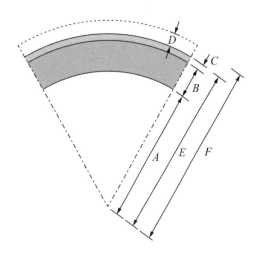

A : 라이닝 내공반경=R1

B : 콘크리트 라이닝 두께=0.3m

C : 숏크리트 두께=0.08m

D : 여굴=0.15m

E : 설계굴착=A+B+C

F : 굴착총량=E+D

① 상부 반단면 굴착량

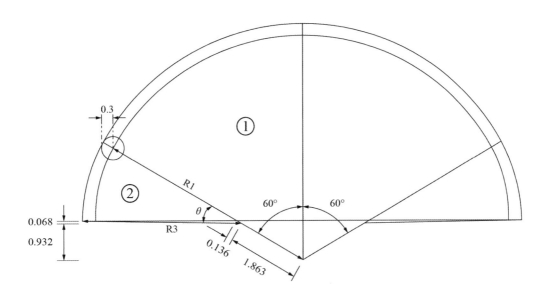

구분	산출 근거	수량
총굴착 (굴착 총량)	$F1 = (\mathrm{R}1 + 0.3 + 0.08 + 0.15) = 6.2383$ $F3 = (\mathrm{R}3 + 0.08 + 0.15) = 4.3752$ $\theta = 30° - \sin^{-1}(0.068/F3) = 29.1094$ ① $F1^2 \times \pi \times 120/360 - 1.732 \times 1.00 \times 1/2 \times 2 = 39.0214$ ② $(F3^2 \times \pi \times \theta/360 - 0.136 \times F3 \times \sin\theta \times 1/2) \times 2 = 10.1667$	여굴 고려
	계	49.1881m³/m
설계굴착	$E1 = (\mathrm{R}1 + 0.3 + 0.08) = 6.0883$ $E3 = (\mathrm{R}3 + 0.08) = 4.4552$ $\theta = 30° - \sin^{-1}(0.068/F3) = 29.0778$ ① $E1^2 \times \pi \times 120/360 - 1.732 \times 1.00 \times 1/2 \times 2 = 37.0852$ ② $(E3^2 \times \pi \times \theta/360 - 0.136 \times E3 \times \sin\theta \times 1/2) \times 2 = 10.1667$	
	계	46.5591m³/m
여유굴착	총굴착-설계굴착	2.6290m³/m

② 하부 반단면 굴착량

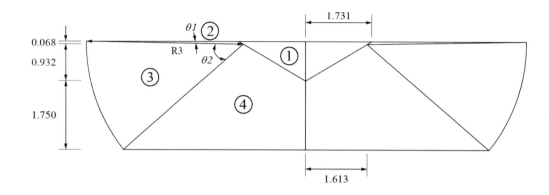

구분	산출 근거	수량
총굴착 (굴착 총량)	$F3 = (\mathrm{R3} + 0.08 + 0.15) = 4.3752$ $\theta1 = \sin^{-1}(0.068/F3) = 0.8905$ $\theta2 = \sin^{-1}(2.682/F3) = 37.8063$ ① $1.732 \times 1 \times 1/2 \times 2 = 1.732$ ② $(0.136 \times F3 \times \sin\theta1 \times 1/2) \times 2 = 0.0092$ ③ $(F3^2 \times \pi \times (\theta2/360)) \times 2 = 12.6312$ ④ $(2.628 \times F3 \times \cos\theta2 \times 1/2 + (1.750 + 2.682) \times 1.613 \times 1/2) \times 2 = 16.4200$	여굴 고려
	계	30.7914m³/m
설계굴착	$E3 = (\mathrm{R3} + 0.08) = 4.2252$ $\theta1 = \sin^{-1}(0.068/F3) = 0.9221$ $\theta2 = \sin^{-1}(2.682/F3) = 39.4024$ ① $1.732 \times 1 \times 1/2 \times 2 = 1.732$ ② $(0.136 \times E3 \times \sin\theta1 \times 1/2) \times 2 = 0.0092$ ③ $(E3^2 \times \pi \times (\theta2/360)) \times 2 = 12.2771$ ④ $(2.628 \times E3 \times \cos\theta2 \times 1/2 + (1.750 + 2.682) \times 1.613 \times 1/2) \times 2 = 15.9051$	
	계	29.9234m³/m
여유굴착	총굴착-설계굴착	0.868m³/m

③ 숏크리트 물량(용도에 따른 규격차를 고려하여야 함 - 강섬유 보강 숏크리트 등

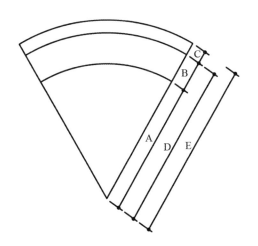

A : 라이닝 내공반경

B : 콘크리트 라이닝 두께

C : 숏크리트 두께

D : (여굴 포함 라이닝 외공반경)
    = A+B+여굴 두께/2

E : (여굴 포함 숏크리트라이닝 외공반경)
    = C+D+여굴 두께/2

숏크리트 총량

$$= \{ 총굴착-\pi \times \frac{\theta}{360} \times D^2 \} \times 1/(1-0.15 \text{ or } 0.1)$$

* 여굴량 및 리바운드량 포함(탈락률 상부 15%, 하부10%)

* 숏크리트 리바운드량 = 숏크리트량 × [1/{1-(0.15~0.10)}-1]

  (적용 기준 : Shotcrete 두께 : 8cm → 적용 두께 : 15.5cm)

④ 록볼트 물량

설치개수 : 15.5개(교번배치에 따른 평균 값 적용), 길이 : 4m

록볼트 설치 물량 = 4m@15

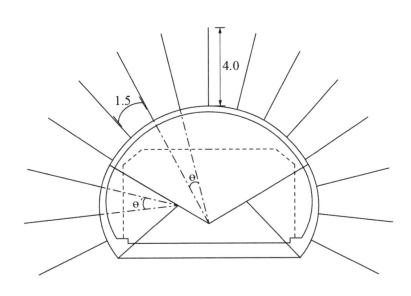

A5.3 굴착안정해석

굴착지반안정해석

터널안정해석은 통상 3차원 굴착거동을 경험파라미터를 이용한 2차원 평면변형해석으로 수행한다. 실습을 위해 터널해석(교육용) S/W가 준비되어 있어야 한다. CAD로 작성한 터널단면을 수치해석 데이터로 읽어 모델링한다. 수치해석법의 구체적인 내용은 TM4장을 참고한다.

지반프로파일과 터널모델링

아래와 같이 A5.1에서 작도한 터널이 토피(cover depth) 25m인 풍화암 내 위치하는 것으로 가정하였다. 모델의 경계는 TM4장 4.3.1.1절을 참조하여 그림과 같이 폭 90m, 깊이 60m를 고려하였다. 터널단면은 앞 절에서 작도한 CAD의 설정좌표를 활용한다.

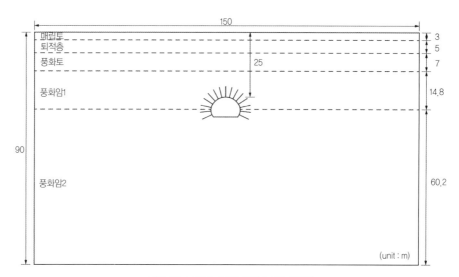

그림 A5.1 지반 프로파일과 터널단면

지층경계는 시추조사로 파악된 설계패턴 자료를 활용하고, 설정패턴에 부합하는 지보재를 모델에 고려하였다. 숏크리트와 록볼트가 지보재로서 터널모델에 포함되었다(분할 굴착인 경우, 터널굴착 단계를 고려하여 단면 분할선이 고려되어야 한다).

터널해석 전 프로그램에서 제공하는 따라하기 등을 이용하여 먼저, 간단한 형상의 문제를 메쉬화하는 연습을 수행하면 도움이 된다. 메쉬(요소)화는 TM4장 수치해석의 4.3.1.2절의 고려요인을 검토하여 결정한다. 여기서는 수평지반의 마제형 터널 그리고 숏크리트와 록볼트를 고려하였다. 메쉬화를 위한 기준좌표를 입력하고 Mesh Generation 기능을 이용하여 최종 Mesh를 완성한다.

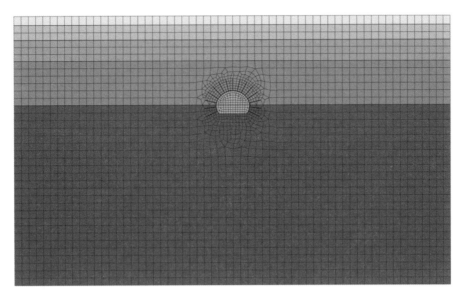

그림 A5.1 해석모델 – Mesh Profile

재료거동 모델과 입력파라미터

① 지반모델링

　매립층, 퇴적층, 풍화토, 풍화암 층별 구성모델과 모델이 요구하는 물성을 결정한다. 지반은 탄소성거동을 하므로 지반 거동모델은 탄성모델(Pre-yield Model)과 소성모델(Post-yield Model)로 구분하며, 여기서는 등방선형탄성모델과 Mohr-Coulomb 모델을 이용한다.

- Pre-yield Model : 선형탄성 모델

$$
\begin{Bmatrix} \Delta\sigma_{xx} \\ \Delta\sigma_{zz} \\ \Delta\tau_{xz} \end{Bmatrix} = \frac{E}{(1+\nu)(1-2\nu)} \begin{bmatrix} (1-\nu) & \nu & 0 \\ \nu & (1-\nu) & 0 \\ 0 & 0 & \dfrac{(1-2\nu)}{2} \end{bmatrix} \begin{Bmatrix} \Delta\epsilon_{xx} \\ \Delta\epsilon_{zz} \\ \Delta\gamma_{xz} \end{Bmatrix}
$$

　위 구성식에서 요구되는 지반물성은 탄성계수(E)와 포아슨비(ν)이다.

- Post-yield Model : Mohr-Coulomb 모델

$$\tau_f = c + \sigma_n \tan\phi \ \text{또는}$$

$$\sigma_\theta = k_\phi \sigma_r + 2c\frac{\cos\phi}{1-\sin\phi} = k_\phi \sigma_r + \sigma_c \ \text{여기서} \ k_\phi = (1+\sin\phi)/(1-\sin\phi)$$

　위 MC 소성모델에 요구되는 지반물성은 점착력(c)과 내부마찰각(ϕ)이다.

- 지반물성

구분	단위중량(kN/m³)	점착력(kPa)	내부마찰각(°)	변형계수(kPa)	측압계수	포아슨비(ν)
매립토	17	0	25	10,000		0.40
퇴적층	17	15	29	10,000		0.40
풍화토	19	15	31	20,000	0.5	0.35
풍화암1	21	30	33	200,000		0.32
풍화암2	23	200	33	1,000,000		0.27

② 지보 모델링

지보재는 지반에 비해 상대적으로 강성과 강도가 현저히 크며, 따라서 일반적으로 선형탄성거동재료로 고려한다. 숏크리트는 보요소, 록볼트는 트러스(bar) 요소로 모델링한다. 숏크리의 시간에 따른 강성증가특성을 고려하여 타설 직후의 Soft Shotcrete와 시간 경과 후 Hard Shotcrete로 구분하여 모델링하였다.

- 숏크리트 구성식(보요소)

$$[D] = \begin{bmatrix} \dfrac{EA}{1-\nu^2} & 0 & 0 \\ 0 & \dfrac{EI}{1-\nu^2} & 0 \\ 0 & 0 & KGA \end{bmatrix}$$

위 구성식에서 숏크리트의 단면정보와 탄성계수, 포아슨비 및 전단탄성계수(E, ν를 알면 계산 가능, 입력 불필요)가 필요하다. 전단보정계수 K는 사각형보의 경우 $K = 5/6$를 사용한다.

- 록볼트 구성식(바 요소)

$$[D] = \frac{EA}{L}$$

록볼트는 길이, 단면 정보와 탄성계수의 입력이 필요하다.

- 지보재 단면특성

구분	모델링 요소	단면	규격(m)	
숏크리트	보	Soild Rectangle	두께(H)	0.080
			폭(B)	1.000
록볼트	트러스(bar)	Solid Circle	직경(D)	0.025

• 지보재 물성

구분	탄성계수(kPa)	포아슨비(ν)	단위중량(kN/m^3)
Soft S/C	5,000,000	0.2	24
Hard S/C	15,000,000	0.2	24
Rock bolt	210,000,000	0.2	78

터널굴착의 2차원 모델링

① 3차원 굴착의 2차원 모델링 : 시공과정의 모델링

하중분담률법을 이용하여 3차원 터널굴착을 2차원으로 모델링하였다.

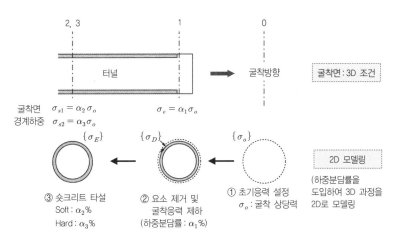

그림 A5.3 터널굴착의 2차원 모델링 하중분담률

• 시공단계별 하중분담률 설정

하중 분담률은 유사지반의 계측결과 역해석, 유사설계사례 등을 참고하여 결정할 수 있다. 여기서는 유사해석 사례를 참고하여 아래와 같이 하중분담률을 3단계로 구분 설정하였다.

굴착진행단계	내용	하중분담률(%)
STEP 0	초기응력이용 굴착상당력	
STEP 1	굴착 단계	$\alpha_1 = 40$
STEP 2	Soft Shotcrete 타설	$\alpha_2 = 30$
STEP 3	Hard Shotcrete 경화	$\alpha_3 = 30$
		$\alpha_1 + \alpha_2 + \alpha_3 = 100\%$

② 증분해석 단계와 하중분담 관계

탄소성해석이므로 전체 굴착력을 여러 단계로 나눠 재하하는 비선형 해석이 수행된다. 각 해석단계를 증분해석이라 한다. 만일 전체하중을 20단계로 나누어 증분해석한다면, 각 증분해석 단계의 하중 크기는 같으므로 증분해석 단계(n)와 하중분담률 관계를 설정할 수 있다. 각 증분단계에서 굴착면에 부과되는 굴착하중은 $\Delta\sigma = \{\sigma_o\}/20$이다. 하중 증분단계를 위 표와 같이 40%, 30%, 30%로 설정하였으므로, 실제해석이 다음과 같이 수행되도록 입력한다.

- 1단계, $\alpha_1 = 40\%$이므로,
  $n = 1 \sim 8$까지 매 단계마다 $\Delta\sigma = \{\sigma_o\}/20$씩, 총 $\Delta\sigma = (\{\sigma_o\}/20) \times 8 = 0.4\{\sigma_o\}$이 재하

- 2단계, $\alpha_2 = 40\%$이므로,
  $n = 9$ 에서 Soft Shotcrete가 타설(activated)되고,
  $n = 9 \sim 14$까지 매 단계마다 $\Delta\sigma = \{\sigma_o\}/20$씩, 총 $\Delta\sigma = (\{\sigma_o\}/20) \times 6 = 0.3\{\sigma_o\}$이 재하

- 3 단계, $\alpha_3 = 40\%$ 이므로,
  $n = 15$에서 Hard Shotcrete가 발현(activated)되고,
  $n = 15 \sim 20$까지 매 단계마다 $\Delta\sigma = \{\sigma_o\}/20$씩, 총 $\Delta\sigma = (\{\sigma_o\}/20) \times 6 = 0.3\{\sigma_o\}$이 재하

해석 결과

터널굴착안정성해석으로부터 터널의 안정성(지반 및 지보)과 지표인접 건물의 안정성을 분석할 수 있다. 이에 필요한 해석결과는 터널주변 변형, 지표변형, 지보재 단면력 등이다.

① 터널주변 지반변형

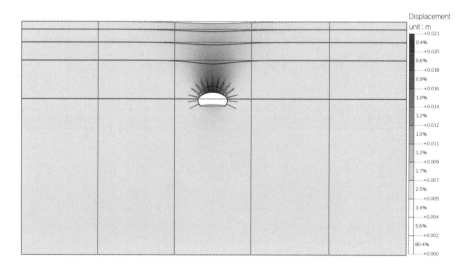

② 지표침하

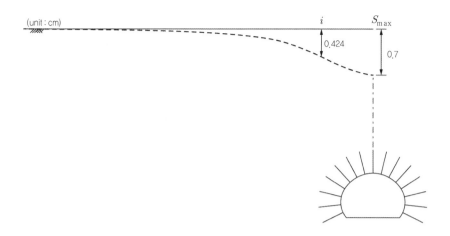

③ 터널변형

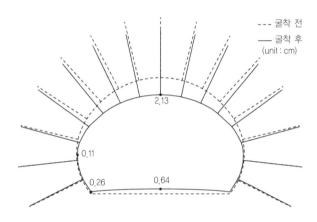

④ 숏크리트 축력

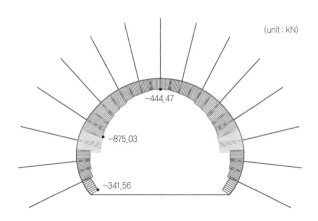

⑤ 숏크리트 휨응력

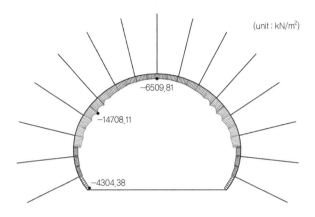

⑥ 소성영역

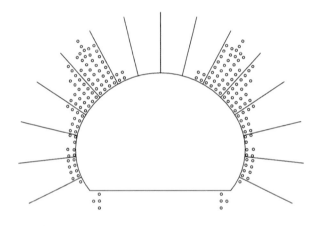

⑦ 록볼트 축력

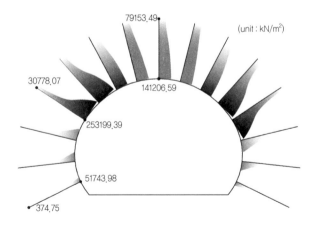

A5.4 터널 라이닝 구조해석

콘크리트 라이닝 구조해석 개요

　콘크리트 라이닝에 대한 라이닝 구조해석은 지반을 포함하는 전체 수치해석 모델 및 보-스프링 모델을 이용할 수 있다. 전체 수치해석 모델은 구조설계 기준에서 정하는 하중 조합 등을 고려할 수 없으므로, 보-스프링 모델을 이용한다.

　해석단면은 앞에서 다룬 터널의 콘크리트 라이닝으로서 그림 A5.5의 높이 7.76m, 폭 11.57m 라이닝을 대상으로 하였다. 최초 라이닝 두께는 40cm로 가정하였다.

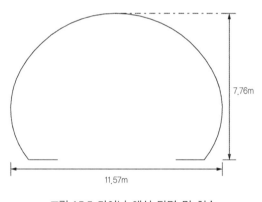

그림 A5.5 라이닝 해석 단면 및 치수

라이닝 구조해석은 다음 사항을 포함한다.
- 설계하중 산정
- 라이닝 구조모델링
- 지반 스프링 상수 산정 및 입력파라미터 결정

설계하중

① 이완하중

이완하중 산정방법은 Terzaghi 이완 하중식(연약지반터널 TM5의 5.2.1, 그림 M5.10 참조)을 이용한다.

$$H_p = (0.35 \sim 1.10)(t_B + t_H),$$

$$B = B_t + \frac{2H_t}{\tan(45 + \phi/2)}$$

여기서, H_t : 터널 굴착 높이, B_t : 터널 굴착 폭, ϕ : 지반 내부마찰각 이다.

주변지반의 내부마찰각 33°, 터널 폭(B_t) 11.57m, 높이 H_t 는 7.76m이므로, 이를 적용한 이완하중 높이는 14.50m로 산정된다.

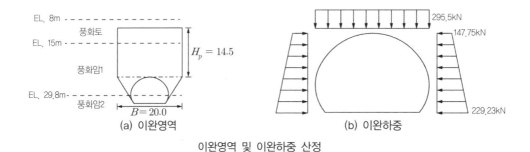

이완영역 및 이완하중 산정

② 하중 조합

본 실습에 사용한 하중조합은 **강도설계법**에 따라 수평 지반하중 : 2.5, 수평지반하중 : 1.5, 자중 : 1.8을 적용하였다(TM5장 하중조합 참조).

해석단면 모델링

① 라이닝 모델링

라이닝은 주요지점, 단력 분포의 연속성 확인 등을 고려하여 적정 크기의 요소로 분할한다. 라이닝은 통상 선형탄성 재료로 고려한다. 허용응력을 설정하고 이를 초과하면 불안정으로 평가한다(일종의 elastic overstress analysis 개념).

- 라이닝 단면가정 및 물성

라이닝	탄성계수(kPa)	포아슨 비(ν)	단위중량(kN/m³)	규격(m)	
콘크리트	15,000,000	0.2	24	두께(H)	0.4
				단위폭(B)	1.0

② 지반 스프링 모델링

지반스프링은 절점에서 수직 및 전단거동을 고려하기 위하여 접선스프링과 반경방향 스프링으로 모사할 수 있다. 여기서는 단순한 경우로서 반경방향 스프링만 고려한다.

반경방향 스프링(k_r)은 Wölfer의 식을 이용하여

$$k_r = \frac{E_g}{(1+\nu_g)} \frac{L}{r_e}$$

여기서 E_g : 주변 지반의 탄성계수, ν_g : 주변 지반의 포아슨비, L : 스프링 요소 중심 간 거리(접선방향 거리), r_e : 라이닝 등가반경이다.

터널 하부의 수직(k_v) 및 수평(k_h) 지반반력계수는 다음의 식을 이용하여 계산한다.

$$k = k_o \left(\frac{B}{30} \right)^{(-3/4)}$$

여기서 k_o : 직경 30cm의 강체원판에 의한 평판재하시험에 상당하는 지반반력계수로서 다음과 같다.

$$k_o = \alpha E_g / 30$$

여기서, B : 기초의 (수직 또는 수평방향)환산재하폭($B = \sqrt{A}$), $\alpha = 1$(상시), A : 재하면적이다. B는 수직방향에 대하여 1.0m, 수평방향에 대하여 0.4m를 적용하였다.

위 식에 의해 주어진 메쉬에 대하여 계산된 모델 스프링상수는 다음과 같다.

- 라이닝 반경방향 : $k_r = 30,877$kN/㎥
- 터널 하부(수직) : $k_v = 65,896,100$kN/㎥
- 터널 하부(수평) : $k_h = 13,422,222$kN/㎥

지반과 라이닝이 유효한 부착력을 갖는다고 보기 어려우므로 지반스프링은 인장에 저항하지 못한다고 보는 것이 타당하다. 따라서 지반 스프링은 라이닝이 지반을 밀어내는 거동일 경우에만 작동한다(즉 수동지지 개념에서만 작동한다). 인장을 허용하면, 지반이 터널을 잡아당기는 거동이 되므로 불합리한 거동이 된다. 일반적으로 침하가 일어나는 천장부는 인장상태가 되므로 지반스프링의 역할이 무시된다. 지반스프링을 압축상태에서만 Activation되도록 하는 Option을 채택하거나, 천정부 약 90° 영역에 스프링을 달지 않는 방법들이 사용된다.

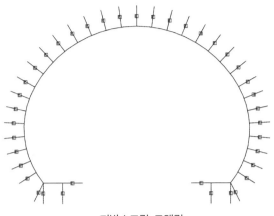

지반스프링 모델링

해석 결과

① 라이닝 변형

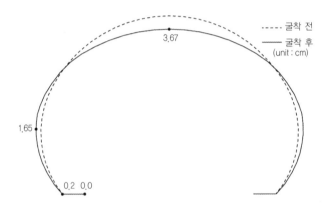

② 라이닝 축력

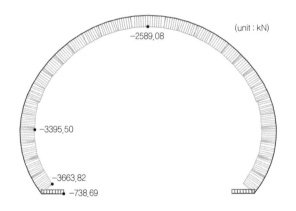

③ 라이닝 모멘트

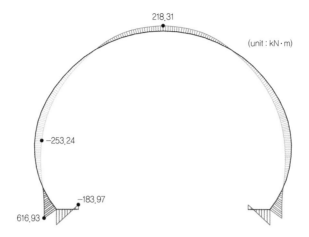

218.31

(unit : kN·m)

−253.24

−183.97

616.93

신종호 (2015), " 지반역공학 I, Geomechanics and Engineering – 지반 거동과 모델링", 도서출판 씨아이알.

신종호 (2015), " 지반역공학 II, Geomechanics and Engineering – 지반 해석과 설계", 도서출판 씨아이알.

신종호, 마이다스아이티 (2015), "전산자반공학 Computational Geomechanics", 도서출판 씨아이알.

신종호, 이용주, 이철주(역) (2014), "지반공학 수치해석을 위한 가이드라인", 도서출판 씨아이알.

Addenbrooke, T. I. (1996), "Numerical analysis of tunnelling in stiff clay", PhD thesis, London: Imperial College, 373.

Anagnostou, G., and Kovári, K. (1996), "Face stability conditions with earth-pressure-balanced shields", Tunnelling and underground space technology, **11**(2), 165-173.

Anagnostou, G., and Kovári, K. (1997), "Face stabilization in closed shield tunnelling", In 1997 Rapid Excavation and Tunneling Conference, Proceedings, Society for Mining Metallurgy & Exploration, 549-558.

Barratt, D. A., O'Reilly, M. P., and Temporal, J. (1994), "Long-term measurements of loads on tunnel linings in overconsolidated clay", In Tunnelling'94, Springer, Boston, MA, 469-481.

Bhasin, R., and Grimstad, E. (1996), "The use of stress-strength relationships in the assessment of tunnel stability", Tunnelling and Underground Space Technology, **11**(1), 93-98.

Biot, M. A. (1941), "General theory of three-dimensional consolidation", Journal of Applied Physics, 12(2), 155-164.

Bjerrum, L. (1963), "Allowable settlement of structures. In Proceedings of the 3rd European Conference on Soil Mechanics and Foundation Engineering", Wiesbaden, Germany, 2, 135-137.

Booker, J. R. (1973), "A numerical method for the solution of Biot's consolidation theory", The Quarterly Journal of Mechanics and Applied Mathematics, **26**(4), 457-470.

Booker, J. R., and Small, J. C. (1975), "An investigation of the stability of numerical solutions of Biot's equations of consolidation", International Journal of Solids and Structures, **11**(7-8), 907-917.

Brady, B. H., and Brown, E. T. (1992), "Rock mechanics for underground mining".

Broms, B. B., and Bennermark, H. (1967), "Stability of clay at vertical openings", Journal of Soil Mechanics and Foundations Division, **93**(1), 71-94.

Brox, D. (2017), "Practical Guide to Rock Tunneling", CRC Press.

Carranza-Torres, C., and Fairhurst, C. (2000), "Application of the convergence-confinement method of tunnel design to rock masses that satisfy the Hoek-Brown failure criterion", Tunnelling and Underground Space Technology, **15**(2), 187-213.

Chambon, P., and Corte, J. F. (1994), "Shallow tunnels in cohesionless soil: stability of tunnel face", Journal of Geotechnical Engineering, **120**(7), 1148-1165.

Cundall, P. A. (1987), "Distinct element models of rock and soil structure", Analytical and Computational Methods in Engineering Rock Mechanics, 129-163.

Cundall, P. A., and Strack, O. D. (1979), "A discrete numerical model for granular assemblies", geotechnique, **29**(1), 47-65.

Curtis, D. J. (1976), Discussions of Muir Wood (1975), Geotechnique, **26**(26), 231-237.

Curtis, D. J., and Mott, H. Anderson (1976), "The circular tunnel in elastic ground". Geotechnique, **26**(1), 231-237.

Davis, E. H., Gunn, M. J.,Mair, R. J., and Seneviratine, H. N. (1980), "The stability of shallow tunnels and underground openings in cohesive material", Geotechnique, **30**(4), 397-416.

Day, R. A., & Potts, D. M. (1990), "Curved Mindlin beam and axi-symmetric shell elements-A new approach", International journal for numerical methods in engineering, **30**(7), 1263-1274.

Day, R. A., and Potts, D. M. (1994), "Zero thickness interface elements-numerical stability and application", International Journal for numerical and analytical methods in geomechanics, **18**(10), 689-708.

Detournay, E., and Fairhurst, C. (1987), "Two-dimensional elastoplastic analysis of a long, cylindrical cavity under non-hydrostatic loading", In International Journal of Rock Mechanics and Mining Sciences & Geomechanics Abstracts, Pergamon, **24**(4), 197-211.

Diederichs, M. S. (2000), "Instability of hard rockmasses, the role of tensile damage and relaxation".

Duddeck, H., and Erdmann, J. (1982), "Structural design models for tunnels", Tunnelling'82, London, 83-91.

Duffaut, P., and Piraud, J. (2002), "Ideas on tunnel stability", Tribune, **22**, 32-36.

El Tani, M. (1999), "Water inflow into tunnels", In Proceedings of the World Tunnel Congress ITA-AITES, 61-70.

Fernandez, G. (1994), "Behavior of pressure tunnels and guidelines for liner design", Journal of Geotechnical Engineering, **120**(10), 1768-1791.

Goodman, R. E. (1989), "Introduction to rock mechanics", New York: Wiley, **2**, 52.

Hoek, E., & Bray, J. W. (1977), "Rock slope engineering", Institution of Mining and Metallurgy, London.

Hoek, E., and Brown, E. T. (1980), "Underground excavations in rock", CRC Press, 527.

Hoek, E., and Marinos, P. (2000), "Predicting tunnel squeezing problems in weak heterogeneous rock masses", Tunnels and tunnelling international, **32**(11), 45-51.

Horn, N. (1961), "Horizontaler erddruck auf senkrechte abschlussflächen von tunnelröhren. Landeskonferenz der ungarischen tiefbauindustrie", 7-16.

Hsi, J. P., and Small, J. C. (1992), "Simulation of excavation in a poro-elastic material", International journal for numerical and analytical methods in geomechanics, **16**(1), 25-43.

Hudson, J. A. (1989), "Rock mechanics principles in engineering practice".

Hudson, J. A., and Harrison, J. P. (1997), "Introduction. Engineering Rock Mechanics".

Jethwa, J. L., Dube, A. K., Singh, B., and Singh, B. (1984), Squeezing problems in Indian tunnels.

Jethwa, J. L., and Dhar, B. B. (1996), "Tunnelling under Squeezing Ground Condition", Proceedings, Recent Advances in Tunnelling Technology, New Delhi, 209-214.

Jethwa, R. G. J. (2001), "Effect of depth in support pressures and closures in tunnels", Tunnelling Asia 2000: Proceedings New Delhi 2000, 70.

Joo, E. J., and Shin, J. H. (2014), "Relationship between water pressure and inflow rate in underwater tunnels and buried pipes", Géotechnique, **64**(3), 226.

Kirsch, C. (1898), "Die theorie der elastizitat und die bedurfnisse der festigkeitslehre", Zeitschrift des Vereines Deutscher Ingenieure, **42**, 797-807.

Kaiser, P. K., Diederichs, M. S., Martin, C. D., Sharp, J., and Steiner, W. (2000), "Underground works in hard rock tunnelling and mining", In ISRM International Symposium, International Society for Rock Mechanics and Rock Engineering.

Karlsrud, K. (2001), "Water control when tunnelling under urban areas in the Olso region", NFF pub, **12**(4), 27-33.

Kastner, H. (1962), "Statik des Tunnel-und Stollenbaues auf der Grundlage geomechanischer Erkenntnisse", Springer.

Kirsch, C. (1898), "Die theorie der elastizitat und die bedurfnisse der festigkeitslehre", Zeitschrift des Vereines Deutscher Ingenieure, **42**, 797-807.

Kim, S. H., Burd, H. J., and Milligan, G. W. E. (1998), "Model testing of closely spaced tunnels in clay", Geotechnique, **48**(3), 375-388.

Kolymbas, D. (2005), "Tunnelling and tunnel mechanics: A rational approach to tunnelling", Springer Science & Business Media.

Kommerell, O. (1912), "Statische Berechnung von Tunnelmauerwerk: Grundlagen und Anwendung auf die wichtigsten Belastungsflle", Ernst.

Krause, T. (1987), "Schildvortieb mit flüssigkeits-und erdgestützer Ortsbrust", No. 24 in Mitteilungdes Instituts fur GrundbauundBodenmechanikder Technischen Universität Braunschweig.

Lame, G. (1852), "Lecons sur la Theorie Mathematique des Corps Solides".

Leca, E., and Dormieux, L. (1990), "Upper and lower bound solutions for the face stability of shallow circular tunnels in frictional material", Geotechnique, **40**(4), 581-606.

Lee, I. M., and Nam, S. W. (2001), "The study of seepage forces acting on the tunnel lining and tunnel face in shallow tunnels", Tunnelling and Underground Space Technology, **16**(1), 31-40.

Lee, I. M., Park, Y. J., and Reddi, L. N. (2002), "Particle transport characteristics and filtration of granitic residual soils from the Korean peninsula", Canadian Geotechnical Journal, 39(2), 472-482.

Lee, Yong-Joo and Bassett, Richard H. (2007), "Influence zones for 2D pile-soil-tunnelling interaction based on model test and numerical analysis", Tunnelling and Underground Space Technology, 22, 325-342.

Lee, Young-Joo and Bassett. (2006), "A model test and Numerical investigation on the shear deformation patterns of deep wall-soil-tunnel interaction", Can Geotech. J. 43: 1306-1323.

Mair, R. J., Taylor, R. N., and Bracegirdle, A. (1993), "Subsurface settlement profiles above tunnels in clays", Geotechnique, **43**(2).

Mair, R. J., Taylor, R. N., and Burland, J. B. (1996), "Prediction of ground movements and assessment of risk of building damage due to bored tunnelling", In Fourth International Symposium of International Conference of Geotechnical Aspects of on Underground Construction in Soft Ground, AA Balkema, 713-718.

Mair, R. J., and Taylor, R. N. (1997), "Theme lecture: Bored tunnelling in the urban environment", In Proceedings of the fourteenth international conference on soil mechanics and foundation engineering, Rotterdam, 2353-2385.

Martin, C. D., Kaiser, P. K., and McCreath, D. R. (1999), "Hoek-Brown parameters for predicting the depth of brittle failure around tunnels", Canadian Geotechnical Journal, **36**(1), 136-151.

Martin, C. D., Kaiser, P. K., and McCreath, D. R. (1999), "Hoek-Brown parameters for predicting the depth of brittle failure around tunnels", Canadian Geotechnical Journal, **36**(1), 136-151.

Matsumoto, Y., and Nishioka, T. (1991), "Theoretical tunnel mechanics", University of Tokyo Press.

Mogi, K. (2007), "Experimental Rock Mechanics".

Moon, J. S., Fernandez. G. (2010), "Effect of excavation-induced groundwater level drawdown on tunnel inflow in a jointed rock mass", Engineering Geology, **110**(3-4), 33-42.

Moon, J. S. and Jeong, S. S. (2011), "Effect of highly pervious geological features on ground-water flow into a tunnel", Engineering geology, **117**(3-4), 207-216.

Murayama, S., Endo, M., Hashiba, T., Yamamoto, K., and Sasaki, H. (1966), "Geotechnical aspects for the excavating performance of the shield machines", In: The 21st Annual Lecture in Meeting of Japan Society of Civil Engineers, 265.

Oreste, P. (2009), "The convergence-confinement method: roles and limits in modern geomechanical tunnel design", American Journal of Applied Sciences, **6**(4), 757.

Panet, M., and Guenot, A. (1982), "Analysis of convergence behind the face of a tunnel", Proc. Tunnelling'82, London, The Institution of Mining and Metallurgy.

Panet, M.(chairman) (2001), AFTES, Working Group(WG) 1, The convergence-confinement method, Technical Committee.

Park, D. H., Sagong, M. Kwak, D. Y. and Jeong, C. G. (2009), "Simulation of tunnel response under spatially varying ground motion, Soil Dynamics and Earthquake Engineering, **29**(11-12), 1417-1424.

Park, Inn-Joon and Desai, Chandra S. (2000), "Cyclic behavior and liquefaction of sand using disturbed state concept", Journal of Geotechnical and Geoenvironmental Engineering, Vol.126, Issue 9 (September 2000).

Peck, R. B. (1969), "Deep excavations and tunneling in soft ground", Proceedings, 7th ICSMFE, 225-290.

Potts, D. M., and Zdravković, L. (1999), "Finite Element Analysis in Geotechnical Engineering: Theory", Thomas Telford.

Ports, D. M., and Zdravković, L. (2001), "Finite element analysis in Geotechnical engineering: Application", Thomas Telford.

Rabcewicz, L. V., and Sattler, K. (1965), "Die neue österreichische Tunnelbauweise", Der Bauingenieur, **40**(8), 2.

Rankin, W. J. (1988), "Ground movements resulting from urban tunnelling: predictions and effects", Geological Society, London, Engineering Geology Special Publications, **5**(1), 79-92.

Rowe, R. K., Lo, K. Y., and Kack, G. J. (1983), "A method of estimating surface settlement above tunnels constructed in soft ground", Canadian Geotechnical Journal, **20**(1), 11-22.

Russo, G., and Grasso, P. (2007), "On the classification of the rock mass excavation behaviour in tunneling", In 11th ISRM Congress, International Society for Rock Mechanics and Rock Engineering, 979-982.

Russo, G. (2014), "An update of the "multiple graph" approach for the preliminary assessment of the excavation behaviour in rock tunnelling", Tunnelling and Underground Space Technology, **41**, 74-81.

Sattler, K. (1968), "Neuartige Tunnelmodellversuche-Ergebnisse und Folgerungen", In Aktuelle Probleme der Geomechanik und Deren theoretische Anwendung/Acute Problems of Geomechanics and Their Theoretical Applications, Springer, Vienna, 111-137.

Seeber, G. (1999), "Druckstollen und Druckschächte", Enke.

Seo, D. H, Lee, T. H, Kim, D. R. and Shin, J. H. (2014), "Pre-nailing support for shallow soft ground tunneling",

Tunnelling and Underground Space Technology, **42**, 216-226.

Shin, H. S., Youn, D. J., Chae, S. E. and Shin, J. H. (2009), "Effective control of pore water pressures on tunnel linings using pin-hole drain method", Tunnelling and Underground Space Technology, **24**(5), 555-561.

Shin, J. H. (2008), "Numerical modeling of coupled structural and hydraulic interactions in tunnel linings", Structural Engineering and Mechanics, **29**(1), 1-16.

Shin, J. H. (2010), "Analytical and combined numerical methods evaluating pore water pressure on tunnels", Geotechnique, **60**(2), 141-145.

Shin, J. H., Addenbrooke, T. I., and Potts, D. M. (2002), "A numerical study of the effect of groundwater movement on long-term tunnel behaviour", Geotechnique, **52**(6), 391-403.

Shin, J. H., Lee, I. K., Lee, Y. H. and Shin, H. S. (2006), "Lessons from serial tunnel collapses during construction of the Seoul Subway Line 5", Tunnelling and Underground Space Technology, **21**(3), 296-297.

Shin, J. H., Lee, I. M., and Shin, Y. J. (2011), "Elasto-plastic seepage-induced stresses due to tunneling", International Journal for Numerical and Analytical Methods in Geomechanics, **35**(13), 1432-1450.

Shin, J. H., and Potts, D. M. (2002), "Time-based two dimensional modelling of NATM tunnelling", Canadian Geotechnical Journal, **39**(3), 710-724.

Shin, J. H., Potts, D. M. and Zdravkovic, L. (2002), "Three-dimensional modelling of NATM tunnelling in decomposed granite soil", Geotechnique, **52**(3), 187-200.

Shin, J. H., Potts, D. M., and Zdravkovic, L. (2005), "The effect of pore-water pressure on NATM tunnel linings in decomposed granite soil", Canadian Geotechnical Journal, **42**(6), 1585-1599.

Shin, J. H., Moon, J. H., Lee, I. K., and Hwang, K. Y. (2006), "Bridge construction above existing underground railway tunnels", Tunnelling and Underground Space Technology, **21**(3-4), 321-322.

Shin, J. H., Choi, Y. K., Kwon, O. Y., and Lee, S. D. (2008), "Model testing for pipe-reinforced tunnel heading in a granular soil", Tunnelling and Underground Space Technology, **23**(3), 241-250.

Shin, J. H., Kim, S. H., and Shin, Y. S. (2012), "Long-term mechanical and hydraulic interaction and leakage evaluation of segmented tunnels", Soils and Foundations, **52**(1), 38-48.

Shin, J. H., Lee, I. K., and Joo, E. J. (2014), "Behavior of double lining due to long-term hydraulic deterioration of drainage system", Structural Engineering and Mechanics, **52**(6), 1257-1271.

Shin, J. H., Moon, H. G., and Chae, S. E. (2011), "Effect of blast-induced vibration on existing tunnels in soft rocks", Tunnelling and Underground Space Technology, **26**(1), 51-61.

Shin, Y. J., Kim, B. M., Shin, J. H. and Lee, I. M. (2010), "The ground reaction curve of underwater tunnels considering seepage forces", Tunnelling and Underground Space Technology, **25**(4), 315-324.

Shin, Y. J., Song, K. I. Lee, I. M. and Cho, G.C.(2011),"Interaction between tunnel supports and ground convergence-consideration of seepage forces", International Journal of Rock Mechanics and Mining Sciences, **48**(3), 394-405.

Singh, B., Jethwa, J. L., Dube, A. K., and Singh, B. (1992), "Correlation between observed support pressure and rock mass quality", Tunnelling and Underground Space Technology, **7**(1), 59-74.

Small, J. C., Booker, J. R., and Davis, E. H. (1976), "Elasto-plastic consolidation of soil", International Journal of

Solids and Structures, **12**(6), 431-448.

Sowers, G. B., and Sowers, G. F. (1951), "Introductory soil mechanics and foundations", LWW, **72**(5), 405.

Son, M., and Cording, E. J. (2005), "Estimation of building damage due to excavation-induced ground movements", Journal of Geotechnical and Geoenvironmental Engineering, **131**(2), 162-177.

Son, M., and Cording, E. J. (2006), "Tunneling, building response, and damage estimation", Tunnelling and Underground Space Technology incorporating Trenchless Technology Research, **3**(21), 326.

Sowers, G. F. (1962), "Shallow foundations, chapter 6 in foundation engineering, ed. by GA Leonards", 525-641.

Terzaghi, K. (1946), "Introduction to tunnel geology", Rock tunnelling with steel supports, 17-99.

Von Rabcewicz, L. (1944), "Tunnelbau-und Betriebsweisen bei echtem Gebirgsdruck. In Gebirgsdruck und Tunnelbau, Springer, Vienna, 65-74.

Vlachopoulos, N., and Diederichs, M. S. (2009), "Improved longitudinal displacement profiles for convergence confinement analysis of deep tunnels", final report on water proofing measures forRock Mechanics and Rock Engineering, **42**(2), 131-146.

Wang, Y. (1996), "Ground response of circular tunnel in poorly consolidated rock", Journal of Geotechnical Engineering, **122**(9), 703-708.

Wood, A. M. (1975), "The circular tunnel in elastic ground", Geotechnique, **25**(1), 115-127.

Yoo, C., & Shin, H. K. (2003), "Deformation behaviour of tunnel face reinforced with longitudinal pipes: laboratory and numerical investigation", Tunnelling and Underground Space Technology, **18**(4), 303-319.

Yoo, C. (2016), "Hydraulic deterioration of geosynthetic filter drainage system in tunnels―its impact on structural performance of tunnel linings", Geosynthetics International, **23**(6), 463-480.

찾아보기

著者 신종호

2004 - 현재 건국대학교 사회환경공학부 교수

고려대학교 토목공학과

KAIST 토목공학과
"터널굴착에 따른 지반거동" MSc Thesis

Imperial College, London, University of London, UK
 "Numerical Analysis of Tunnelling in Decomposed Granite Soil" PhD Thesis

대우엔지니어링

서울특별시청(지하철 건설본부)

대통령실(국토해양, 지역발전, 국가건축위, 지역발전위)

(사)한국 터널지하공간학회 회장(12대)

주요 저서

지반역공학 I : 지반거동과 모델링, 2015(개정), 도서출판 씨아이알.

지반역공학 II : 지반해석과 설계 , 2015, 도서출판 씨아이알.

전산지반공학, 2015, 도서출판 씨아이알.

터널역학 Tunnel Mechanics

초 판 인 쇄 2020년 1월 2일
초 판 발 행 2020년 1월 9일

저   자 신종호
펴 낸 이 김성배
펴 낸 곳 도서출판 씨아이알

책 임 편 집 박영지
디 자 인 윤지환, 윤미경
제 작 책 임 김문갑

등 록 번 호 제2-3285호
등 록 일 2001년 3월 19일
주   소 (04626) 서울특별시 중구 필동로8길 43(예장동 1-151)
전 화 번 호 02-2275-8603(대표)
팩 스 번 호 02-2265-9394
홈 페 이 지 www.circom.co.kr

I S B N 979-11-5610-780-4 (93530)
정   가 24,000원